한국의 하늘소
Long-horned beetles in Korea

한국 생물 목록 14
Checklist Of Organisms In Korea 14

한국의 하늘소
Long-horned beetles in Korea

펴 낸 날 | 2015년 5월 15일 초판 1쇄
지 은 이 | 황상환
펴 낸 이 | 조영권
만 든 이 | 강대현, 노인향

펴 낸 곳 | **자연과생태**
주소_서울 마포구 신수로 25-32, 101(구수동)
전화_02)701-7345-6 팩스_02)701-7347
홈페이지_www.econature.co.kr
등록_제2007-000217호

ISBN 978-89-97429-51-6 93490

한국 생물 목록 14
Checklist Of Organisms In Korea 14

한국의 하늘소

Long-horned beetles in Korea

글 · 사진 **황상환**

자연과생태

일러두기

- 한국산 하늘소를 7아과 49족, 168속, 336종으로 정리했으며, 그중 255종(동정 237종, 미동정 18종)을 본문에 수록했다.
- 분류체계는 『Catalogue of Palaearctic Coleoptera Volume 6』(2010)을 따랐다.
- 학명 및 국명은 기본적으로 『한국곤충총목록』(2010)을 따랐다.
- 사과하늘소속의 분류는 「한국산 사과하늘소속(딱정벌레목: 하늘소과)의 분류학적 연구」(2012)를 따랐다.
- 학명이 바뀌었거나 잘못 기록된 경우는 『Catalogue of Palaearctic Coleoptera Volume 6』(2010)에 따라 수정했다.
- 이미 학명과 국명이 발표되었으나 『한국곤충총목록』(2010)에 누락된 종은 분류체계에 따라 수록했다.
- 성충이 확실히 밝혀졌으나 종명을 알 수 없는 경우와 동정이 불가능한 18종은 기주식물, 채집 장소, 채집 날짜 등과 함께 '미동정'으로 표기해 뒤쪽에 수록했다.
- 본문은 분류체계 순서로 배열했으며, 다음의 기준으로 작성했다.
  - **크기:** 과거 자료와 표본을 실측해 표기했다.
  - **서식지:** 기주식물의 분포와도 연관성이 있으며, 산지, 초지, 산길 주변, 마을 주변 등으로 나누어 표기했다.
  - **출현시기:** 기주식물을 탈출해 성충으로 활동하는 기간을 표기했으며, 가을에 우화해 그대로 기주식물 속에서 월동하는 기간은 제외했다.
  - **기주식물:** 성충의 발생을 확인한 경우만 기재했으며, 산란하는 모습이나 흔적을 관찰한 경우는 제외했다.
  - **월동형태:** 직접 확인한 것을 기준으로 삼았으나, 성충의 출현시기, 생태가 비슷한 종들의 습성, 과거 자료 등을 참고했을 때 의심의 여지가 없는 경우에는 표기했다.
  - **분포:** 고유명인 –산, –령, –재 등은 행정명 없이 표기했고, 그 외는 시(군), 읍(면)까지만 표기했으며, 표본과 사진으로 확인된 기록만 수록했다.
  - **형태적 특징:** 종의 전체적인 체형과 특징, 색상, 무늬 등을 기재했다. 필요에 따라 유사종과 비교해 차이점을 기재했다.
  - **생태적 특징:**
    - 서식지와 성충 출현시기를 기재했다.
    - 성충의 먹이 습성은 먹이 섭취 장소를 기준으로 표기했으며, 꽃(꽃가루나 꿀), 살아있는 나무(줄기나 잎), 죽은 나무 등으로 표기했다. 즉 성충을 발견할 수 있는 먹이, 교미, 산란 장소로 여겨도 된다.

- 성충의 활동시간은 하루 중 활발한 시간대를 나타냈으며, 낮, 저녁, 황혼 무렵 등으로 표기했다.
- 성충이 산란하는 기주식물은 초본과 목본으로 나누어 목본은 벌채목과 고사목, 살아있는 나무, 수세가 약한 죽어가는 나무로 구분했으며, 산란 방법도 기재했다.
- 월동형태는 2월 말을 기준으로 야외 기주식물에 있는 형태를 유충, 번데기, 성충으로 나누어 기재했다.
- 불빛에 유인되는 정도를 기재하고 주 활동시기가 확실히 저녁인 종만 야행성으로 기재했다.
- 그 외 야외나 사육으로 관찰한 내용을 기재했다.
- 분포는 남한 지역을 남부, 중부, 북부 3지역으로 나누어 기재했으며 북한 지역은 포함하지 않았다.
- 표본사진은 동정에 편리하도록 확대했고 편집상 문제로 암컷이나 수컷을 임의로 확대하기도 했다.

● 도움 주신 분이 많다.

–분포에 대한 표본기록은 김태완, 강웅, 권희상, 하종옥, 김경용이 제공했으며, 생태사진 기록은 권희상, 오해용이 제공했다.

–생태사진은 강의영, 성기수가 제공했다.

–하늘소 동정은 강의영, 김태완, 강웅, 권희상, 김경미가 도움을 주었다.

–식물 동정은 하정옥이 도움을 주었다.

–표본 촬영은 신춘만, 조경원이 도움을 주었다.

–사진 정리는 GS Parters에서 도움을 주었다.

저자서문

우리나라 하늘소 연구의 역사는 매우 짧다. 국내 연구자에 의한 연구는 조복성(1905-1971) 이후 이승모(1923~2008)로 이어졌으며, 1987년 이승모가 남북한 하늘소 292종을 기록해 발간한 『한반도 하늘소과 갑충지』가 국내 하늘소 전문 서적으로는 유일했다. 하늘소과의 분류와 종의 생태까지 수록된 이 책은 지금까지도 국내 하늘소 연구의 기초자료로 활용되고 있다. 지금처럼 정보교환이 원활하지 못했던 당시를 생각하면 대단한 업적이다.

그 후로 지금까지 약 30년간 60여 종에 이르는 새로운 종이 보고되었으며, 올해 3월 『하늘소 생태도감』이 발간되는 등 민간 연구자들의 활동도 활발해 계속해서 새로운 종이 보고될 가능성이 높다. 2013년 환경부 국립생물자원관에서 발행한 『국가 생물 목록집(곤충: 북한지역)』에 의하면 북한에도 하늘소가 300여 종 보고되어 있다. 그중 수십 종이 북한에만 서식하므로 한반도에 기록된 하늘소는 400여 종에 이른다고 볼 수 있다.

하늘소과는 천연기념물인 장수하늘소가 속해 있는 분류군으로 널리 알려져 있었지만, 근래 더욱 많은 이들이 하늘소를 인식하게 된 계기는 소나무재선충병 때문일 것이다 솔수염하늘소와 북방수염하늘소가 병원 매개체로 밝혀졌기 때문이다. 하늘소를 연구하는 입장에서 하늘소가 대중의 의식에 부정적으로 각인되는 것이 안타깝다. 사실 하늘소가 살아있는 나무에 기생해 피해를 주는 경우도 드물게 있으나 대부분은 수세가 기울어 죽어가는 나무에 기생해 분해를 촉진시키는 역할을 하기 때문이다.

하늘소 애벌레는 나무속을 갉아먹으며 배설해 나무를 1차적으로 분해한다. 이후 애벌레가 뚫어놓은 구멍에 개미나 좀, 곰팡이가 침입해 분해를 가속시켜 수명이 끝난 나무를 다시 자연의 거름으로 돌려보내게 된다. 또한 꽃에 날아와 꿀이나 꽃가루를 먹는 꽃하늘소들은 벌이나 나비처럼 꽃가루를 매개해 식물의 번식을 돕는다. 그러니 하늘소는 산림에서 식물의 다양성과 밀도를 유지하는 중요한 역할을 하는 것이다.

'하늘소'란 이름이 언제부터 쓰였는지는 모르겠지만 중국명인 천우(天牛)에서 영향 받은 것으로 보인다. 순우리말로는 돌드레, 돌장군, 돌진애비 등이 있다. 지금도 현장조사를 나가 연세 지긋하신 어른들께 머리에 긴 수염이 난 곤충을 찾는다고 말하면 대부분 "돌드레를 찾는구만"이라고 말씀하신다. '돌드레'라는 말은 옛날 아이들이 하늘소가 다리로 돌을 집어 올리게 해 누구의 하늘소가 더 큰 돌을 드나 견주던 데서 유래한다. 북한에서는 지금도 하늘소를 돌드레라고 부른다.

어린 시절 시골에 살았던 나는 밭 가장자리 닥나무에 날아온 하늘소를 잡은 일이 있다. "끽, 끽" 하며 내는 소리와 단단해 보이는 턱이 무섭기도 했지만 긴 더듬이가 참 멋있다고 생각했다. 해마다 같은 장소에서 그 하늘소를 보았지만 어느 해 닥나무를 베고부터는 볼 수 없었다. 나중에 알게 된 그 하늘소는 뽕나무하늘소였다. 나는 무척 아쉬워하며 베어낸 나무와 다시 오지 않는 하늘소의 관계에 대해 많이 생각했다. 돌아보니 그 일이 내가 하늘소와 인연을 맺게 된 계기인 듯하다.

이후 꾸준히 하늘소를 관찰해왔으나 하늘소가 대부분 작고 형태, 색깔, 암수의 차이, 지역에 따른 변화가 다양해 종을 구별하는 데 어려움이 많았다. 종종 아마추어 연구가로서 분류학적 전문 지식이 부족한 한계에 부딪치기도 했다. 그래서 하늘소에 관심 갖게 된 이들이 내가 겪은 어려움과 한계를 겪지 않도록 하고자 이 책을 준비하게 되었다. 누구나 사진을 보고 종을 동정할 수 있게 하고, 기주식물과의 관계, 애벌레나 번데기의 변화과정, 성충의 활동 장소 등 생태를 소개하려 노력했다. 새로운 종을 발견하는 것만큼이나 생태를 밝히는 게 중요하다고 생각했다. 이 책이 하늘소에 관심 갖는 이들에게 작으나마 도움 되길 바란다.

고백하건대 이 책을 준비하며 수십 년간 산만하게 늘어놓았던 하늘소 정보를 정리했으며, 책을 마감하는 이 시점에 와서야 한국산 하늘소의 목록이 머릿속에 가지런히 정리되었다. 그러면서 또다시 부족함과 새롭게 드러난 과제들의 압박을 느낀다. 앞으로 하늘소를 좋아하는 많은 분들과 함께 공부하며 부족한 부분을 채워갈 기회가 생기길 바란다.

전국을 다니며 조사했지만 전주에 사는 이유로 거리가 먼 강원도나 섬에 자주 갈 수 없었다. 많은 분들의 도움이 없었다면 그 부족함을 메우지 못했을 것이다. 따라서 이 책은 도움 주신 분들과의 공동 작업이라 해야 마땅하다. 언제나 조사에 동행하고 하늘소에 관한 지식을 전해 준 강의영 선배께 감사의 말씀을 전한다. 현장에서 많은 추억을 쌓은 만천곤충박물관 김태완 관장께도 감사하며 앞으로의 동행도 기대한다. 곤충탐사여행의 동반자인 강웅 · 권희상 · 성기수 · 오해용 · 김경용 님, 사진을 가르쳐주신 신춘만 · 김기경 · 조경원 님, 조언을 아끼지 않은 조영권 편집장께도 감사의 말씀을 전한다. 건강한 성인으로 자라준 딸 세라, 언제나 긍정적이고 적극적인 아들 세운, 묵묵히 지켜봐준 아내 김종임에게 미안하면서도 고마운 마음을 전한다.

2015. 5. **황상환**

차례

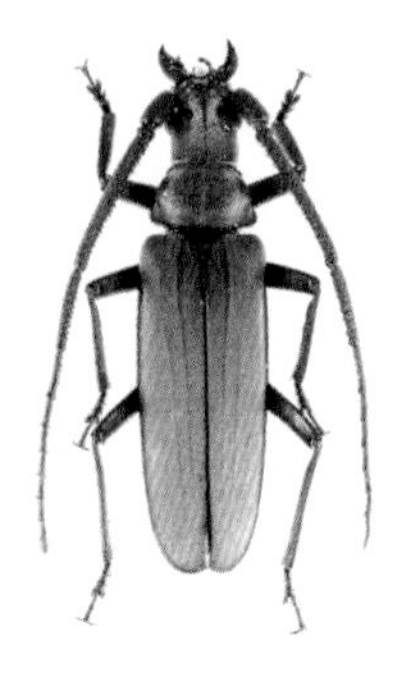

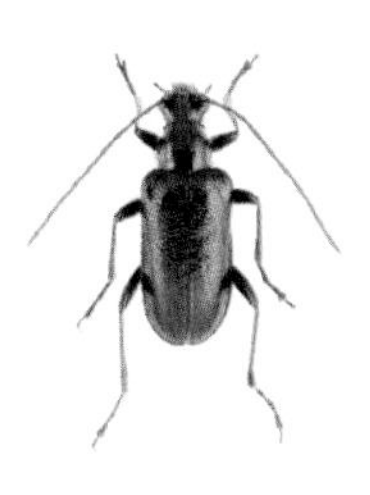

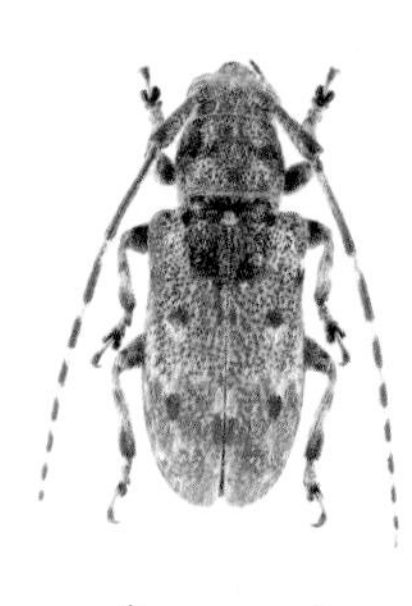

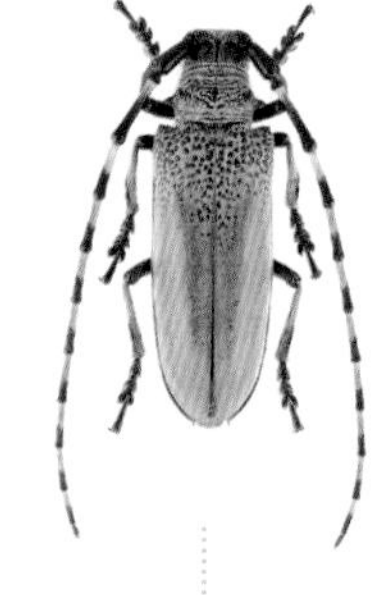

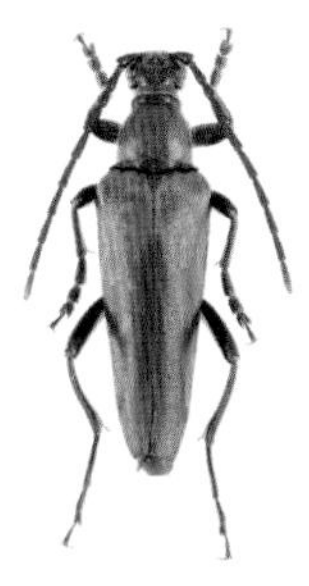

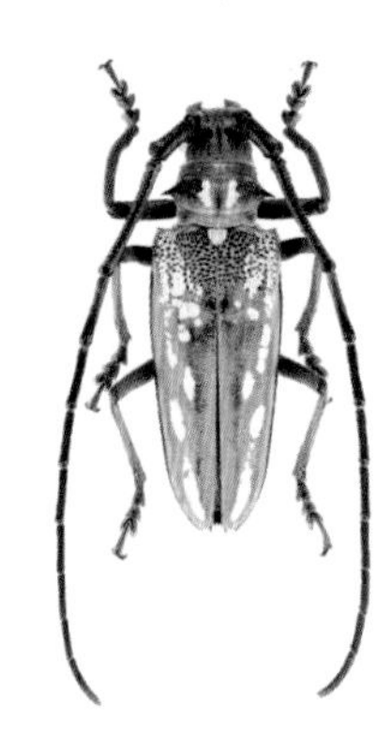

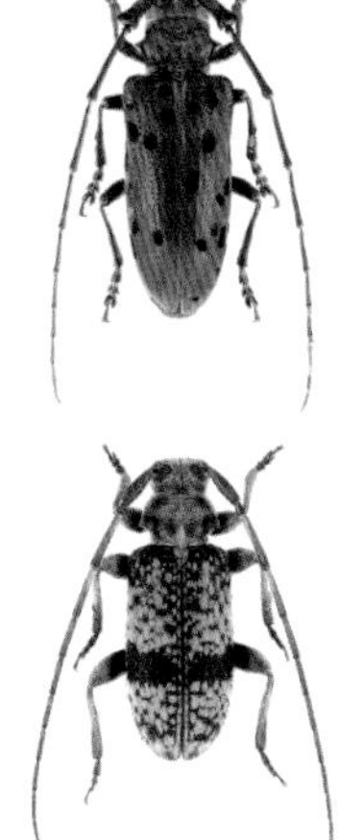

Checklist of Cerambycidae in Korea

Family Cerambycidae Latreille, 1802

Subfamily Disteniinae J. Thomson, 1861
Tribe Disteniini J. Thomson, 1861
Genus *Distenia* Audinet-Serville, 1825
Distenia gracilis gracilis (Blessig, 1872) 깔따구하늘소

Subfamily Prioninae Latreille, 1802
Tribe Eurypodini Gahan, 1906
Genus *Eurypoda* Saunders, 1853
Eurypoda (*Neoprion*) *batesi* Gahan, 1894 사슴하늘소

Tribe Callipogonini J. Thomson, 1861
Genus *Callipogon* Audinet-Serville, 1832
Callipogon (*Eoxenus*) *relictus* Semenov, 1899 장수하늘소

Tribe Aegosomatini J. Thomsom, 1861
Genus *Aegosoma* Audinet-Serville, 1832
Aegosoma sinicum sinicum A. White, 1853 버들하늘소

Tribe Prionini Latreille, 1802
Genus *Prionus* Geoffroy, 1762
Prionus insularis insularis Motschulsky, 1858 톱하늘소

Tribe Anacolini j. Thomson, 1857
Genus *Psephactus* Harold, 1879
Psephactus remiger remiger Harold, 1879 반날개하늘소

Subfamily Spondylidinae Audinet-Serville, 1832
Tribe Spondylidini Audinet-Serville, 1832
Genus *Spondylis* Fabricius, 1775
Spondylis buprestoides (Linnaeus, 1758) 검정하늘소

Tribe Asemini J. Thomson, 1861
Genus *Arhopalus* Audinet-Serville, 1834
Arhopalus rusticus (Linnaeus, 1758) 큰넓적하늘소

Genus *Asemum* Eschscholtz, 1830
Asemum punctulatum Blessig, 1872 꼬마작은넓적하늘소
Asemum striatum (Linnaeus, 1758) 작은넓적하늘소

Genus *Cephalallus* Sharp, 1905
Cephalallus unicolor (Gahan, 1906) 넓적하늘소

Genus *Megasemum* Kraatz, 1879
Megasemum quadricostulatum Kraatz, 1879 검은넓적하늘소

Genus *Tetropium* Kirby, 1837
Tetropium castaneum (Linnaeus, 1758) 단송넓적하늘소
Tetropium gracilicorne Reitter, 1889 긴단송넓적하늘소
Tetropium morishimaorum Kusama & Takakuwa, 1984 애단송넓적하늘소

Tribe Atimiiini LeConte, 1873
Genus *Atimia* Haldeman, 1847
Atimia okayamensis Hayashi, 1972 표범하늘소(가칭)

Subfamily Lepturinae Latreille, 1802
Tribe Sachalinobiini Danilevsky, 2010
Genus *Sachalinobia* Jakobson, 1899
Sachalinobia koltzei (Heyden, 1887) 곰보꽃하늘소

Tribe Rhagiini kirby, 1837
Genus *Enoploderes* Faldermann, 1837
Enoploderes (*Pyrenoploderes*) *bicolor* K. Ohbayashi, 1941 단풍꽃하늘소(가칭)

Genus *Rhagium* Fabricius, 1775
Rhagium (*Rhagium*) *inquisitor rugipenne* Reitter, 1898 소나무하늘소

Genus *Stenocorus* Geoffroy, 1762
Stenocorus (*Stenocorus*) *amurensis* (Kraatz, 1879) 넓은어깨하늘소

Genus *Pachyta* Dejean, 1821
Pachyta bicuneata Motschulsky, 1860 무늬넓은어깨하늘소
Pachyta lamed lamed (Linnaeus, 1758) 긴무늬넓은어깨하늘소

Genus *Brachyta* Fairmaire, 1864
Brachyta amurensis (Kraatz, 1879) 봄산하늘소
Brachyta bifasciata bifasciata (Olivier, 1792) 고운산하늘소
Brachyta interrogationis (Linnaeus, 1758) 산하늘소
Brachyta variabilis variabilis (Gebler, 1817) 무늬산하늘소

Genus *Evodinus* LeConte, 1850
Evodinus borealis (Gyllenhal, 1827) 별박이산하늘소

Genus *Gaurotes* LeConte, 1850
Gaurotes (*Carilia*) *virginea kozhevnikovi* (Plavilstshikov, 1915) 작은청동하늘소
Gaurotes (*Paragaurotes*) *ussuriensis* Blessig, 1873 청동하늘소

Genus *Dinoptera* Mulsant, 1863
Dinoptera (*Dinoptera*) *anthracina* (Mannerheim, 1849) 극동남풀색하늘소
Dinoptera (*Dinoptera*) *minuta minuta* (Gebler, 1832) 남풀색하늘소

Genus *Acmaeops* LeConte, 1850
Acmaeops angusticollis (Gebler, 1833) 풀색하늘소

Acmaeops septentrionis (C. G. Thomson, 1866) 황줄박이풀색하늘소
Acmaeops smaragdulus (Fabricius, 1792) 털가슴풀색하늘소
Acmaeops pratensis (Laicharting, 1784) 줄박이풀색하늘소

Genus *Sivana* E. Strand, 1943
Sivana bicolor (Ganglbauer, 1887) 우리꽃하늘소

Genus *Pseudosieversia* Pic, 1902
Pseudosieversia rufa (Kraatz, 1879) 따색하늘소

Genus *Pidonia* Mulsant, 1863
Pidonia (*Pidonia*) *alpina* An et Kwon, 1991 나도산각시하늘소
Pidonia (*Pidonia*) *alticollis* (Kraatz, 1879) 홍가슴각시하늘소
Pidonia (*Pidonia*) *amurensis* (Pic, 1900) 산각시하늘소
Pidonia (*Mumon*) *debilis* (Kraatz, 1879) 노랑각시하늘소
Pidonia (*Pidonia*) *elegans* An et Kwon, 1991 멋쟁이각시하늘소
Pidonia (*Pidonia*) *gibbicollis* (Blessig, 1873) 줄각시하늘소
Pidonia (*Pidonia*) *koreana* An & Kwon, 1991 우리각시하늘소
Pidonia (*Pidonia*) *longipennis* An et Kwon, 1991 긴각시하늘소
Pidonia (*Omphalodera*) *puziloi* (Solsky, 1873) 넉점각시하늘소
Pidonia (*Pidonia*) *signifera* (Bates, 1884) 들각시하늘소
Pidonia (*Pidonia*) *similis* (Kraatz, 1879) 산줄각시하늘소
Pidonia (*Pidonia*) *seungmoi* An et Kwon, 1991 승모각시하늘소
Pidonia (*Pidonia*) *suvorovi* Baeckmann, 1903 북방각시하늘소
Pidonia (*Pidonia*) *weolseonae* An & Kwon, 1991 월서각시하늘소

Tribe Lepturini Latreille, 1802
Genus *Grammoptera* Audinet-Serville, 1835
Grammoptera (*Grammoptera*) *gracilis* Brancsik, 1914 애숭이꽃하늘소

Genus *Alosterna* Mulsant, 1863
Alosterna perpera Danilevsky, 1988 꼬마꽃하늘소
Alosterna tabacicolor tabacicolor (De Geer, 1775) 북방꼬마꽃하늘소

Genus *Cornumutila* Letzner, 1844
Cornumutila quadrivittata (Gebler, 1830) 세줄꽃하늘소

Genus *Nivellia* Mulsant, 1863
Nivellia (*Nivellia*) *sanguinosa* (Gyllenhal, 1827) 우단꽃하늘소
Nivellia (*Nivellia*) *extensa extensa* (Gebler, 1841) 검정우단꽃하늘소

Genus *Judolia* (Mulsant, 1863)
Judolia parallelopipeda (Motschulsky, 1860) 알락꽃하늘소

Genus *Pachytodes* Pic, 1891
Pachytodes longipes (Gebler, 1832) 산알락꽃하늘소
Pachytodes cometes (Bates, 1884) 큰산알락꽃하늘소

Genus *Judolidia* Plavilstshikov, 1936
Judolidia znojkoi plavilststshikov, 1936 메꽃하늘소

Genus *Xestoleptura* Casey, 1913

Xestoleptura baeckmanni (Plavilstshikov, 1936) 함경산꽃하늘소

Genus *Pseudalosterna* Plavilstshikov, 1934
Pseudalosterna elegantula (Kraatz, 1879) 꼬마산꽃하늘소

Genus *Kanekoa* Matsushita & Tamanuki, 1942
Kanekoa azumensis (Matsushita & Tamanuki, 1942) 애검정꽃하늘소

Genus *Anoplodera* Mulsant, 1839
Anoplodera (*Anoploderomorpha*) *cyanea* (Gebler, 1832) 남색산꽃하늘소
Anoplodera (*Anoplodera*) *rufihumeralis* (Tamanuki, 1938) 붉은어깨검은산꽃하늘소

Genus *Anastrangalia* Casey, 1924
Anastrangalia renardi (Gebler, 1848) 북방산꽃하늘소
Anastrangalia scotodes continentalis (Plavilstshikov, 1936) 수검은산꽃하늘소
Anastrangalia sequensi (Reitter, 1898) 옆검은산꽃하늘소

Genus *Stictoleptura* Casey, 1924
Stictoleptura (*Aredolpona*)*rubra rubra* (Linnaeus, 1758) 붉은산꽃하늘소
Stictoleptura (*Stictoleptura*) *variicornis* (Dalman, 1817) 알락수염붉은산꽃하늘소

Genus *Leptura* Linnaeus, 1758
Leptura annularis annularis Fabricius, 1801 긴알락꽃하늘소
Leptura aethiops Poda von Neuhaus, 1761 꽃하늘소
Leptura duodecimguttata duodecimguttata Fabricius, 1801 열두점박이꽃하늘소
Leptura ochraceofasciata ochraceofasciata (Motschulsky, 1862) 넉줄꽃하늘소
Leptura quadrifasciata quadrifasciata Linnaeus, 1758 북방꽃하늘소

Genus *Pedostrangalia* Sokolov, 1897
Pedostrangalia (*Neosphenalia*) *femoralis* (Motschulsky, 1861) 노랑점꽃하늘소

Genus *Noona* Sama, 2007
Noona regalis (Bates, 1884) 넉줄홍가슴꽃하늘소

Genus *Macroleptura* Nakane & K. Ohbayashi, 1957
Macroleptura thoracica (Creutzer, 1799) 홍가슴꽃하늘소

Genus *Oedecnema* Dejean, 1835
Oedecnema gebleri Ganglbauer, 1889 알통다리꽃하늘소

Genus *Strangalomorpha* Solsky, 1873
Strangalomorpha tenuis tenuis Solsky, 1873 깔따구꽃하늘소

Genus *Strangalia* Audinet-Serville, 1835
Strangalia attenuata (Linnaeus, 1758) 줄깔따구꽃하늘소

Genus *Corennys* Bates, 1884
Corennys sericata Bates, 1884 명주하늘소

Subfamily Necydalinae Latreille, 1825
Genus *Necydalis* Linnaeus, 1758

Necydalis (*Necydalis*) *major major* Linnaeus, 1758 벌하늘소
Necydalis (*Necydalisca*) *sachalinensis* Matsumura & Tamanuki, 1927 북방벌하늘소
Necydalis (*Necydalisca*) *pennata* Lewis, 1879 큰벌하늘소

Subfamily Cerambycinae Latreille, 1802
Tribe Xystrocerini Blanchard, 1845
Genus *Xystrocera* Audinet-Serville, 1834
Xystrocera globosa (Olivier, 1795) 청줄하늘소

Genus *Leptoxenus* Baets, 1877
Leptoxenus ibidiiformis Bates, 1877 홍줄하늘소

Tribe Cerambycini Latreille, 1802
Genus *Neocerambyx* J. Thomson, 1861
Neocerambyx raddei Blessig, 1872 하늘소

Genus *Margites* Gahan, 1891
Margites (*Magrites*) *fulvidus* (Pascoe, 1858) 작은하늘소

Genus *Rhytidodera* A. White, 1853
Rhytidodera integra Kolbe, 1886 남방작은하늘소

Genus *Aeolesthes* Gahan, 1890
Aeolesthes (*Pseudaeolesthes*) *chrysothrix chrysothrix* (Bates, 1873) 금빛얼룩하늘소

Tribe Hesperophanina Mulsant, 1839
Genus *Trichoferus* Wollaston, 1854
Trichoferus campestris (Faldermann, 1835) 털보하늘소
Trichoferus flavopubescens Kolbe, 1886 닮은털보하늘소

Tribe Phoracanthini Newman, 1840
Genus *Allotraeus* Bates, 1877
Allotraeus (*Allotraeus*) *sphaerioninus* Bates, 1877 밤색하늘소

Genus *Nysina* Gahan, 1906
Nysina rufescens (Pic, 1923) 알밤색하늘소
Nysina orientalis (A. White, 1853) 알통다리밤색하늘소

Tribe Callidiopini Lacordaire, 1868
Genus *Stenygrinum* Bates, 1873
Stenygrinum quadrinotatum Bates, 1873 네눈박이하늘소

Genus *Stenodryas* Bates, 1873
Stenodryas clavigera clavigera Bates, 1873 혹다리하늘소

Genus *Ceresium* Newman, 1842
Ceresium holophaeum Bates, 1873 울릉섬하늘소
Ceresium longicorne Pic, 1926 섬하늘소

Tribe Stenhomalini Miroshnikov, 1989
Genus *Stenhomalus* A. White, 1855
Stenhomalus (*Stenhomalus*) *incongruus parallelus* Niisato, 1988 노랑다리송사리엿하늘소

Stenhomalus (*Stenhomalus*) *taiwanus taiwanus* Matsushita, 1933 송사리엿하늘소
Stenhomalus (*Stenhomalus*) *japonicus* (Pic, 1904) 민무늬송사리엿하늘소(가칭)
Stenhomalus (*Stenhomalus*) *cleroides* Bates, 1873 한줄송사리엿하늘소(가칭)

Tribe Obriini Mulsant, 1839
Genus *Obrium* Dejean, 1821
Obrium obscuripenne obscuripenne Pic, 1904 깨엿하늘소
Obrium brevicorne Plavilstshikov, 1940 엿하늘소
Obrium kaszabi Haysshi, 1983 갈색엿하늘소(가칭)

Tribe Molorchini Gistel, 1848
Genus *Leptepania* Heller, 1924
Leptepania japonica (Hayashi, 1949) 용정하늘소

Genus *Glaphyra* Newman, 1840
Glaphyra (*Yamatoglaphyra*) *hattorii* (K. Ohbayashi, 1953) 애벌하늘소
Glaphyra (*Glaphyra*) *kobotokensis* K. Ohbayashi, 1963 봄꼬마벌하늘소
Glaphyra (*Glaphyra*) *kojimai* (Matsushita, 1939) 산꼬마벌하늘소
Glaphyra (*Glaphyra*) *nitida nitida* (Obika, 1973) 풍게꼬마벌하늘소
Glaphyra starki Shabliovsky, 1936 대륙산꼬마벌하늘소(가칭)

Genus *Molorchus* Fabricius, 1792
Molorchus minor minor (Linnaeus, 1758) 꼬마벌하늘소

Tribe Pyrestini Lacordaire, 1868
Genus *Pyrestes* Pascoe, 1857
Pyrestes haematicus Pascoe, 1857 굵은수염하늘소

Tribe Rosaliini Fairmaire, 1864
Genus *Rosalia* Audinet-Serville, 1834
Rosalia (*Rosalia*) *coelestis* Semenov, 1911 루리하늘소

Tribe Callichromatini Swainson & Shuckard, 1840
Genus *Aromia* Audinet-Serville, 1834
Aromia bungii (Faldermann, 1835) 벚나무사향하늘소
Aromia orientalis Plavilstshikov, 1933 사향하늘소

Genus *Aphrodisium* J. Thomson, 1864
Aphrodisium (*Aphrodisium*) *faldermannii faldermannii* (Saunders, 1853) 초록사향하늘소

Genus *Schwarzerium* Matsushita, 1933
Schwarzerium provosti (Fairmaire, 1887) 큰초록하늘소
Schwarzerium quadricolle (Bates, 1884) 초록하늘소

Genus *Chloridolum* J. Thomson, 1864
Chloridolum (*Parachloridolum*) *japonicum* (Harold, 1879) 참풀색하늘소
Chloridolum (*Chloridolum*) *sieversi* (Ganglbauer, 1887) 홍가슴풀색하늘소
Chloridolum (*Parachloridolum*) *thaliodes* Bates, 1884 큰풀색하늘소
Chloridolum (*Leontium*) *viride* (J. Thomsom, 1864) 깔따구풀색하늘소
Chloridolum (*Leontium*) *lameeri* (Pic, 1900) 홍줄풀색하늘소

Genus *Polyzonus* Polyzonus Dejean, 1835

Polyzonus (*Polyzonus*) *fasciatus* (Fabricius, 1781) 노랑띠하늘소

Tribe Callidiini Kirby, 1837
Genus *Ropalopus* Mulsant, 1839
Ropalopus (*Prorrhopalopus*) *signaticollis* (Solsky, 1873) 검정삼나무하늘소

Genus *Pronocera* Motschulsky, 1859
Pronocera sibirica (Gebler, 1848) 홍가슴삼나무하늘소

Genus *Callidium* Fabricius, 1775
Callidium (*Palaeocallidium*) *chlorizans* (Solsky, 1871) 청삼나무하늘소
Callidium (*Callidium*) *violaceum* (Fabricius, 1775) 삼나무하늘소

Genus *Callidiellum* Linsley, 1940
Callidiellum rufipenne (Motschulsky, 1862) 애청삼나무하늘소

Genus *Semanotus* Mulsant, 1839
Semanotus bifasciatus (Motschulsky, 1875) 향나무하늘소

Genus *Phymatodes* Mulsant, 1839
Phymatodes (*Phymatodellus*) *infasciatus* (Pic, 1935) 밤띠하늘소
Phymatodes (*Phymatodellus*) *zemlinae* Plavilstshikov & Anufriev, 1964 청날개민띠하늘소
Phymatodes (*Phymatodes*) *testaceus* (Linnaeus, 1758) 큰민띠하늘소

Genus *Poecilium* Fairmaire, 1864
Poecilium maaki maaki Kraatz, 1879 홍띠하늘소
Poecilium albicinctum Bates, 1873 띠하늘소
Poecilium murzini (Danilevsky, 1993) 두줄민띠하늘소
Poecilium Jiangi Z. Wang & Zheng, 2003 갈색민띠하늘소

Genus *Oupyrrhidium* Pic, 1900
Oupyrrhidium cinnabarinum Blessig, 1872 주홍삼나무하늘소

Tribe Clytini Mulsant, 1839
Genus *Xylotrechus* Chevrolat, 1860
Xylotrechus (*Xyloclytus*) *altaicus* (Gebler, 1836) 검정가슴호랑하늘소
Xylotrechus (*Xylotrechus*) *atronotatus subscalaris* Pic, 1917 제주호랑하늘소
Xylotrechus (*Xyloclytus*) *chinensis* (Chevrolat, 1852) 호랑하늘소
Xylotrechus (*Xylotrechus*) *clarinus* Bates, 1884 북자호랑하늘소
Xylotrechus (*Xylotrechus*) *cuneipennis* (Kraatz, 1879) 세줄호랑하늘소
Xylotrechus (*Xylotrechus*) *hircus* Gebler, 1825 갈색호랑하늘소
Xylotrechus (*Xylotrechus*) *incurvatus incurvatus* (Chevrolat, 1863) 닮은애호랑하늘소
Xylotrechus (*Xylotrechus*) *grayii grayii* A. White, 1855 별가슴호랑하늘소
Xylotrechus (*Xylotrechus*) *pavlovskii* Plavilstshikov, 1954 넉점애호랑하늘소
Xylotrechus (*Xylotrechus*) *polyzonus* (Fairmaire, 1888) 애호랑하늘소
Xylotrechus (*Xylotrechus*) *pyrrhoderus pyrrhoderus* Bates, 1873 포도호랑하늘소
Xylotrechus (*Xylotrechus*) *rufilius rufilius* Bates, 1884 홍가슴호랑하늘소
Xylotrechus (*Xylotrechus*) *yanoi* Gressitt, 1934 노랑줄호랑하늘소

Genus *Rusticoclytus* Vives, 1977
Rusticoclytus adspersus (Gebler, 1830) 북방호랑하늘소
Rusticoclytus rusticus (Linnaeus, 1758) 줄하늘소

Rusticoclytus salicis Takakuwa & Oda, 1978 닮은줄호랑하늘소

Genus *Plagionotus* Mulsant, 1842
Plagionotus christophi (Kraatz, 1879) 소범하늘소
Plagionotus pulcher (Blessig, 1872) 작은소범하늘소

Genus *Kazuoclytus* Hayashi, 1968
Kazuoclytus lautoides (Hayashi, 1950) 이른봄범하늘소

Genus *Clytus* Laicharting, 1784
Clytus arietoides Reitter, 1900 줄범하늘소
Clytus nigritulus Kraatz, 1879 두줄범하늘소
Clytus melaenus Bates, 1884 흰줄범하늘소
Clytus raddensis Pic, 1904 산흰줄범하늘소
Clytus planiantennatus Lim & Han, 2012 넓은촉각범하늘소

Genus *Brachyclytus* Kraatz, 1879
Brachyclytus singularis Kraatz, 1879 홍호랑하늘소

Genus *Cyrtoclytus* Ganglbauer, 1882
Cyrtoclytus capra (Germar, 1824) 벌호랑하늘소
Cyrtoclytus monticallisus Komiya, 1980 넓은홍호랑하늘소

Genus *Epiclytus* Gressitt, 1935
Epiclytus ussuricus (Pic, 1933) 짧은날개범하늘소

Genus *Teratoclytus* Zaitzev, 1937
Teratoclytus plavilstshikovi Zaitzev, 1937 긴촉각범하늘소

Genus *Chlorophorus* Chevrolat, 1863
Chlorophorus annularis (Fabricius, 1787) 대범하늘소
Chlorophorus diadema diadema (Motschulsky, 1854) 범하늘소
Chlorophorus japonicus (Chevrolat, 1863) 가시범하늘소
Chlorophorus motschulskyi (Ganglbauer, 1887) 우리범하늘소
Chlorophorus muscosus (Bates, 1873) 홀쭉범하늘소
Chlorophorus quinquefasciatus (Laporte & Gory, 1836) 네줄범하늘소
Chlorophorus simillimus (Kraatz, 1879) 육점박이범하늘소
Chlorophorus tohokensis Hayashi, 1968 회색줄범하늘소

Genus *Rhaphuma* Pascoe, 1858
Rhaphuma diminuta diminuta (Bates, 1873) 꼬마긴다리범하늘소
Rhaphuma gracilipes (Faldermann, 1835) 긴다리범하늘소

Genus *Rhabdoclytus* Ganglbauer, 1889
Rhabdoclytus acutivittis acutivittis (Kraatz, 1879) 측범하늘소

Genus *Grammographus* Chevrolat, 1863
Grammographus notabilis notabilis (Pascoe, 1862) 노랑범하늘소

Genus *Demonax* J. Thomson, 1861
Demonax transilis Bates, 1884 가시수염범하늘소
Demonax seoulensis Mitono & Cho, 1942 서울가시수염범하늘소

Genus *Perissus* Chevrolat, 1863
Perissus fairmairei Gressitt, 1940 작은호랑하늘소
Perissus kimi Niisato & Koh, 2003 무늬박이작은호랑하늘소

Tribe Anaglyptini Lacordaire, 1868
Genus *Anaglyptus* Mulsant, 1839
Anaglyptus (*Anaglyptus*) *niponensis* Bates, 1884 뾰족범하늘소
Anaglyptus (*Aglaophis*) *colobotheoides* (Bates, 1884) 흰테범하늘소

Tribe Cleomenini Lacordaire, 1868
Genus *Dere* A. White, 1855
Dere thoracica A. White, 1855 반디하늘소

Genus *Cleomenes* (J. Thomson, 1864)
Cleomenes takiguchii K. Ohbayashi, 1936 무늬반디하늘소

Tribe Purpuricenini J. Thomson, 1861
Genus *Amarysius* Fairmaire, 1888
Amarysius altajensis coreanus (Okamoto, 1924) 무늬소주홍하늘소
Amarysius sanguinipennis (Blessig, 1872) 소주홍하늘소

Genus *Purpuricenus* Dejean, 1821
Purpuricenus (*Sternoplistes*) *lituratus* Ganglbauer, 1887 모자주홍하늘소
Purpuricenus (*Sternoplistes*) *sideriger* Fairmaire, 1888 달주홍하늘소
Purpuricenus (*Sternoplistes*) *spectabilis* Motschulsky, 1858 점박이주홍하늘소
Purpuricenus (*Sternoplistes*) *temminckii* (Guérin-Méneville, 1844) 주홍하늘소

Genus *Anoplistes* Audinet-Serville, 1834
Anoplistes halodendri pirus (Arakawa, 1932) 먹주홍하늘소

Subfamily Lamiinae Latreille, 1825
Tribe Mesosini Mulsant, 1839
Genus *Mesosa* Latreille, 1829
Mesosa (*Perimesosa*) *hirsuta hirsuta* Bates, 1884 흰깨다시하늘소
Mesosa (Aplocnemia) longipennis Bates, 1873 긴깨다시하늘소
Mesosa (*Mesosa*) *myops* (Dalman, 1817) 깨다시하늘소
Mesosa (*Mesosa*) *perplexa* Pascoe, 1858 섬깨다시하늘소
Mesosa (*Perimesosa*) *hyunchaei* J. Yamasako & M. Hasegawa, 2009 남방깨다시하늘소

Tribe Homonoeini J. Thomson, 1864
Genus *Bumetopia* Pascoe, 1858
Bumetopia oscitans Pascoe, 1858 소머리하늘소

Tribe Apomecynini J. Thomson, 1860
Genus *Asaperda* Bates, 1873
Asaperda stenostola Kraatz, 1879 측돌기하늘소

Genus *Eupogoniopsis* Breuning, 1949
Eupogoniopsis granulatus Lim, 2013 흑민하늘소

Genus *Apomecyna* Dejean, 1821

Apomecyna (*Apomecyna*) *histrio histrio* (Fabricius, 1792) 오이하늘소
Apomecyna (*Apomecyna*) *naevia naevia* Bates, 1873 나도오이하늘소

Genus *Atimura* Pascoe, 1863
Atimura japonica Bates, 1873 뾰족날개하늘소

Genus *Xylariopsis* Bates, 1884
Xylariopsis mimica Bates, 1884 흰가슴하늘소

Genus *Microlera* Bates, 1873
Microlera ptinoides Bates, 1873 좁쌀하늘소

Genus *Sybra* Pascoe, 1865
Sybra (*Sybra*) *flavomaculata* Breuning, 1939 참소나무하늘소
Sybra (*Sybrodiboma*) *subfasciata subfasciata* (Bates, 1884) 맵시하늘소

Genus *Ropica* Pascoe, 1858
Ropica coreana Breuning, 1980 우리하늘소

Tribe Agapanthiini Mulsant, 1839
Genus *Agapanthia* Audinet-Serville, 1835
Agapanthia (*Epoptes*) *pilicornis pilicornis*(Fabricius, 1787) 닮은남색초원하늘소
Agapanthia (*Epoptes*) *dahli* (Richter, 1820) 북방초원하늘소
Agapanthia (*Epoptes*) *amurensis* Kraatz, 1879 남색초원하늘소
Agapanthia (*Epoptes*) *daurica daurica* Ganglbauer, 1884 초원하늘소

Genus *Coreocalamobius* Hasegawa, Han & Oh, 2014
Coreocalamobius parantennatus Hasegawa, Han & Oh, 2014 작은초원하늘소

Genus *Pseudocalamobius* Kraatz, 1879
Pseudocalamobius japonicus (Bates, 1873) 원통하늘소

Tribe Pteropliini J. Thomson, 1860
Genus *Egesina* Pascoe, 1864
Egesina (*Niijimaia*) *bifasciana bifasciana* (Matsushita, 1933) 꼬마하늘소

Genus *Pterolophia* Newman, 1842
Pterolophia (*Hylobrotus*) *annulata* (Chevrolat, 1845) 큰곰보하늘소
Pterolophia (*Pterolophia*) *caudata caudata* (Bates, 1873) 곰보하늘소
Pterolophia (*Pterolophia*) *granulata* (Motschulsky, 1866) 흰점곰보하늘소
Pterolophia (*Ale*) *jugosa jugosa* (Bates, 1873) 흰곰보하늘소
Pterolophia (*Pterolophia*) *maacki* (Blessig, 1873) 대륙곰보하늘소
Pterolophia (*Pterolophia*) *multinotata* Pic, 1931 우리곰보하늘소
Pterolophia (*Pterolophia*) *zonata* (Bates, 1873) 흰띠곰보하늘소
Pterolophia (*Pseudale*) *jiriensis* Danilevsky, 1996 지리곰보하늘소(가칭)
Pterolophia (*Pseudale*) *adachii* (Hayashi, 1983) 혹등곰보하늘소(가칭)

Genus *Niphona* Mulsant, 1839
Niphona (*Niphona*) *furcata* (Bates, 1873) 짝지하늘소

Tribe Parmenini Mulsant, 1839

Genus *Plectrura* Eschscholtz, 1845
Plectrura (*Phlyctidola*) *metallica metallica* (Bates, 1884) 두꺼비하늘소

Tribe Dorcadionini Swainson & Shuckard, 1840
Genus *Eodorcadion* Breuning, 1947
Eodorcadion (*Humerodorcadion*) *humerale humerale* (Gebler, 1823) 사막두꺼비하늘소
Eodorcadion (*Eodorcadion*) *virgatum virgatum* (Motschulsky, 1854) 사막곰보두꺼비하늘소

Tribe Lamiini Latreille, 1825
Genus *Lamia* Fabricius, 1775
Lamia textor (Linnaeus, 1758) 목하늘소

Genus *Lamiomimus* Kolbe, 1886
Lamiomimus gottschei Kolbe, 1886 우리목하늘소

Genus *Eupromus* Pascoe, 1868
Eupromus ruber (Dalman, 1817) 후박나무하늘소

Tribe Monochamini Gistel, 1848
Genus *Blepephaeus* Pascoe, 1866
Blepephaeus infelix (Pascoe, 1856) 두줄수염하늘소

Genus *Mecynippus* Bates, 1884
Mecynippus pubicornis Bates, 1884 단풍수염하늘소

Genus *Monochamus* Dejean, 1821
Monochamus (*Monochamus*) *alternatus alternatus* Hope, 1842 솔수염하늘소
Monochamus (*Monochamus*) *guttulatus* Gressitt, 1951 점박이수염하늘소
Monochamus (*Monochamus*) *impluviatus impluviatus* (Motschulsky, 1859) 흰점박이수염하늘소
Monochamus (*Monochamus*) *nitens* (Bates, 1884) 큰깨다시수염하늘소
Monochamus (*Monochamus*) *saltuarius* (Gebler, 1830) 북방수염하늘소
Monochamus (*Monochamus*) *subfasciatus subfasciatus* (Bates, 1873) 긴수염하늘소
Monochamus (*Monochamus*) *urussovii* (Fischer von Waldheim, 1805) 수염하늘소

Genus *Anoplophora* Hope, 1839
Anoplophora glabripennis (Motschulsky, 1854) 유리알락하늘소
Anoplophora malasiaca (J. Thomson, 1865) 알락하늘소

Genus *Astynoscelis* Pic, 1904
Astynoscelis degener degener (Bates, 1873) 애기우단하늘소

Genus *Acalolepta* Pascoe, 1858
Acalolepta fraudatrix fraudatrix (Bates, 1873) 우단하늘소
Acalolepta kusamai Hayashi, 1969 밤우단하늘소
Acalolepta luxuriosa luxuriosa (Bates, 1873) 큰우단하늘소
Acalolepta sejuncta sejuncta (Bates, 1873) 작은우단하늘소

Genus *Uraecha* J. Thomson, 1864
Uraecha bimaculata bimaculata J. Thomson, 1864 화살하늘소

Genus *Psacothea* Gahan, 1888
Psacothea hilaris hilaris (Pascoe, 1857) 울도하늘소

Genus *Xenicotela* Bates, 1884
Xenicotela pardalina (Bates, 1884) 애기수염하늘소

Tribe Batocerini J. Thomson, 1864
Genus *Apriona* Chevrolat, 1852
Apriona (*Apriona*) *germari* (Hope, 1831) 뽕나무하늘소

Genus *Batocera* Dejean, 1835
Batocera lineolata Chevrolat, 1852 참나무하늘소

Tribe Ancylonotini Lacordaire, 1869
Genus *Palimna* Pascoe, 1862
Palimna liturata continentalis (Semenov, 1914) 알락수염하늘소

Tribe Ceroplesini J. Thomson, 1860
Genus *Moechotypa* J. Thomson, 1864
Moechotypa diphysis (Pascoe, 1871) 털두꺼비하늘소

Tribe Dorcaschematini J. Thomson, 1860
Genus *Olenecamptus* Chevrolat, 1835
Olenecamptus clarus clarus Pascoe, 1859 점박이염소하늘소
Olenecamptus cretaceus cretaceus Bates, 1873 테두리염소하늘소
Olenecamptus formosanus Pic, 1914 굴피염소하늘소
Olenecamptus octopustulatus (Motschulsky, 1860) 염소하늘소
Olenecamptus subobliteratus Pic, 1923 흰염소하늘소

Tribe Xenoleini Lacordaire, 1872
Genus *Hirtaeschopalaea* Pic, 1925
Hirtaeschopalaea nubila (Matsushita, 1933) 흰무늬말총수염하늘소

Genus *Xenolea* J. Thomson, 1864
Xenolea asiatica (Pic, 1925) 말총수염하늘소

Tribe Apodasyini Lacordaire, 1872
Genus *Arhopaloscelis* Murzin, Danilevsky & Lobanov, 1981
Arhopaloscelis bifasciata (Kraatz, 1879) 곤봉하늘소

Genus *Rhopaloscelis* Blessig, 1873
Rhopaloscelis unifasciata Blessig, 1873 무늬곤봉하늘소

Genus *Terinaea* Bates, 1884
Terinaea tiliae (Murzin, 1983) 맵시곤봉하늘소

Genus *Cylindilla* Bates, 1884
Cylindilla grisescens Bates, 1884 애곤봉하늘소

Genus *Mimectatina* Aurivillius, 1928
Mimectatina divaricata divaricata (Bates, 1884) 권하늘소

Genus *Sophronica* Blanchard , 1845
Sophronica koreana Gressitt, 1951 큰통하늘소

Genus *Anaesthetobrium* Pic, 1923
Anaesthetobrium luteipenne Pic, 1923 통하늘소

Tribe Pogonocherini Mulsant, 1839
Genus *Pogonocherus* Dejean, 1821
Pogonocherus fasciculatus fasciculatus (DeGeer, 1775) 닮은새똥하늘소
Pogonocherus seminiveus Bates, 1873 새똥하늘소

Genus *Exocentrus* Dejean, 1835
Exocentrus fisheri Gressitt, 1935 검은콩알하늘소
Exocentrus guttulatus guttulatus Bates, 1873 유리콩알하늘소
Exocentrus lineatus Bates, 1873 줄콩알하늘소
Exocentrus stierlini Ganglbauer, 1883 콩알하늘소
Exocentrus testudineus Matsushita, 1931 무늬콩알하늘소
Exocentrus zikaweiensis Savio, 1929 우리콩알하늘소

Tribe Acanthoderini J. Thomson, 1860
Genus *Aegomorphus* Haldeman, 1847
Aegomorphus clavipes (Schrank, 1781) 큰곤봉수염하늘소

Genus *Oplosia* Mulsant, 1862
Oplosia suvorovi (Pic, 1914) 잔점박이곤봉수염하늘소

Tribe Acanthocinini Blanchard, 1845
Genus *Acanthocinus* Dejean, 1821
Acanthocinus aedilis (Linnaeus, 1758) 솔곤봉수염하늘소
Acanthocinus carinulatus Gebler, 1833 북방곤봉수염하늘소
Acanthocinus griseus (Fabricius, 1792) 곤봉수염하늘소

Genus *Leiopus* Audinet-Serville, 1835
Leiopus albivittis albivittis Kraatz, 1879 흰점꼬마수염하늘소
Leiopus guttatus Bates, 1873 꼬마수염하늘소
Leiopus stillatus (Bates, 1884) 산꼬마수염하늘소

Genus *Rondibilis* J. Thomson, 1857
Rondibilis (*Rondibilis*) *undulata* (Pic, 1922) 달구벌하늘소
Rondibilis (*Rondibilis*) *schabliovskyi* (Tsherepanov, 1982) 뿔가슴하늘소

Genus *Sciades* Pascoe, 1864
Sciades (*Estoliops*) *fasciatus fasciatus* (Matsushita, 1943) 정하늘소
Sciades (*Miaenia*) *maritimus* Tsherepanov, 1979 작은정하늘소

Tribe Astathini Pascoe, 1864
Genus *Bacchisa* Pascoe, 1866
Bacchisa (*Bacchisa*) *fortunei fortunei* (J. Thomson, 1857) 남색하늘소

Genus *Tetraophthalmus* Dejean, 1835
Tetraophthalmus episcopalis (Chevrolat, 1852) 큰남색하늘소

Tribe Saperdini Mulsant, 1839
Genus *Saperda* Fabricius, 1775

Saperda balsamifera (Motschulsky, 1860) 별긴하늘소
Saperda populnea (Linnaeus, 1758) 작은별긴하늘소
Saperda carcharias (Linnaeus, 1758) 백두산긴하늘소
Saperda alberti Plavilstshikov, 1915 열두점긴하늘소
Saperda interrupta Gebler, 1825 무늬박이긴하늘소
Saperda octomaculata Blessig, 1873 팔점긴하늘소
Saperda subobliterata Pic, 1910 만주팔점긴하늘소
Saperda scalaris hieroglyphica (Pallas, 1773) 긴하늘소
Saperda tetrastigma Bates, 1879 노란팔점긴하늘소

Genus *Paraglenea* Bates, 1866
Paraglenea fortunei (Saunders, 1853) 모시긴하늘소

Genus *Eutetrapha* Bates, 1884
Eutetrapha metallescens (Motschulsky, 1860) 녹색네모하늘소
Eutetrapha sedecimpunctata sedecimpunctata (Motschulsky, 1860) 네모하늘소

Genus *Pareutetrapha* Breuning, 1952
Pareutetrapha eximia (Bates, 1884) 애긴네모하늘소

Genus *Praolia* Bates, 1884
Praolia citrinipes citrinipes Bates, 1884 잿빛꼬마긴하늘소

Genus *Thyestilla* Aurivillius, 1923
Thyestilla gebleri (Faldermann, 1835) 삼하늘소

Genus *Menesia* Mulsant, 1856
Menesia albifrons Heyden, 1886 산황하늘소
Menesia flavotecta Heyden, 1886 황하늘소
Menesia sulphurata (Gebler, 1825) 별황하늘소

Genus *Glenea* Newman, 1842
Glenea (*Glenea*) *relicta relicta* Pascoe, 1858 흰점하늘소

Genus *Eumecocera* Solsky, 1871
Eumecocera callosicollis (Breuning, 1943) 먹당나귀하늘소
Eumecocera impustulata (Motschulsky, 1860) 당나귀하늘소

Tribe Phytoeciini Mulsant, 1839
Genus *Phytoecia* Dejean, 1835
Phytoecia (*Cinctophytoecia*) *cinctipennis* Mannerheim, 1849 먹국화하늘소
Phytoecia (*Phytoecia*) *rufiventris* Gautier des Cottes, 1870 국화하늘소
Phytoecia (*Phytoecia*) *coeruleomicans* Breuning, 1947 검정국화하늘소(가칭)

Genus *Epiglenea* Bates, 1884
Epiglenea comes comes Bates, 1884 노랑줄점하늘소

Genus *Nupserha* J. Thomson, 1860
Nupserha marginella marginella (Bates, 1873) 선두리하늘소

Genus *Oberea* Dejean, 1835

Oberea (*Oberea*) *atropunctata* Pic, 1916 큰사과하늘소
Oberea (*Oberea*) *herzi* Ganglbauer, 1887 우리사과하늘소
Oberea (*Oberea*) *coreana* Pic, 1912 본방사과하늘소
Oberea (*Oberea*) *morio* Kraatz, 1879 검정사과하늘소
Oberea (*Oberea*) *vittata* Blessig, 1873 등빨간쉬나무하늘소
Oberea (*Oberea*) *depressa* Gebler, 1825 통사과하늘소
Oberea (*Oberea*) *oculata* (Linnaeus, 1758) 두눈사과하늘소
Oberea (*Oberea*) *heyrovskyi* Pic, 1927 헤이로브스키사과하늘소
Oberea (*Oberea*) *tsuyukii* Kurihara & N. Ohbayashi, 2007 대만사과하늘소
Oberea (*Oberea*) *inclusa* Pascoe, 1858 사과하늘소
Oberea (*Oberea*) *fuscipennis fuscipennis* (Chevrolat, 1852) 홀쭉사과하늘소
Oberea (*Oberea*) *nigriventris nigriventris* Bates, 1873 월서사과하늘소
Oberea (*Oberea*) *pupillata* (Gyllenhal, 1817) 고리사과하늘소
Oberea (*Oberea*) *infranigrescens* Breuning, 1960 뾰족날개사과하늘소

깔따구하늘소아과

Disteniinae

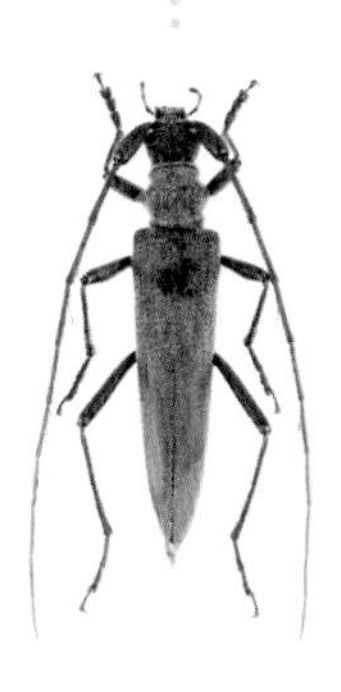

깔따구하늘소

Distenia gracilis gracilis (Blessig, 1872)

크기 17~34㎜
서식지 산지
출현시기 6~9월
기주식물 갈참나무
월동태 유충
분포 거제도, 두륜산, 지리산, 가지산, 내장산, 변산반도, 운장산, 명지산, 소백산, 북한산, 태기산, 계방산, 오대산

몸은 가늘고 길쭉하며 황색 털로 덮여 있어 황록색을 띤다. 더듬이는 암갈색이며 4마디부터 긴 털이 듬성듬성 나 있다. 산지의 낮은 지역에서 높은 지역까지 서식한다. 성충은 6월부터 나타나 9월까지 활동하고 7월 말에 가장 많이 보인다. 불빛에 잘 날아오며 낮에는 보기 어렵다. 암컷은 죽은 기주식물에 산란하고 유충은 나무껍질과 목질부 사이에서 생활하며 겨울을 난다. 유충은 머리가 넓적해 비단벌레 유충과 비슷해 보인다. 남한 전역에 분포한다.

2011. 8. 18. 가지산. 암컷

2005. 7. 29. 지리산. 수컷

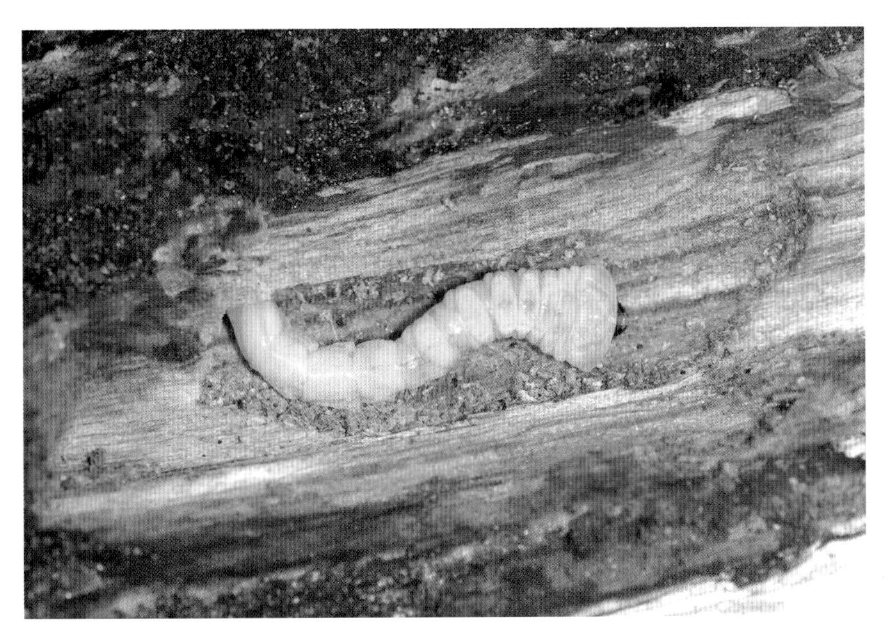

2007. 2. 23. 두륜산. 갈참나무 고사목에서 겨울을 나는 유충

2007. 7. 10. 운장산. 참나무 벌채목에 날아온 성충

2007. 7. 10. 두륜산

2009. 7. 29. 운장산

톱하늘소아과

Prioninae

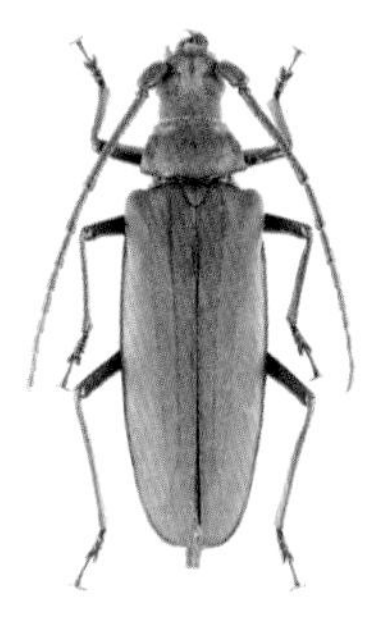

장수하늘소

Callipogon (*Eoxenus*) *relictus* Semenov, 1899

크기 65~110㎜
서식지 산지
출현시기 7~8월
월동태 유충
기주식물 서어나무
분포 광릉수목원, 오대산

머리와 앞가슴등판은 검고 딱지날개는 암갈색으로 노란 털이 나 있다. 수컷의 턱은 암컷보다 크다. 앞가슴등판에 노란 무늬가 4개 있으며 옆에는 크고 작은 날카로운 톱니가 있다. 성충은 수령이 오래된 서어나무나 참나무가 있는 산지에 서식하며 7~8월에 나타난다. 유충 기간이 3년 이상으로 암컷은 굵고 큰 기주식물의 고사목에 산란한다. 천연기념물 제218호로 지정 · 보호하고 있으며 개체수가 줄고 서식 환경이 까다로워 환경부에서 복원사업을 진행 중이다. 불빛에도 날아온다. 남한 중부의 이북 지역에 국지적으로 분포한다.

2009. 8. 15. 중국, 암컷

2009. 8. 15. 중국, 수컷

수컷(사육, 국립생물자원관)

암컷(사육, 국립생물자원관)

알(사육, 국립생물자원관)

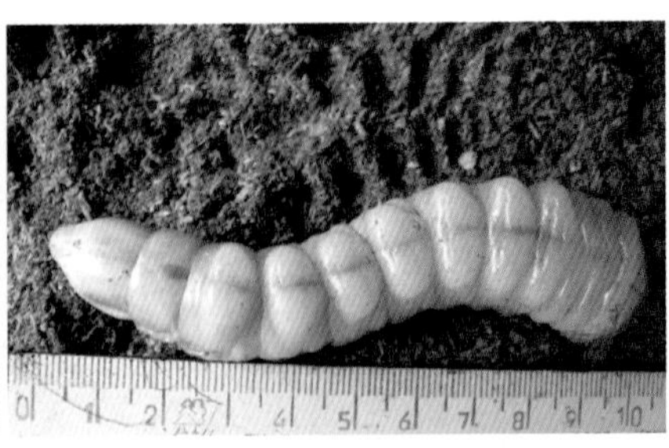

유충(사육, 국립생물자원관)

우화 직전의 수컷 번데기(사육, 국립생물자원관)

우화 직전의 암컷 번데기(사육, 국립생물자원관)

유충의 먹이로 사용한 느릅나무 고사목(사육, 국립생물자원관)

짝짓기(사육, 국립생물자원관)

산란하는 암컷(사육, 국립생물자원관)

버들하늘소

Aegosoma sinicum sinicum A. White, 1853

크기 30~57㎜
서식지 낮은 산지
출현시기 6~8월
월동태 유충
기주식물 물오리나무, 호두나무, 고로쇠나무, 양버즘나무, 수양버들
분포 거제도, 팔영산, 두륜산, 무등산, 황령산, 지리산, 가지산, 내장산, 모악산, 강경읍, 소백산, 광덕산(천안), 팔달산, 강화도, 용유도, 북한산, 중미산, 태기산

머리, 앞가슴등판, 딱지날개는 검거나 암갈색이며, 노란 털이 나 있다. 더듬이에는 작은 돌기들이 나 있고, 3마디가 유난히 길다. 딱지날개에 돌기 4개가 세로로 돌출되었다. 낮은 산지에 살며 성충은 6월부터 나타난다. 야행성으로 낮에는 나무 틈에서 쉬고 밤에 물오리나무, 벚나무 등 활엽수 줄기에서 기어 다니는 모습을 볼 수 있다. 암컷은 죽은 기주식물에 산란하며 유충으로 겨울을 나고 봄에 번데기가 된다. 유충은 쓰러진 기주식물의 굵은 줄기에서 발견된다. 남한 전역에 분포한다.

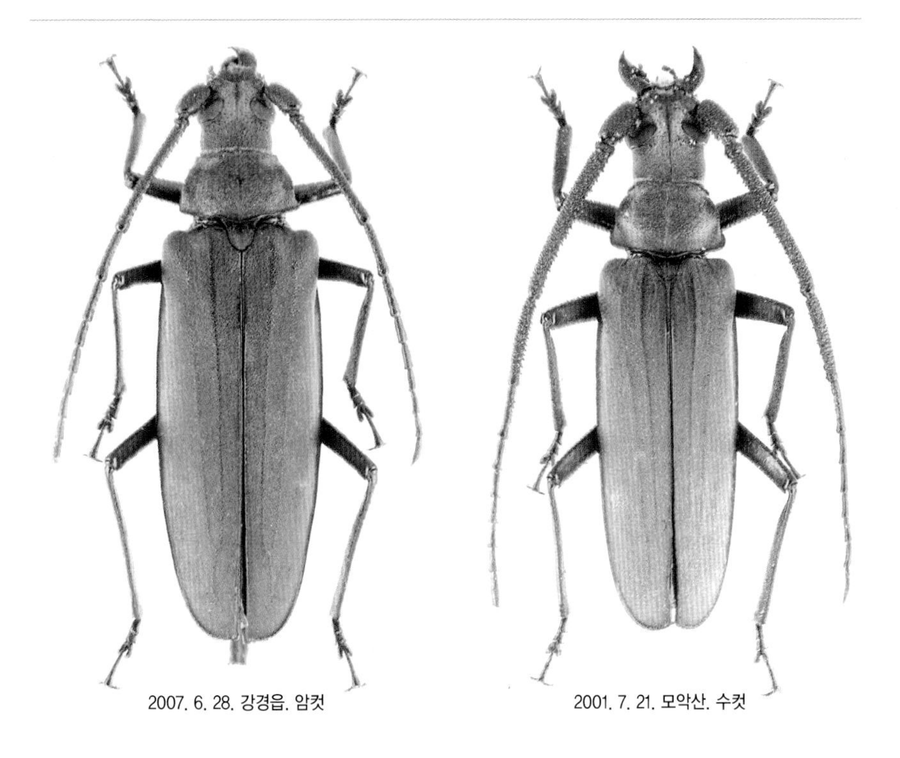

2007. 6. 28. 강경읍. 암컷

2001. 7. 21. 모악산. 수컷

2008. 8. 4. 내장산. 낮에 나무 틈에 숨어 있다.

2006. 7. 2. 모악산. 저녁에 나무줄기에서 활동한다.

2005. 7. 7. 지리산. 옆에 탈출구가 보인다.

2012. 8. 5. 소백산. 불빛에 날아왔다.

2008. 2. 13. 두륜산. 겨울을 나는 유충

2005. 7. 7. 지리산

2008. 7. 28. 두륜산

톱하늘소

Prionus insularis insularis Motschulsky, 1858

크기 20~48㎜
서식지 산지
출현시기 6~8월
월동태 유충 추정
기주식물 확인하지 못함
분포 거제도, 거금도, 무등산, 통영, 가지산, 지리산, 선운산, 경각산, 내장산, 변산반도, 운장산, 모악산, 금성산, 덕유산, 속리산, 소백산, 강화도, 광릉수목원, 북한산, 중미산, 오대산, 점봉산

몸은 넓적하며 검거나 갈색이고 광택이 강하다. 더듬이는 12마디이며 톱날 모양이다. 앞가슴등판 양 옆에 날카로운 톱니가 있다. 성충은 저녁에 활동하며 불빛에 예민하게 반응해 날아온다. 낮에 활엽수의 줄기나 잎에 가만히 앉아 있는 모습을 볼 수 있다. 유충은 살아있는 나무의 뿌리에 살며 유충으로 겨울을 나는 것으로 알려졌으나 직접 확인하지는 못했다. 남한 전역에 분포한다.

2004. 7. 21. 통영. 암컷

2005. 8. 6. 덕유산. 수컷

2008. 7. 30. 광릉수목원

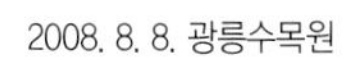

2008. 8. 8. 광릉수목원

2009. 7. 1. 변산반도. 불빛에 날아왔다.

반날개하늘소

Psephactus remiger remiger Harold, 1879

크기 15~30㎜
서식지 낮은 산지
출현시기 6~8월
월동태 유충
기주식물 개서어나무, 팽나무, 갈참나무
분포 제주도, 가거도, 홍도, 진도, 두륜산, 지리산, 내장산, 변산반도, 광릉수목원

머리와 앞가슴등판은 검고 딱지날개는 황갈색이나 검은색이다. 앞가슴등판은 짧고 넓으며 양 옆에 뾰족한 돌기가 있다. 딱지날개는 작아 배 윗부분을 다 덮지 못한다. 뒷다리의 종아리마디가 넓적하다. 마을 주변이나 낮은 산지에 살며 성충은 6월부터 나타나 황혼녘에 활동한다. 암컷은 죽은 기주식물의 줄기나 굵은 가지에 산란하고 유충으로 겨울을 난다. 남한 전역에 분포한다.

2008. 7. 8. 가거도. 암컷

2008. 7. 18. 두륜산. 수컷

2008. 6. 11. 변산반도. 팽나무 고사목에서 성충으로 우화했다.

2008. 6. 26. 변산반도. 팽나무 벌채목에 왔다.

2008. 7. 2. 홍도

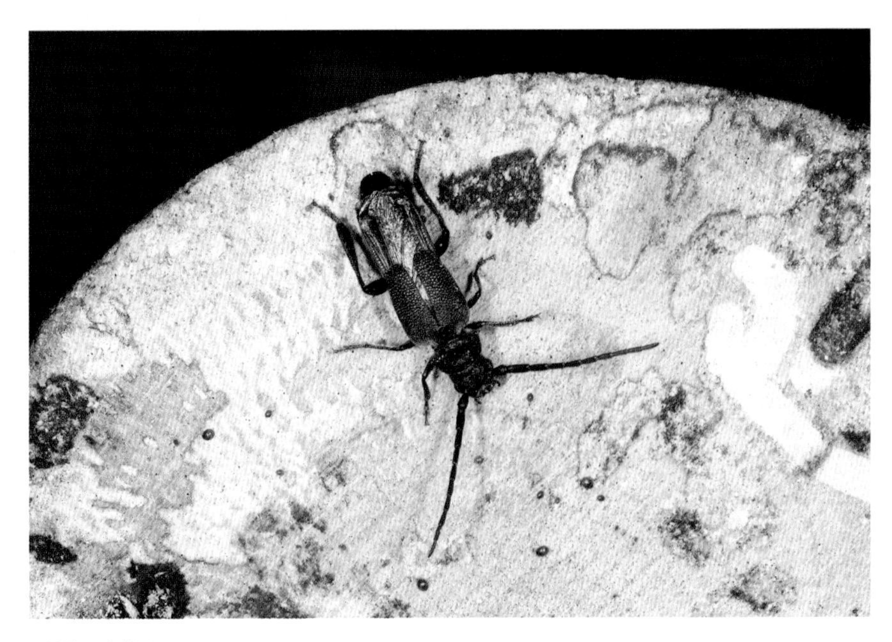

2008. 7. 2. 홍도

검정하늘소아과

Spondylidinae

검정하늘소

Spondylis buprestoides (Linnaeus, 1758)

크기 12~25㎜
서식지 산지
출현시기 6~9월
월동태 확인하지 못함
기주식물 확인하지 못함
분포 거금도, 지리산, 가지산, 마이산, 운장산, 소백산, 덕유산, 북한산, 중미산, 태기산, 계방산, 오대산

몸 윗면은 검고 광택이 약하다. 턱은 크고 날카로우며 더듬이는 짧아 딱지날개에 이르지 못한다. 수컷의 딱지날개에는 돌기 4개가 세로로 돌출되었고 암컷은 뚜렷하지 않다. 성충은 산지에서 6월부터 나타나며 8월 초순에 가장 많다. 야행성으로 낮에는 보기 어려우며 밤에 불빛에 민감하게 반응해 많은 개체가 날아온다. 유충은 소나무, 삼나무, 편백 등 침엽수의 뿌리에 기생한다고 알려졌으나 직접 확인하지는 못했다. 남한 전역에 분포한다.

2005. 7. 17. 지리산. 암컷

2014. 8. 5. 소백산. 수컷

2014. 8. 29. 지리산. 가로등 불빛에 날아왔다.

2014. 8. 7. 소백산. 턱이 유난히 발달했다.

큰넓적하늘소

Arhopalus rusticus (Linnaeus, 1758)

크기 12~27㎜
서식지 산지
출현시기 6~8월
월동태 유충
기주식물 소나무
분포 제주도, 천성산, 지리산, 변산반도, 운장산, 모악산, 연석산, 덕유산, 소백산, 팔달산, 영종도, 송도, 북한산, 계방산, 오대산

몸 윗면은 검거나 암갈색 또는 황갈색으로 개체에 따라 색깔에 변화가 있다. 암컷의 더듬이는 몸길이의 절반 정도이며 수컷 더듬이는 암컷의 것보다 길다. 머리와 앞가슴등판에 세로로 가는 홈이 파여 있고 딱지날개에는 돌기 4개가 세로로 돌출되었다. 산지에 살며 성충은 6월부터 나타난다. 야행성으로 밤에 침엽수 벌채목에서 활동하며 불빛에도 날아온다. 암컷은 죽은 기주식물에 산란하고 유충으로 겨울을 나고 봄에 번데기가 된다. 남한 전역에 분포한다.

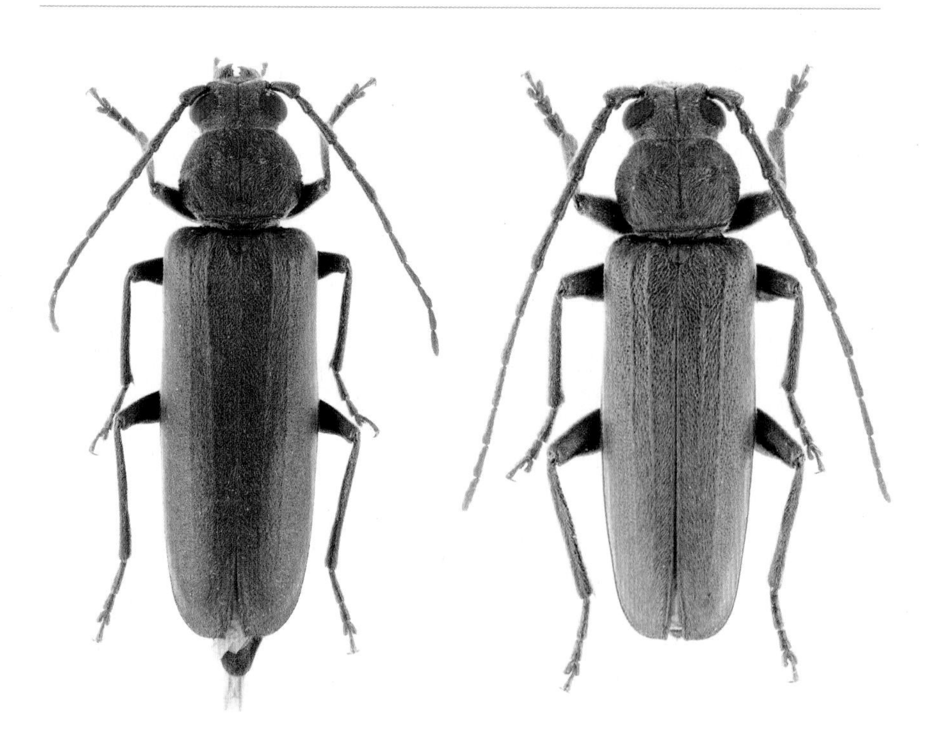

2014. 6. 21. 연석산. 암컷

2013. 7. 15. 소백산. 수컷

2013. 7. 15. 소백산. 머리 중앙에 깊은 홈이 있다.

2014. 6. 5. 모악산. 소나무 벌채목에 성충의 탈출구가 보인다.

작은넓적하늘소

Asemum striatum (Linnaeus, 1758)

크기 9~18㎜
서식지 산지
출현시기 5~8월
월동태 유충
기주식물 소나무
분포 천성산, 지리산, 가지산, 회문산, 능가산, 운장산, 모악산, 소백산, 무의도, 강화도, 명지산, 화악산, 계방산, 구룡령, 광덕산(화천), 해산령

머리와 앞가슴등판은 검고 딱지날개는 검거나 황갈색이며 돌기 6개가 세로로 돌출되었다. 성충은 산지에서 5월부터 나타나며 낮에 침엽수 줄기에 앉아 있는 모습을 가끔 볼 수 있으나 주로 밤에 침엽수 벌채목에 모여 활동하는 야행성이다. 암컷은 죽거나 벌채된 침엽수에 산란하며 성충은 불빛에 날아온다. 큰넓적하늘소와 함께 발견되며, 생태도 비슷하다. 남한 전역에 분포한다.

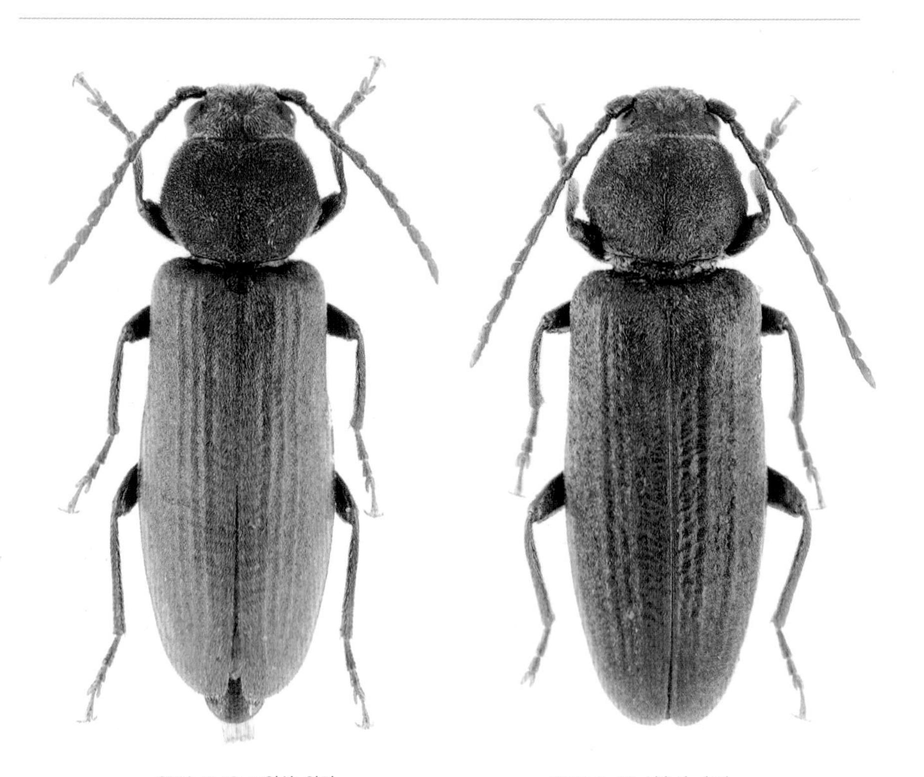

2003. 5. 19. 모악산. 암컷　　2007. 5. 22. 성수산. 수컷

2007. 5. 26. 운장산. 저녁에 소나무 벌채목에서 활동한다.

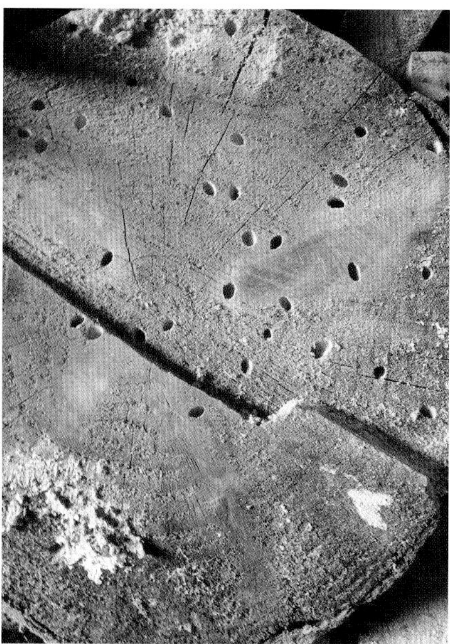

2011. 11. 5. 능가산. 소나무에 난 성충의 탈출구

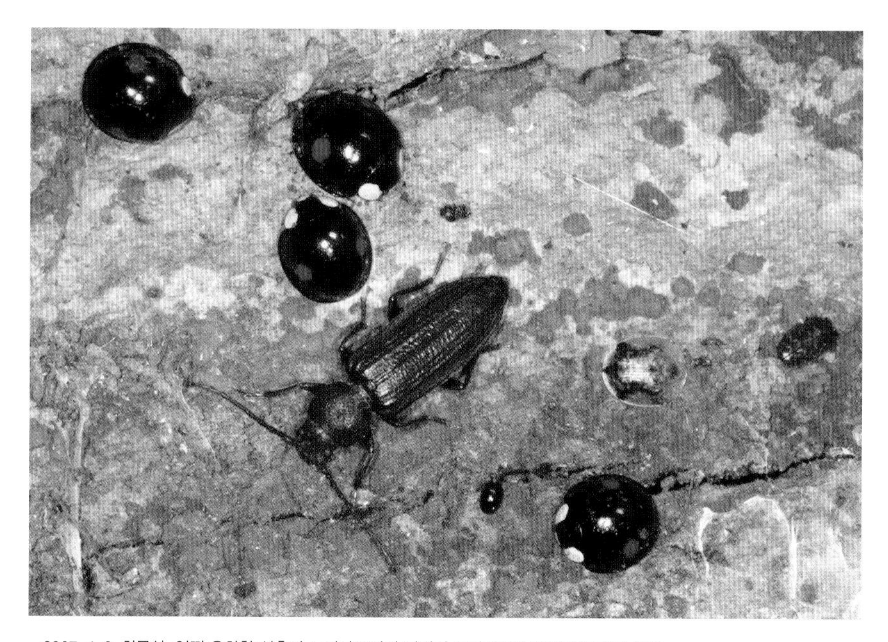

2007. 4. 2. 회문산. 일찍 우화한 성충이 느티나무껍질 밑에서 무당벌레와 함께 월동하고 있다.

넓적하늘소

Cephalallus unicolor (Gahan, 1906)

크기 14~18㎜
서식지 산지
출현시기 6~8월
월동태 유충
기주식물 소나무
분포 제주도, 운장산, 덕유산, 북한산, 오대산, 해산령

몸 윗면은 암갈색이나 황갈색이다. 딱지날개에는 돌기가 세로로 4줄 돌출되었으나 분명하지 않다. 성충은 대체로 높은 지역에서 볼 수 있으며 야행성으로 불빛이 날아오고 밤에 침엽수 벌채목에서 활동한다. 암컷은 죽은 기주식물의 굵은 줄기나 벌채목에 산란하며 유충으로 겨울을 난다. 남한 전역에 분포한다.

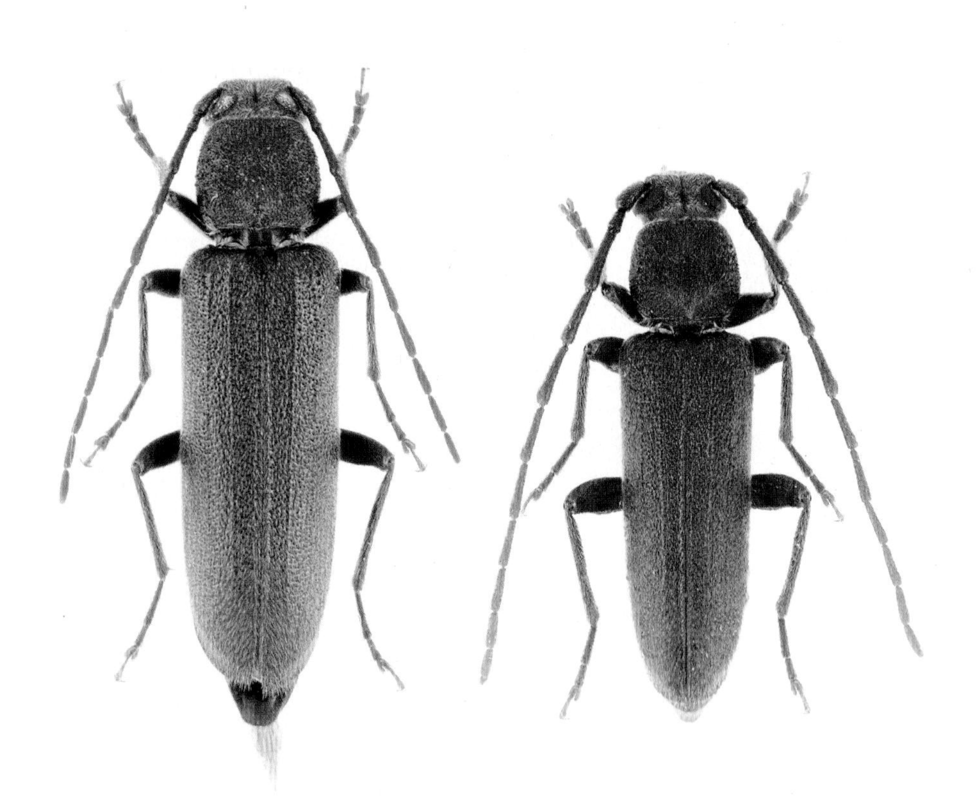

2012. 7. 2. 운장산. 암컷

2008. 6. 30. 제주도. 수컷

2008. 6. 30. 제주도. 밤에 소나무 벌채목에서 활동한다.

2012. 7. 14. 운장산. 불빛에 날아왔다.

검은넓적하늘소

Megasemum quadricostulatum Kraatz, 1879

크기 17~30㎜
서식지 산지
출현시기 7~8월
월동태 유충
기주식물 전나무 추정
분포 오대산, 미천골, 홍천 내면, 두타산, 소백산

몸은 검거나 암갈색이다. 앞가슴등판에는 작은 돌기들이나 있고 위는 둥글게 파여 있다. 딱지날개에는 돌기 4개가 세로로 돌출되었다. 성충은 야행성으로 밤에 죽은 침엽수에서 활동하며 불빛에도 날아온다. 암컷은 죽은 기주식물에 산란하고 유충으로 겨울을 나며 봄에 번데기가 된다. 남한 북부 지역에 분포한다.

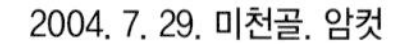

2004. 7. 29. 미천골. 암컷

2007. 8. 1. 오대산. 수컷

2013. 7. 15. 소백산

2011. 10. 25. 오대산. 검은넓적하늘소가 사는 전나무숲

표범하늘소 (가칭)

Atimia okayamensis Hayashi, 1972 (추정)

크기 5.5~8.5㎜
서식지 낮은 산지
출현시기 4~5월, 9~10월
월동태 성충 추정
기주식물 노간주나무
분포 영월 한반도면, 강릉

Atimia okayamensis Hayashi, 1972로 추정되며 자세한 검토가 필요하다. 몸은 검은 바탕에 노란 털이 나 있다. 딱지날개에 검은 점무늬가 나타난다. 산지에 서식하고 성충은 봄과 가을에 연 2회 발견된다. 성충은 기주식물인 노간주나무에서 활동한다. 암컷은 수세가 약하거나 벌채된 기주식물에 산란하고, 유충은 껍질과 목질부 사이에서 나무를 갉아먹고 살며 여기에서 번데기가 된다. 남한의 북부 지역에 분포한다.

2013. 9. 17. 영월 한반도면. 암컷

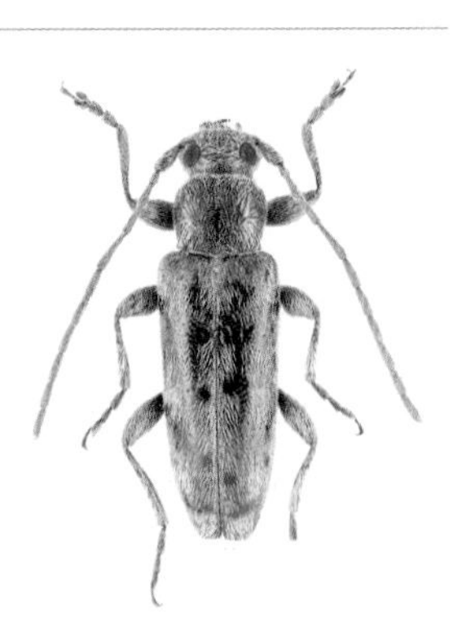

2013. 9. 17. 영월 한반도면. 수컷

2008. 6. 5. 영월 한반도면. 기주식물에서 탈출하지 못하고 죽었다.

꽃하늘소아과
Lepturinae

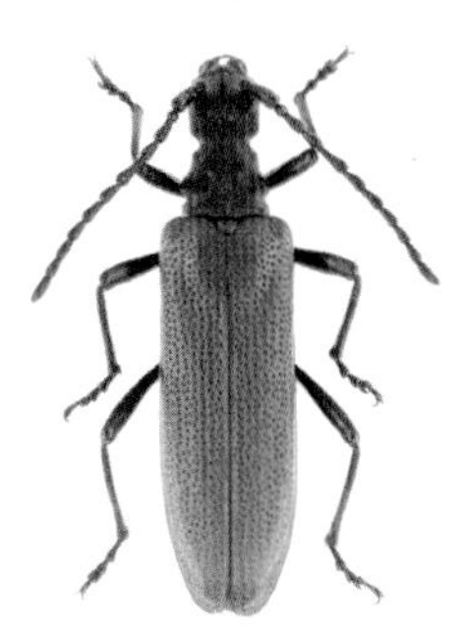

소나무하늘소

Rhagium (*Rhagium*) *inquisitor rugipenne* Reitter, 1898

크기 12~20㎜
서식지 산지
출현시기 4~6월
월동태 성충
기주식물 소나무
분포 진도, 완도, 망운산, 천성산, 변산반도, 운장산, 모악산, 강화도, 명지산, 월악산, 태기산, 오대산, 설악산

몸 윗면은 검은색이며, 노란색과 황갈색 털이 촘촘히 나 있다. 더듬이는 짧아 암수 모두 딱지날개에 이르지 못하고 1, 5마디가 굵다. 앞가슴등판 양 옆에 뾰족한 돌기가 있으며 딱지날개에는 세로로 돌기 4줄이 선명하게 돌출되었다. 성충은 이른 봄부터 나타나 활동하며 맑은 날 소나무 주변에서 활발히 날아다닌다. 암컷은 죽거나 벌채된 기주식물의 굵은 줄기에 산란하며, 다 자란 유충은 껍질과 목질부 사이에 둥근 형태로 번데기방을 만들고 번데기가 된다. 남한 전역에 분포한다.

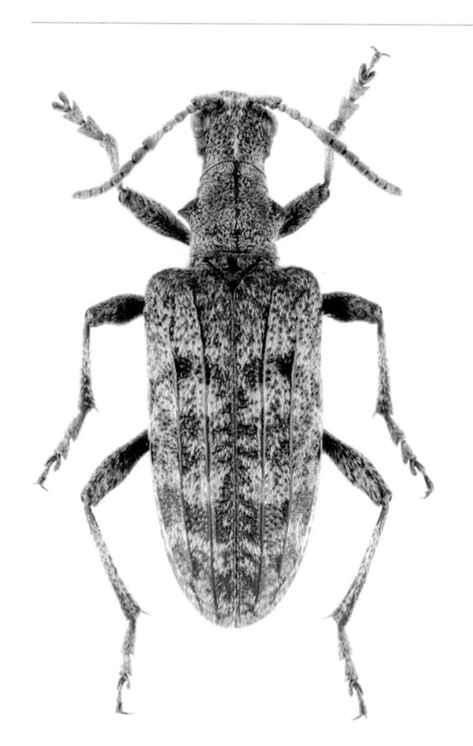

2006. 5. 10. 변산반도. 암컷

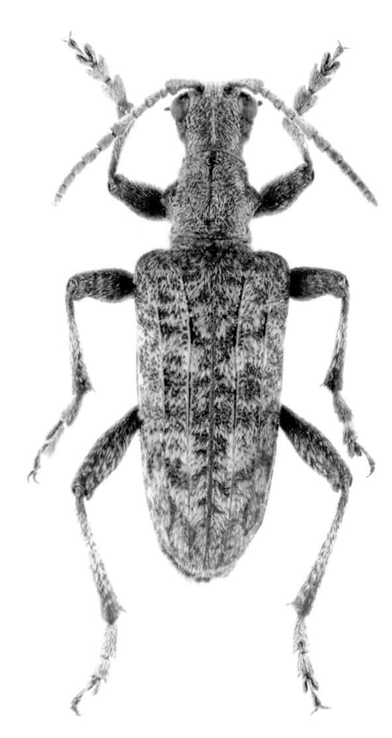

2006. 5. 10. 변산반도. 수컷

2014. 10. 12. 운장산. 유충

2014. 10. 12. 운장산. 번데기

2006. 5. 4. 계화도. 소나무 숲에 산다.

2007. 5. 17. 천성산. 무늬가 소나무 껍질과 비슷하다.

2010. 12. 12. 운장산. 월동하는 성충

2006. 3. 8. 변산반도. 월동 중에 곰팡이에 감염되어 죽었다.

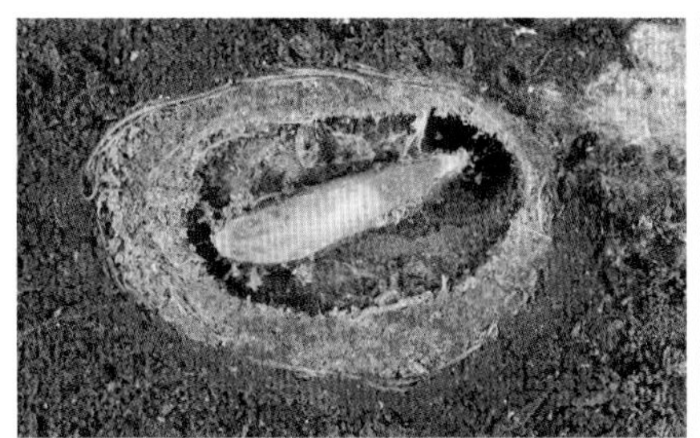

2014. 10. 12. 운장산. 기생벌에게 기생당한 유충

2014. 10.12. 운장산. 유충이 살고 있는 소나무 벌채목

곰보꽃하늘소

Sachalinobia koltzei (Heyden, 1887)

크기 12~20㎜
서식지 산지
출현시기 5~6월
월동태 확인하지 못함
기주식물 전나무 추정
분포 오대산

몸 윗면은 청록색이며 금속성 광택이 난다. 머리와 앞가슴등판에는 짧은 회색 털이 나 있으며 딱지날개에는 물결모양 홈이 파여 있고 가로로 노란 띠가 있다. 높은 산지에 서식하며 성충은 5월부터 나타나 꽃에 날아온다. 밤에 전나무 고사목에 많은 개체가 모여 교미하고 산란하는 모습을 관찰한 바 있다. 기록(이승모, 1987)에 의하면 유충은 고사한지 2~3년이 경과한 침엽수에 기생한다고 한다. 남한의 북부 지역에 분포한다.

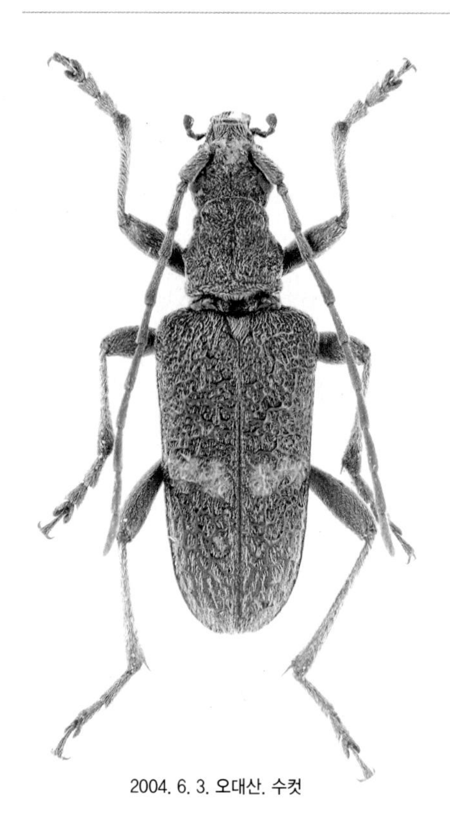

2004. 6. 3. 오대산. 수컷

2011. 10. 25. 오대산. 곰보꽃하늘소가 사는 전나무숲

단풍꽃하늘소 (가칭)

Enoploderes (*Pyrenoploderes*) *bicolor* K. Ohbayashi, 1941(추정)

크기 9~13㎜
서식지 낮은 산지
출현시기 4~5월
월동태 확인하지 못함
기주식물 단풍나무류 추정
분포 광릉수목원

Enoploderes (*Pyrenoploderes*) *bicolor* K. Ohbayashi, 1941로 추정되며 자세한 검토가 필요하다. 머리, 더듬이, 앞가슴등판, 다리는 검고 딱지날개는 붉은색이다. 앞가슴등판 양 옆에 작은 돌기가 있다. 딱지날개는 털이 없고 광택이 난다. 산지에 살며 성충은 이른 봄부터 나타난다. 단풍나무류 노목 줄기의 구멍에 살며 그 안에서 산란하고, 먹이활동을 할 때만 꽃에 오는 것으로 알려졌으나 직접 확인하지는 못했다.

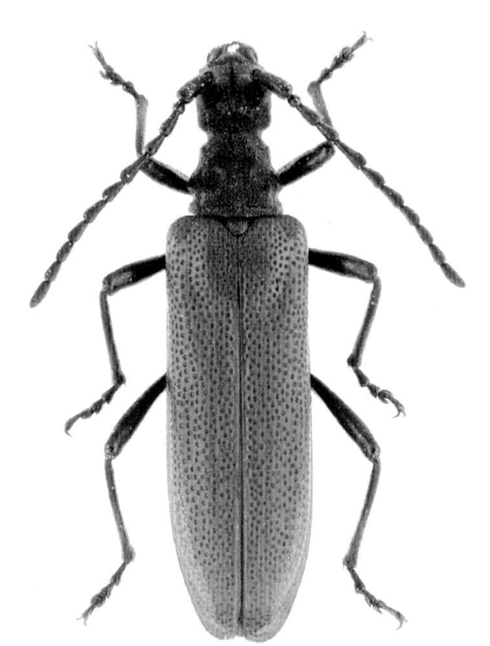

2007. 4. 25. 광릉수목원. 암컷

2013. 4. 28. 내장산. 단풍나무 노목에 산다.

넓은어깨하늘소

Stenocorus (*Stenocorus*) *amurensis* (Kraatz, 1879)

크기 12~26㎜
서식지 높은 산지
출현시기 6~8월
월동태 확인하지 못함
기주식물 확인하지 못함
분포 홍천 내면, 해산령, 설악산

머리와 앞가슴등판은 검고 딱지날개는 암갈색으로 회백색 털이 나 있다. 앞가슴등판 양 옆에 돌기가 있으며 수컷의 딱지날개는 홀쭉하고 암컷의 딱지날개는 넓적하다. 주로 높은 산지에 서식하며 성충은 6~8월에 나타난다. 나뭇잎에 앉아 있거나 나무 꼭대기 주변을 나는 모습을 관찰한 바 있으나 자세한 생태는 확인하지 못했다. 기록(이승모, 1987)에 의하면 꽃에 날아온다고 한다. 남한의 북부 지역에 분포한다.

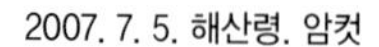

2007. 7. 5. 해산령. 암컷

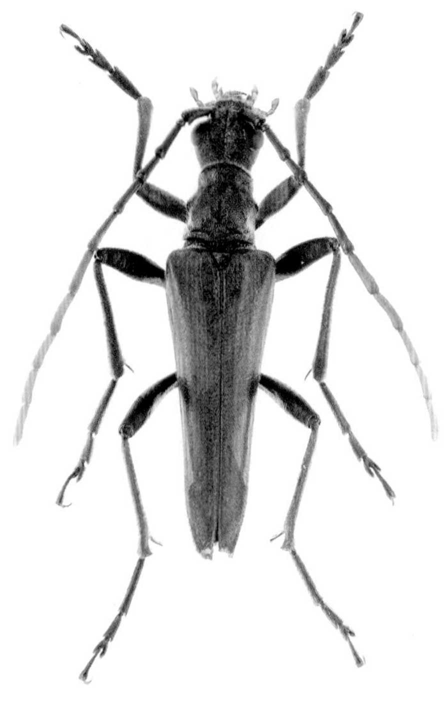

2013. 6. 16. 해산령. 수컷

봄산하늘소

Brachyta amurensis (Kraatz, 1879)

크기 8~12㎜
서식지 산길 주변
출현시기 4~5월
월동태 확인하지 못함
기주식물 확인하지 못함
분포 천마산, 광릉수목원, 태기산, 춘천 남면

머리와 앞가슴등판은 검은색이며 딱지날개는 노란색이다. 더듬이 길이는 암수 모두 몸길이의 절반 정도이다. 딱지날개의 검은 무늬는 개체에 따라 변화가 많으며 전체적으로 검은 개체도 있다. 성충은 이른 봄부터 나타나며 햇빛이 잘 드는 산길 주변이나 공터의 양지꽃이나 키 작은 초본류 꽃에 날아와 꿀을 먹는다. 유충의 생태는 알려지지 않았다. 남한 중부의 이북 지역에 분포한다.

2005. 5. 3. 춘천 남면. 수컷

2005. 5. 3. 춘천 남면. 암컷

2005. 5. 3. 춘천 남면. 수컷

2007. 4. 18. 태기산

2007. 5. 1. 춘천 남면. 양지꽃에 왔다.

고운산하늘소

Brachyta bifasciata bifasciata (Olivier, 1792)

크기 16~23㎜
서식지 높은 산지
출현시기 5~7월
월동태 확인하지 못함
기주식물 확인하지 못함
분포 해산령

머리, 앞가슴등판, 넓적다리마디, 발마디는 검다. 더듬이의 2~5마디는 노랗다. 딱지날개는 노랗고 검은 점과 무늬가 있다. 성충은 초여름에 나타나 꽃에 날아온다. 자세한 생태는 알려지지 않았다. 남한의 북부 지역에 분포한다.

2014. 5. 15. 해산령. 수컷

작은청동하늘소

Gaurotes (*Carilia*) *virginea kozhevnikovi* (Plavilstshikov, 1915)

크기 7~11㎜
서식지 산지
출현시기 5~7월
월동태 확인하지 못함
기주식물 확인하지 못함
분포 금정산, 두륜산, 단석산, 회문산, 추월산, 운장산, 모악산, 강화도, 화야산, 계방산, 해산령

머리와 더듬이, 다리는 검으며 앞가슴등판은 검은색이나 붉은색이다. 딱지날개는 검은색, 짙은 청록색, 고동색이고 개체에 따라 색깔이 다양하며 금속성 광택이 강하다. 성충은 산길 주변의 흰 꽃에 날아오며 유충의 생태는 알려지지 않았다. 남한 전역에 분포한다.

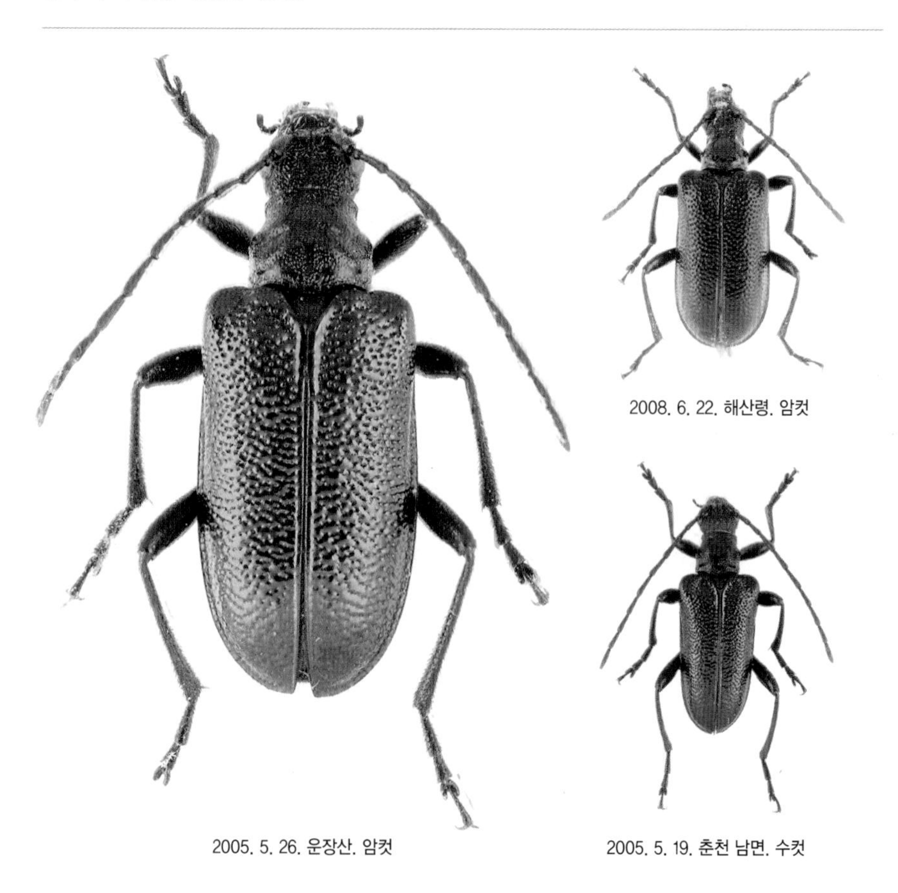

2008. 6. 22. 해산령. 암컷

2005. 5. 26. 운장산. 암컷

2005. 5. 19. 춘천 남면. 수컷

청동하늘소

Gaurotes (*Paragaurotes*) *ussuriensis* Blessig, 1873

크기 9~13㎜
서식지 산지
출현시기 5~7월
월동태 확인하지 못함
기주식물 확인하지 못함
분포 지리산, 회문산, 내장산, 운장산, 금성산, 운문산, 광교산, 화야산, 오대산, 해산령

머리와 앞가슴등판은 검고 딱지날개는 보라색이나 청록색으로 금속성 광택이 난다. 넓적다리마디 전반부는 붉은색이고 후반부는 검은색이다. 성충은 봄부터 나타나 꽃에 날아오고 햇빛이 잘 들지 않는 곳에 있는 활엽수의 부러진 잔가지에 모이여 벌채목에도 날아온다. 자세한 생태는 알려지지 않았다. 남한 전역에 분포한다.

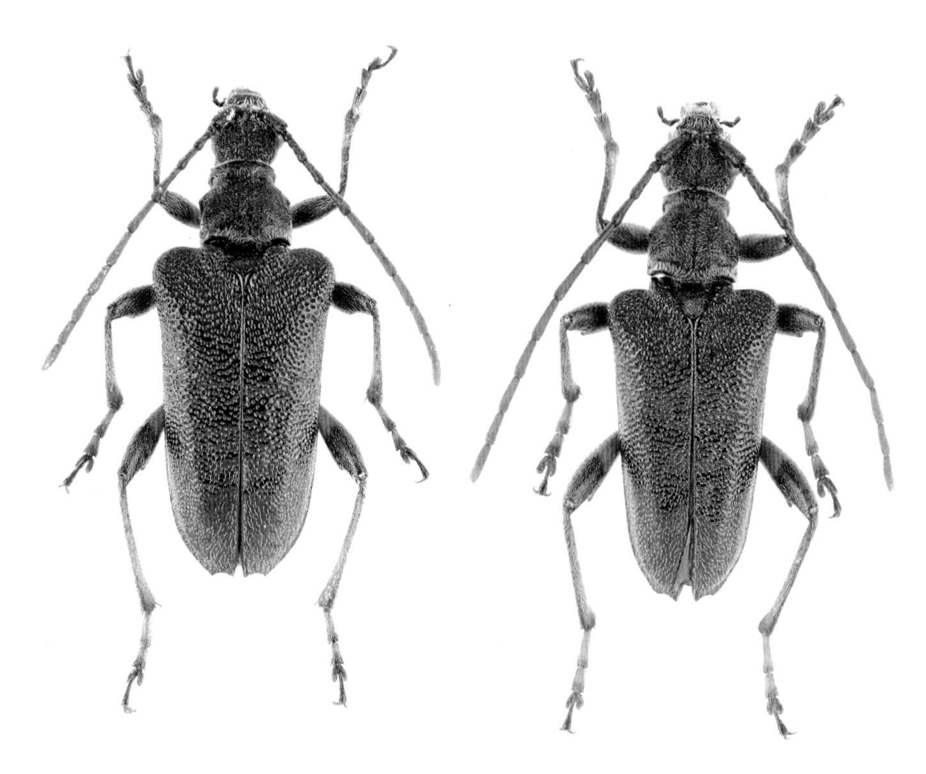

2005. 6. 16. 해산령. 암컷

2007. 5. 30. 내장산. 수컷

2012. 5. 24. 지리산. 죽은 나뭇가지에 왔다.

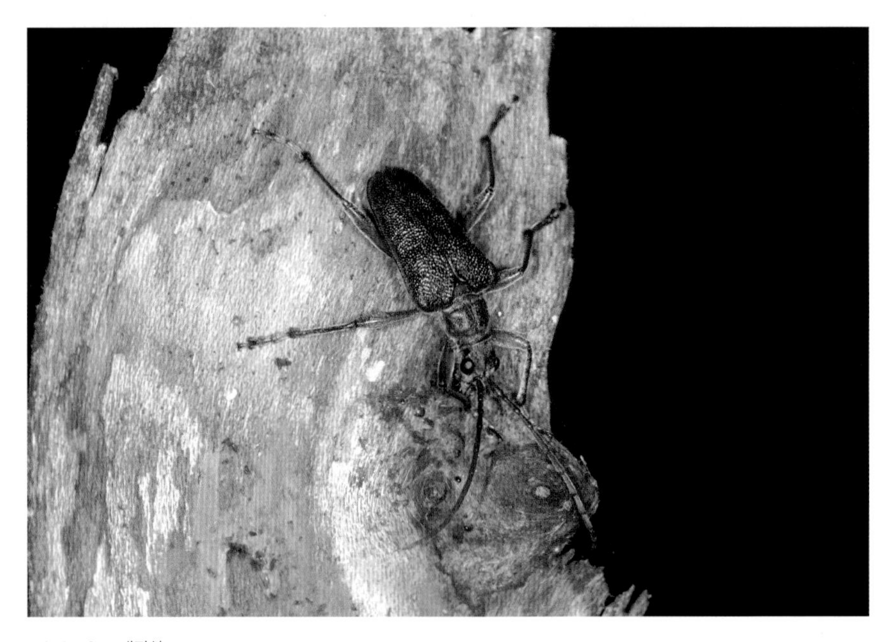

2007. 6. 1. 내장산

남풀색하늘소

Dinoptera (*Dinoptera*) *minuta minuta* (Gebler, 1832)

크기 5~8㎜
서식지 산길 주변
출현시기 5~7월
월동태 확인하지 못함
기주식물 확인하지 못함
분포 진도, 두륜산, 천성산, 단석산, 회문산, 내장산, 변산반도, 운장산, 모악산, 덕유산, 운악산, 주금산, 계방산, 오대산

머리, 더듬이, 앞가슴등판, 다리는 검다. 딱지날개는 넓적하고 군청색이며 광택이 강하다. 성충은 산길 주변에서 봄부터 나타나 흰 꽃에 날아와 꿀과 꽃가루를 먹으며 암수가 만나 짝짓기한다. 개체수가 많아 흔히 볼 수 있지만 유충의 생태는 알려지지 않았다. 남한 전역에 분포한다.

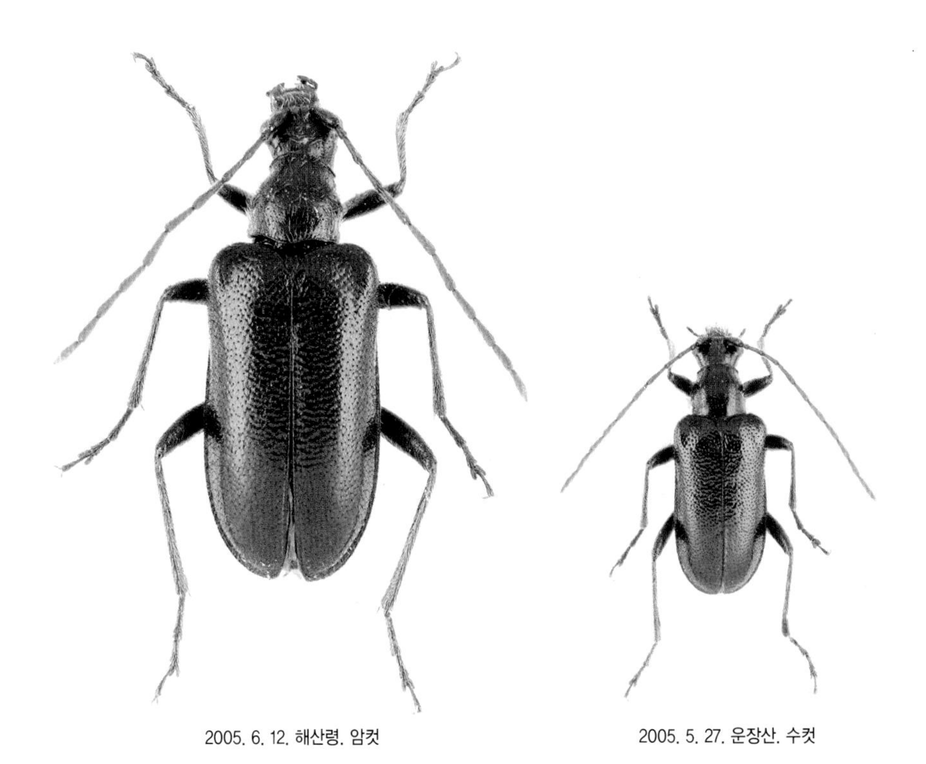

2005. 6. 12. 해산령. 암컷

2005. 5. 27. 운장산. 수컷

2008. 6. 21. 덕유산

2014. 5. 17. 운장산

2006. 5. 16. 변산반도

황줄박이풀색하늘소

Acmaeops septentrionis (C. G. Thomson, 1866)

크기 7~10㎜
서식지 산지
출현시기 5~7월
월동태 확인하지 못함
기주식물 침엽수류 추정
분포 가평 하면, 삼척 미로면, 고성 간성읍

몸 윗면은 감청색이며 작은 흰색 털이 나 있다. 산지에 서식하며, 성충은 봄에 나타나 초여름까지 활동한다. 석양 무렵 일본잎갈나무 벌채목에 모이는 모습과 죽어가는 잣나무 줄기로 내려와 짝짓기하는 모습을 관찰한 바 있다. 기주식물은 각종 침엽수 고사목으로 추정되나 직접 확인하지는 못했다. 남한의 북부 지역에 국지적으로 분포한다.

2007. 6. 1. 삼척 미로면. 암컷

2014. 6. 14. 고성 간성읍. 수컷

우리꽃하늘소

Sivana bicolor (Ganglbauer, 1887)

크기 10~17㎜
서식지 산지
출현시기 5~7월
월동태 확인하지 못함
기주식물 갈매나무
분포 영월 한반도면, 평창 진부면

머리와 더듬이, 다리는 검고 딱지날개는 붉은색이다. 앞가슴등판 양 옆에는 작은 돌기가 나 있으며 딱지날개는 넓고 끝이 둥글다. 산지에 서식한다. 성충은 5월부터 나타나 7월까지 활동하며 층층나무 꽃이나 밤나무 꽃에 날아온다. 암컷은 살아있는 갈매나무에 산란하며 유충은 뿌리 근처에서 번데기가 된다. 남한의 중부 이북 지역에 분포한다.

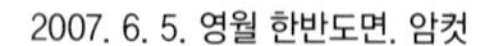

2007. 6. 5. 영월 한반도면. 암컷

2008. 5. 28. 영월 한반도면

따색하늘소

Pseudosieversia rufa (Kraatz, 1879)

크기 10~16㎜
서식지 높은 산지
출현시기 6~8월
월동태 확인하지 못함
기주식물 확인하지 못함
분포 지리산, 태백산, 계방산, 오대산

수컷은 가늘고 길쭉하며 황갈색이고, 암컷은 넓적한 모양으로 고동색이다. 앞가슴등판 양 옆에는 작은 돌기가 있다. 높은 산지에 살며 낮에 보기는 어렵고 불빛에 날아온다. 기록(이승모, 1987)에 의하면 꽃에 날아온다고 하나 직접 확인하지는 못했다. 남한 전역에 분포한다.

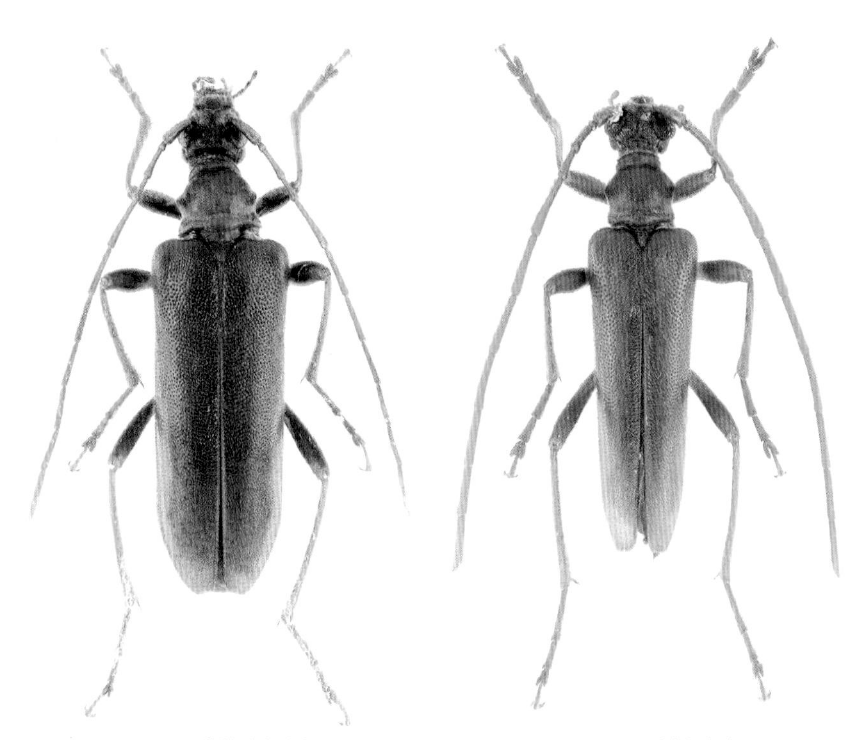

2013. 7. 13. 홍천 내면. 암컷

2005. 7. 12. 지리산. 수컷

홍가슴각시하늘소

Pidonia (*Pidonia*) *alticollis* (Kraatz, 1879)

크기 6~9㎜
서식지 높은 산지
출현시기 5~7월
월동태 확인하지 못함
기주식물 확인하지 못함
분포 운장산, 소백산, 계방산, 오대산, 대관령, 해산령, 점봉산

개체에 따라 색깔과 무늬가 다양하고 변화가 많다. 앞가슴등판은 붉고 옆에 검은 점이 있다. 성충은 5월 초순부터 나타나며 높은 산지에서는 7월 중순까지 활동한다. 꽃에 날아와 꿀과 꽃가루를 먹으며, 암수가 만나 짝짓기한다. 기주식물이나 유충의 생태에 대해서는 알려지지 않았다. 남한 전역에 분포한다.

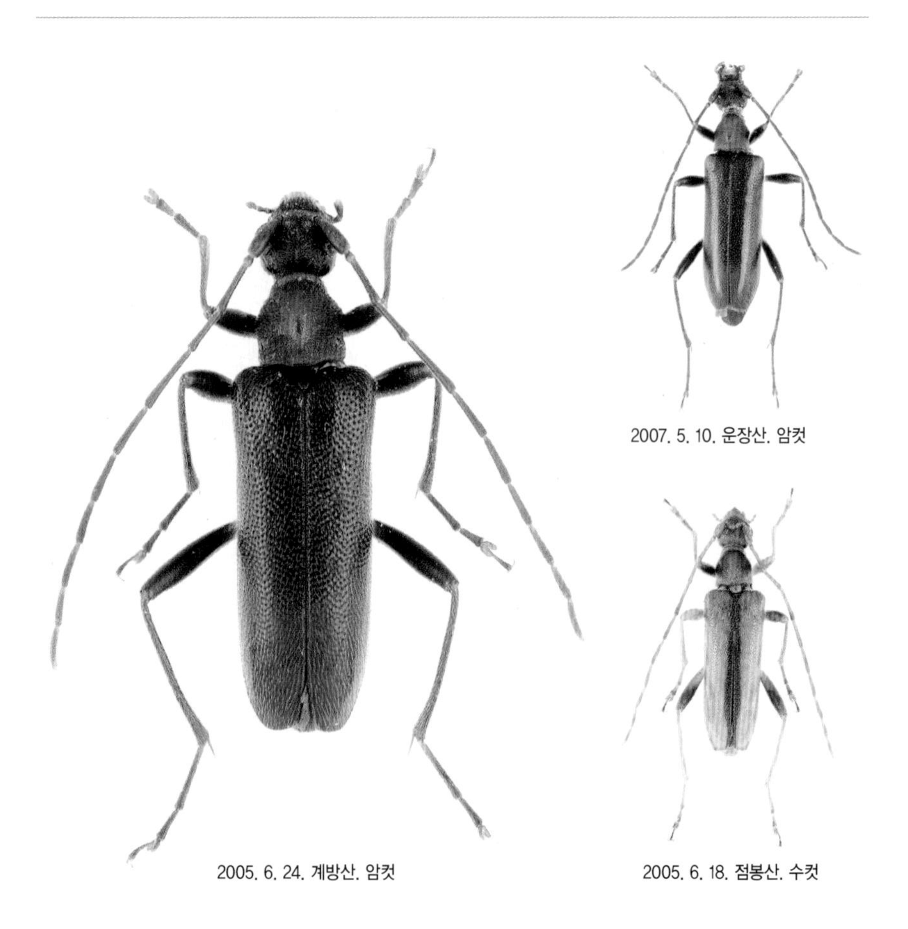

2007. 5. 10. 운장산. 암컷

2005. 6. 24. 계방산. 암컷

2005. 6. 18. 점봉산. 수컷

2007. 5. 24. 소백산. 꽃에 날아왔다.

2014. 6. 27. 인제

산각시하늘소

Pidonia (Pidonia) amurensis (Pic, 1900)

크기 8~10㎜
서식지 산지
출현시기 5~7월
월동태 확인하지 못함
기주식물 확인하지 못함
분포 천성산, 지리산, 토함산, 회문산, 추월산, 성수산, 내장산, 운장산, 덕유산, 강화도, 북한산, 화악산, 화야산, 계방산, 오대산, 대관령, 점봉산

머리와 앞가슴등판은 검고 딱지날개는 검은 바탕에 황색 세로 줄무늬와 점 2개가 있다. 개체에 따라 무늬 변화가 많다. 성충은 5월 중순부터 나타나 산지의 등산로나 임도 주변의 꽃에 날아와 먹이활동과 짝짓기를 한다. 불빛에 검은색 개체들이 날아온다. 개체수는 적지 않으나 기주식물과 유충의 생태는 알려지지 않았다. 남한 전역에 분포한다.

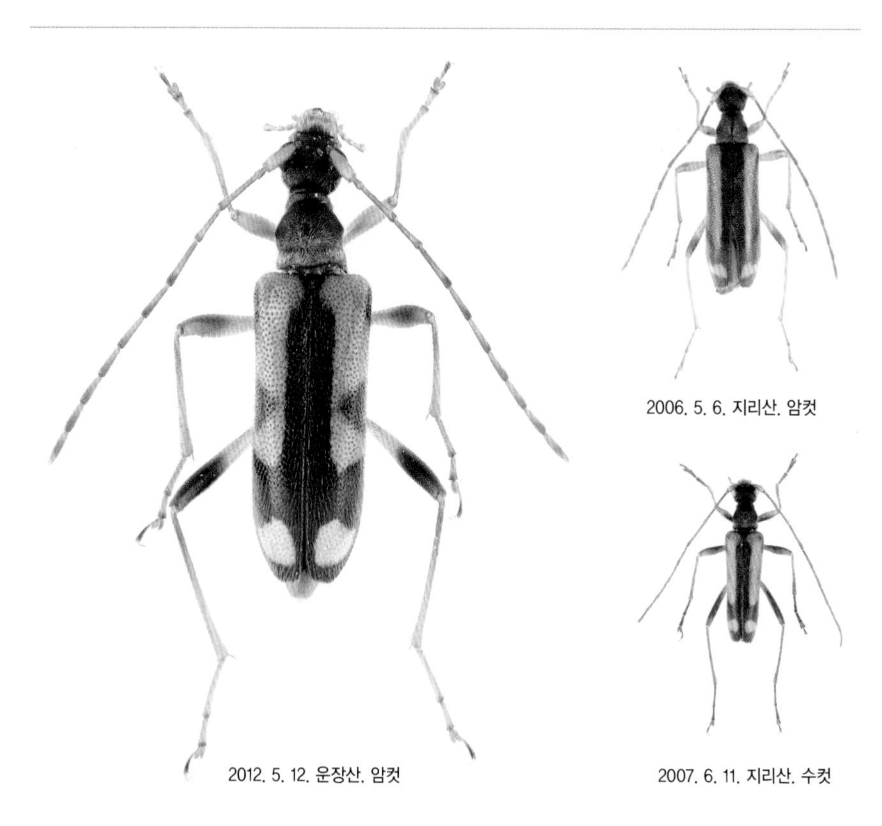

2012. 5. 12. 운장산. 암컷

2006. 5. 6. 지리산. 암컷

2007. 6. 11. 지리산. 수컷

2014. 6. 20. 덕유산

2007. 5. 17. 천성산

2009. 6. 16. 지리산

노랑각시하늘소

Pidonia (*Mumon*) *debilis* (Kraatz, 1879)

크기 6~9㎜
서식지 산지
출현시기 5~7월
월동태 확인하지 못함
기주식물 확인하지 못함
분포 단석산, 회문산, 추월산, 옥정호, 내장산, 변산반도, 운장산, 덕유산, 용문산, 광교산, 화야산, 태기산, 계방산, 해산령

몸 윗면은 황색이고 앞가슴등판은 붉은색을 띤다. 성충은 산지에서 5월 초부터 나타나고 높은 산에서는 7월 말까지도 보인다. 산지의 각종 꽃에 모여 꿀을 먹고 짝짓기도 한다. 성충 외의 생태에 대해서는 알려지지 않았다. 남한 전역에 분포한다.

2006. 5. 1. 운장산. 암컷

2011. 6. 28. 운장산. 수컷

2014. 5. 6. 운장산

2007. 5. 21. 추월산

줄각시하늘소

Pidonia (*Pidonia*) *gibbicollis* (Blessig, 1873)

크기 8~13㎜
서식지 산지
출현시기 5~8월
월동태 확인하지 못함
기주식물 확인하지 못함
분포 지리산, 회문산, 성수산, 내장산, 운장산, 계방산, 오대산, 대관령, 점봉산, 구룡령

머리와 앞가슴등판은 검고 더듬이, 딱지날개는 노란색이다. 딱지날개의 두 날개가 만나는 봉합선과 옆 가장자리에 검은 줄무늬가 있다. 산지의 고도에 따라 성충이 나타나는 시기가 다르다. 낮은 지역에서는 봄부터 나타나며 높은 산지에서는 8월에도 관찰된다. 각종 꽃에 날아와 꿀을 먹는다. 유충의 생태는 밝혀지지 않았다. 남한 전역에 분포한다.

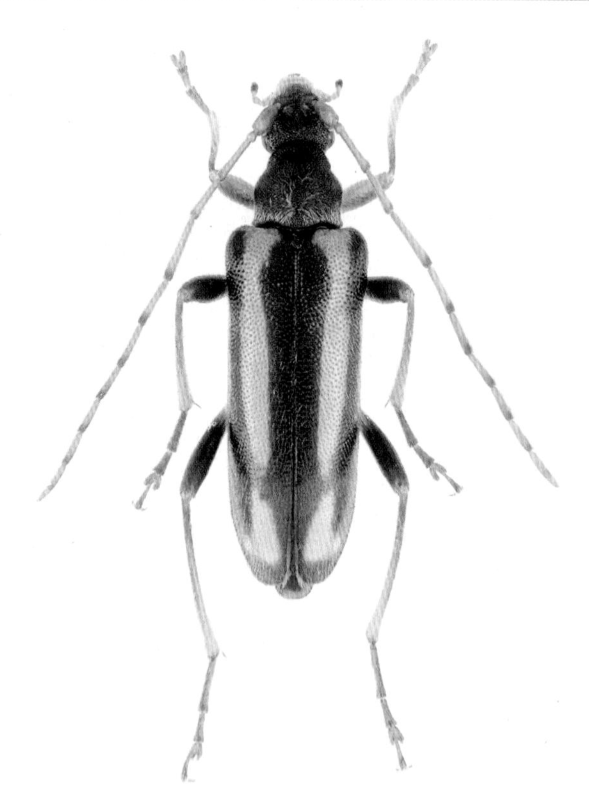

2005. 6. 17. 점봉산. 암컷

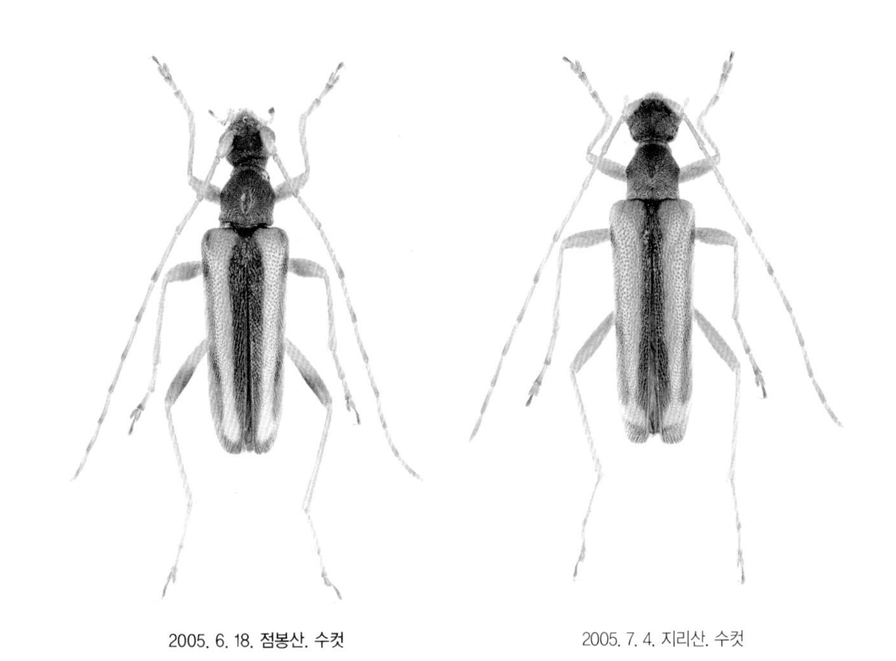

2005. 6. 18. 점봉산. 수컷

2005. 7. 4. 지리산. 수컷

2004. 5. 31. 계방산

넉점각시하늘소

Pidonia (Omphalodera) puziloi (Solsky, 1873)

크기 4~6㎜
서식지 산지
출현시기 4~7월
월동태 확인하지 못함
기주식물 확인하지 못함
분포 두륜산, 미륵산, 지리산, 단석산, 추월산, 내장산, 운장산, 덕유산, 강화도, 북한산, 계방산, 오대산, 대관령, 해산령

머리와 앞가슴등판은 검다. 딱지날개의 바탕은 검으며, 전반부와 딱지날개가 만나는 봉합선은 갈색이고 노란 점무늬가 2쌍 있다. 더듬이와 다리는 노란색이며 더듬이 끝과 넓적다리마디는 검은색을 띤다. 성충은 4월 말부터 나타나며 높은 산지에서는 7월까지 활동한다. 산지의 각종 꽃에 날아와 꿀과 꽃가루를 먹으며 짝짓기한다. 유충의 생태는 밝혀지지 않았다. 남한 전역에 분포한다.

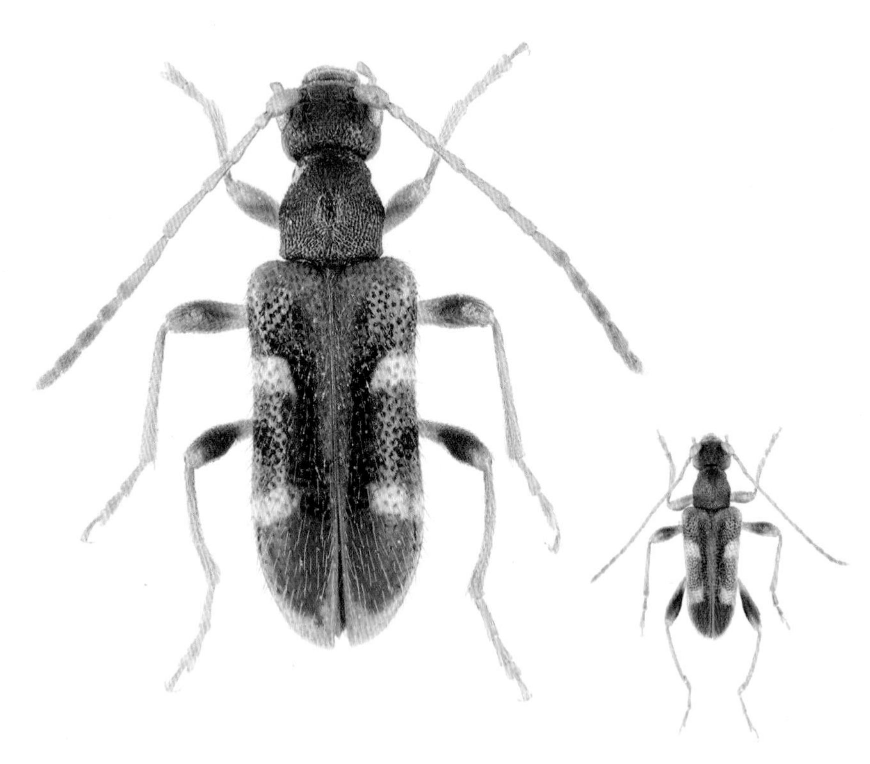

2005. 6. 3. 회문산. 암컷

2004. 5. 1. 단석산. 수컷

2010. 6. 3. 내장산

2012. 6.23. 덕유산

2014. 5. 6. 운장산

2007. 5. 6. 추월산

북방각시하늘소

Pidonia (*Pidonia*) *suvorovi* Baeckmann, 1903

크기 8~13㎜
서식지 산지
출현시기 6~7월
월동태 확인하지 못함
기주식물 확인하지 못함
분포 운문산

몸 윗면과 넓적다리마디는 검고 발목마디는 노란색을 띤다. 성충은 초여름부터 나타나 산지의 각종 꽃에 날아온다. 자세한 생태는 밝혀지지 않았다. 남한의 중부 이북 지역에 분포한다.

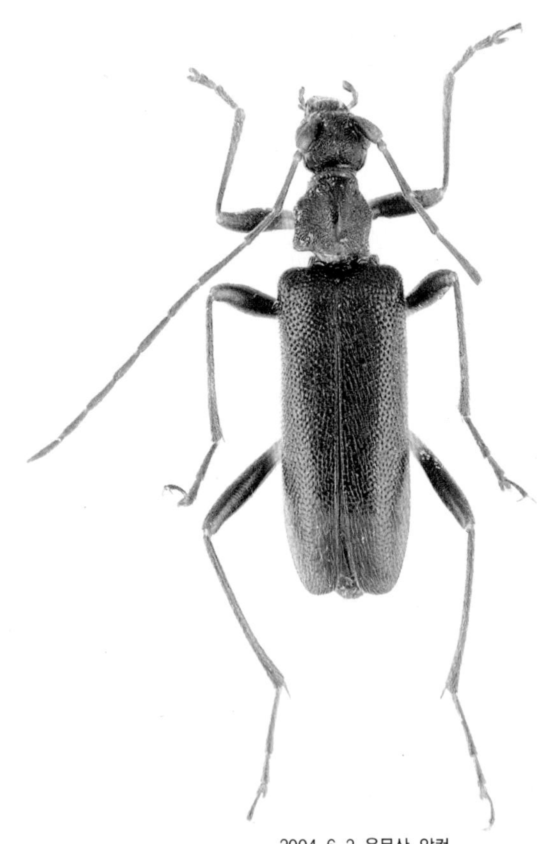

2004. 6. 2. 운문산. 암컷

애숭이꽃하늘소

Grammoptera (*Grammoptera*) *gracilis* Brancsik, 1914

크기 5~6.5㎜
서식지 높은 산지
출현시기 4~6월
월동태 확인하지 못함
기주식물 확인하지 못함
분포 운장산, 오대산, 대관령, 춘천 남면, 해산령

몸은 검고 수컷의 더듬이는 몸길이에 약간 못 미치며, 암컷의 더듬이는 몸길이의 절반 정도다. 앞가슴등판의 위는 좁고 아래는 넓어 마치 종 모양 같다. 성충은 높은 산지에서 나타나 층층나무, 단풍나무 등의 꽃에 날아와 꿀이나 꽃가루를 먹는다. 자세한 생태는 밝혀지지 않았다. 남한 전역에 분포한다.

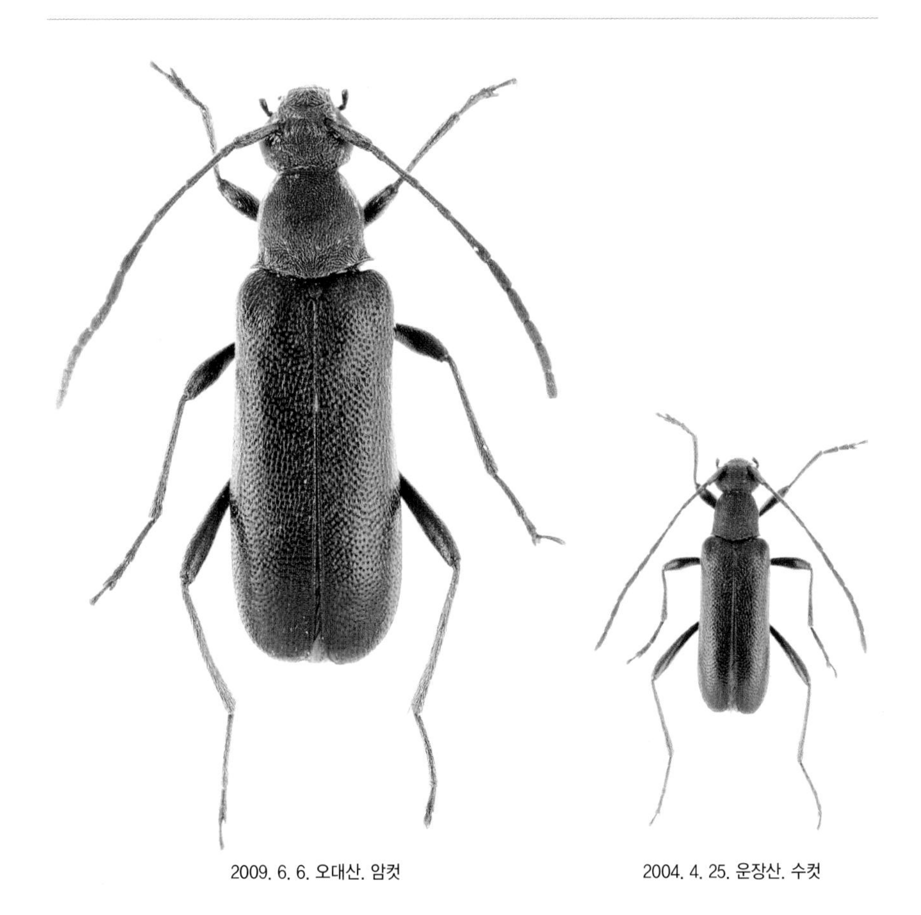

2009. 6. 6. 오대산. 암컷

2004. 4. 25. 운장산. 수컷

우단꽃하늘소

Nivellia (Nivellia) sanguinosa (Gyllenhal, 1827)

크기 10~15㎜
서식지 높은 산지
출현시기 6~8월
월동태 확인하지 못함
기주식물 확인하지 못함
분포 계방산, 오대산

머리와 앞가슴등판, 더듬이, 다리는 검고 딱지날개는 붉은색이다. 수컷의 더듬이는 몸길이 정도이고 암컷의 더듬이는 몸길이에 미치지 못한다. 성충은 높은 산지에서 6월부터 나타나 꽃에 날아온다. 자세한 생태는 밝혀지지 않았다. 남한의 북부 지역에 분포한다.

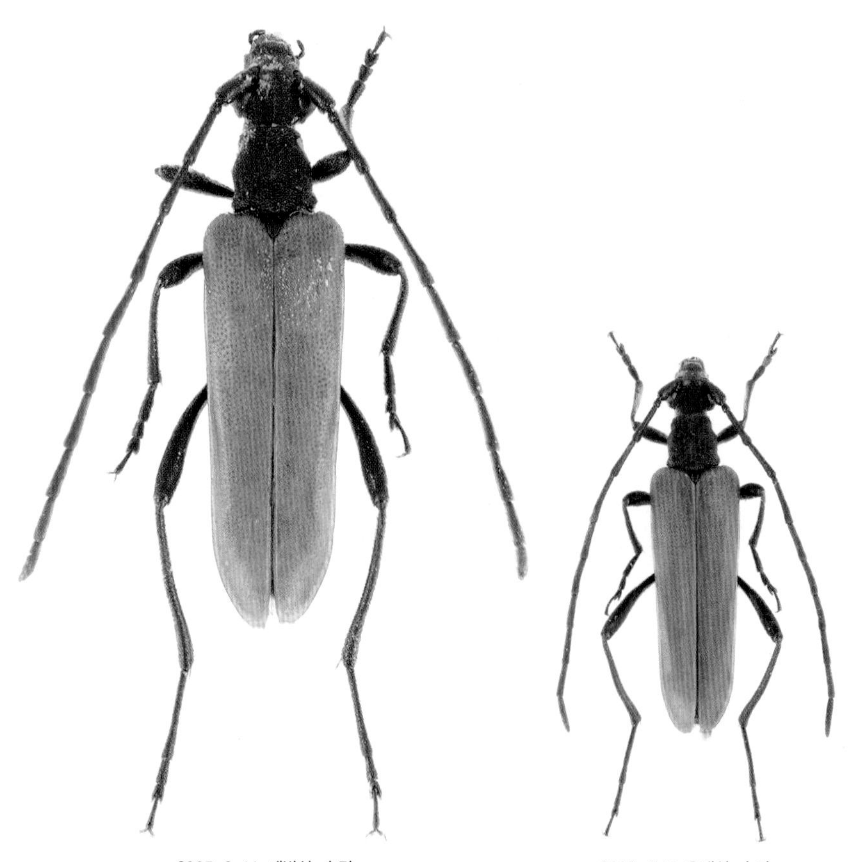

2005. 6. 14. 계방산. 수컷

2009. 6. 5. 오대산. 수컷

2011. 6. 11. 계방산

산알락꽃하늘소

Pachytodes longipes (Gebler, 1832)

크기 10~18㎜
서식지 산지
출현시기 6~7월
월동태 확인하지 못함
기주식물 확인하지 못함
분포 홍천 내면

몸 윗면은 검은색이다. 앞가슴등판은 위는 좁고 아래는 넓은 종 모양이다. 딱지날개에는 노란색 무늬가 3쌍 있으며, 개체에 따라 변화가 있다. 성충은 6월부터 나타나 꽃에 날아오고, 남한에서는 북부 지역에서 드물게 발견된다. 자세한 생태는 밝혀지지 않았다. 기록(이승모, 1987)에 의하면 북한 지역의 여러 곳에 분포할 것으로 예상된다. 남한의 북부 지역에 분포한다.

2011. 7. 23. 홍천 내면. 암컷

2002. 6. 25. 홍천 내면. 수컷

메꽃하늘소

Judolidia znojkoi plavilstshikov,1936

크기 8~15㎜
서식지 산길 주변
출현시기 5~6월
월동태 확인하지 못함
기주식물 확인하지 못함
분포 운장산, 연석산, 청계산, 포천, 홍천 홍천읍, 대관령, 해산령

몸은 검은색이며 암컷은 수컷보다 넓적한 모양이다. 수컷의 더듬이는 몸길이의 약 1.5배이고 암컷의 더듬이는 몸길이에 미치지 못한다. 성충은 산길 주변의 꽃에 날아오거나 그늘 속에 있는 나뭇잎에 앉아 있다. 주로 6월에 찔레꽃에서 볼 수 있으며 기주식물과 유충의 생태는 확인하지 못했다. 남한 전역에 분포한다.

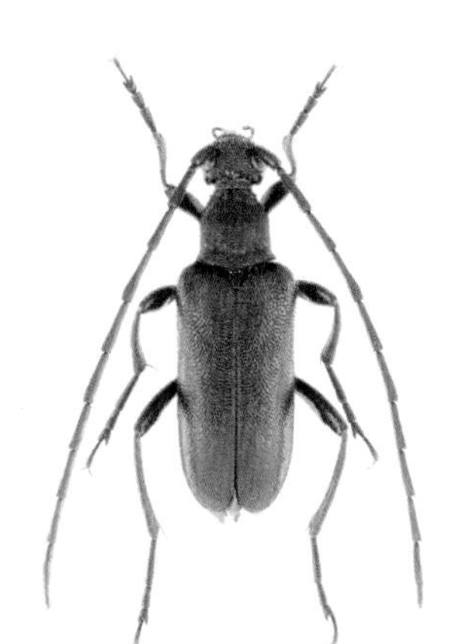

2005. 6. 19. 홍천 홍천읍. 수컷

2005. 6. 1. 운장산. 암컷

2003. 6. 1. 청계산

꼬마산꽃하늘소

Pseudalosterna elegantula (Kraatz, 1879)

크기 5~7㎜
서식지 산지
출현시기 5~7월
월동태 확인하지 못함
기주식물 확인하지 못함
분포 거제도, 천성산, 토함산, 회문산, 내장산, 변산반도, 운장산, 화야산, 북한산, 해산령

머리와 앞가슴등판은 검으며 더듬이는 6~11마디가 앞쪽보다 굵다. 딱지날개는 황갈색이며 가장자리와 봉합선이 검다. 성충은 봄에 나타나 산길 주변의 각종 꽃에 날아와 꿀을 먹는다. 유충의 생태는 확인하지 못했다. 남한 전역에 분포한다.

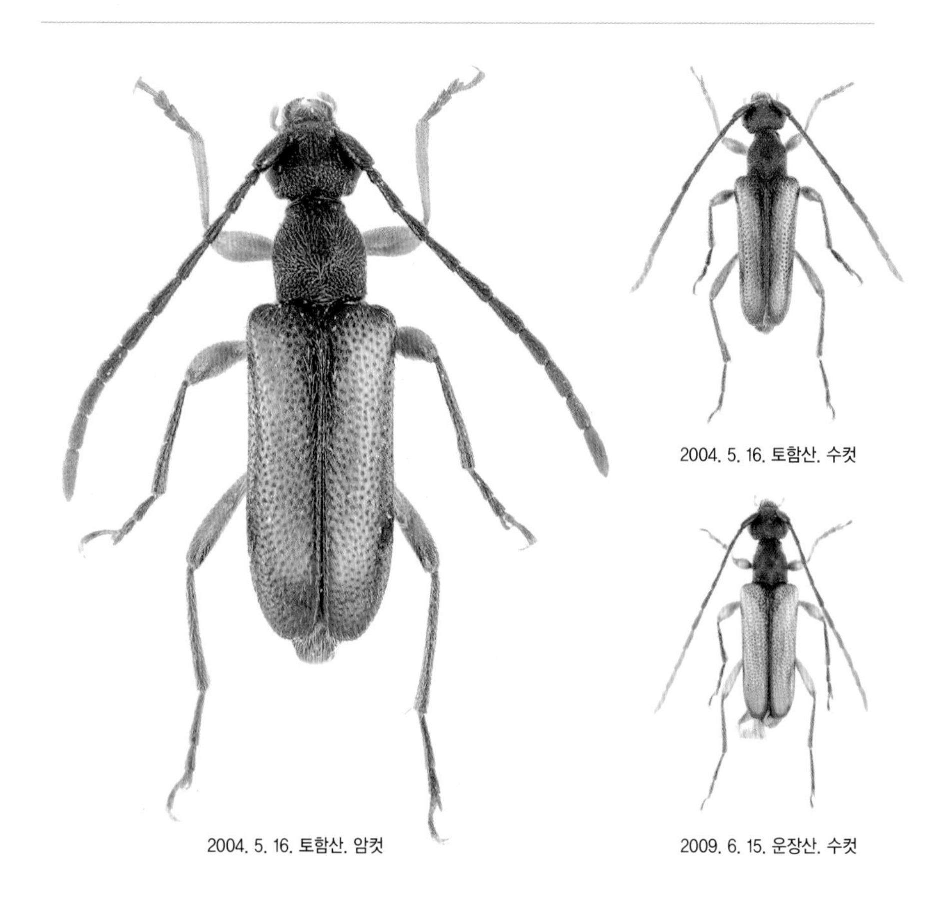

2004. 5. 16. 토함산. 수컷

2004. 5. 16. 토함산. 암컷

2009. 6. 15. 운장산. 수컷

2014. 5. 6. 운장산

2007. 5. 27. 내장산

남색산꽃하늘소

Anoplodera (*Anoploderomorpha*) *cyanea* (Gebler, 1832)

크기 10~15㎜
서식지 높은 산지
출현시기 6~7월
월동태 확인하지 못함
기주식물 확인하지 못함
분포 내장산, 덕유산, 계방산, 대관령, 해산령

몸은 감청색이나 군청색으로 광택이 난다. 딱지날개의 윗면은 평편하고 옆면이 급격히 꺾이며 수컷은 가운데가 홀쭉하다. 성충은 6월부터 나타나 꽃에 날아와 꿀이나 꽃가루를 먹고 벌채목에도 날아온다. 자세한 생태는 알려지지 않았다. 남한 전역에 분포한다.

2007. 6. 10. 덕유산. 암컷

2014. 6. 20. 덕유산. 수컷

2014. 6. 20. 덕유산

2014. 6. 20. 덕유산

수검은산꽃하늘소

Anastrangalia scotodes continentalis (Plavilstshikov, 1936)

크기 8~14㎜
서식지 산지
출현시기 5~7월
월동태 확인하지 못함
기주식물 확인하지 못함
분포 천성산, 지리산, 단석산, 회문산, 변산반도, 운장산, 모악산, 중미산, 주금산, 태기산, 춘천 남면, 대관령, 해산령

암수 모두 머리와 더듬이, 앞가슴등판, 다리는 검으며 암컷의 딱지날개는 갈색이고 수컷은 검은색이다. 딱지날개에는 작은 돌기가 무수히 나 있다. 성충은 봄부터 나타나 산지의 각종 꽃에 날아와 꿀을 먹는다. 기록(이승모, 1987)에 의하면 유충은 죽은 침엽수에 기생한다고 하나 직접 확인하지는 못했다. 남한 전역에 분포한다.

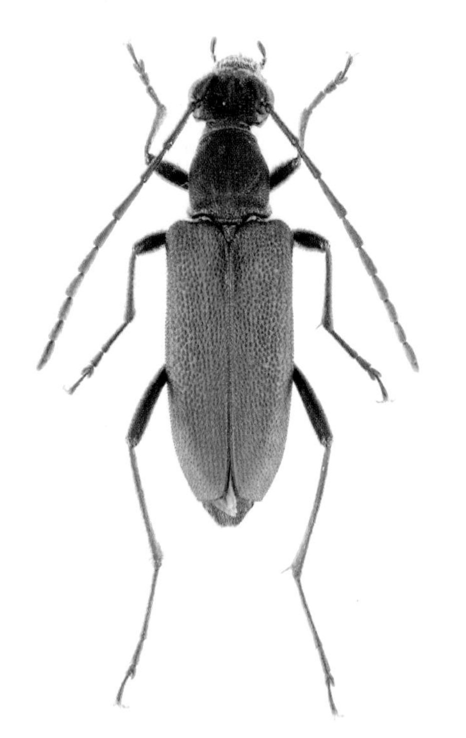

2008. 5. 11. 회문산. 암컷

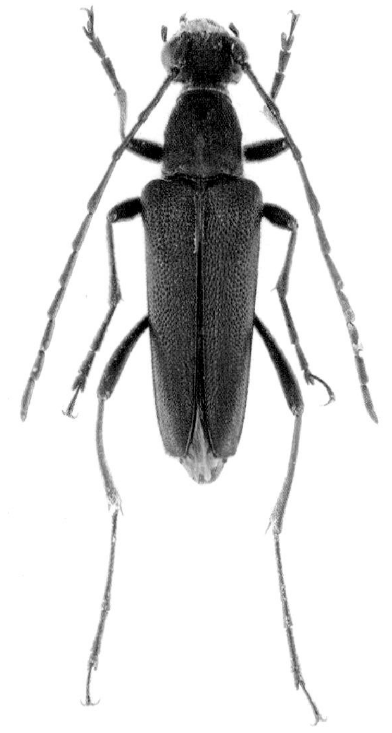

2007. 5. 18. 천성산. 수컷

2007. 5. 18. 천성산. 꽃에 온 암컷

2007. 5. 18. 천성산. 꽃에 온 수컷

2009. 5. 28. 춘천 남면. 암컷

옆검은산꽃하늘소

Anastrangalia sequensi (Reitter, 1898)

크기 7~13㎜
서식지 산지
출현시기 5~8월
월동태 확인하지 못함
기주식물 확인하지 못함
분포 지리산, 단석산, 회문산, 경각산, 운장산, 모악산, 덕유산, 북한산, 화악산, 계방산, 오대산, 대관령, 점봉산

머리와 더듬이, 앞가슴등판은 검은색이고 딱지날개는 황갈색이며, 양 가장자리에 검은 줄이 있다. 성충은 봄부터 나타나 각종 꽃에 날아와 꿀과 꽃가루를 먹으며 짝짓기하고 벌채목에도 날아온다. 기주식물과 유충의 생태는 확인하지 못했다. 남한 전역에 분포한다.

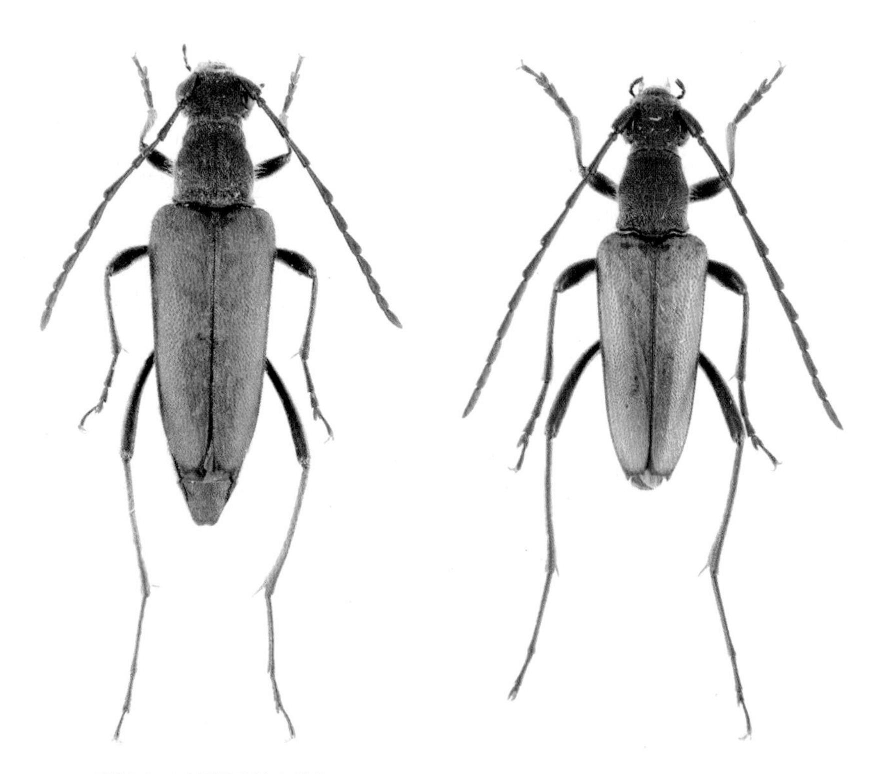

2005. 6. 14. 평창군 용평면. 암컷

2004. 5. 8. 단석산. 수컷

2010. 5. 20. 모악산

2007. 5. 18. 천성산. 꽃에 온 수컷

2009. 5. 28. 춘천 남면

2007. 5. 18. 천성산. 꽃에 온 수컷

2014. 5. 6. 모악산

붉은산꽃하늘소

Stictoleptura (*Aredolpona*) *rubra rubra* (Linnaeus, 1758)

크기 12~22㎜
서식지 산길 주변
출현시기 6~8월
월동태 유충
기주식물 예덕나무, 소나무
분포 미륵산, 지리산, 내장산, 변산반도, 운장산, 모악산, 소백산, 팔달산, 북한산, 파주 광탄면, 천마산, 광릉수목원, 계방산, 미산계곡

머리와 더듬이, 넓적다리마디는 검고 앞가슴등판과 딱지날개, 종아리마디는 붉은색이다. 딱지날개의 끝은 둥근 모양으로 갈라져 뾰족하고 광택이 난다. 성충은 한여름에 활발히 활동하며, 산지의 각종 꽃에 날아와 꿀과 꽃가루를 먹으며 짝짓기한다. 암컷은 죽은 기주식물의 갈라진 틈에 산란하고 유충으로 겨울을 난다. 남한 전역에 분포한다.

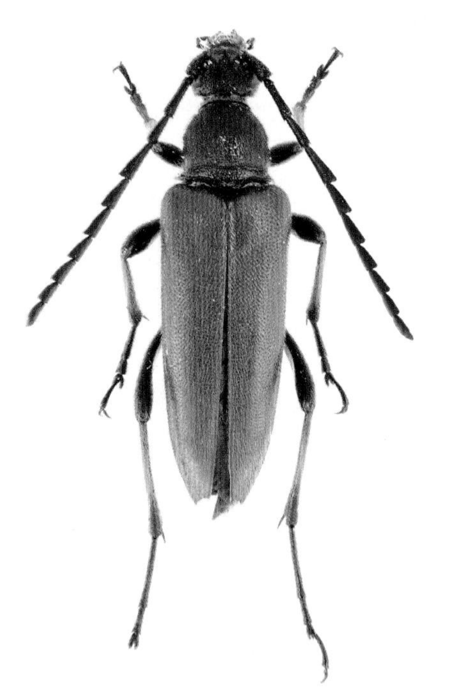

2014. 8. 6. 소백산. 암컷

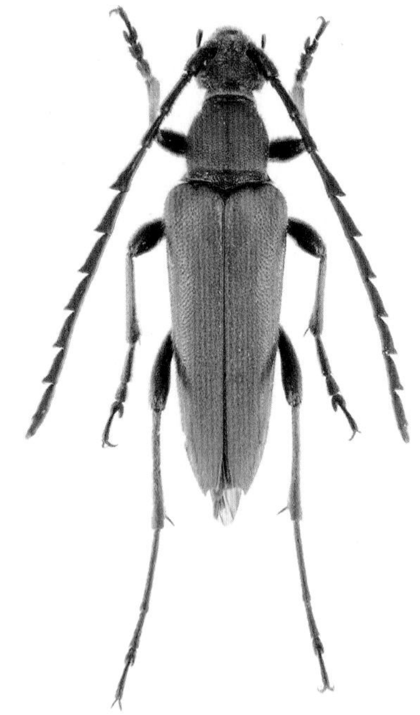

2005. 8. 6. 운장산. 수컷

2008. 8. 8. 광릉수목원. 죽은 소나무에 산란한다.

2007. 7. 21. 변산반도. 몸을 청소하고 있다.

2014. 8. 8. 소백산

2014. 8. 8. 소백산

알락수염붉은산꽃하늘소

Stictoleptura (*Stictoleptura*) *variicornis* (Dalman, 1817)

크기 15~22㎜
서식지 높은 산지
출현시기 7~8월
월동태 확인하지 못함
기주식물 확인하지 못함
분포 계방산, 오대산, 미천골, 양양 서면, 점봉산

머리와 앞가슴등판, 다리는 검은색이다. 딱지날개는 붉은색이며 더듬이 4, 5, 6, 8마디의 전반부가 황색이다. 높은 산지에서 한여름에 나타나 꽃에 날아온다. 자세한 생태는 밝혀지지 않았다. 붉은산꽃하늘소와 비슷하나 더듬이와 앞가슴등판의 차이로 구별된다. 남한의 북부 지역에 분포한다.

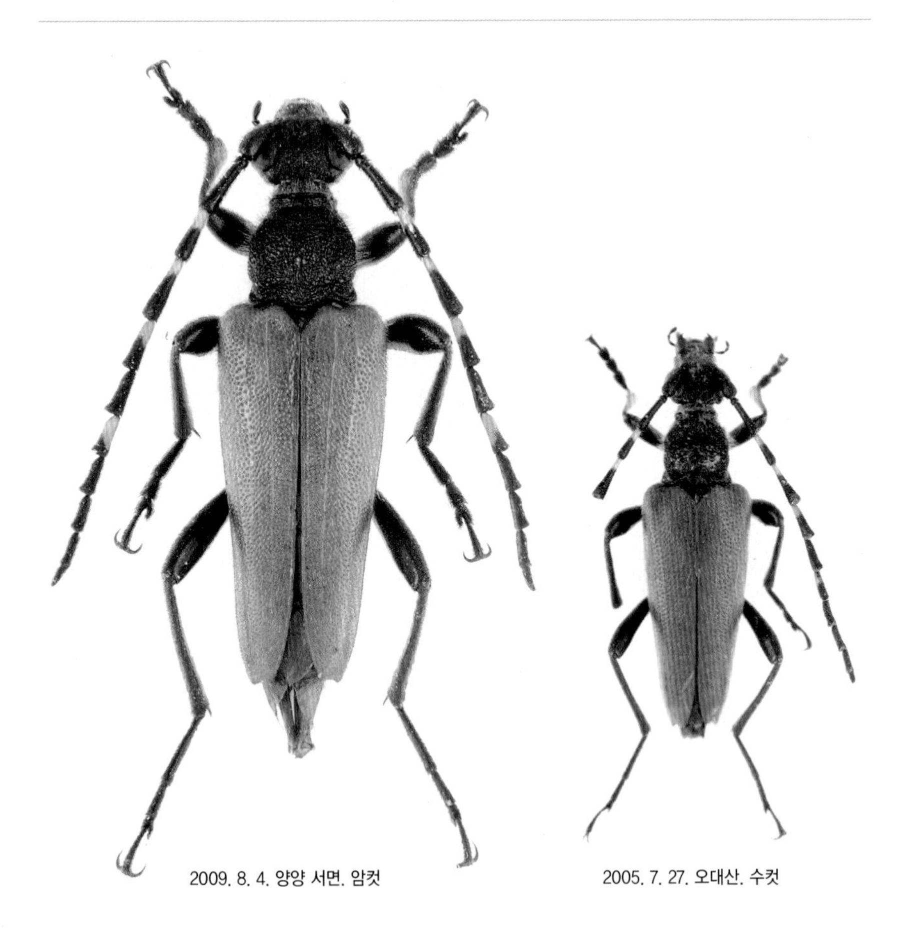

2009. 8. 4. 양양 서면. 암컷

2005. 7. 27. 오대산. 수컷

2003. 7. 31. 점봉산

긴알락꽃하늘소

Leptura annularis annularis Fabricius, 1801

크기 12~18㎜
서식지 산길 주변
출현시기 5~7월
월동태 유충
기주식물 물오리나무
분포 가거도, 무등산, 천성산, 지리산, 회문산, 추월산, 운장산, 모악산, 덕유산, 검단산, 용인 양지면, 광교산, 청계산, 화악산, 천마산, 계방산, 오대산, 해산령, 점봉산

머리와 앞가슴등판은 검다. 딱지날개는 검은색이며, 노란색 무늬가 4쌍 있고, 광택이 난다. 산길 주변에서 흔히 볼 수 있으며, 성충은 봄부터 나타나 여름까지 활동하고 6월 초에 가장 많이 나타난다. 꽃에 날아와 꽃가루를 먹으며 특히 찔레꽃에 많이 날아온다. 암컷은 죽은 기주식물에 산란하며 유충으로 겨울을 나고 초봄에 번데기가 된다. 불빛에 날아오기도 한다. 남한 전역에 분포한다.

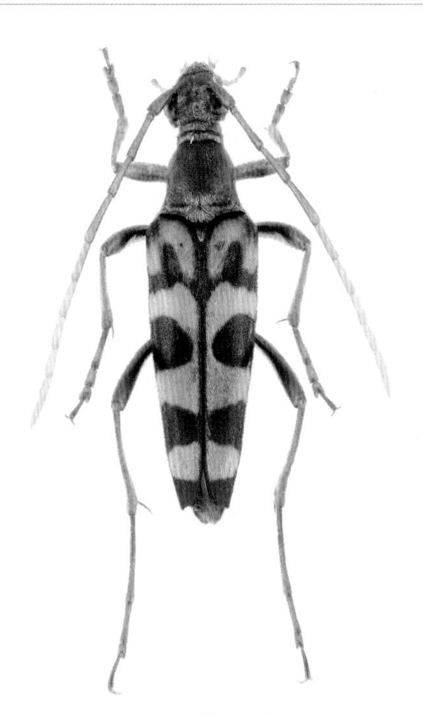

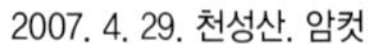

2007. 4. 29. 천성산. 암컷

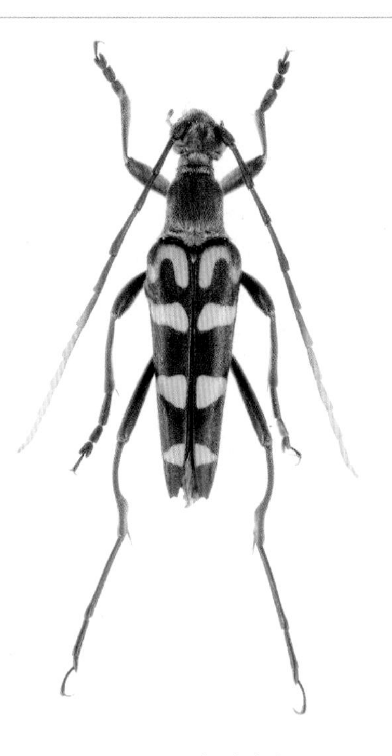

2001. 5. 21. 광교산. 수컷

2008. 5. 16. 가거도. 활엽수 고사목에서 번데기가 되었다.

2014. 6. 20. 덕유산

2010. 5. 20. 모악산

2010. 5. 20. 모악산

꽃하늘소

Leptura aethiops Poda von Neuhaus, 1761

크기 12~18㎜
서식지 산길 주변
출현시기 5~8월
월동태 확인하지 못함
기주식물 확인하지 못함
분포 지리산, 회문산, 추월산, 내장산, 변산반도, 운장산, 모악산, 광덕산(천안), 영흥도, 강화도, 태기산, 오대산, 해산령

머리, 앞가슴등판, 더듬이, 다리는 검고 딱지날개는 검거나 갈색이며 광택은 약하다. 산길이나 임도 주변의 꽃에 날아와 꿀이나 꽃가루를 먹는 모습을 볼 수 있다. 주로 찔레꽃에 날아온다. 기주식물과 유충의 생태는 밝혀지지 않았다. 남한 전역에 분포한다.

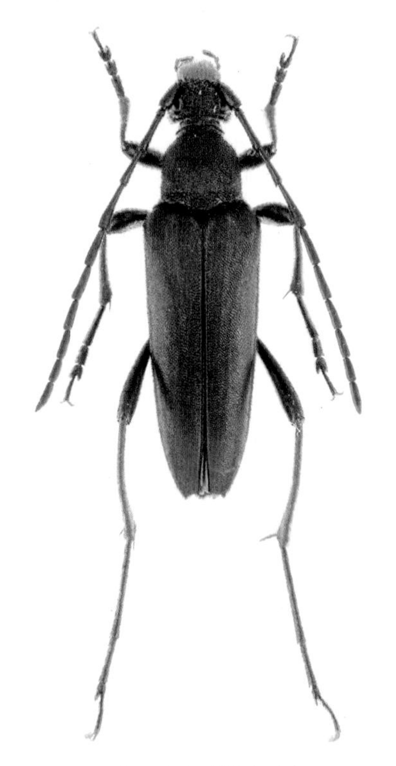
2007. 5. 25. 운장산. 암컷

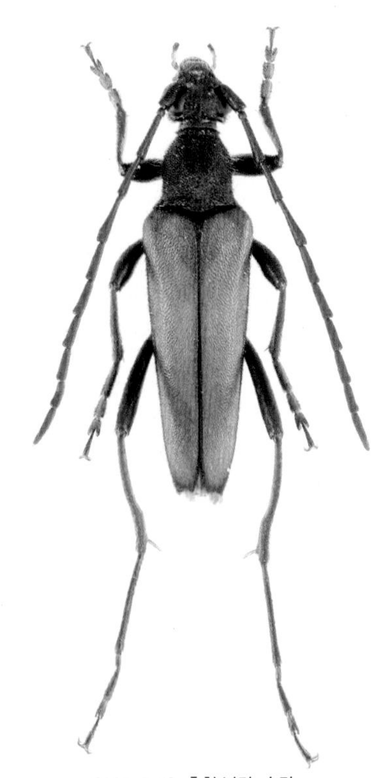
2005. 5. 19. 춘천 남면. 수컷

2010. 5. 13. 모악산

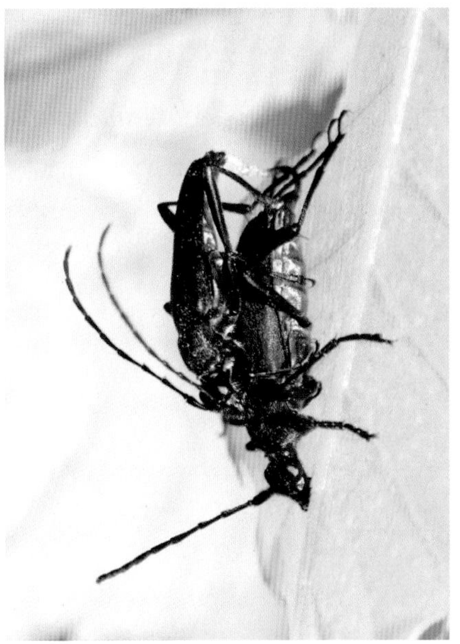

2010. 5. 13. 모악산

2010. 5. 13. 모악산

열두점박이꽃하늘소

Leptura duodecimguttata duodecimguttata Fabricius, 1801

크기 11~15㎜
서식지 산지
출현시기 4~8월
월동태 확인하지 못함
기주식물 서어나무, 갈참나무
분포 월출산, 두륜산, 천성산, 단석산, 내장산, 변산반도, 운문산, 광덕산(천안), 북한산, 주금산, 화악산, 광릉수목원, 대관령, 점봉산

몸은 검은색이다. 딱지날개의 위와 옆에 노란 점무늬가 12개 있다. 개체에 따라 무늬에 변화가 있다. 성충은 이른 봄부터 나타나 산지의 꽃에 날아온다. 암컷은 죽은 기주식물에 산란한다. 남한 전역에 분포한다.

2009. 5. 28. 춘천 남면. 암컷

2009. 5. 28. 춘천 남면. 수컷

2010. 5. 7. 두륜산

2006. 5. 28. 춘천 남면

2007. 5. 2 천성산. 죽은 소나무에 산란하고 있다.

노랑점꽃하늘소

Pedostrangalia (Neosphenalia) femoralis (Motschulsky, 1861)

크기 10~15㎜
서식지 산길 주변
출현시기 5~7월
월동태 확인하지 못함
기주식물 조팝나무류 추정
분포 운장산, 연석산, 화야산, 화악산, 홍천 내면, 춘천 남면, 대관령, 해산령, 점봉산

몸 윗면은 검고 광택이 난다. 수컷의 더듬이는 몸길이보다 길고 암컷의 더듬이는 몸길이에 미치지 못한다. 꽃하늘소와 비슷하나 넓적다리마디에 분홍색이 있고 광택이 나 구분된다. 성충은 봄부터 나타나 초여름까지 활동하며 꽃에 날아와 꿀을 먹는다. 유충은 조팝나무류에 기생하는 것으로 알려졌으나 직접 확인하지는 못했다. 남한 전역에 분포한다.

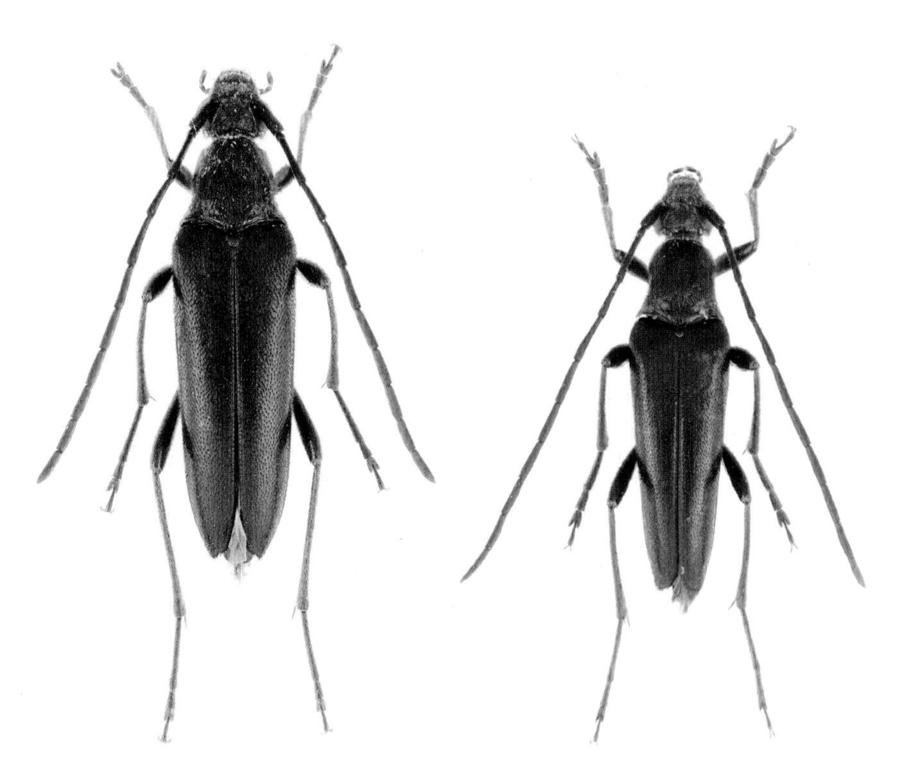

2005. 6. 18. 점봉산. 암컷

2005. 6. 18. 점봉산. 수컷

홍가슴꽃하늘소

Macroleptura thoracica (Creutzer, 1799)

크기 18~30㎜
서식지 높은 산지
출현시기 7~8월
월동태 확인하지 못함
기주식물 전나무, 잎갈나무 추정
분포 계방산, 오대산, 홍천 내면, 설악산

몸 색깔은 검거나 빨갛고 두 색이 모두 나타나는 개체도 있으며 광택이 강하다. 더듬이는 암수 모두 몸길이의 절반 정도다. 성충은 높은 산지에서 한여름에 나타나 꽃에 날아온다. 죽은 채로 서 있는 나무에 암컷이 산란하는 장면을 관찰한 바 있다. 유충은 전나무, 잎갈나무에 기생하는 것으로 알려졌으나 직접 확인하지는 못했다. 남한의 북부 지역에 분포한다.

2014. 7. 5. 양양 서면. 암컷

2001. 7. 16. 홍천 홍천읍. 수컷

알통다리꽃하늘소

Oedecnema gebleri Ganglbauer, 1889

크기 11~17㎜
서식지 산길 주변
출현시기 5~7월
월동태 확인하지 못함
기주식물 확인하지 못함
분포 월출산, 마이산, 청계산, 주금산, 남이섬, 화악산, 화야산, 해산령

머리, 앞가슴등판, 다리는 검고 딱지날개는 붉으며 검은 점이 5쌍 있다. 수컷의 뒷다리 넓적다리마디는 곤봉모양이고 종아리마디는 안쪽으로 심하게 구부러졌다. 봄에 산길 주변에서 꽃에 날아와 꿀과 꽃가루를 먹는 모습을 볼 수 있다. 유충의 생태는 직접 확인하지 못했다. 남한 전역에 분포한다.

2005. 6. 13. 주금산. 암컷

2005. 6. 13. 주금산. 수컷

2009. 5. 28. 춘천 남면

2004. 5. 7. 청계산

깔따구꽃하늘소

Strangalomorpha tenuis tenuis Solsky, 1873

크기 9~15㎜
서식지 산지
출현시기 5~7월
월동태 확인하지 못함
기주식물 확인하지 못함
분포 천성산, 단석산, 회문산, 운장산, 덕유산, 강화도, 용문산, 화야산, 화악산, 계방산, 오대산, 대관령, 해산령, 점봉산

몸통과 다리는 가늘고 길쭉한 모양이다. 몸은 검은 바탕에 노란 털이 나 있어 황록색을 띤다. 더듬이 전반부는 검고 6마디부터 주황색이다. 성충은 봄부터 나타나 산지의 각종 꽃에 날아와 꿀과 꽃가루를 먹는다. 흰 꽃에 많은 개체가 모인다. 기주식물과 유충의 생태는 밝혀지지 않았다. 남한 전역에 분포한다.

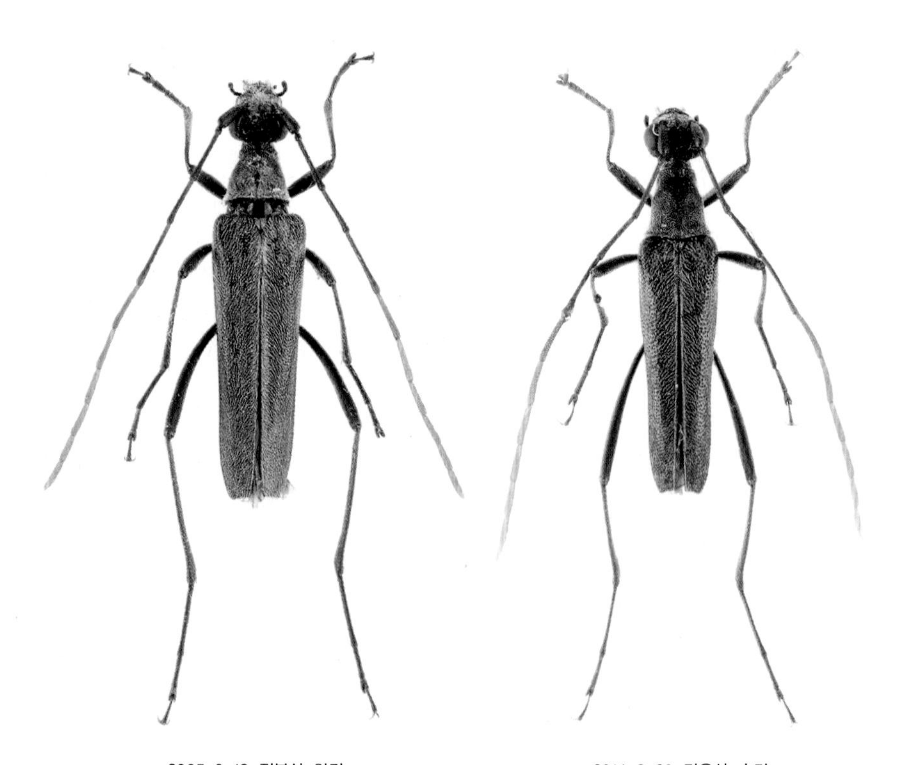

2005. 6. 18. 점봉산. 암컷

2014. 6. 20. 덕유산. 수컷

2014. 6. 20. 덕유산

2014. 6. 20. 덕유산

줄깔따구꽃하늘소

Strangalia attenuata (Linnaeus, 1758)

크기 11~17㎜
서식지 높은 산지
출현시기 7~8월
월동태 확인하지 못함
기주식물 확인하지 못함
분포 운두령, 홍천 내면, 금대봉, 미천골, 점봉산

머리와 앞가슴등판은 검다. 더듬이 전반부는 검으며 6마디부터 주황색이다. 딱지날개는 끝으로 갈수록 홀쭉한 모양이고 주황색 무늬가 4쌍 있다. 대체로 높은 산지에 서식한다. 성충은 한여름에 나타나 꽃에 날아온다. 자세한 생태는 밝혀지지 않았다. 기록(이승모, 1987)에 의하면 북한 지역에는 백두산을 포함한 여러 지역에 채집기록이 있는 것으로 보아 북한 지역에서는 흔히 볼 수 있을 것으로 추측된다. 남한의 중부 이북 지역에 분포한다.

2005. 7. 25. 운두령. 암컷

2005. 7. 25. 운두령. 수컷

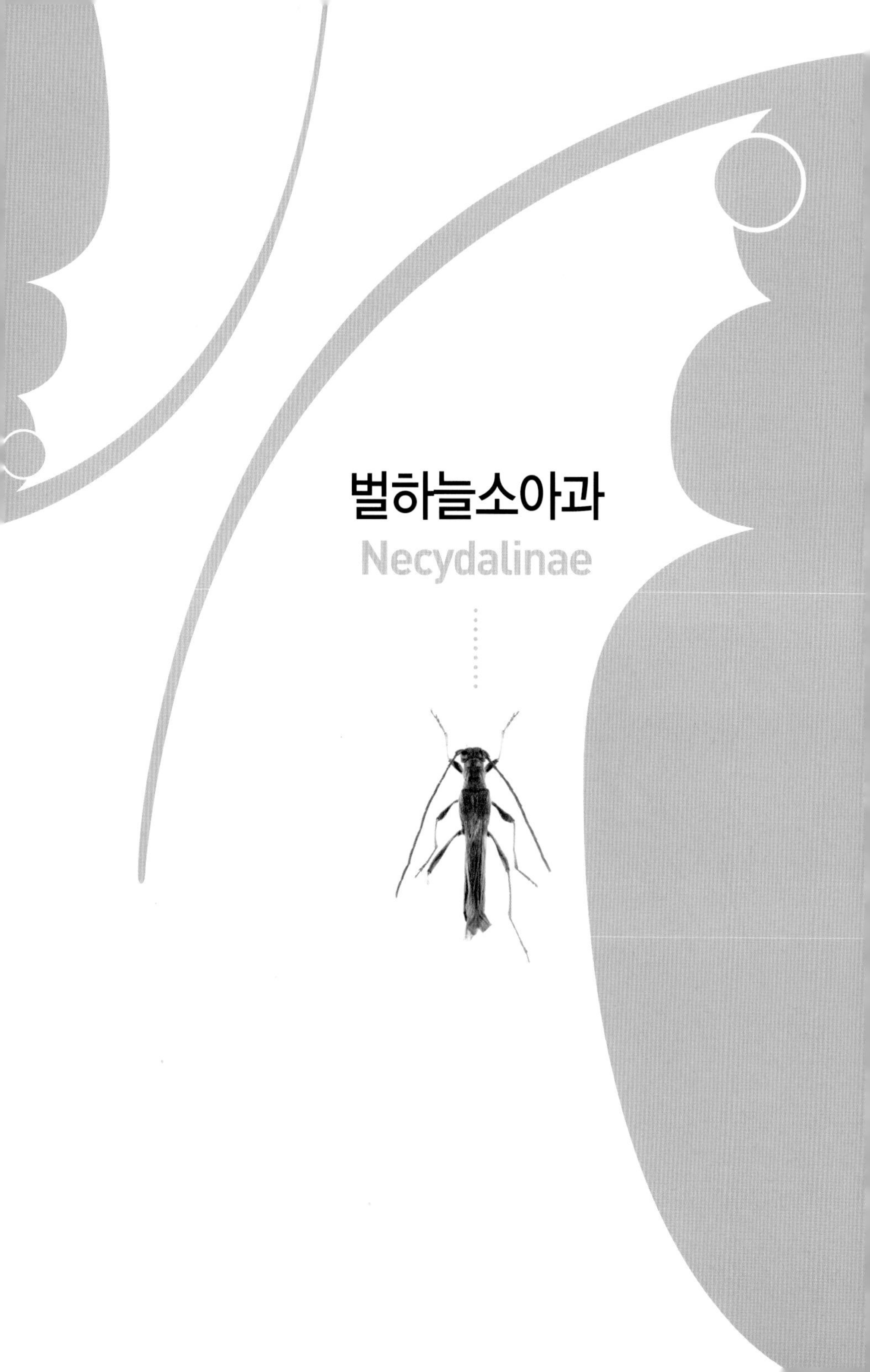

벌하늘소아과

Necydalinae

큰벌하늘소

Necydalis (*Necydalisca*) *pennata* Lewis, 1879

크기 15~17㎜
서식지 높은 산지
출현시기 6~8월
월동태 확인하지 못함
기주식물 참나무류 추정
분포 화악산, 홍천 내면, 구룡령, 해산령

머리와 더듬이, 앞가슴등판은 검고, 딱지날개는 검거나 갈색이다. 앞가슴등판은 길이가 너비의 2배쯤으로 길다. 딱지날개는 작아 배의 윗면을 덮지 못하고 끝이 깊이 갈라져 둥글다. 높은 산지에서 여름에 나타나 햇빛이 잘 드는 곳에 있고 죽은 지 오래된 바싹 마른 참나무에 날아와 짝짓기를 하고 암컷은 여기에 산란한다. 남한 북부 지역에 분포한다.

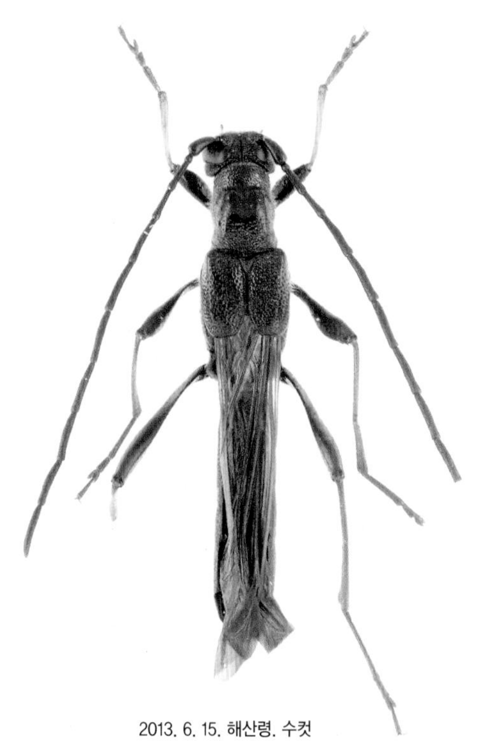

2013. 6. 15. 해산령. 수컷

2005. 6. 18. 점봉산. 성충

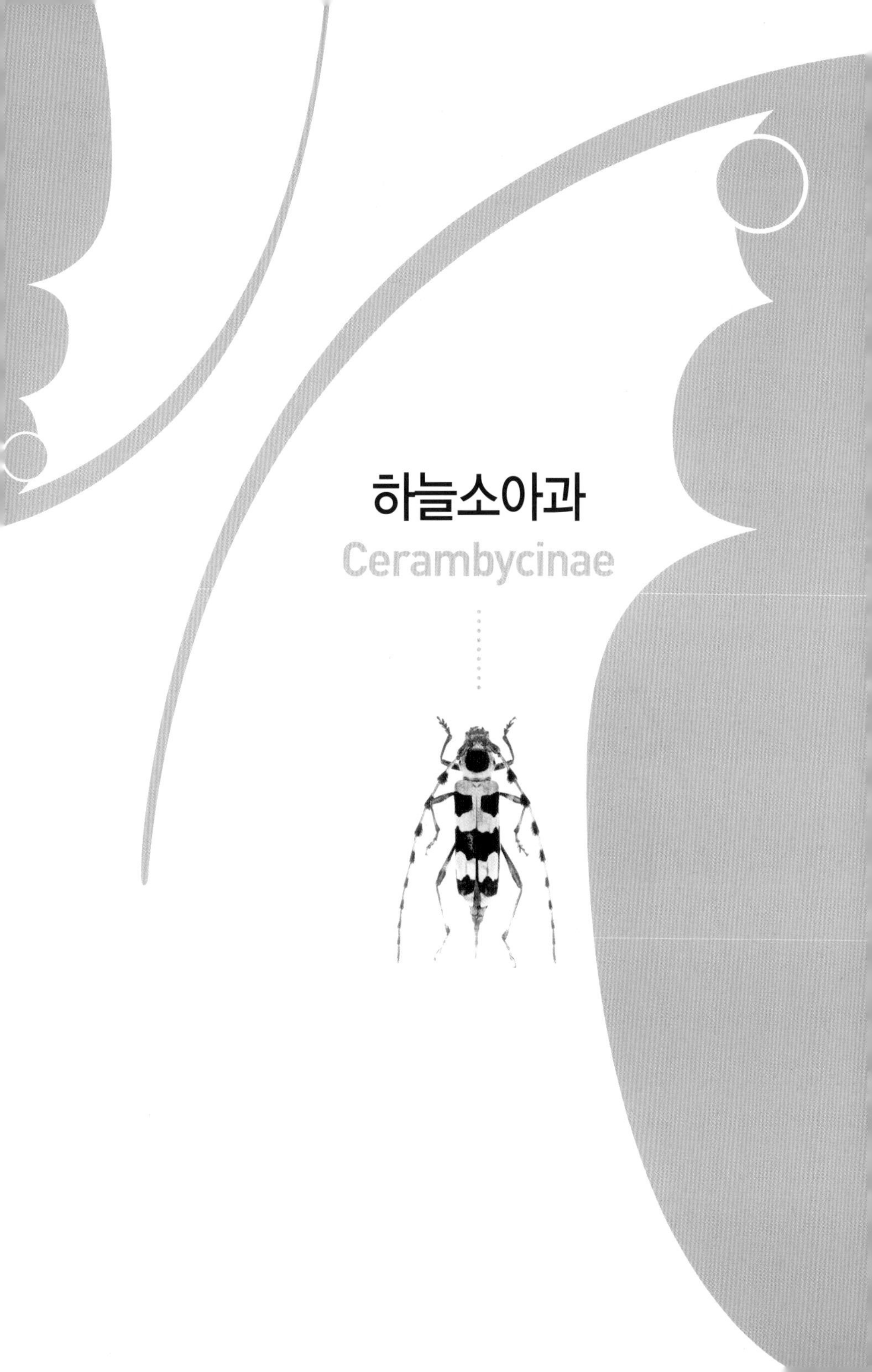

하늘소아과

Cerambycinae

청줄하늘소

Xystrocera globosa (Olivier, 1795)

크기 15~35㎜
서식지 낮은 산지
출현시기 6~8월
월동태 유충
기주식물 자귀나무, 후박나무
분포 제주도, 흑산도, 거제도, 진도, 천성산, 지리산, 모악산, 금성산, 대운산(양산), 인천 연수동, 서울 수색동

몸은 암갈색이고 더듬이에는 작은 돌기가 나 있으며 자루마디 끝에 가시가 있다. 앞가슴등판 가장자리를 따라 짙은 청록색 줄무늬가 있다. 딱지날개 위와 옆 가장자리에 짙은 청록색 세로 줄무늬가 있다. 종아리마디는 안으로 휘어졌다. 성충은 주로 낮은 산지에서 6월부터 나타나 저녁에 자귀나무 줄기에서 활동하고, 불빛에 날아오며 낮에는 보기 어렵다. 암컷은 죽어가는 기주식물이나 벌채목에 산란한다. 다 자란 유충은 타원형 번데기방을 만들어 곰팡이나 천적의 침입을 막고 유충으로 겨울을 난 뒤 봄에 번데기가 된다. 남한의 북부 이남 지역에 분포한다.

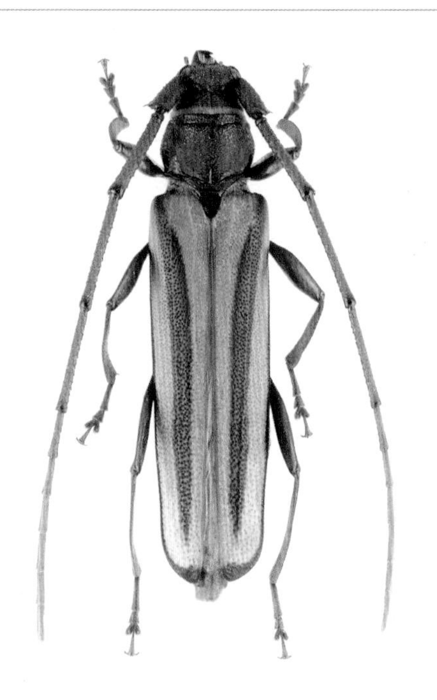

2004. 7. 15. 거제도. 암컷

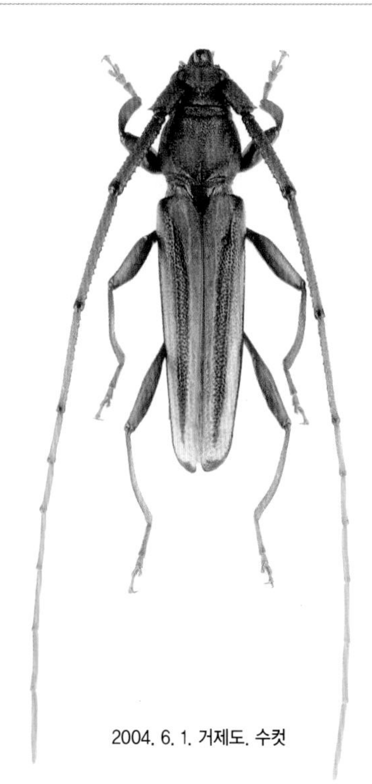

2004. 6. 1. 거제도. 수컷

2014. 6. 5. 모악산. 유충이 살고 있는 죽은 자귀나무

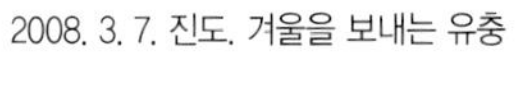

2008. 3. 7. 진도. 겨울을 보내는 유충

2012. 5. 3. 흑산도. 곰팡이나 천적의 침입을 막을 수 있는 번데기방을 만든다.

2005. 7. 21. 거제도. 성충은 밤에 활동한다.

홍줄하늘소

Leptoxenus ibidiiformis Bates, 1877

크기 10~15㎜
서식지 산지
출현시기 5~7월
월동태 성충
기주식물 생강나무, 후박나무
분포 장도, 두륜산, 지리산, 변산반도, 운장산, 검단산, 북한산, 주금산, 화야산, 해산령

몸과 다리는 가늘고 길쭉하며, 살구색을 띤다. 앞가슴등판에는 검은 점이 있고 양 옆에는 작은 돌기가 있다. 딱지날개에는 분명하지 않은 노란색과 갈색 띠와 얼룩무늬가 있다. 낮에 기주식물인 생강나무 주변에서 날아다니는 모습을 볼 수 있고, 기록(이승모, 1987)에 의하면 꽃에 날아온다고 하나 확인하지 못했다. 암컷은 죽은 기주식물에 산란하며, 여름내 다 자란 유충은 번데기방을 만들고 9월에 번데기가 되며, 10월이면 대부분 성충으로 우화해 그대로 겨울을 난다. 불빛에 날아오며 남한 전역에 분포한다.

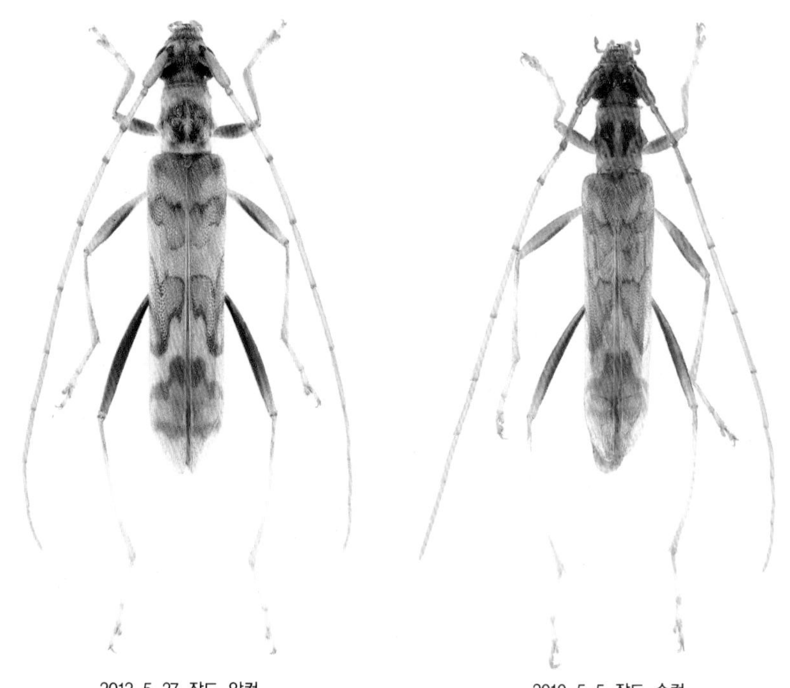

2012. 5. 27. 장도. 암컷

2010. 5. 5. 장도. 수컷

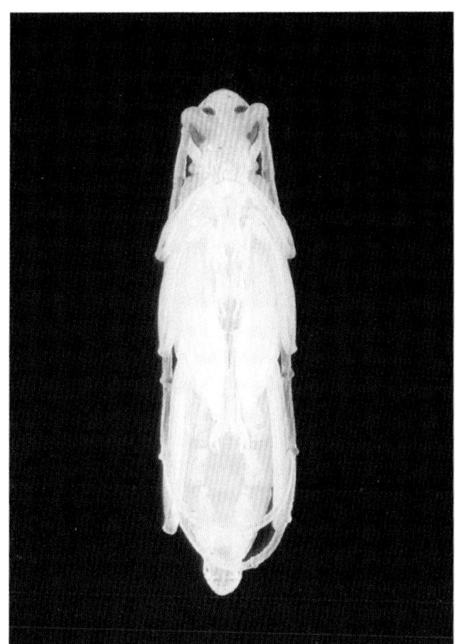

2013. 9. 23. 운장산. 번데기

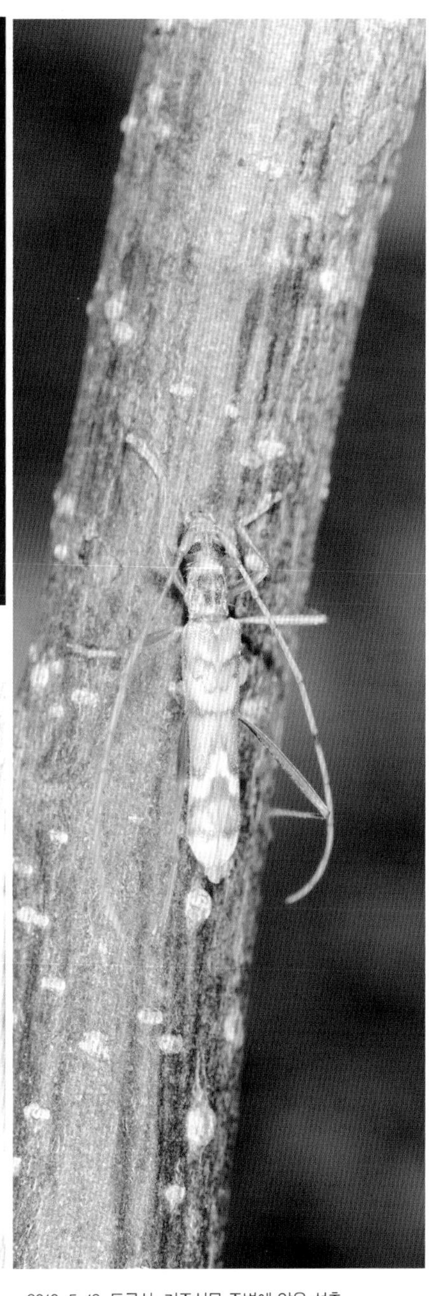

2013. 9. 23. 운장산. 죽은 생강나무에서 번데기가 되었다.

2010. 5. 19. 두륜산. 기주식물 주변에 앉은 성충

하늘소

Neocerambyx raddei Blessig, 1872

크기 34~57㎜
서식지 마을 주변
출현시기 7~8월
월동태 유충
기주식물 밤나무
분포 두륜산, 팔영산, 천성산, 가지산, 선운산, 내장산, 변산반도, 강화도, 북한산, 대운산(양산), 태기산

몸 윗면은 검은 바탕에 황색 털이 나 있어 황갈색을 띠고 광택이 난다. 암컷의 더듬이는 몸길이 정도이고 수컷의 더듬이는 몸길이의 1.5배 이상으로 3배에 이르기도 한다. 앞가슴등판은 주름모양 돌기가 돌출되었다. 마을 주변이나 야산에 서식한다. 성충은 한여름에 많으며 야행성으로 참나무에 날아와 발효된 수액을 먹으며 불빛에 민감하게 반응해 수십 마리가 날아오기도 한다. 암컷은 살아있는 기주식물의 껍질을 물어뜯어 상처를 내고 산란관을 꽂아 산란한다. 유충은 기주식물에 터널을 뚫고 생활하기 때문에 태풍에 나무가 쓰러지거나 고사하기도 한다. 알에서 성충이 되기까지는 2년 이상으로 추측된다. 남한 전역에 분포한다.

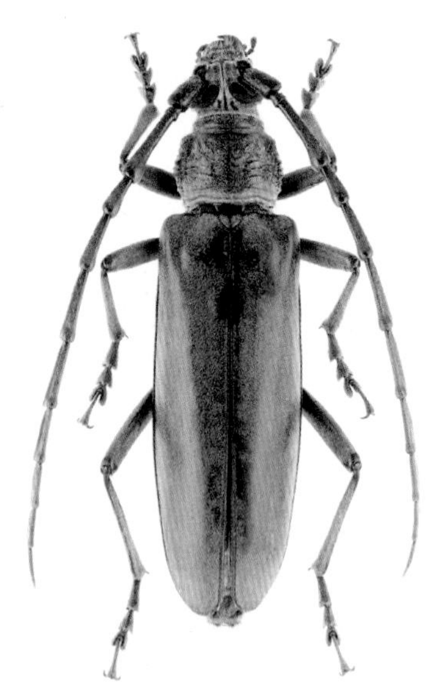

2005. 7. 27. 팔영산. 암컷

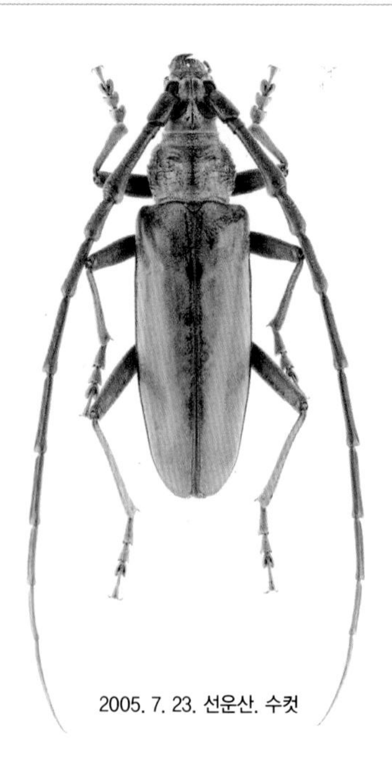

2005. 7. 23. 선운산. 수컷

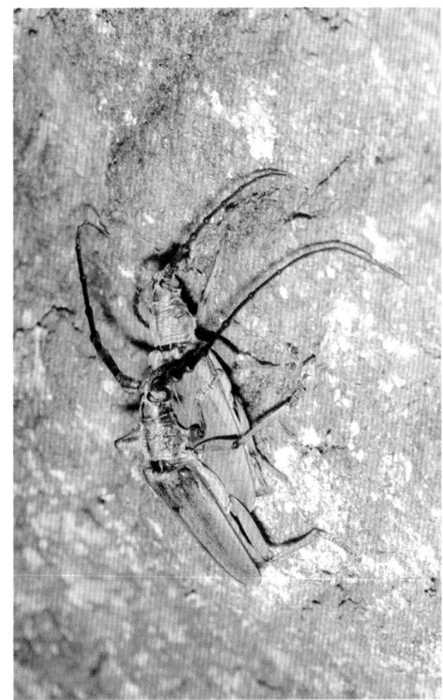

2010. 7. 29. 두륜산. 주로 야간에 활동하는 성충

2008. 7. 28. 두륜산. 성충이 가로등 불빛에 날아왔다.

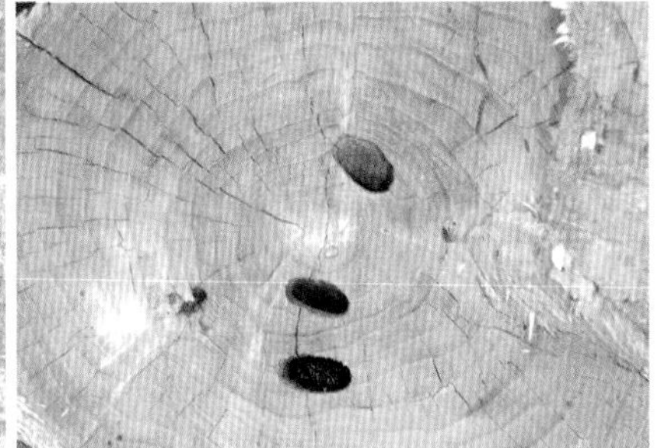

2007. 7. 8. 지리산. 밤나무에 터널을 뚫어 놓은 유충

2011. 11. 17. 회문산. 하늘소가 서식하는 밤나무 고목

작은하늘소

Margites (*Magrites*) *fulvidus* (Pascoe, 1858)

크기 12~19㎜
서식지 산지
출현시기 5~8월
월동태 유충
기주식물 굴피나무
분포 거제도, 지리산, 변산반도, 운장산, 모악산, 광덕산(천안), 강화도

머리와 앞가슴등판은 검은 바탕에 황색 털이 나 있다. 딱지날개는 암갈색 바탕에 황색 털로 덮여 있어 황갈색을 띤다. 더듬이와 다리는 황갈색이다. 성충은 산지에 살며 낮에 관찰하기 어렵다. 야행성으로 저녁에 수세가 약하거나 수령이 오래된 밤나무 줄기에서 볼 수 있으며 불빛에도 날아온다. 암컷은 죽은 기주식물에 산란한다. 남한의 중부 이남 지역에 분포한다.

2007. 5. 25. 변산반도. 암컷

2006. 6. 19. 거제도. 수컷

2007. 6. 19. 모악산. 저녁에 밤나무에서 활동한다.

2007. 5. 8. 모악산. 불빛에 날아왔다.

2014. 4. 1. 연석산

금빛얼룩하늘소

Aeolesthes (*Pseudaeolesthes*) *chrysothrix chrysothrix* (Bates, 1873)

크기 22~35㎜
서식지 산지
출현시기 5월~
월동태 확인하지 못함
기주식물 개서어나무
분포 거제도, 두륜산

몸에는 진한 노란 털이 밀집되어 나 있으며 앞가슴등판에는 황갈색 세로 줄무늬가 있고 양 옆에 돌기가 있다. 딱지날개에는 분명하지 않은 황갈색 무늬가 있다. 산지에 서식하며 성충은 죽은 기주식물의 굵은 줄기에서 발생했다. 자세한 생태는 확인하지 못했다. 남한 남부 지역에 분포한다.

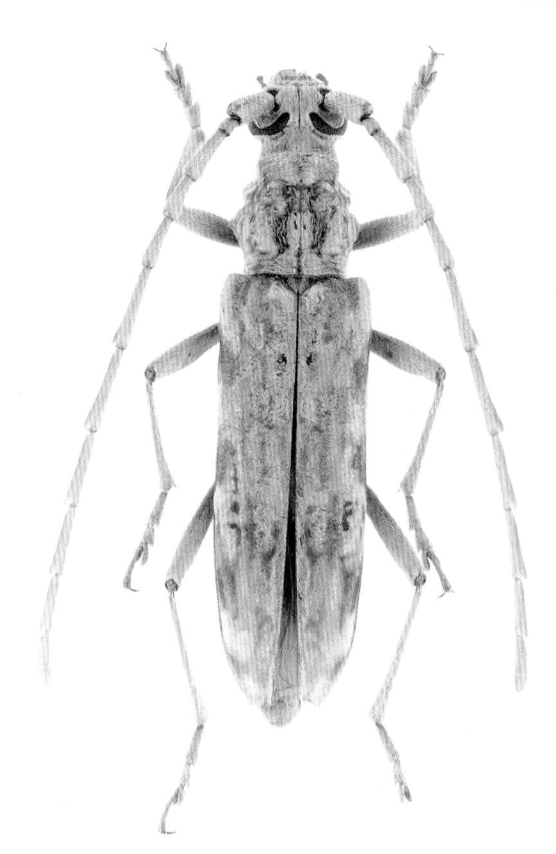

2009. 5. 30. 두륜산. 암컷

털보하늘소

Trichoferus campestris (Faldermann, 1835)

크기 10~19㎜
서식지 산지
출현시기 6~8월
월동태 확인하지 못함
기주식물 확인하지 못함
분포 거창, 백운산, 내장산, 용인 양지면, 강화도, 북한산, 태기산, 계방산, 오대산

몸 윗면은 진한 갈색에 노란 털이 나 있고 광택이 난다. 더듬이는 암갈색이며 길이는 암수 모두 몸길이의 절반을 약간 넘는다. 성충은 산지에서 6월부터 나타난다. 야행성으로 침엽수 벌채목에 모이고 불빛에 날아온다. 자세한 생태는 확인하지 못했다. 남한 전역에 분포한다.

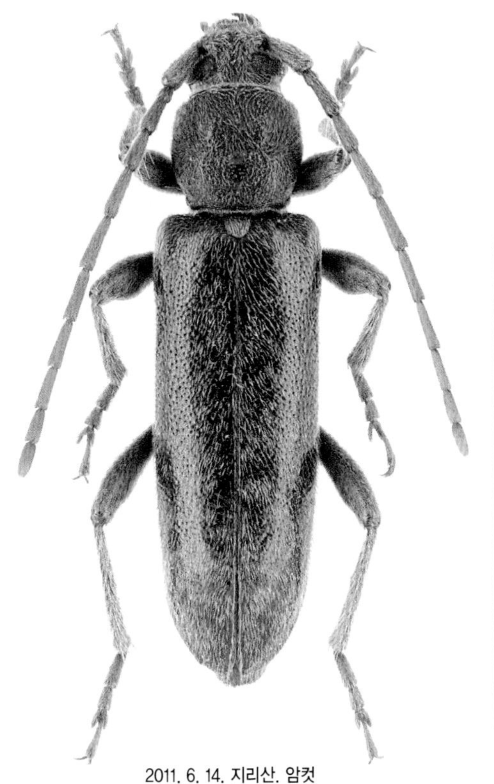

2011. 6. 14. 지리산. 암컷

2007. 7. 7. 내장산. 가로등 불빛에 날아 온 성충

닮은털보하늘소

Trichoferus flavopubescens Kolbe, 1886

크기 15~25㎜
서식지 산지
출현시기 7~8월
월동태 확인하지 못함
기주식물 확인하지 못함
분포 논산 상월면, 청주 복대동, 강화도, 춘천 남면

학명 재검토가 필요하다. 몸은 암갈색 바탕에 노란색 털이 덮여 있어 황갈색을 띤다. 앞가슴등판에 털 뭉치가 있다. 암컷의 더듬이는 몸길이에 못 미치고 수컷의 더듬이는 몸길이보다 길다. 산지에 살며 야행성으로 불빛에 날아오며 자세한 생태는 밝혀지지 않았다. 남해안을 제외한 남한 전역에 국지적으로 분포한다.

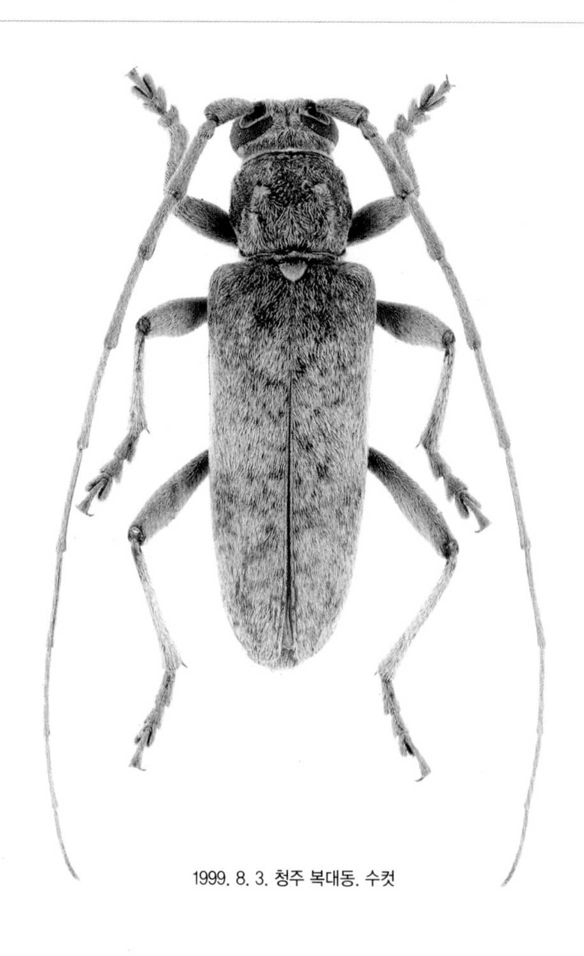

1999. 8. 3. 청주 복대동. 수컷

밤색하늘소

Allotraeus (*Allotraeus*) *sphaerioninus* Bates, 1877

크기 11~17㎜
서식지 산지
출현시기 6~8월
월동태 번데기
기주식물 생강나무
분포 월출산, 철마산, 지리산, 회문산, 운장산, 연석산

몸은 주황색이며 광택이 난다. 수컷의 더듬이는 몸길이의 약 2배로 길고 딱지날개의 끝은 얕게 갈라져 뾰족하다. 다리의 넓적다리마디는 곤봉모양이고 암갈색이다. 숲이 울창한 산지에 서식한다. 성충은 6월 초순부터 나타나 빛이 많이 들지 않는 곳의 기주식물이나 주변의 나뭇잎 위 또는 뒷면에 납작하게 달라붙듯 앉아 있는 모습을 볼 수 있고 꽃에도 날아온다. 암컷은 죽어가는 기주식물에 산란하고 알에서 나온 유충은 10월이면 번데기 되어 겨울을 난다. 남한의 중부 이남 지역에 분포한다.

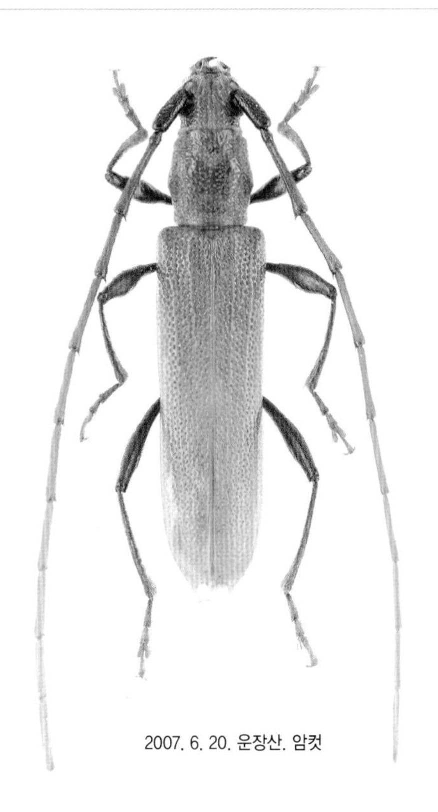

2007. 6. 20. 운장산. 암컷

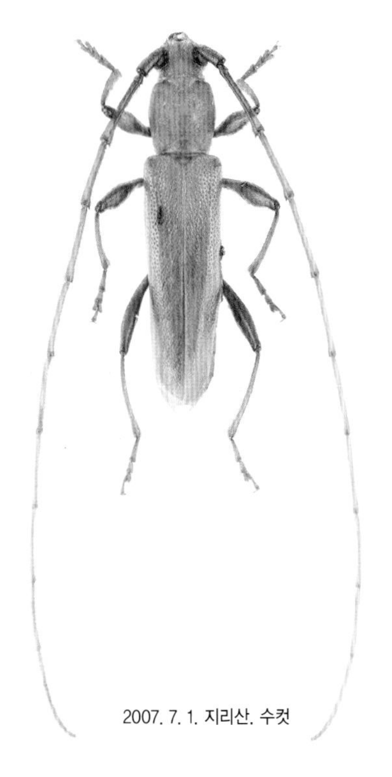

2007. 7. 1. 지리산. 수컷

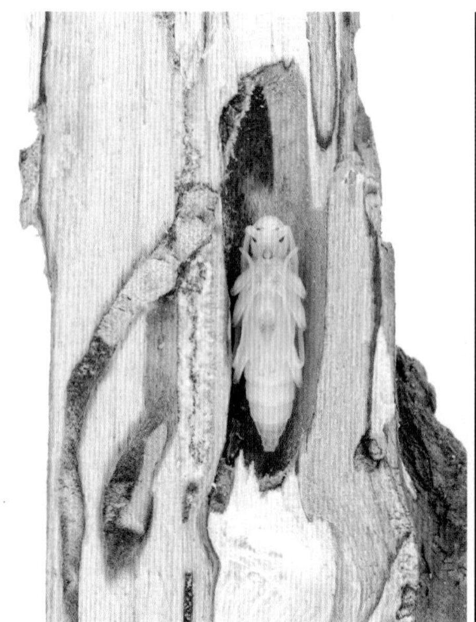

2013. 4. 28. 운장산. 죽은 생강나무에서 번데기가 되었다.

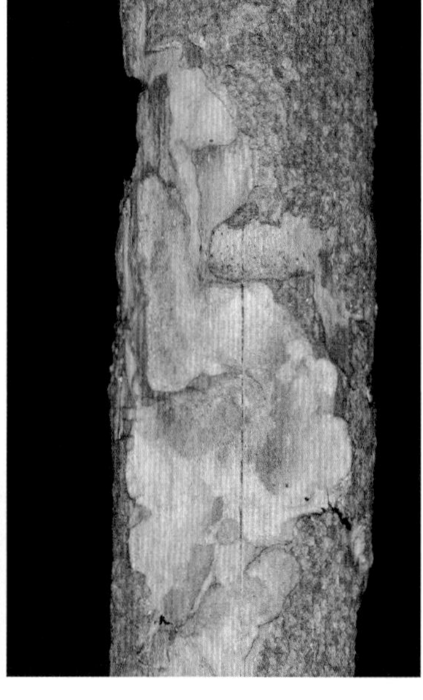

2010. 3. 7. 운장산. 유충이 생강나무를 먹은 흔적

2013. 9. 19. 연석산. 유충이 살고 있는 죽은 생강나무

2013. 6. 9. 연석산

2010. 6. 25. 운장산

알통다리밤색하늘소

Nysina orientalis (A. White, 1853)

크기 10~17㎜
서식지 낮은 산지
출현시기 6~8월
월동태 유충
기주식물 후박나무, 예덕나무
분포 가거도, 흑산도

몸은 갈색이고 광택이 난다. 딱지날개의 끝은 얕게 갈라져 끝이 뾰족하다. 넓적다리마디는 곤봉모양이다. 성충은 낮은 산지에 서식하며 기주식물인 후박나무 벌채목에서 볼 수 있다. 알에서 나온 유충은 나무껍질과 목질부 사이에서 껍질 부분을 갉아먹고 커가면서 목질부를 파고들어간다. 다 자란 유충은 성충이 되어 나올 탈출구를 미리 뚫고 톱밥으로 막은 뒤 겨울을 나고 봄에 번데기가 된다. 남한 남부지역 섬에 분포한다.

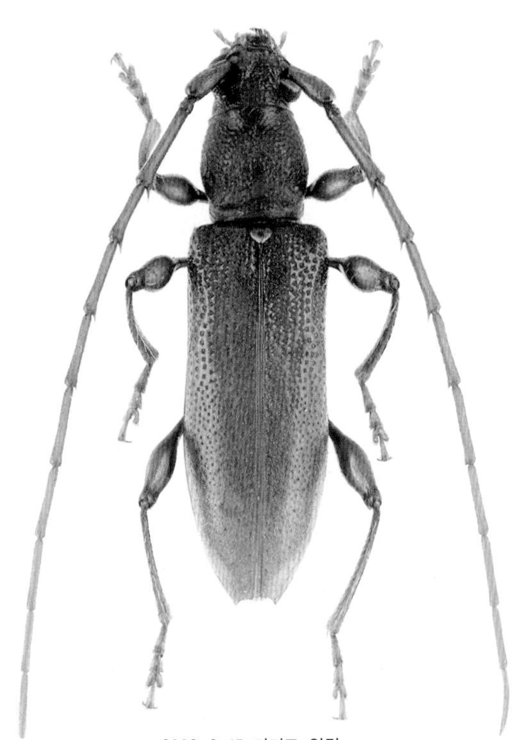

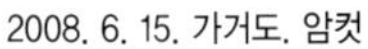
2008. 6. 15. 가거도. 암컷

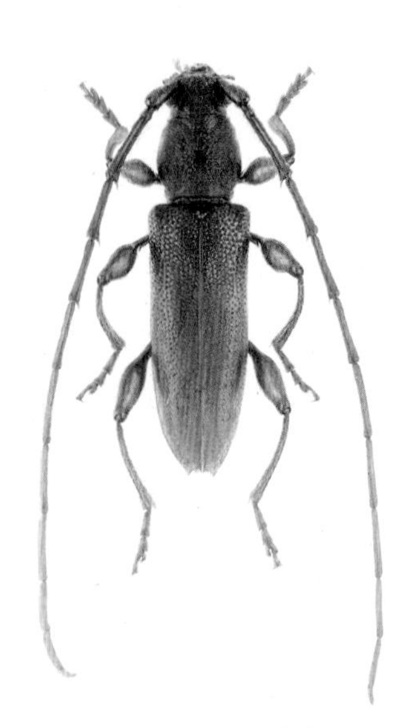

2008. 6. 15. 가거도. 수컷

2012. 4. 3. 흑산도. 유충

2012. 5. 2. 흑산도. 번데기

2012. 4. 3. 흑산도. 유충이 갉아먹은 후 박나무 흔적

2012. 6. 17. 흑산도. 예덕나무 고사목에 날아왔다.

2014. 6. 7. 가거도. 번데기가 성충으로 우화했다.

유충에서 우화까지의 변화 과정. 2014. 4. 8 ~ 6. 3. 가거도

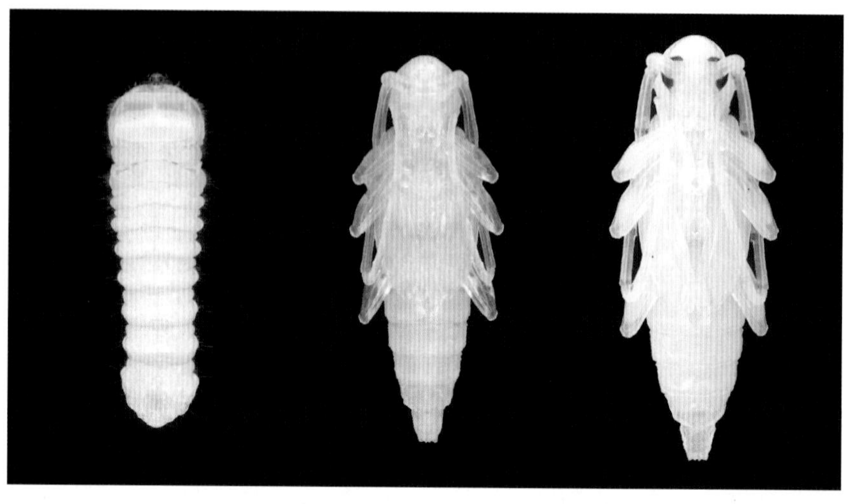

2014. 4. 8. 2014. 5. 14. 2014. 5. 20.

2014. 5. 28. 2014. 6. 2. 2014. 6. 3.

네눈박이하늘소

Stenygrinum quadrinotatum Bates, 1873

크기 8~14㎜
서식지 마을 주변, 낮은 산지
출현시기 5~7월
월동태 확인하지 못함
기주식물 확인하지 못함
분포 거제도, 미륵산, 백운산(광양), 지리산, 공주 정안, 용유도, 영종도, 이천

몸은 암갈색이고 광택이 난다. 딱지날개에는 노란 점이 4개 있으며 하단부는 황갈색이다. 넓적다리마디는 곤봉모양이다. 낮은 산지에 서식하며 7월 초에 많이 보인다. 나뭇잎에 앉아 있거나 꽃에서 볼 수 있으며 불빛에 잘 날아온다. 낮에는 활동이 활발하지 않고 주로 불빛에 날아온 개체가 관찰된다. 자세한 생태는 밝혀지지 않았다. 남한 전역에 분포한다.

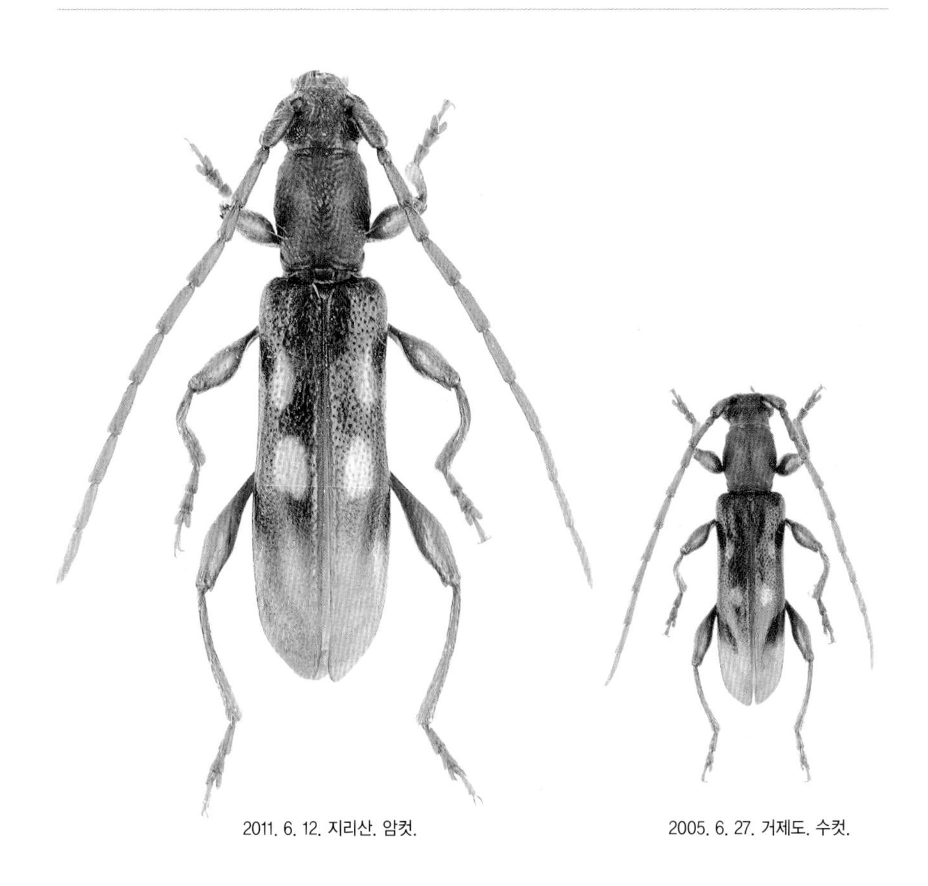

2011. 6. 12. 지리산. 암컷.

2005. 6. 27. 거제도. 수컷.

2007. 6. 30. 백운산

2005. 6. 25. 거제도. 불빛에 날아온 성충

섬하늘소

Ceresium longicorne Pic, 1926

크기 6~12㎜
서식지 낮은 산지
출현시기 6~8월
월동태 유충
기주식물 멀구슬나무, 물오리나무, 상동나무, 예덕나무, 사스레피나무
분포 제주도, 거금도, 황령산

머리, 앞가슴등판, 딱지날개, 다리는 암갈색이다. 더듬이는 갈색이며 수컷의 더듬이는 몸길이의 2배에 이르기도 한다. 앞가슴등판에는 작은 돌기가 있으며 넓적다리마디는 곤봉모양이다. 낮은 산지에 서식하며 성충은 6월부터 나타나 활동한다. 암컷은 고사하거나 벌채된 기주식물에 산란한다. 유충으로 겨울을 나고 6월에 번데기가 된다. 남부 지역에 분포한다.

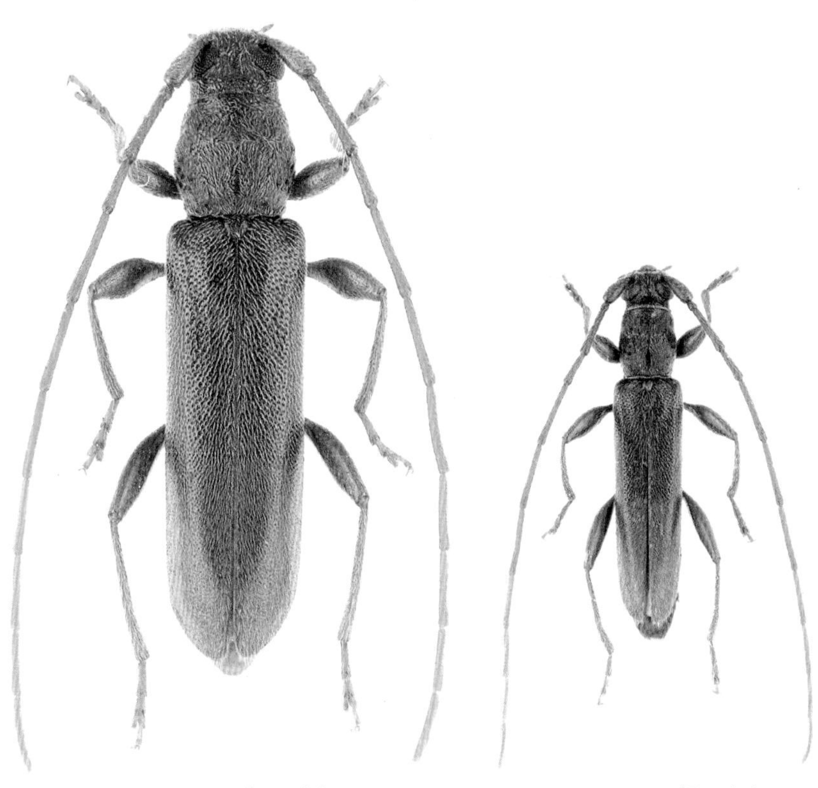

2012. 7. 3. 제주도. 암컷

2012. 7. 3. 제주도. 수컷

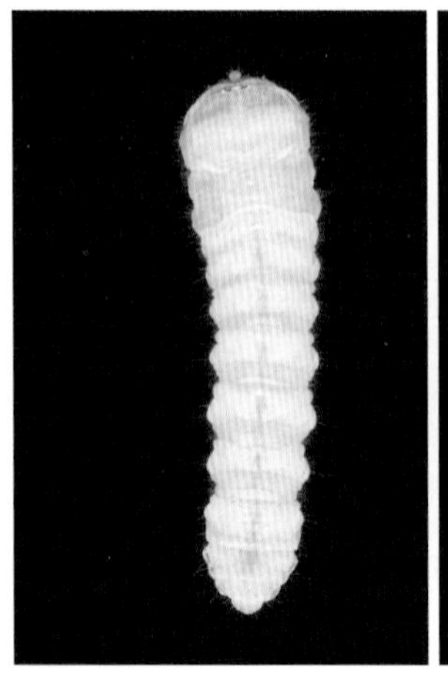

2014. 6. 15. 황령산. 유충

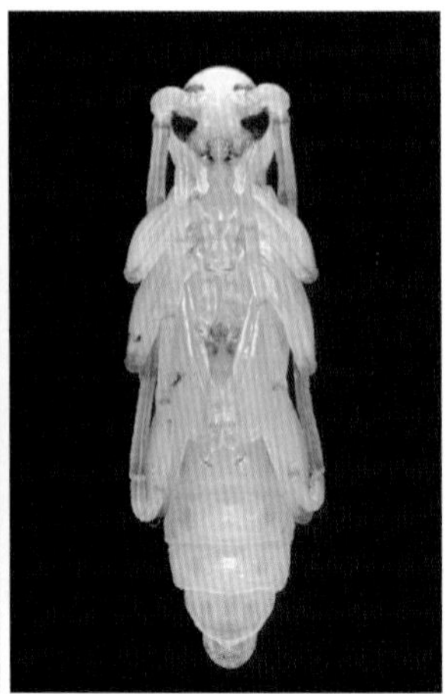

2014. 6. 15. 황령산. 번데기

2012. 4. 7. 제주도. 유충이 갉아먹은 상동나무 흔적

2014. 7. 7. 황령산

2012. 4. 14. 거금도. 유충이 살고 있는 사스레피나무 벌채목

유충에서 우화까지의 변화 과정. 2014. 5. 13~6. 21. 황령산

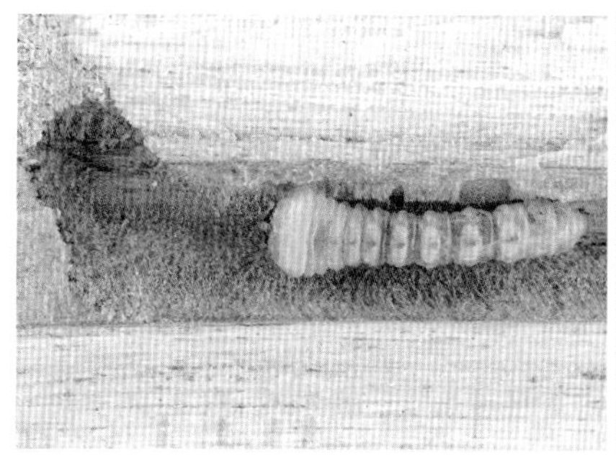

2014. 5. 13.

2014. 6. 6.

2014. 6. 13.

2014. 6. 17.

2014. 6. 20.

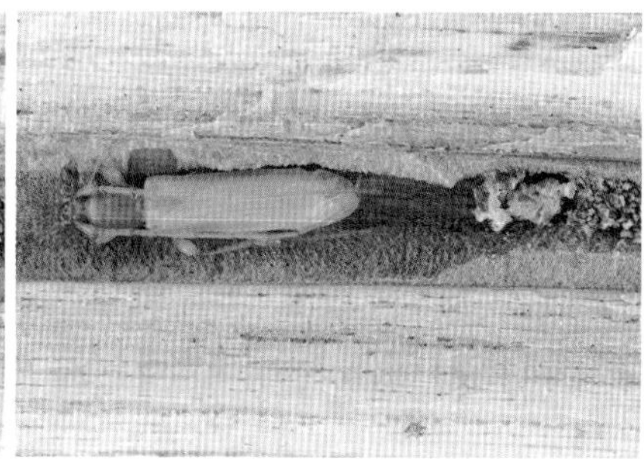

2014. 6. 21.

노랑다리송사리엿하늘소

Stenhomalus (*Stenhomalus*) *incongruus parallelus* Niisato, 1988

크기 5~8㎜
서식지 산지
출현시기 5~6월
월동태 번데기, 성충
기주식물 팽나무
분포 무안 청계면, 울릉도, 계방산, 능가산

머리는 검고 앞가슴등판은 붉은색이며 양 옆에 돌기가 나 있다. 딱지날개는 암녹색으로 광택이 난다. 넓적다리 마디가 곤봉모양이다. 마을 주변이나 낮은 산지에 살며 성충은 봄부터 나타나 활동한다. 암컷은 고사한 기주식물의 손가락 굵기 정도의 잔가지에 산란한다. 알에서 나온 유충은 11월에 번데기가 되거나 성충으로 우화해 그대로 겨울을 나고 봄에 나온다. 남한 전역에 분포한다.

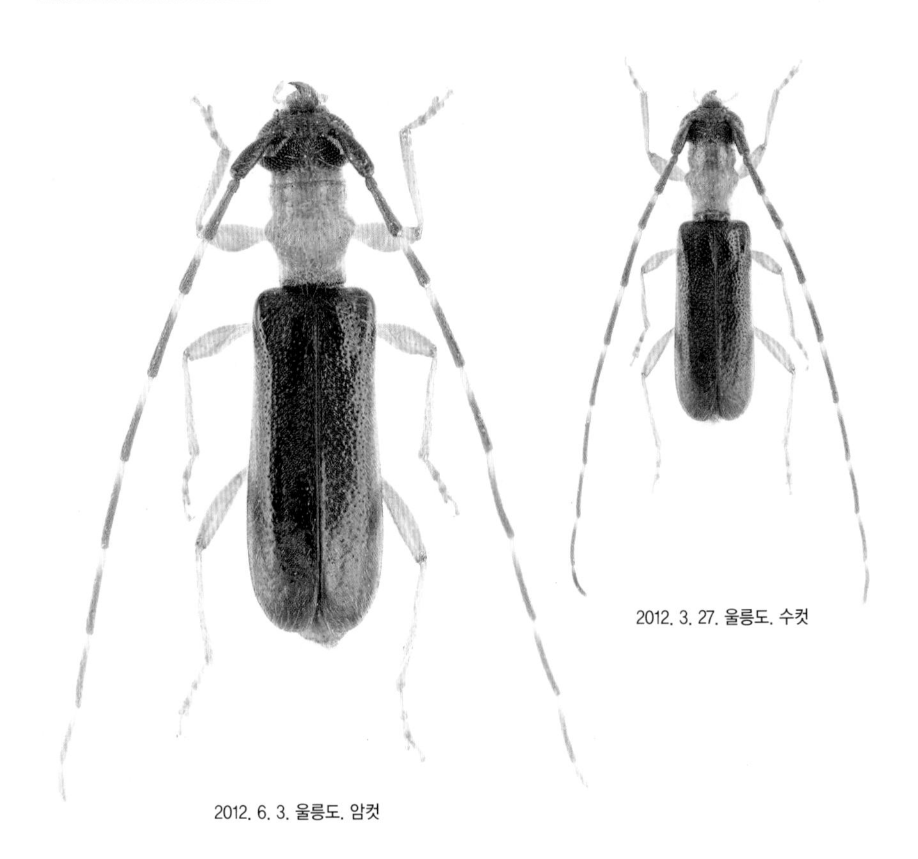

2012. 3. 27. 울릉도. 수컷

2012. 6. 3. 울릉도. 암컷

2012. 2. 11. 무안 청계면. 팽나무에서 월동 중인 번데기

2011. 12. 28. 무안 청계면. 팽나무에서 월동 중인 성충

2012. 6. 3. 울릉도. 팽나무에 온 성충

송사리엿하늘소

Stenhomalus (*Stenhomalus*) *taiwanus taiwanus* Matsushita, 1933

크기 5~7㎜
서식지 낮은 산지
출현시기 5~8월
월동태 유충, 번데기, 성충
기주식물 산초나무, 뽕나무
분포 거제도, 지리산, 회문산, 변산반도, 북한산

몸 윗면은 황갈색이며 광택이 난다. 딱지날개에는 'V' 자 줄무늬가 2개 있다. 넓적다리마디는 곤봉모양이다. 낮은 산지의 기주식물 주변에서 볼 수 있으며 불빛에 날아온다. 놀라면 더듬이를 앞으로 뻗고 움직이지 않는다. 암컷은 죽은 기주식물에 산란하고 여러 형태로 겨울을 난다. 남한의 중부 이남 지역에 분포한다.

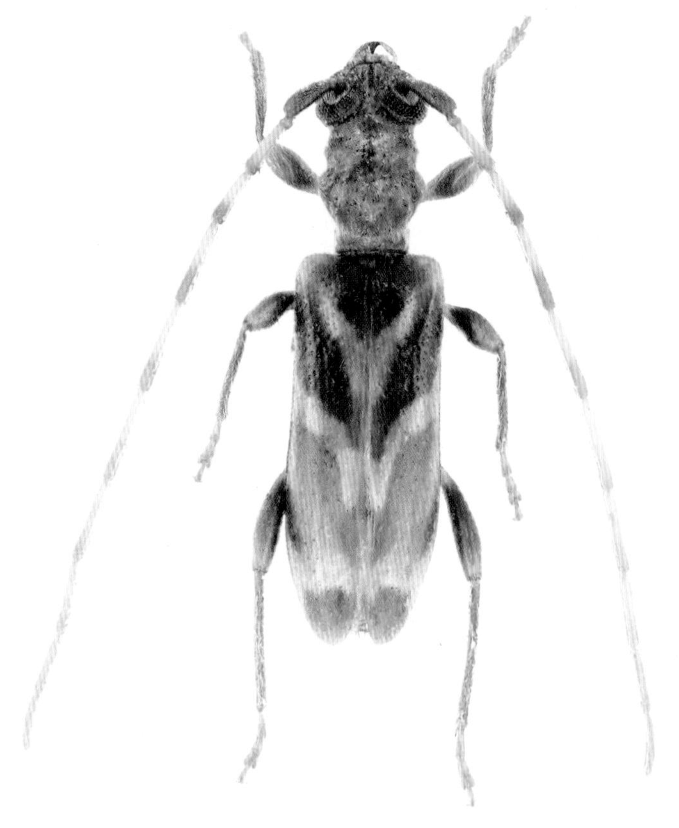

2006. 6. 20. 변산반도, 암컷

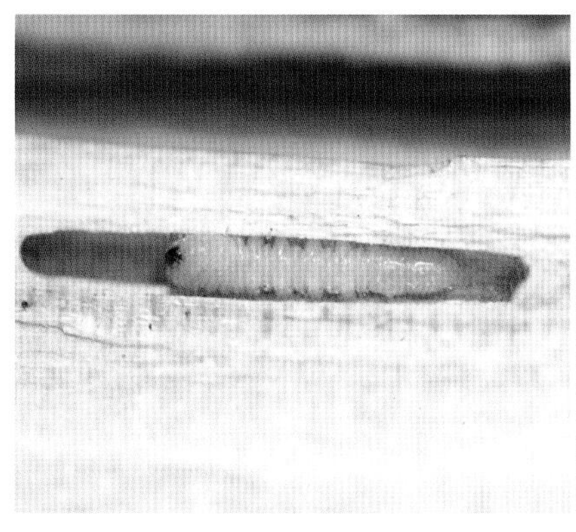

2006. 2. 5. 변산반도. 월동 중인 유충

2006. 2. 7. 변산반도. 월동 중인 번데기

2006. 2. 12. 변산반도. 월동 중인 성충

2006. 6. 3. 변산반도. 놀라면 움직이지 않는다.

2006. 3. 5. 변산반도. 유충이 갉아먹은 산초나무

2006. 9. 12. 내장산. 송사리엿하늘소가 흉내 내는 것으로 추측되는 거미

민무늬송사리엿하늘소 (가칭)

Stenhomalus (Stenhomalus) japonicus (Pic, 1904) (추정)

크기 4.5~6.6㎜
서식지 산지
출현시기 4~7월
월동태 성충
기주식물 생강나무
분포 해산령

Stenhomalus (Stenhomalus) japonicus (Pic, 1904)로 추정되며 자세한 검토가 필요하다. 머리와 앞가슴등판은 검고 딱지날개는 암갈색이다. 더듬이에 긴 털이 듬성듬성 나 있다. 벌채된 생강나무의 가는 가지에서 성충이 발생했으며 성충으로 겨울을 난다. 자세한 생태는 밝혀지지 않았다. 남한의 북부 지역에 분포한다.

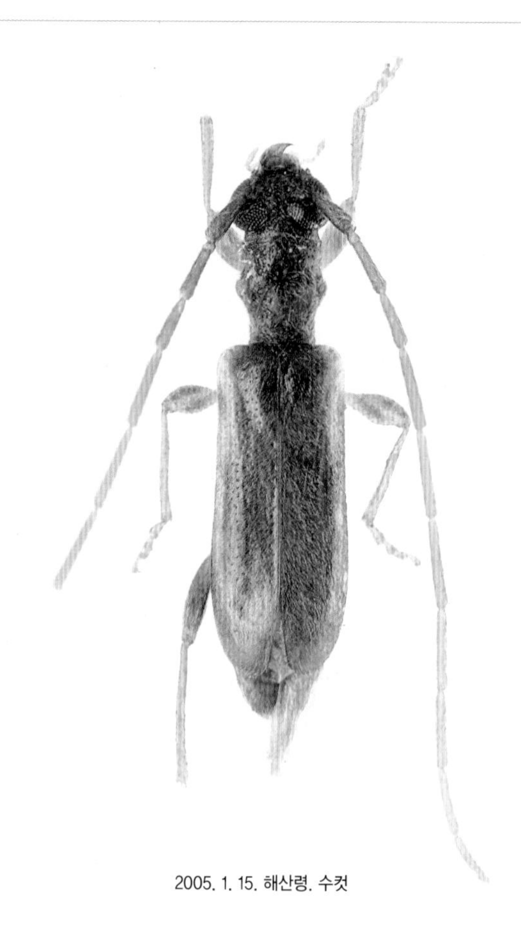

2005. 1. 15. 해산령. 수컷

한줄송사리엿하늘소 (가칭)

Stenhomalus (Stenhomalus) cleroides Bates, 1873 (추정)

크기 5.5~8㎜
서식지 산지
출현시기 6~7월
월동태 유충
기주식물 으름덩굴
분포 능가산, 연석산

Stenhomalus (Stenhomalus) cleroides Bates, 1873로 추정되며 자세한 검토가 필요하다. 머리와 앞가슴등판은 검고 더듬이와 다리는 주황색이다. 딱지날개 상단부는 암갈색이고 하단부는 노란색이며 중앙에 'V' 자 무늬와 검은 점무늬가 있다. 산지에 서식하며 성충은 6월부터 나타나 기주식물 주변에서 볼 수 있다. 암컷은 죽은 으름덩굴에 산란하며 유충은 목질부를 뚫고 들어가 겨울을 나고 번데기가 된다. 불빛에 날아온다. 남한 남부 지역에 분포한다.

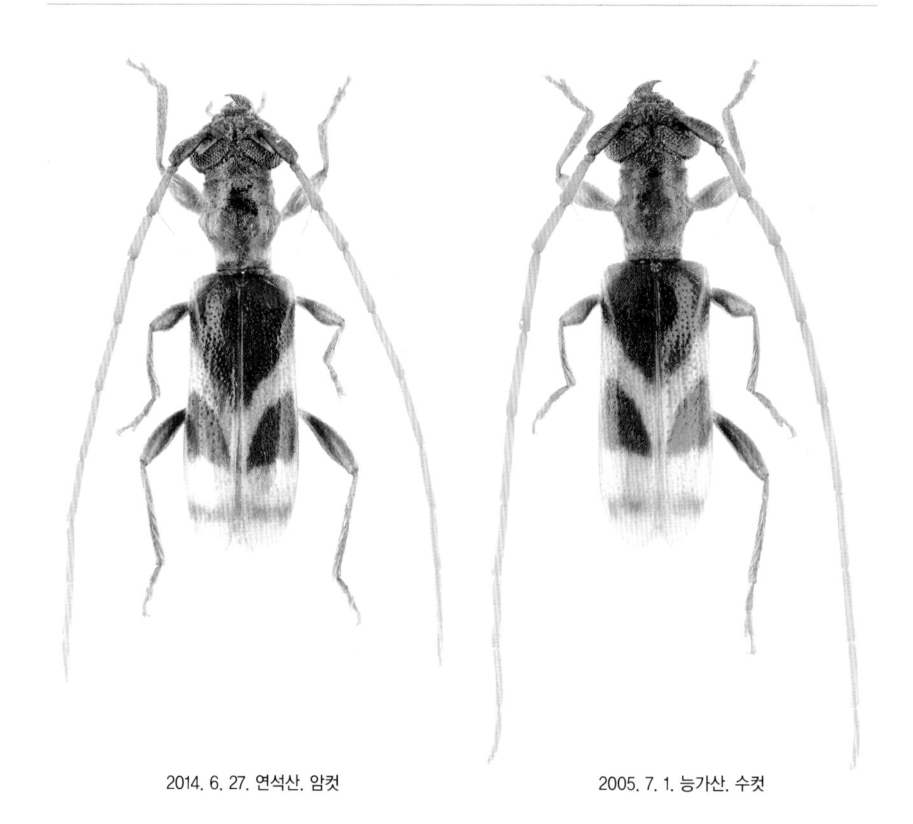

2014. 6. 27. 연석산. 암컷

2005. 7. 1. 능가산. 수컷

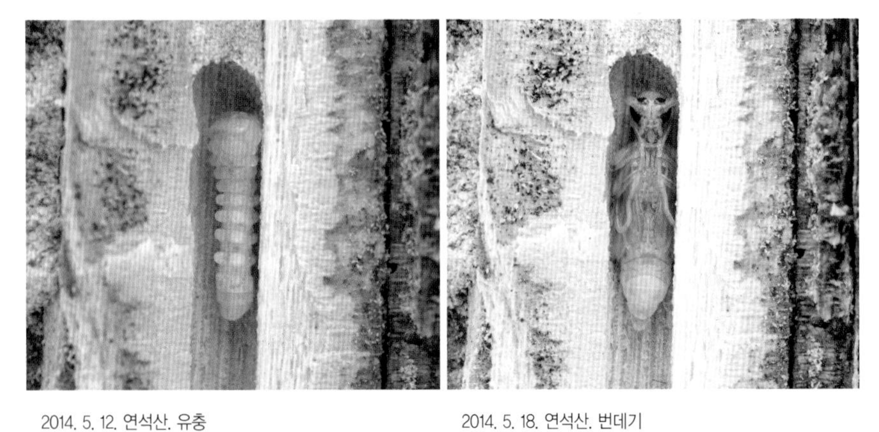

2014. 5. 12. 연석산. 유충

2014. 5. 18. 연석산. 번데기

2014. 4. 1. 연석산. 유충이 갉아먹은 흔적

2014. 6. 10. 연석산

2014. 6. 10. 연석산

2014. 6. 20. 연석산

깨엿하늘소

Obrium obscuripenne obscuripenne Pic, 1904

크기 4~6㎜
서식지 산길 주변
출현시기 5~7월
월동태 확인하지 못함
기주식물 생강나무, 물푸레나무
분포 거금도, 금오도, 천성산, 회문산, 추월산, 운장산, 모악산, 운악산, 태백산, 계방산, 대관령, 해산령

머리와 앞가슴등판은 검고 딱지날개는 광택이 강한 암갈색이며 앞가슴등판 양 옆에 돌기가 있다. 넓적다리마디는 곤봉모양이다. 성충은 봄부터 나타나 각종 꽃에 날아와 꿀이나 꽃가루를 먹는다. 특히 국수나무에 많이 모이고 유충이나 번데기는 죽은 기주식물에서 발견된다. 남한 전역에 분포한다.

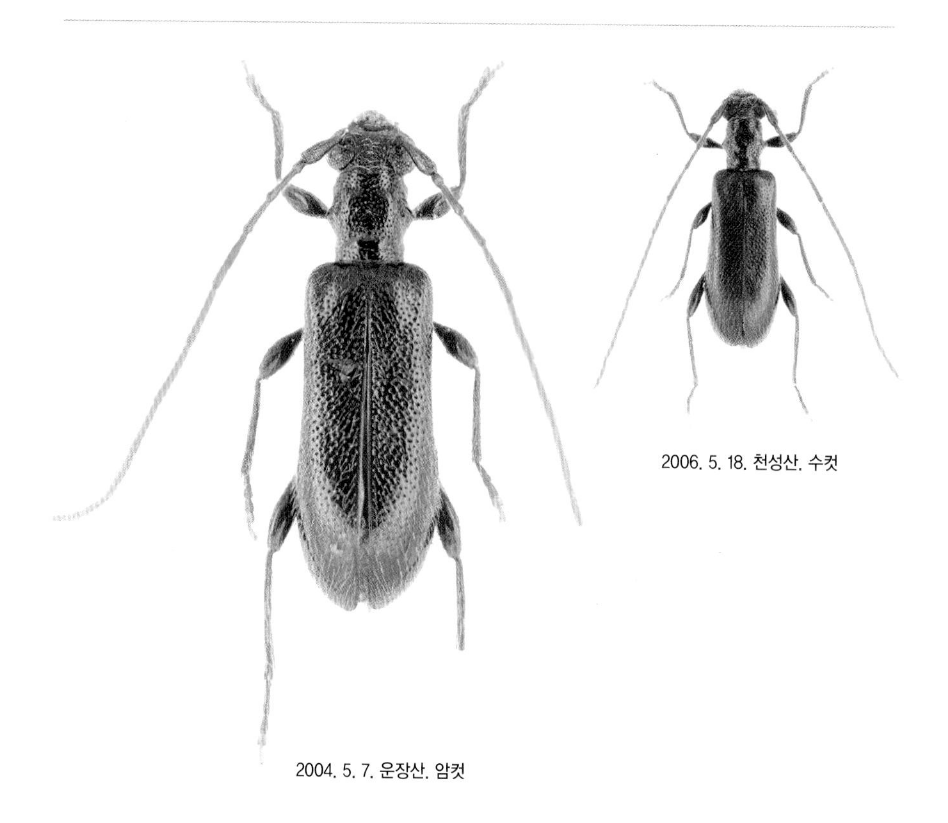

2006. 5. 18. 천성산. 수컷

2004. 5. 7. 운장산. 암컷

2006. 4. 15. 운장산. 번데기

2007. 4. 25. 운장산. 성충으로 우화했다.

2007. 5. 21. 추월산

엿하늘소

Obrium brevicorne Plavilstshikov, 1940

크기 5~9㎜
서식지 높은 산지
출현시기 6~7월
월동태 확인하지 못함
기주식물 확인하지 못함
분포 지리산, 운장산, 계방산, 오대산

몸은 갈색이고 광택이 강하다. 앞가슴등판 양 옆에는 돌기가 있으며 딱지날개에는 털이 듬성듬성 나 있다. 넓적다리마디는 볼록한 곤봉모양이다. 성충은 대체로 높은 산지에서 6월부터 나타나며 잎이 넓은 나뭇잎 아랫면에 앉는다. 불빛에도 날아온다. 기록(이승모, 1987)에 의하면 꽃에 날아온다고 한다. 남한 전역에 분포한다.

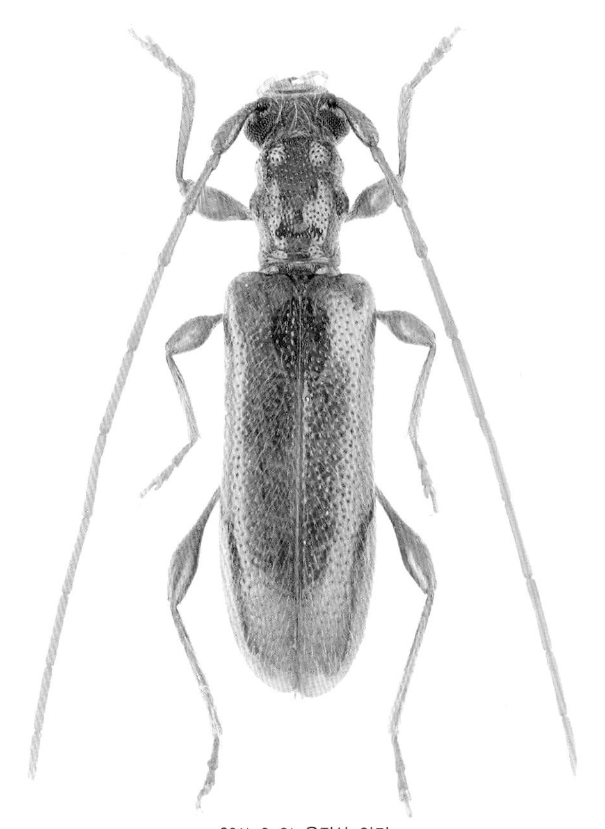

2011. 6. 21. 운장산. 암컷

2009. 6. 19. 운장산

2009. 6. 21. 운장산

갈색엿하늘소 (가칭)

Obrium kaszabi Haysshi, 1983 (추정)

크기 3㎜~
서식지 산지
출현시기 6~8월
월동태 확인하지 못함
기주식물 확인하지 못함
분포 양평 청운면, 오대산

Obrium kaszabi Haysshi, 1983로 추정되며 자세한 검토가 필요하다. 아주 작은 엿하늘소다. 몸은 주황색이며 앞가슴등판 양 옆에 돌기가 있다. 넓적다리마디는 검고 곤봉 모양이다. 자세한 생태는 밝혀지지 않았으며 나뭇잎에서 볼 수 있으며 불빛에 날아온다. 남한의 북부 지역에 분포한다.

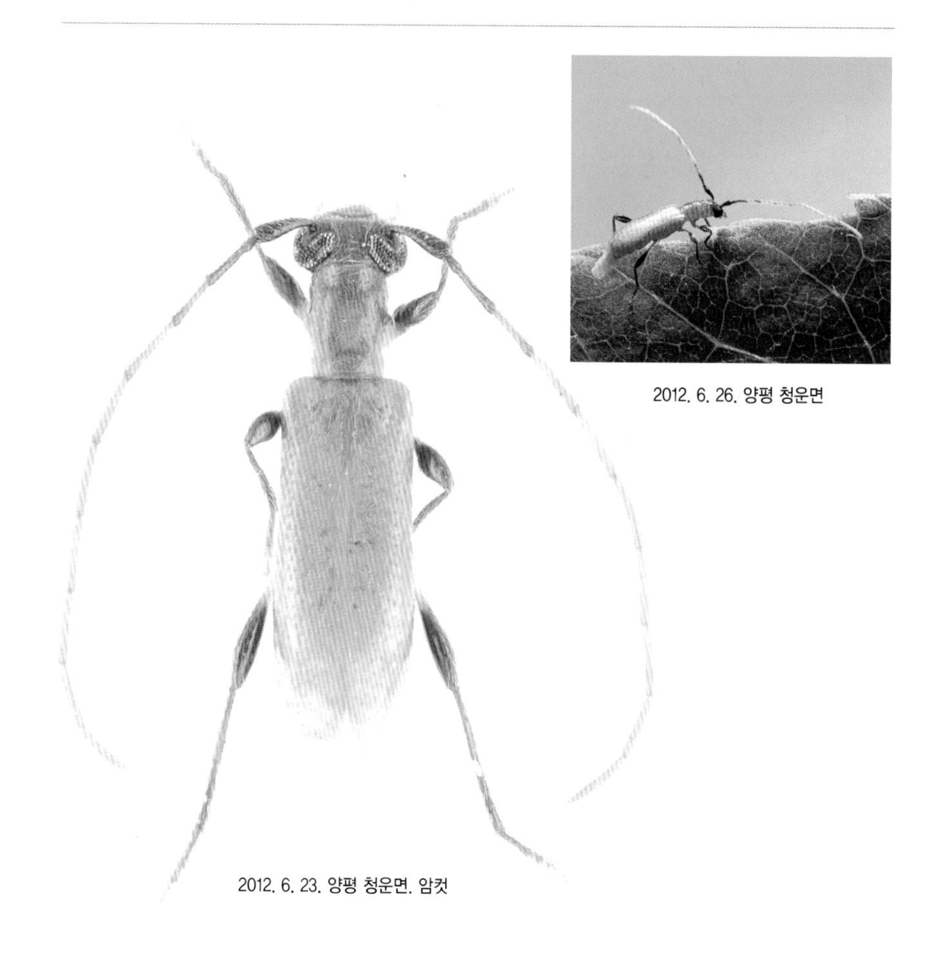

2012. 6. 26. 양평 청운면

2012. 6. 23. 양평 청운면, 암컷

용정하늘소

Leptepania japonica (Hayashi, 1949)

크기 5~7㎜
서식지 산지
출현시기 5~6월
월동태 확인하지 못함
기주식물 신나무, 매화나무, 단풍나무, 참싸리
분포 내장산, 능가산, 김제 금구면

몸 윗면은 검고 더듬이와 다리는 주황색이다. 앞가슴등판은 위는 좁고 아래는 넓은 모양으로 아래의 모서리는 완만하다. 딱지날개는 짧아 배의 윗면을 덮지 못하고 황갈색 무늬가 있다. 낮은 산지에 서식하며 성충은 봄에 나타나 신나무 꽃에 날아와 꿀과 꽃가루를 먹는다. 암컷은 고사하거나 벌채된 기주식물의 잔가지에 산란한다. 남한의 남부 지역에 분포한다.

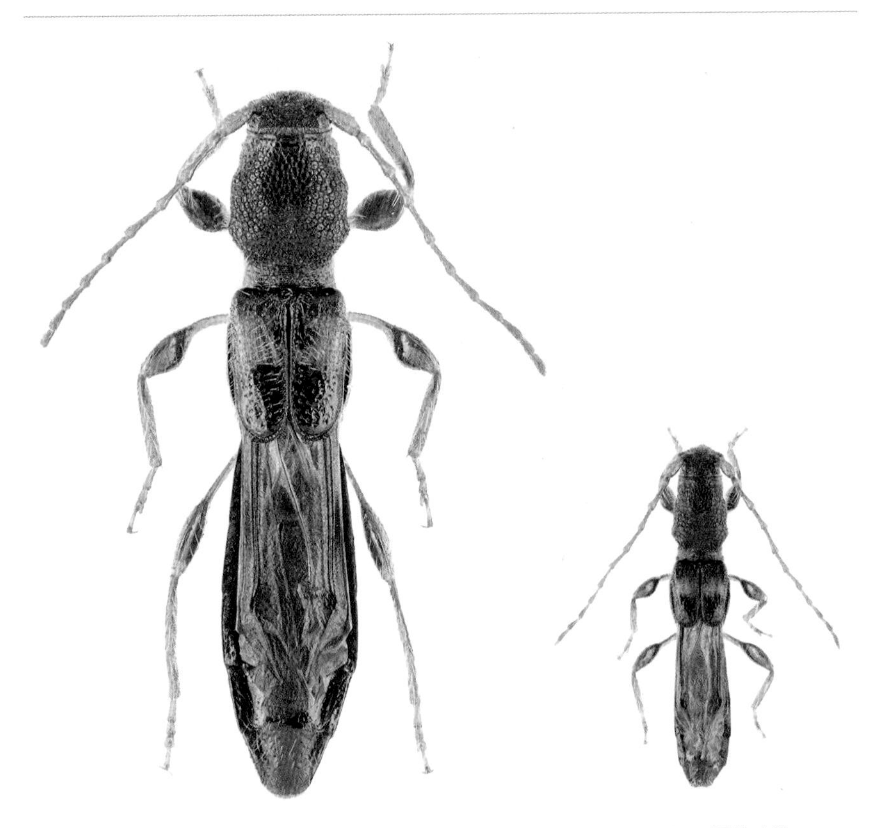

2006. 5. 20. 능가산. 암컷

2006. 6. 7. 내장산. 수컷

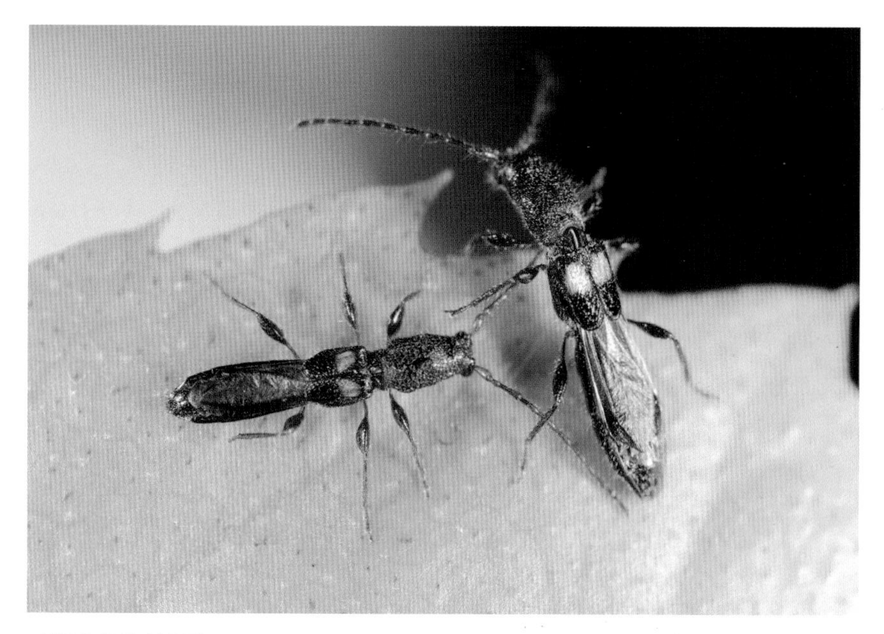

2012. 5. 21. 김제 금구면

2009. 5. 16. 변산반도

봄꼬마벌하늘소

Glaphyra (*Glaphyra*) *kobotokensis* K. Ohbayashi, 1963

크기 6~8㎜
서식지 산지
출현시기 5~6월
월동태 성충
기주식물 참싸리, 전나무
분포 천성산, 능가산, 운장산

몸 윗면은 검고 앞가슴등판에는 긴 노란색 털이 듬성듬성 나 있다. 딱지날개의 노란색 무늬는 어깨에 붙지 않는다. 성충은 5월부터 나타나 꽃에 날아온다. 단풍나무 꽃에 많은 개체가 모이기도 한다. 암컷은 죽은 기주식물의 손가락 정도로 가는 가지에 산란한다. 남한 전역에 분포한다.

2007. 5. 18. 천성산. 암컷

2007. 4. 29. 천성산. 수컷

2007. 5. 18. 천성산

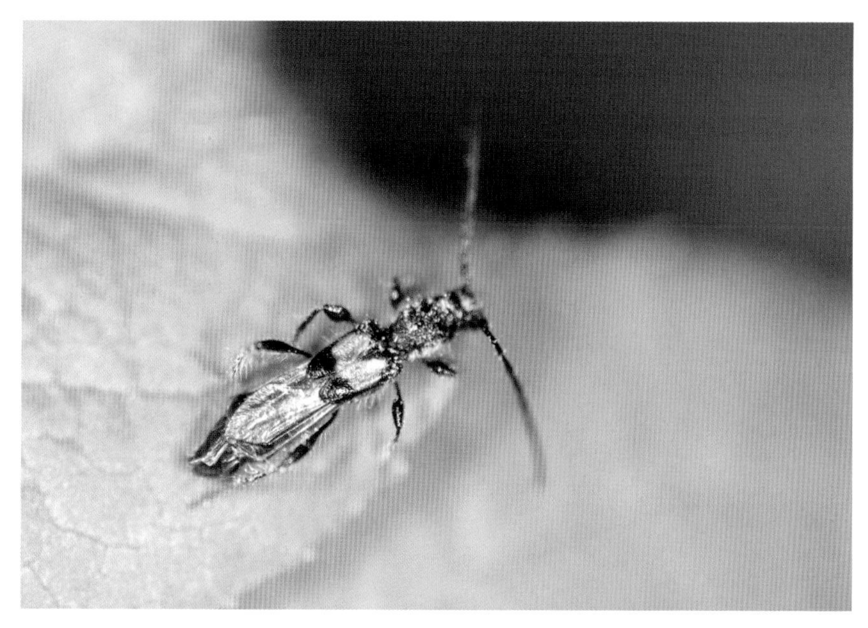

2007. 5. 18. 천성산

대륙산꼬마벌하늘소 (가칭)

Glaphyra starki Shabliovsky, 1936

크기 5~9㎜
서식지 산지
출현시기 4~6월
월동태 확인하지 못함
기주식물 층층나무
분포 단석산, 추월산, 변산반도, 광교산

몸 윗면은 검고 앞가슴등판에 긴 노란색 털이 듬성듬성 나 있다. 딱지날개의 노란색 무늬는 어깨에서부터 시작된다. 낮은 산지에 서식하며 성충은 이른 봄부터 나타나 초여름까지 활동한다. 흰 꽃에 모이며 암컷은 죽은 기주식물의 잔가지에 산란한다. 남한의 중부 이남 지역에 분포한다.

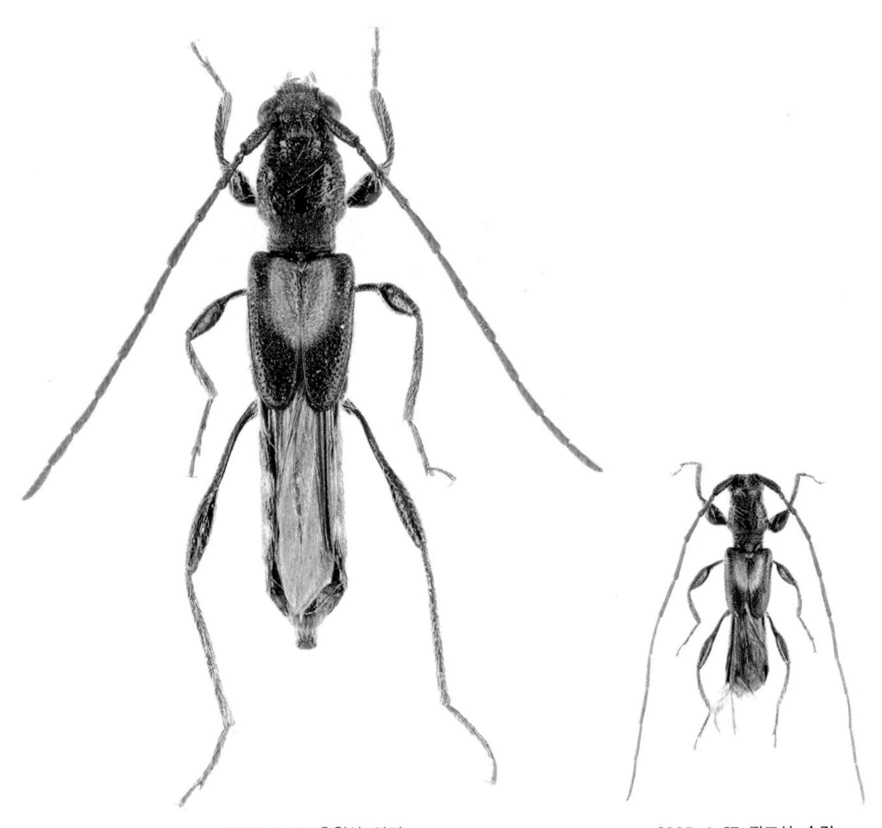

2009. 5. 19. 추월산. 암컷

2005. 4. 27. 광교산. 수컷

2009. 5. 2. 추월산

2009. 4. 19. 변산반도

굵은수염하늘소

Pyrestes haematicus Pascoe, 1857

크기 14~18㎜
서식지 산지
출현시기 6~8월
월동태 확인하지 못함
기주식물 후박나무 추정
분포 능가산, 용유도, 강화도, 청계산, 천마산, 해산령, 설악산

머리는 검으며, 더듬이는 굵고 넓적한 톱날 모양으로 암수 모두 몸길이를 넘지 못한다. 앞가슴등판은 검고 길쭉하며 물결모양 주름이 있다. 딱지날개는 가운데가 홀쭉하며, 깊이 파인 점각이 있고 광택이 강한 붉은색이다. 성충은 산지의 흰 꽃에 날아와 꿀이나 꽃가루를 먹으며 수백 마리가 모이기도 한다. 유충은 녹나무과 나무에 기생한다. 남한 전역에 분포한다.

2005. 8. 11. 강화도. 암컷

2003. 7. 16. 설악산. 수컷

2006. 6. 28. 청계산

2006. 4. 9. 변산반도. 굵은수염하늘소 애벌레가 후박나무에 살고 있는 흔적

루리하늘소

Rosalia (Rosalia) coelestis Semenov, 1911

크기 16~30㎜
서식지 높은 산지
출현시기 7~9월
월동태 확인하지 못함
기주식물 확인하지 못함
분포 설악산

몸 윗면은 하늘색에 검은 무늬가 있다. 더듬이 3~6마디 끝에 검은 털 뭉치가 있다. 앞가슴등판은 둥글고 위와 양 옆에 검은 점이 있으며 딱지날개에는 검은 띠무늬 2개와 점이 1쌍 있다. 높은 산지에 서식한다. 성충은 한여름에 나타나 죽어가는 들메나무에 날아온다. 자세한 생태는 확인하지 못했다. 남한의 북부 지역에 분포한다.

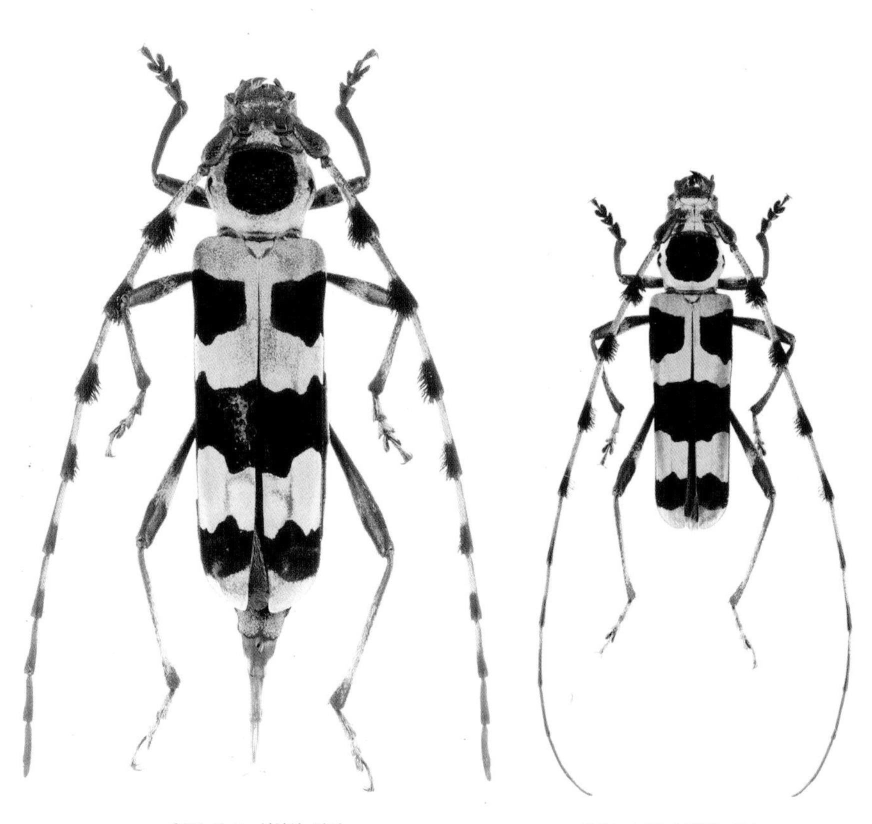

2014. 7. 5. 설악산. 암컷

2013. 7. 27. 설악산. 수컷

벚나무사향하늘소

Aromia bungii (Faldermann, 1835)

크기 25~35㎜
서식지 마을 주변
출현시기 7~8월
월동태 유충
기주식물 복사나무, 벚나무, 살구나무
분포 김천 구성면, 용유도, 수봉산(인천), 서울 영등포

머리와 더듬이, 딱지날개, 다리는 감청색이고 앞가슴등판은 진한 붉은색이다. 수컷 더듬이는 길어 몸길이의 2배에 이른다. 앞가슴등판은 짧고 넓으며 양 옆에 뾰족한 돌기가 있다. 성충은 과수원과 도시 주변의 공원이나 가로수에서 살며 7월 초순부터 나타나 기주식물에 여러 마리가 모여 짝짓기 및 산란한다. 암컷은 수세가 약한 살아있는 기주식물에 산란하며 유충은 기주식물의 목질부를 갉아먹고 구멍을 통해 배설물을 배출한다. 유충이 사는 나무는 수액이 흐르고, 고사하기도 한다. 근래에는 도시의 가로수에서 많이 발생한다. 자극을 받으면 사향 냄새를 풍긴다. 남한의 중부 이북 지역에 분포한다.

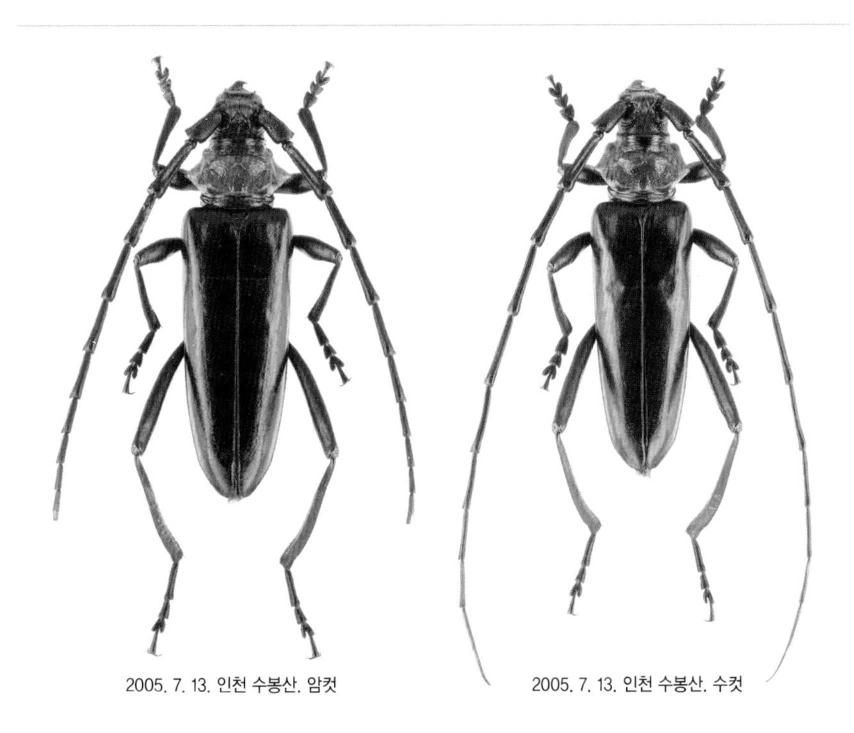

2005. 7. 13. 인천 수봉산. 암컷

2005. 7. 13. 인천 수봉산. 수컷

2010. 8. 11. 용유도

2010. 8. 11. 용유도

2012. 8. 3. 김천 구성면

참풀색하늘소

Chloridolum (*Parachloridolum*) *japonicum* (Harold, 1879)

크기 15~30㎜
서식지 낮은 산지
출현시기 7~9월
월동태 확인하지 못함
기주식물 참나무류 추정
분포 계룡산, 이천 장호원읍, 강화도

머리, 앞가슴등판, 딱지날개는 초록색이며 더듬이와 다리는 다홍색이다. 수컷의 더듬이는 몸길이의 2배 정도로 길다. 앞가슴등판에는 주름모양 돌기가 있다. 성충은 낮은 산지에 살며 여름에 나타나 수액이 흐르는 참나무에 날아와 발효된 수액을 먹는다. 야행성으로 불빛에 날아온다. 기록(이승모, 1987)에 의하면 유충은 참나무에 기생하는 것으로 알려졌다. 남한의 중부 이남 지역에 분포한다.

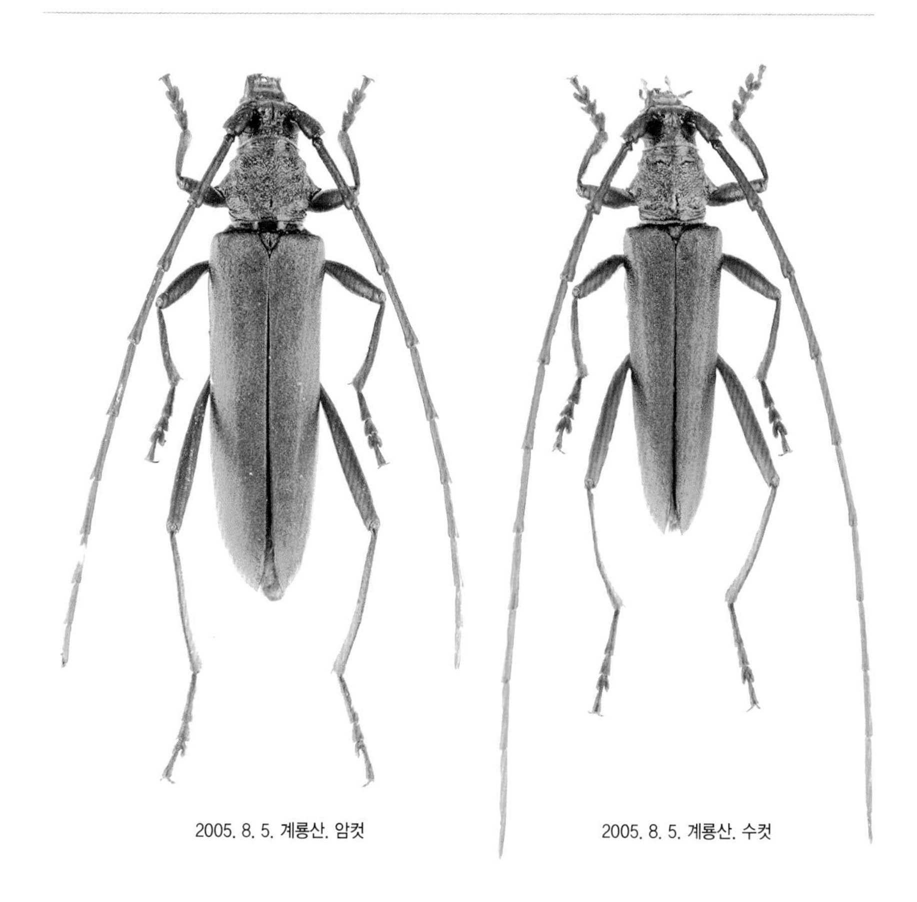

2005. 8. 5. 계룡산. 암컷

2005. 8. 5. 계룡산. 수컷

2007. 7. 27. 이천 장호원읍. 저녁에 수액이 흐르는 참나무에 온 성충

홍가슴풀색하늘소

Chloridolum (*Chloridolum*) *sieversi* (Ganglbauer, 1887)

크기 23~32㎜
서식지 산지
출현시기 7~9월
월동태 유충
기주식물 굴피나무, 호두나무
분포 백운산(광양), 지리산, 운장산, 연석산, 강시봉(포천), 태기산, 운두령

머리와 딱지날개는 초록색이나 파란색이다. 앞가슴등판은 붉고 더듬이와 다리는 감청색이다. 수컷의 더듬이는 몸길이의 2배 정도로 길고 앞가슴등판 양 옆에 뾰족한 돌기가 있다. 산지에 서식한다. 성충은 7월초부터 발생해 9월 초순까지 활동한다. 8월 중순에 붉나무나 산초나무 꽃에 날아와 꿀과 꽃가루를 먹으며 자극을 받으면 사향 냄새를 풍긴다. 암컷은 죽은 기주식물에 날아와 굵은 줄기의 나무껍질 틈에 산란관을 넣어 산란한다. 알에서 부화한 유충은 목질부 깊숙이 파고들어가 겨울을 나고 이듬해 6월에 번데기가 된다. 남한 전역에 분포한다.

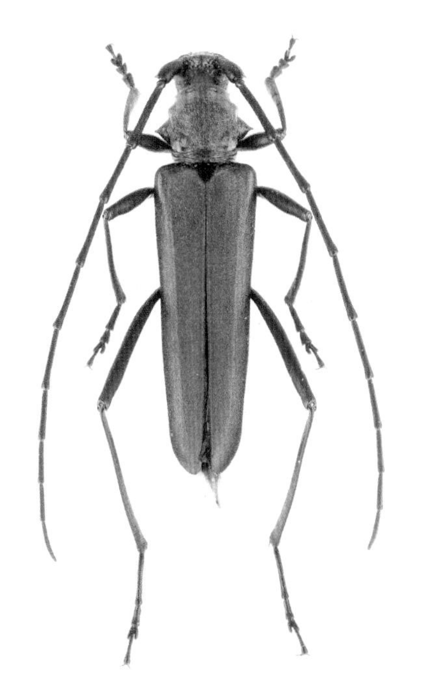

2014. 8. 21. 백운산(광양), 암컷

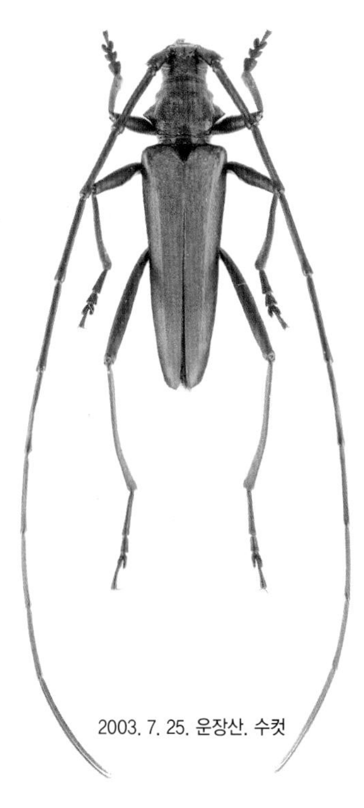

2003. 7. 25. 운장산. 수컷

2013. 5. 21. 운장산. 유충

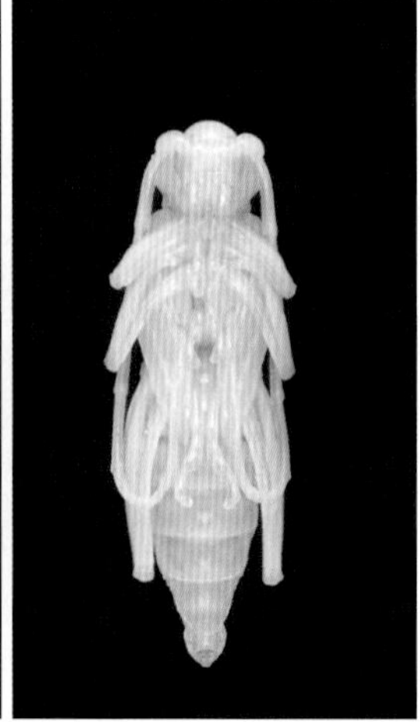

2013. 6. 11. 운장산. 번데기

2014. 8. 27. 백운산(광양). 붉나무 꽃에 날아온 성충

2014. 8. 27. 백운산(광양)

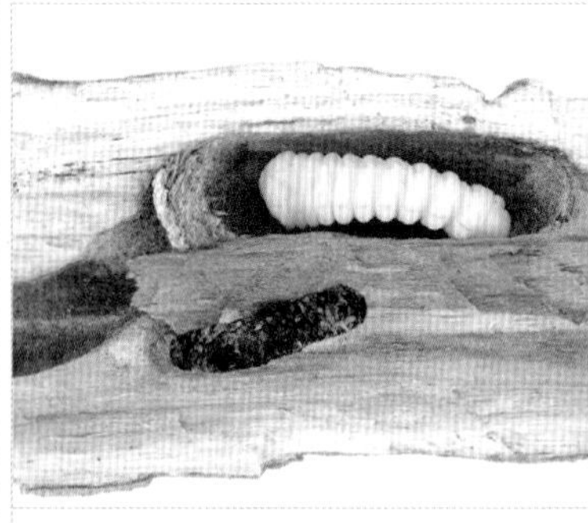

유충에서 우화까지 변화 과정
2014. 6. 25~8. 3. 광덕산(천안)

2014. 8. 27. 백운산(광양)

2014. 8. 27. 백운산(광양). 산초나무 꽃에 날아온 성충

2014. 8. 1. 운장산. 벌채목에 온 수컷

2014. 9. 13. 운장산. 벌채된 굴피나무에 산란하는 암컷

2014. 3. 6. 광덕산(천안). 새가 유충을 쪼아 먹은 흔적

깔따구풀색하늘소

Chloridolum (*Leontium*) *viride* (J. Thomsom, 1864)

크기 14~26㎜
서식지 산지
출현시기 5~7월
월동태 확인하지 못함
기주식물 확인하지 못함
분포 벽장산(통영), 지리산, 백병산(태백)

몸은 좁고 길쭉하며 광택이 난다. 머리, 앞가슴등판, 딱지날개는 진한 녹색이나 붉은색을 띤다. 더듬이와 다리는 감청색이다. 성충은 꽃에 날아와 꿀과 꽃가루를 먹으며 참나무 벌채목에 모인다. 자세한 생태는 확인하지 못했다. 남한 전역에 분포한다.

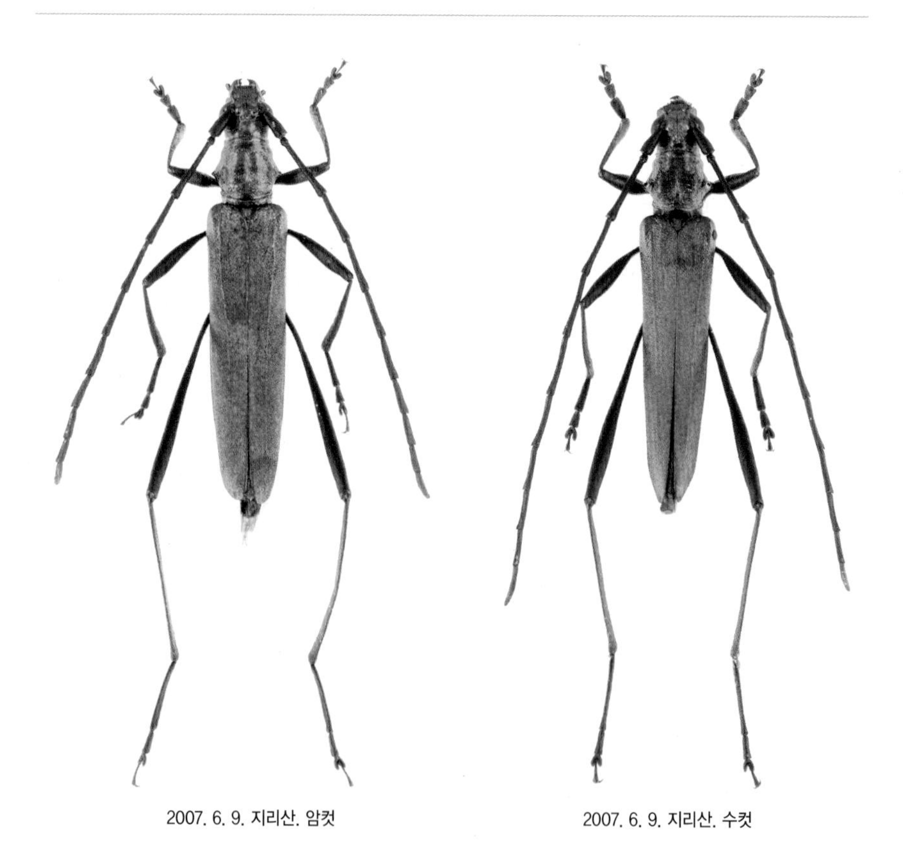

2007. 6. 9. 지리산. 암컷

2007. 6. 9. 지리산. 수컷

2012. 5. 22. 지리산

2007. 6. 9. 지리산

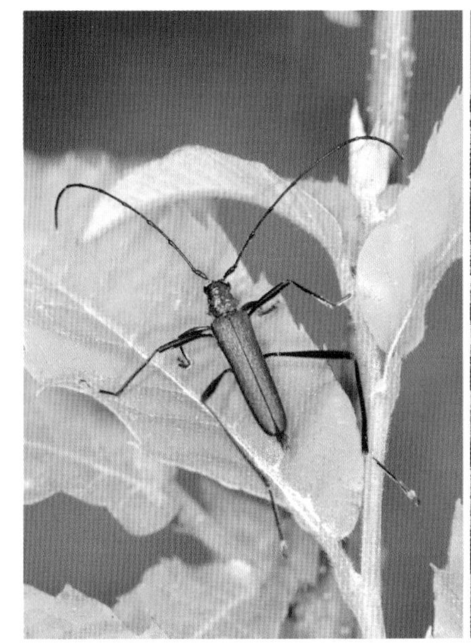

2007. 6. 9. 지리산

2007. 6. 9. 지리산. 깔따구풀색하늘소가 오는 참나무 벌채목

홍줄풀색하늘소

Chloridolum (*Leontium*) *lameeri* (Pic, 1900)

크기 13~21㎜
서식지 낮은 산지
출현시기 5~6월
월동태 확인하지 못함
기주식물 확인하지 못함
분포 광교산, 영월 영월읍

몸은 가늘고 길쭉하며 머리의 이마, 앞가슴등판의 옆은 군청색이고, 딱지날개 윗면은 진한 녹색, 옆면은 황록색이나 붉은색이다. 뒷다리는 길고 종아리마디는 안으로 휘어졌다. 깔따구풀색하늘소와 비슷하나 딱지날개 옆의 줄무늬에 차이가 있다. 낮은 산지의 흰 꽃에 날아와 꿀이나 꽃가루를 먹는다. 맑은 날 주로 흰 꽃에 많은 개체가 모이며 꽃에 앉기 전에 정지 비행을 하는 모습을 볼 수 있다. 자세한 생태는 확인하지 못했다. 남한의 중부 이북 지역에 분포한다.

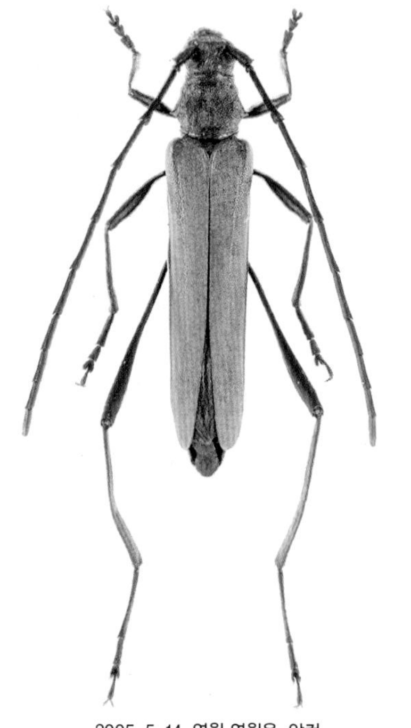

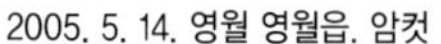

2005. 5. 14. 영월 영월읍. 암컷

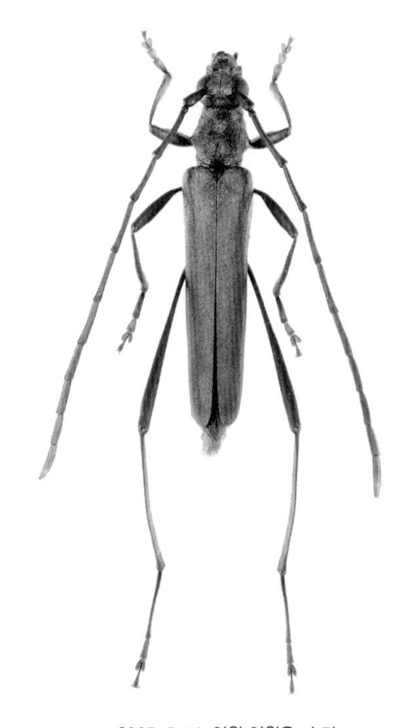

2005. 5. 14. 영월 영월읍. 수컷

2009. 6. 5. 광교산

노랑띠하늘소

Polyzonus (Polyzonus) fasciatus (Fabricius, 1781)

크기 15~20㎜
서식지 산길 주변
출현시기 7~9월
월동태 유충 추정
기주식물 참싸리 추정
분포 월출산, 회문산, 내장산, 변산반도, 태기산

머리와 앞가슴등판은 감청색이고 더듬이와 다리는 검은색이다. 앞가슴등판 양 옆에 돌기가 있고 딱지날개는 감청색 바탕에 노란 띠가 2개 있다. 성충은 7월 중순부터 나타나 햇빛이 잘 드는 산길 주변이나 개활지에 핀 각종 꽃에 날아와 꽃가루를 먹고 짝짓기한다. 암컷이 죽은 참싸리에 산란하는 것을 확인한 바 있으나 성충의 발생은 확인하지 못했다. 남한 전역에 분포한다.

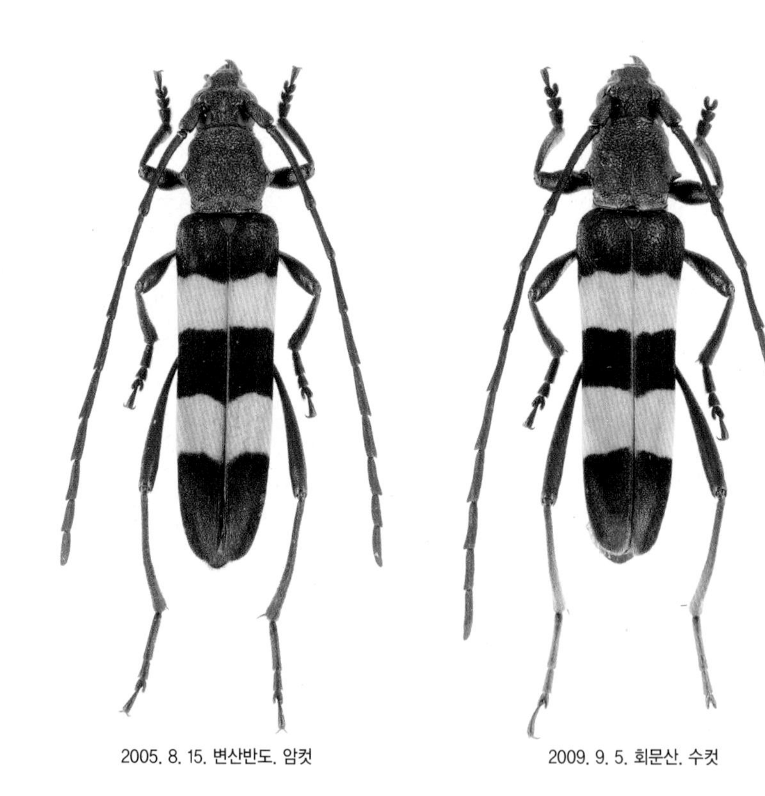

2005. 8. 15. 변산반도. 암컷

2009. 9. 5. 회문산. 수컷

2009. 9. 5. 회문산

2005. 8. 23. 변산반도

2005. 8. 23. 변산반도

검정삼나무하늘소

Ropalopus (*Prorrhopalopus*) *signaticollis* (Solsky, 1873)

크기 10~14㎜
서식지 산지
출현시기 6~7월
월동태 확인하지 못함
기주식물 확인하지 못함
분포 해산령

머리와 더듬이, 딱지날개, 다리는 검으며 앞가슴등판은 붉고 양 옆에 돌기가 있다. 암컷의 더듬이는 몸길이를 약간 넘으며 수컷의 더듬이는 몸길이의 1.5배 정도다. 넓적다리마디가 곤봉모양이다. 성충은 높은 산지에서 6월부터 나타나 죽은 신나무에 날아온다. 자세한 생태는 확인하지 못했다. 남한의 북부 지역에 분포한다.

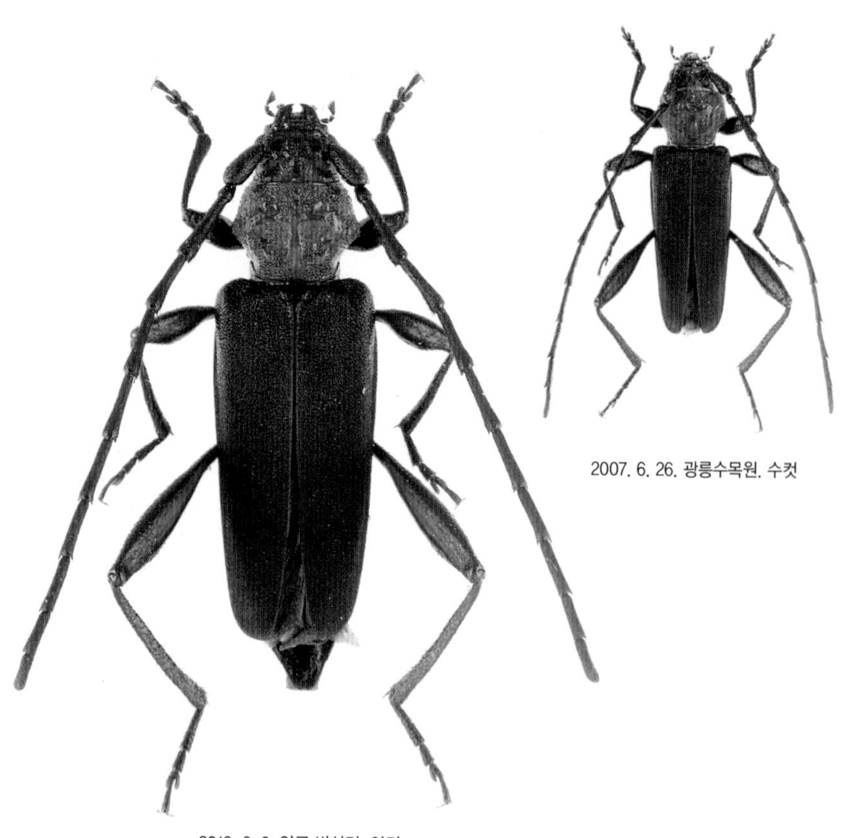

2007. 6. 26. 광릉수목원. 수컷

2013. 6. 3. 양구 방산면. 암컷

애청삼나무하늘소

Callidiellum rufipenne (Motschulsky, 1862)

크기 6~13㎜
서식지 마을 주변
출현시기 4~6월
월동태 성충
기주식물 노간주나무, 향나무, 삼나무, 편백나무
분포 제주도, 진도, 거금도, 두륜산, 지리산, 회문산, 변산반도, 모악산, 금성산, 광덕산(천안), 청명산

머리와 앞가슴등판, 딱지날개는 붉은색, 검은색, 암청색이며, 개체에 따라 색깔의 변화가 다양하고 광택이 난다. 더듬이는 검고 넓적다리마디는 곤봉모양이다. 성충은 이른 봄부터 나타나 죽거나 벌채된 기주식물에서 기어다니거나 짝짓기한다. 암컷은 죽은 기주식물에 산란하며 유충은 대부분 9월 초에 번데기가 되고 10월이면 성충으로 우화해 겨울을 난다. 남한의 중부 이남 지역에 분포한다.

2012. 4. 30. 금성산. 수컷

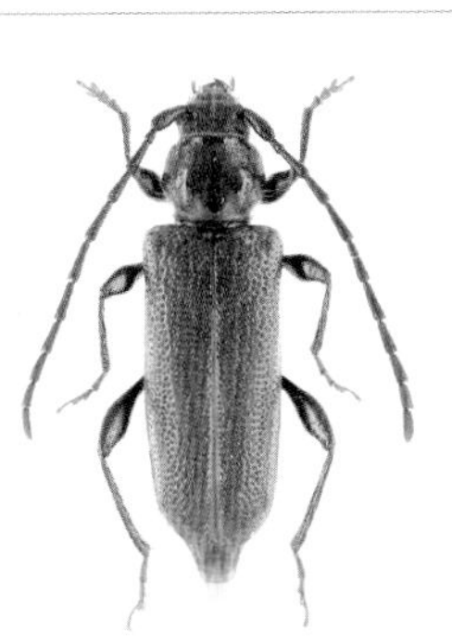

2012. 5. 12. 금성산. 암컷

2012. 5. 12. 금성산. 암컷

2012. 4. 13. 거금도. 성충이 산란하러 모이는 편백나무 벌채목

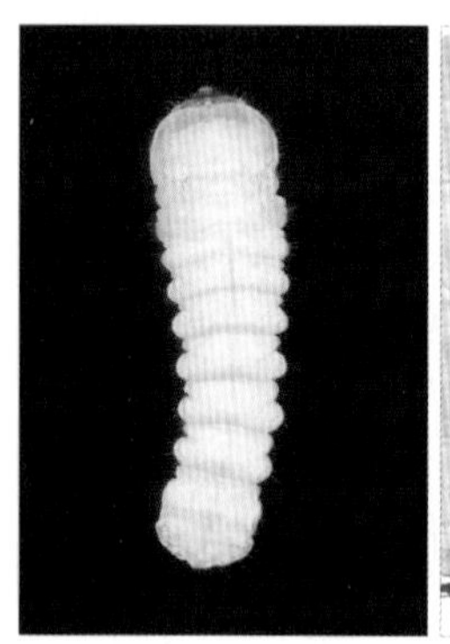

2014. 9. 3. 모악산. 유충

2012. 1. 16. 번데기가 된 기생벌과 기생벌 유충에게 먹히는 애청삼나무하늘소 유충

2014. 9. 3. 모악산. 번데기

2014. 9. 3. 모악산. 9월 초에 유충, 번데기, 성충이 동시에 기주식물에서 발견된다.

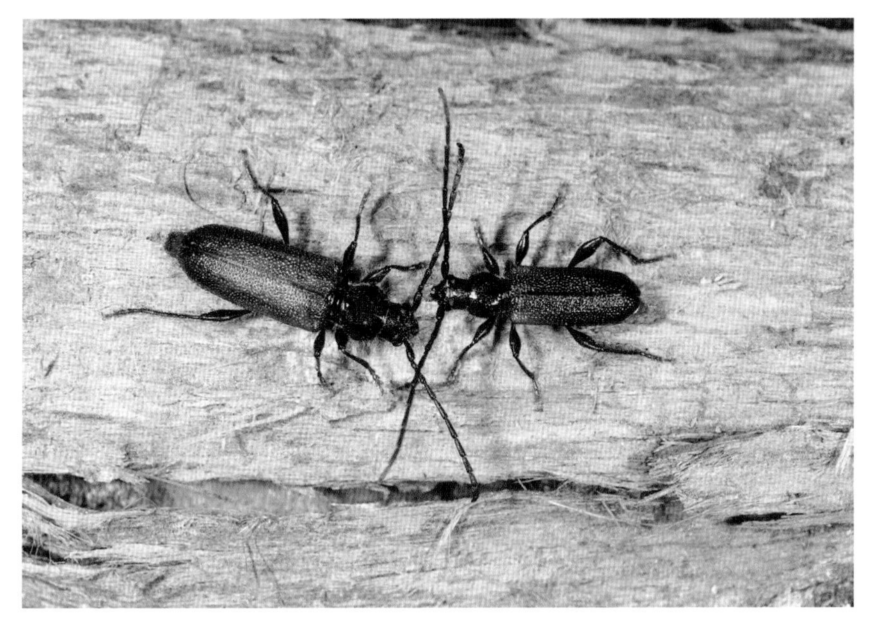

2006. 4. 27. 모악산. 삼나무 벌채목에 온 성충

2011. 4. 16. 진도

향나무하늘소

Semanotus bifasciatus (Motschulsky, 1875)

크기 8~20㎜
서식지 낮은 산지
출현시기 4~5월
월동태 성충
기주식물 향나무
분포 모악산, 광덕산(천안), 청명산, 월미도, 강화도

머리, 앞가슴등판, 다리는 검고 딱지날개는 황갈색이며 검은 띠무늬가 2개 있다. 넓적다리마디는 곤봉모양이다. 마을 주변이나 낮은 산지에 서식한다. 성충은 이른 봄부터 나타나 수세가 약하거나 벌채된 기주식물에 모이며 암컷은 여기에 산란한다. 성충으로 겨울을 난다. 남한의 중부 이남 지역에 분포한다.

2002. 4. 20. 모악산. 암컷

2006. 4. 9. 월미도. 수컷

2005. 5. 1. 모악산. 향나무 벌채목에 온 성충

밤띠하늘소

Phymatodes (*Phymatodellus*) *infasciatus* (Pic, 1935)

크기 4~6㎜
서식지 산지
출현시기 5~6월
월동태 유충
기주식물 개머루
분포 제주도, 회문산, 변산반도, 운장산, 울릉도, 춘천 남면

머리와 앞가슴등판은 검은색이고 앞가슴등판은 둥글며 황갈색 털이 있다. 딱지날개 전반부는 갈색이고 후반부는 암갈색이며 광택이 난다. 더듬이는 끝 쪽으로 갈수록 굵어지고 넓적다리마디는 곤봉모양이다. 번데기나 성충은 벌채된 개머루에서 발견되고 유충으로 겨울을 난다. 남한 전역에 분포한다.

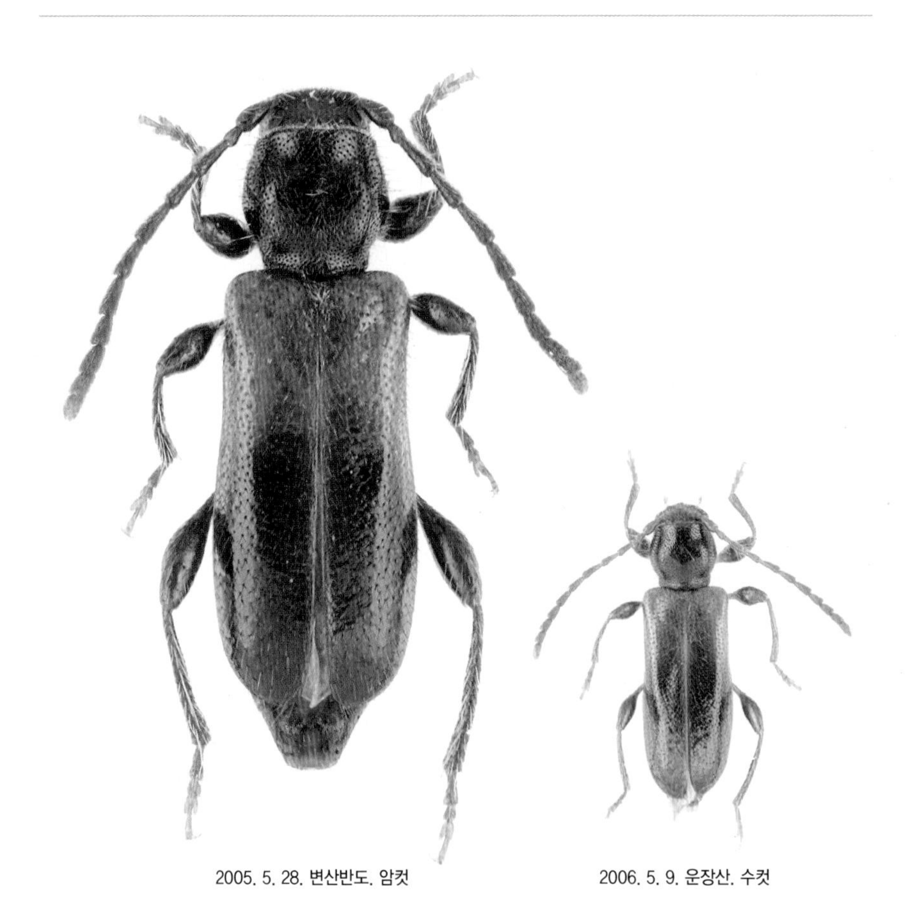

2005. 5. 28. 변산반도. 암컷

2006. 5. 9. 운장산. 수컷

2012. 4. 24. 울릉도. 기주식물인 개머루에서 번데기가 되었다.

2005. 5. 16. 변산반도. 죽은 머루에 온 성충

2005. 5. 16. 변산반도

청날개민띠하늘소

Phymatodes (*Phymatodellus*) *zemlinae* Plavilstshikov & Anufriev, 1964

크기 6~7㎜
서식지 산지
출현시기 5~6월
월동태 확인하지 못함
기주식물 개머루
분포 경각산, 춘천 남면

머리와 앞가슴등판, 다리는 갈색이며 더듬이는 암갈색이다. 딱지날개는 군청색이나 암청색이며 광택이 난다. 넓적다리마디는 곤봉모양이다. 산지에 살며 벌채된 개머루에서 성충이 발생한다. 자세한 생태는 밝혀지지 않았으며 개머루에서 발생하는 띠하늘소 중에서 가장 개체수가 적다. 남한 전역에 분포한다.

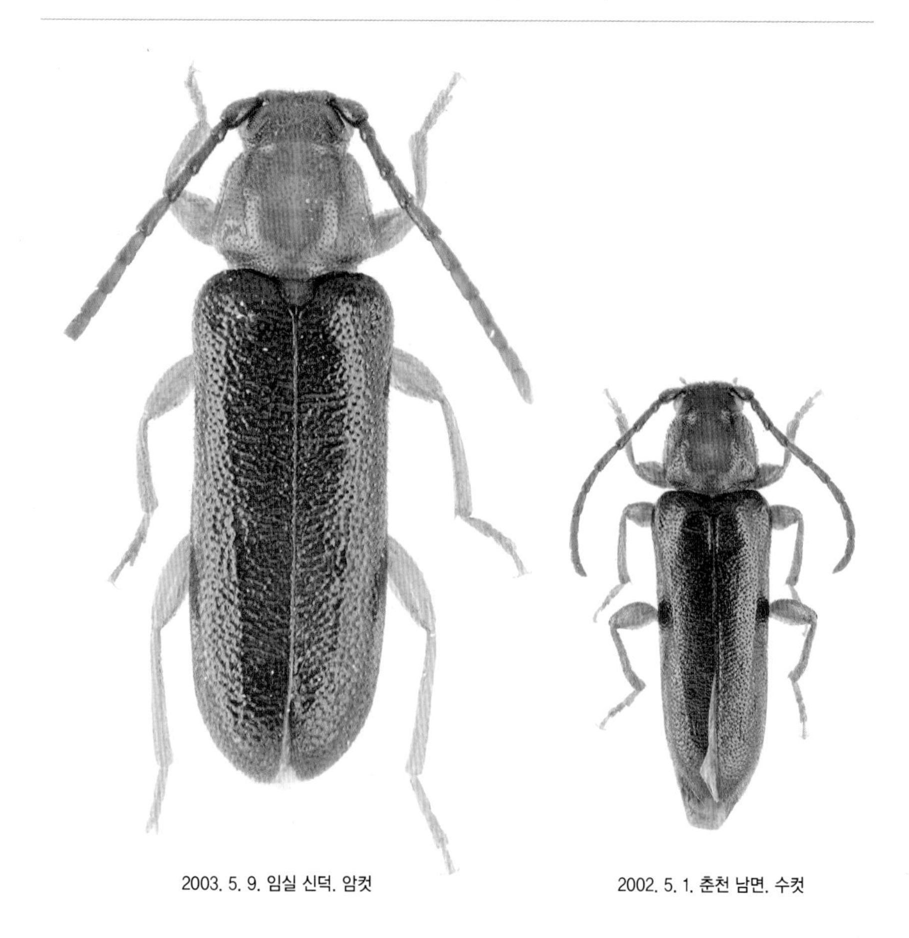

2003. 5. 9. 임실 신덕. 암컷

2002. 5. 1. 춘천 남면. 수컷

큰민띠하늘소

Phymatodes (*Phymatodes*) *testaceus* (Linnaeus, 1758)

크기 8~15㎜
서식지 산지
출현시기 5~7월
월동태 확인하지 못함
기주식물 참나무류
분포 장태산, 광릉수목원

앞가슴등판은 붉고 머리, 더듬이, 딱지날개, 다리는 황갈색 또는 암청색으로 광택이 난다. 넓적다리마디는 곤봉 모양이다. 성충은 낮은 산지에서 봄부터 나타나며 죽은 참나무에서 발생한다. 자세한 생태는 확인하지 못했다. 남한의 중부 이북 지역에 분포한다.

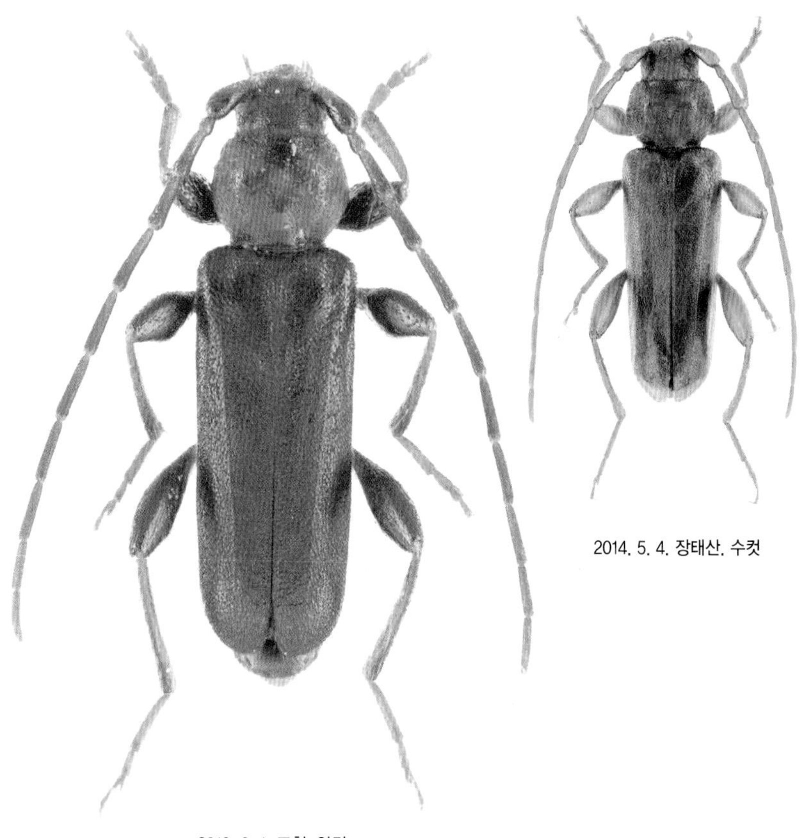

2014. 5. 4. 장태산. 수컷

2013. 6. 1. 포천. 암컷

홍띠하늘소

Poecilium maaki maaki Kraatz, 1879

크기 6~10㎜
서식지 산지
출현시기 4~6월
월동태 유충
기주식물 개머루
분포 철마산, 운장산, 회문산, 옥정호, 내장산, 모악산, 금성산, 강화도, 김포 대곶면, 계방산, 오봉산(화천), 광덕산(화천), 해산령

앞가슴등판은 둥글고 검으며 광택이 난다. 딱지날개의 전반부는 붉으며 후반부에 노란색 줄무늬와 검은 띠무늬가 2개씩 교대로 나타난다. 넓적다리마디는 검고 곤봉모양이다. 성충은 이른 봄부터 나타나 기주식물인 벌채된 개머루에 날아오며 암컷은 여기에 산란한다. 알에서 나온 유충은 겨울을 나고 4월에 번데기가 된다. 남한 전역에 분포한다.

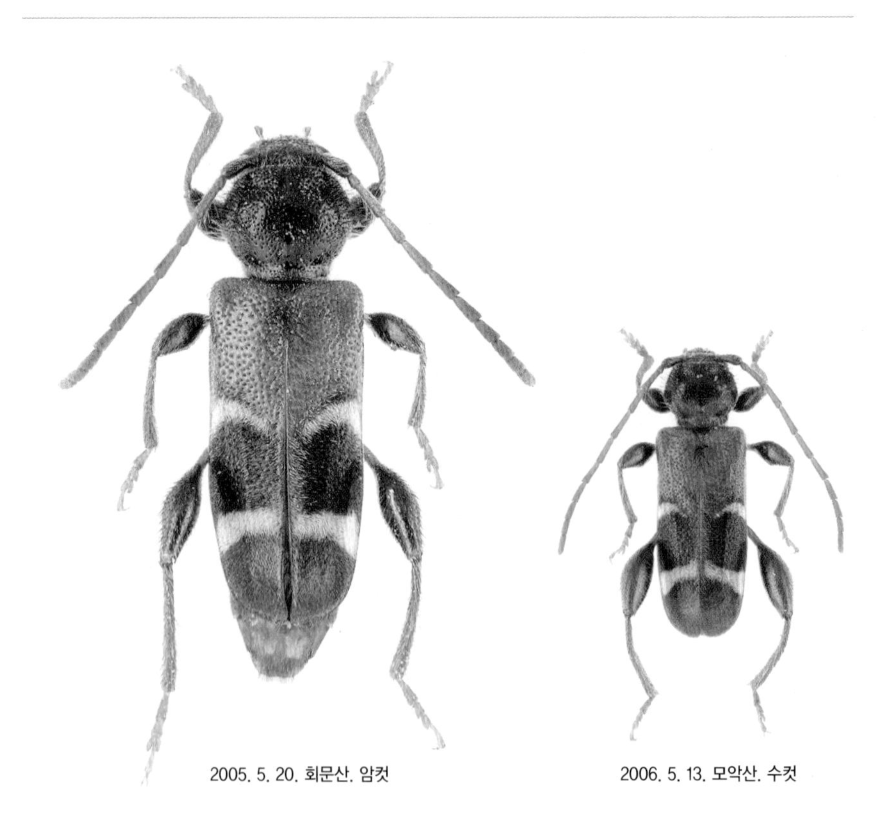

2005. 5. 20. 회문산. 암컷

2006. 5. 13. 모악산. 수컷

2011. 5. 13. 모악산

2010. 5. 1. 운장산. 기주식물에 온 성충

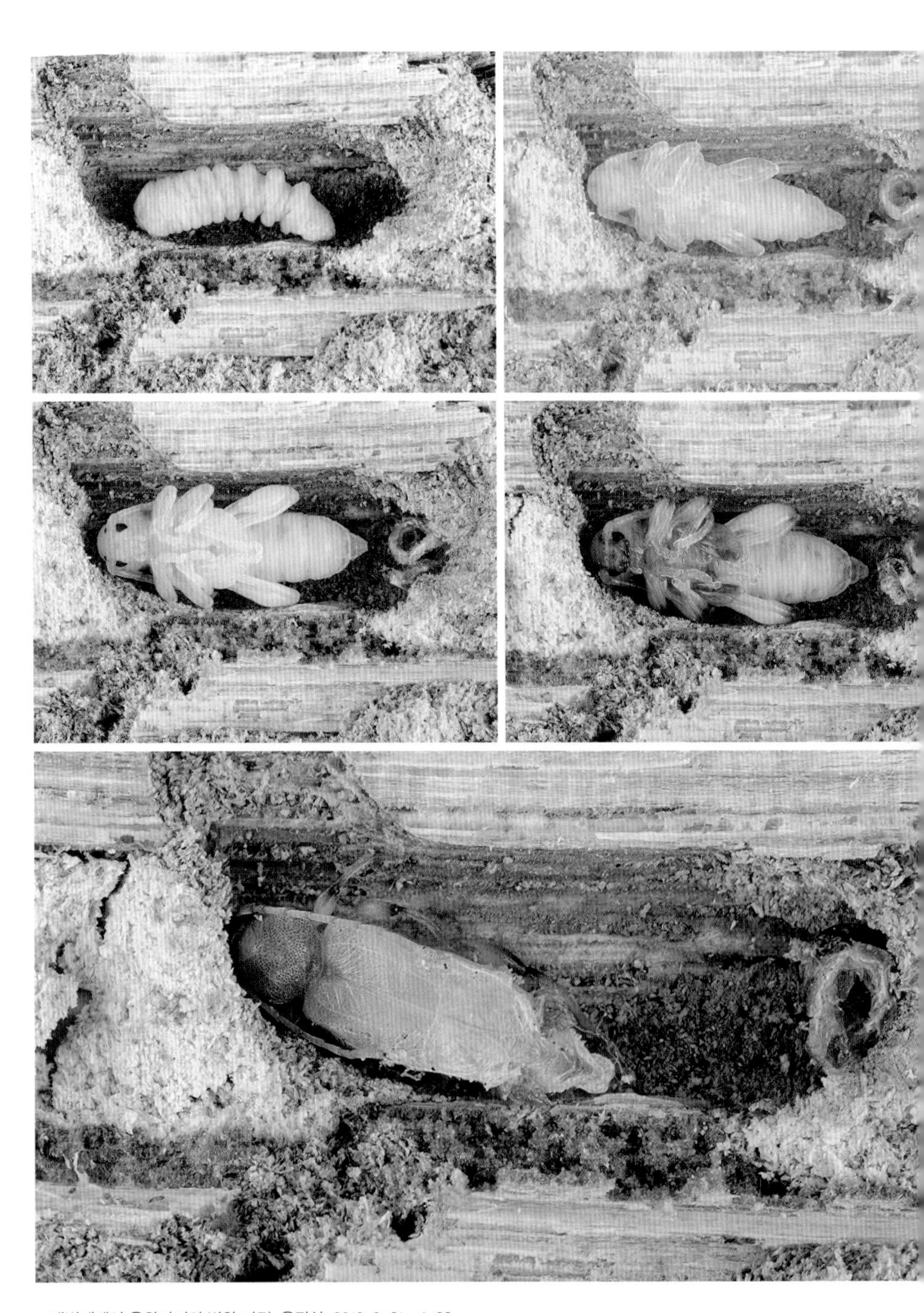

애벌레에서 용화까지의 변화 과정. 운장산. 2012. 3. 21~4. 28.

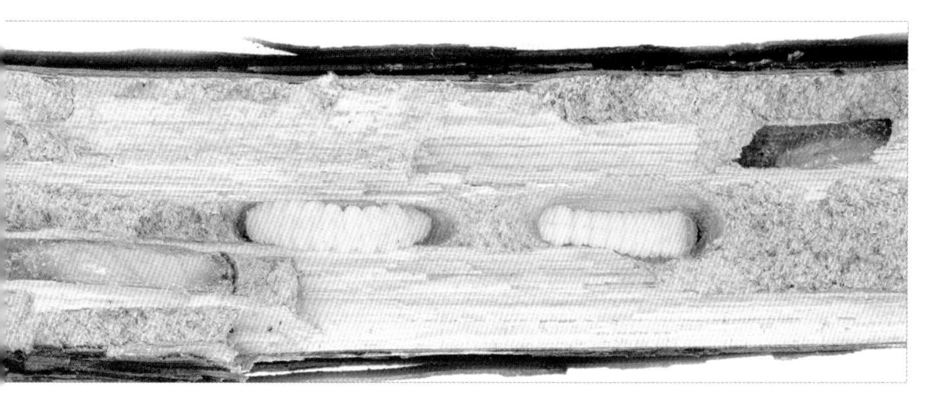

2011. 12. 10. 운장산. 유충 옆에서 기생벌이 번데기가 되었다.

2011. 12. 10. 운장산. 기생벌 유충이 유충을 먹고 있다.

2011. 4. 19. 금성산. 번데기

띠하늘소

Poecilium albicinctum Bates, 1873

크기 5~8㎜
서식지 산지
출현시기 4~6월
월동태 유충
기주식물 개머루
분포 회문산, 모악산, 마적산(춘천)

몸 윗면은 검고 회백색 털이 나 있다. 더듬이는 검으며 수컷은 몸길이와 비슷하고 암컷은 몸길이에 미치지 못한다. 딱지날개 중앙에 가로로 흰색 줄무늬가 있다. 다리는 검고 넓적다리마디는 곤봉모양이다. 성충은 낮은 산지에서 이른 봄부터 나타나 기주식물인 죽은 개머루에 온다. 암컷은 여기에 산란한다. 남한 전역에 분포한다.

2004. 5. 11. 회문산. 암컷

2009. 5. 9. 회문산. 수컷

2006. 5. 15. 모악산. 기주식물을 뚫고 나오는 성충

2009. 5. 24. 회문산

2010. 3. 17. 소백산

두줄민띠하늘소

Poecilium murzini (Danilevsky, 1993)

크기 5~6㎜
서식지 산지
출현시기 5~6월
월동태 번데기
기주식물 개머루
분포 제주도, 변산반도, 운장산, 모악산, 내장산, 울릉도

머리, 앞가슴등판, 딱지날개는 암갈색이고 더듬이와 다리는 갈색이다. 딱지날개에는 세로 줄무늬가 2개 있으며 줄무늬가 없는 개체도 있어 자세한 검토가 필요하다. 넓적다리마디는 곤봉모양이다. 낮은 산지에 서식하며 기주식물인 개머루 주변에서 볼 수 있다. 암컷은 죽은 개머루에 산란하고 알에서 나온 유충은 11월에 번데기가 되어 겨울을 난다. 남한 전역에 분포한다.

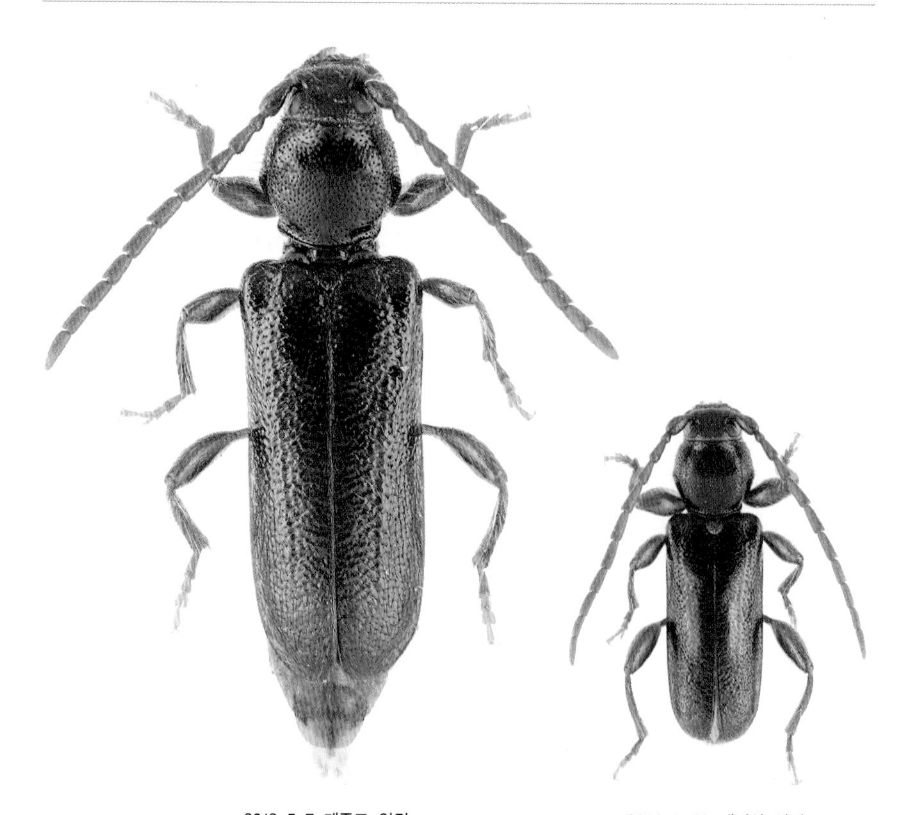

2012. 5. 7. 제주도. 암컷

2006. 5. 26. 내장산. 암컷

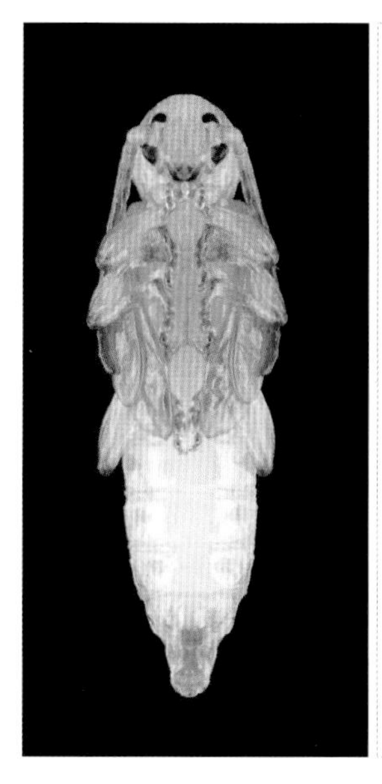

2012. 10. 15. 운장산. 유충

2011. 12. 12. 운장산. 두줄민띠하늘소 번데기, 홍띠하늘소 유충, 기생벌 번데기가 함께 보인다.

2009. 4. 27. 운장산. 번데기가 성충으로 우화했다.

2012. 5. 1. 울릉도. 기주식물에 온 성충

2012. 5. 1. 울릉도

갈색민띠하늘소

Poecilium Jiangi Z. Wang & Zheng, 2003

크기 7~8㎜
서식지 산지
출현시기 5~6월
월동태 번데기
기주식물 개머루
분포 내장산, 모악산

머리, 앞가슴등판, 딱지날개는 갈색이고 더듬이와 다리는 검다. 딱지날개는 넓적하고, 넓적다리마디는 곤봉모양이다. 성충은 산지의 벌채된 개머루에서 발생한다. 번데기로 월동하며 자세한 생태는 확인하지 못했다. 남한 전역에 분포한다.

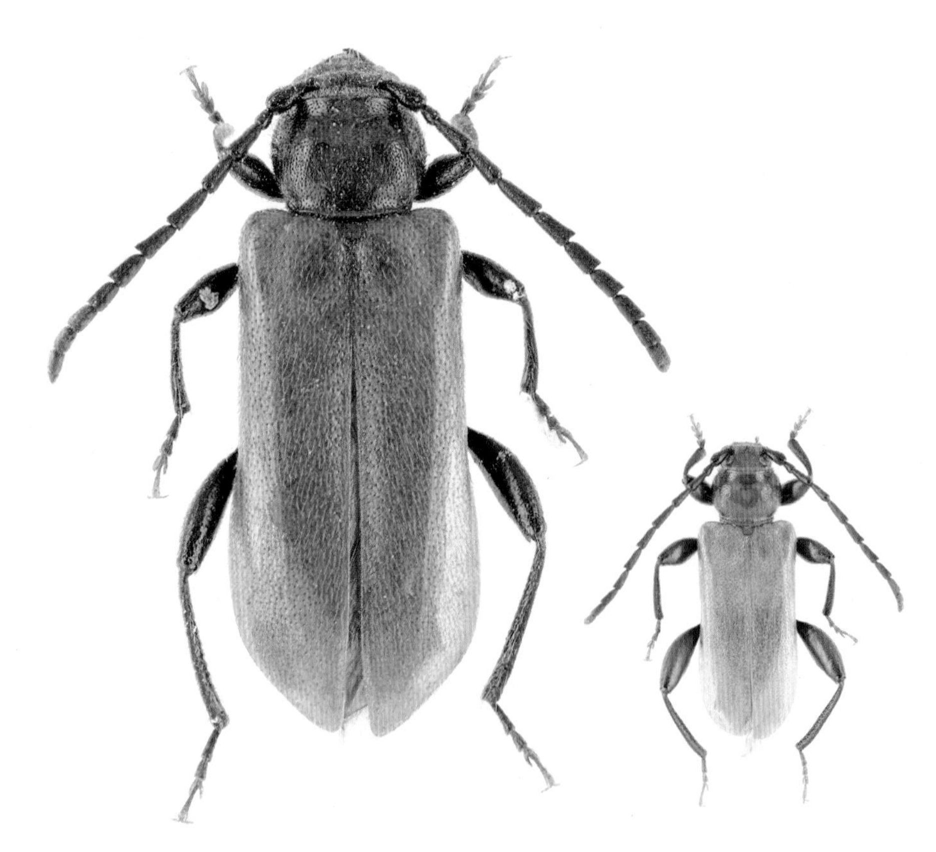

2006. 5. 2. 내장산. 암컷

2006. 5. 6. 내장산. 수컷

2006. 2. 7. 모악산. 월동 중인 번데기

2006. 5. 10. 내장산. 기주식물에서 탈출하는 성충

2005. 5. 10. 내장산. 머루에 온 성충

주홍삼나무하늘소

Oupyrrhidium cinnabarinum Blessig, 1872

크기 7~17㎜
서식지 산지
출현시기 5~6월
월동태 확인하지 못함
기주식물 확인하지 못함
분포 운장산, 화악산, 해산령, 소요산

머리와 더듬이, 다리는 검고 앞가슴등판과 딱지날개는 붉은색이다. 넓적다리마디는 곤봉모양이다. 성충은 봄부터 나타나 산지의 벌채목에 날아온다. 자세한 생태는 확인하지 못했다. 남한 전역에 분포한다.

2008. 5. 24. 운장산. 암컷

2008. 6. 2. 운장산

2011. 6. 20. 운장산. 참나무 벌채목에 날아왔다.

제주호랑하늘소

Xylotrechus (*Xylotrechus*) *atronotatus subscalaris* Pic, 1917

크기 11~20㎜
서식지 산지
출현시기 6~8월
월동태 유충
기주식물 팽나무
분포 제주도

머리는 황록색이고 더듬이는 짧아 암수 모두 앞가슴등판을 조금 넘는다. 앞가슴등판은 황록색이고 위와 옆에 검은 점이 있으며, 딱지날개에는 검은색 점과 노란색 줄무늬가 교대로 나타난다. 개체에 따라 무늬 변화가 심하다. 성충은 기주식물인 팽나무 벌채목에 날아오고 암컷은 여기에 산란한다. 유충으로 겨울을 나고 5월에 번데기가 된다. 제주도에 분포한다.

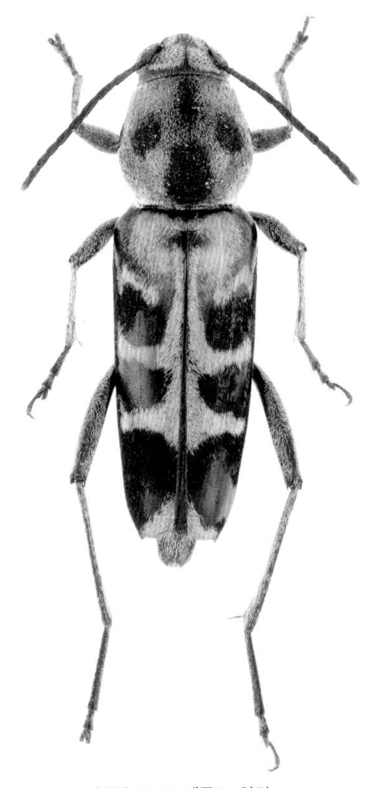

2008. 7. 15. 제주도. 암컷

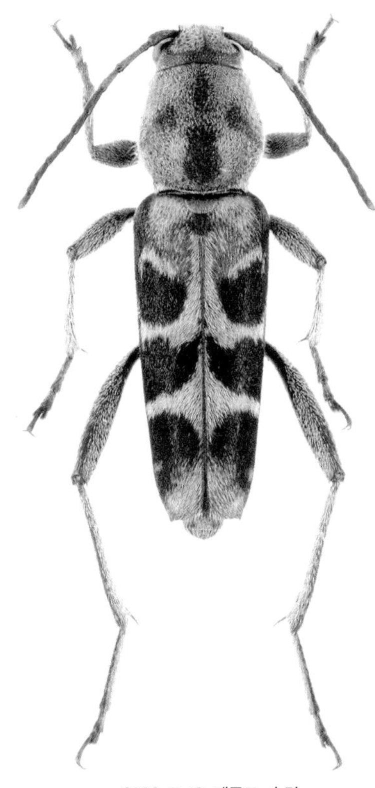

2008. 7. 18. 제주도. 수컷

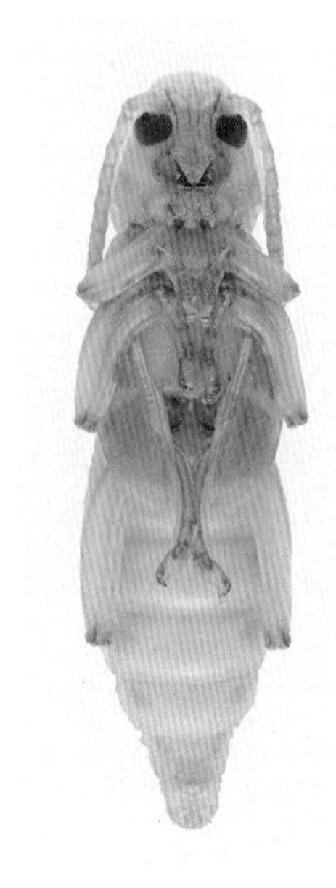

2012. 6. 28. 제주도. 번데기

2008. 7. 18. 제주도. 죽은 팽나무에 온 성충

2012. 4. 28. 제주도. 죽은 팽나무에 사는 유충

2012. 11. 4. 제주도. 유충이 살고 있는 팽나무 벌채목

호랑하늘소

Xylotrechus (*Xyloclytus*) *chinensis* (Chevrolat, 1852)

크기 15~25㎜
서식지 마을 주변
출현시기 7~9월
월동태 유충
기주식물 뽕나무
분포 변산반도, 홍천 홍천읍, 횡성 갑천면

머리에는 노란 털이 촘촘히 나 있고 갈색 세로 줄무늬가 있다. 앞가슴등판은 검으며 노란색과 붉은색 띠무늬가 있고, 딱지날개는 검은색이며 노란 줄무늬 2개, 띠무늬 2개가 있다. 배와 다리는 황갈색이다. 수령이 오래된 뽕나무나 마을 주변의 가꾸지 않는 뽕나무 밭에 산다. 성충은 7월 말부터 나타나며 뽕나무 줄기나 잎에서 볼 수 있다. 암컷은 수세가 약한 살아있는 뽕나무의 껍질 틈에 산란하고 알에서 나온 유충은 목질부에 터널을 뚫고 산다. 유충으로 겨울을 난다. 남한 전역에 분포한다.

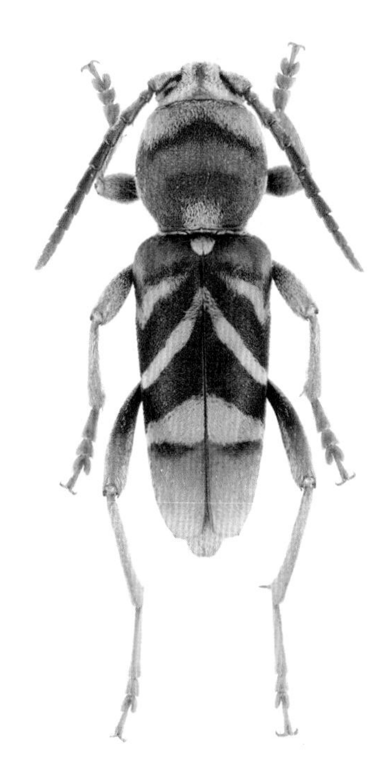

2003. 8. 16. 변산반도. 암컷

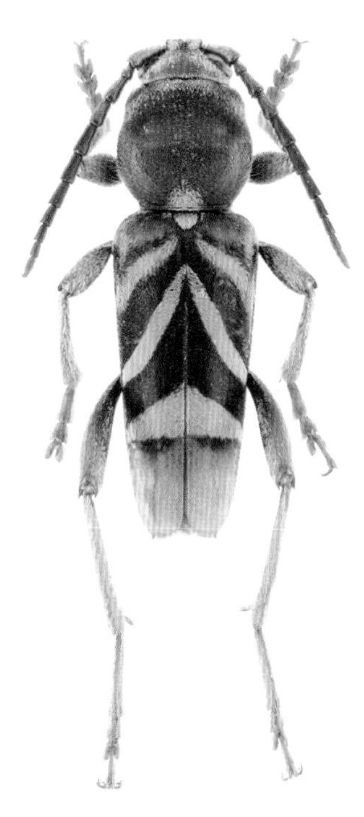

2003. 8. 8. 변산반도. 수컷

2006. 4. 15. 변산반도. 뽕나무에 터널을 뚫고 사는 유충

2006. 8. 24. 변산반도

2005. 8. 9. 변산반도. 뽕나무에 산란한다.

2006. 9. 12. 내장산. 호랑하늘소가 흉내 내는 말벌류

북자호랑하늘소

Xylotrechus (*Xylotrechus*) *clarinus* Bates, 1884

크기 9~16㎜
서식지 산지
출현시기 6~8월
월동태 확인하지 못함
기주식물 오리나무 추정
분포 서울 서대문구, 횡성 반곡리, 양구 방산면

더듬이와 다리는 황갈색이다. 머리와 앞가슴등판은 검고 노란 줄무늬가 있다. 딱지날개에는 노랗거나 회백색인 '北' 자 무늬와 줄무늬가 있다. 산지에 살며, 성충은 죽어 가는 오리나무와 벌채목에 날아오고 암컷은 여기에 산란한다. 자세한 생태는 확인하지 못했다. 남한 전역에 분포한다.

2013. 6. 8. 양구 방산면, 암컷

2007. 6. 13. 서울 서대문구 신촌, 수컷

세줄호랑하늘소

Xylotrechus (*Xylotrechus*) *cuneipennis* (Kraatz, 1879)

크기 10~24㎜
서식지 산지
출현시기 6~8월
월동태 유충
기주식물 서어나무, 자귀나무
분포 거제도, 지리산, 회문산, 내장산, 운장산, 모악산, 연석산, 소백산, 북한산, 설악산

머리, 앞가슴등판, 다리는 검고 딱지날개는 짙은 갈색이다. 딱지날개에는 노란색이나 회백색 '北' 자 '八' 자 무늬가 있으며 끝에는 점이 있다. 산지의 참나무 벌채목에 많은 개체가 모인다. 암컷은 나무껍질 틈에 산란하며 유충으로 겨울을 나고 봄에 번데기가 된다. 불빛에도 잘 날아온다. 남한 전역에 분포한다.

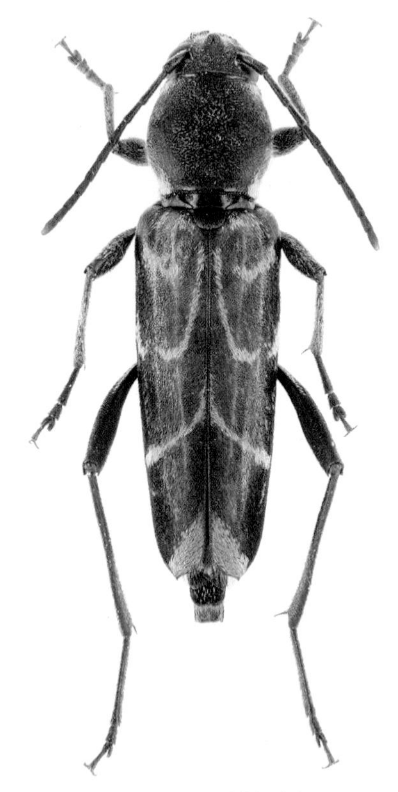

2014. 6. 30. 연석산. 암컷

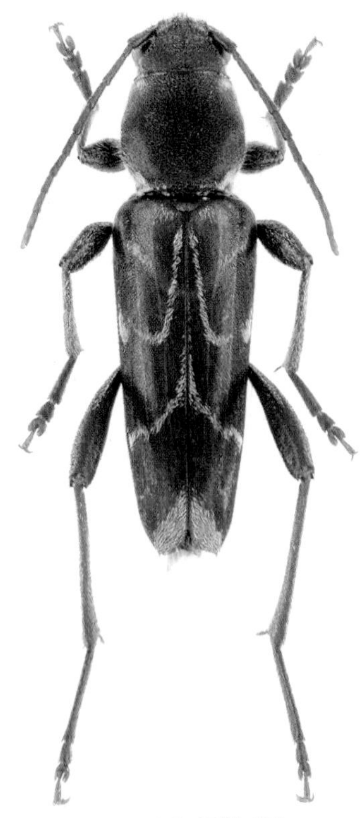

2008. 6. 2. 내장산. 수컷

2006. 7. 19. 운장산. 참나무 벌채목에 왔다.

2006. 7. 19. 운장산

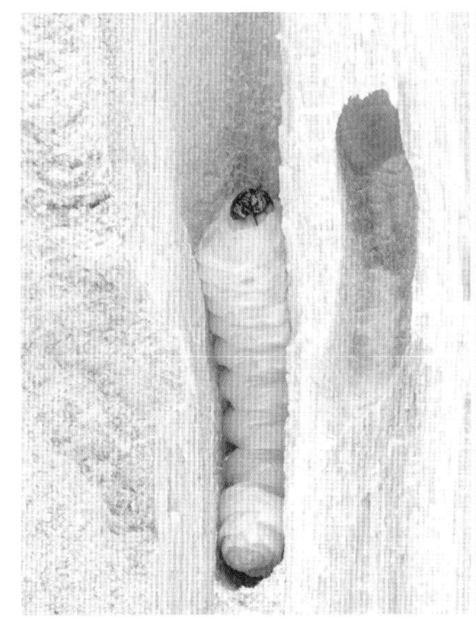

2014. 2. 25. 소백산. 월동 중인 유충

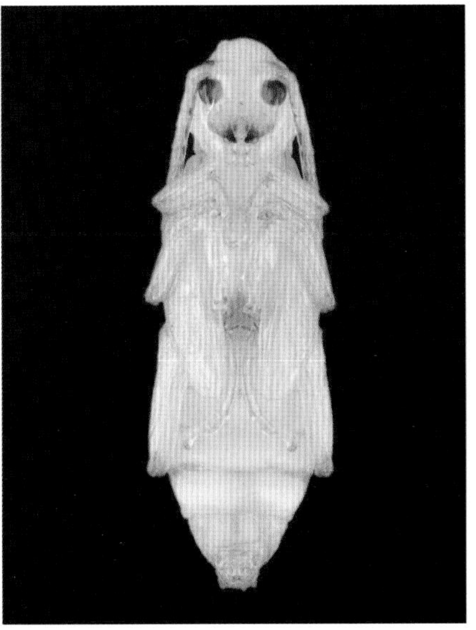

2010. 3. 7. 소백산. 번데기

갈색호랑하늘소

Xylotrechus (*Xylotrechus*) *hircus* Gebler, 1825

크기 8~15㎜
서식지 산지
출현시기 5~8월
월동태 확인하지 못함
기주식물 확인하지 못함
분포 홍천 홍천읍, 해산령

머리와 앞가슴등판은 검으며 앞가슴등판에 세로 줄무늬가 2개 있다. 딱지날개는 암갈색으로 윗부분 중앙은 황갈색이고 아래로 줄무늬가 나타난다. 넓적다리마디는 곤봉 모양이다. 성충은 산지의 활엽수 벌채목에 날아온다. 자세한 생태는 확인하지 못했다. 남한의 북부 지역에 분포한다.

2001. 6. 23. 해산령. 암컷

2001. 6. 23. 해산령. 수컷

별가슴호랑하늘소

Xylotrechus (*Xylotrechus*) *grayii grayii* A. White, 1855

크기 9~17㎜
서식지 산지
출현시기 5~7월
월동태 확인하지 못함
기주식물 굴피나무
분포 거제도, 지리산, 모악산, 주금산, 화악산, 태기산, 홍천 홍천읍, 해산령

머리는 검으며 더듬이 6~10마디는 흰색이다. 앞가슴등판은 검고 위와 옆에는 회백색 점이 있다. 딱지날개는 암갈색으로 검은 무늬와 노란색 줄무늬가 뒤섞여 있다. 성충은 산지의 죽은 오동나무와 참나무 벌채목에 날아오며 더듬이를 쉬지 않고 흔든다. 유충과 번데기는 죽은 기주식물에서 발견된다. 남한 전역에 분포한다.

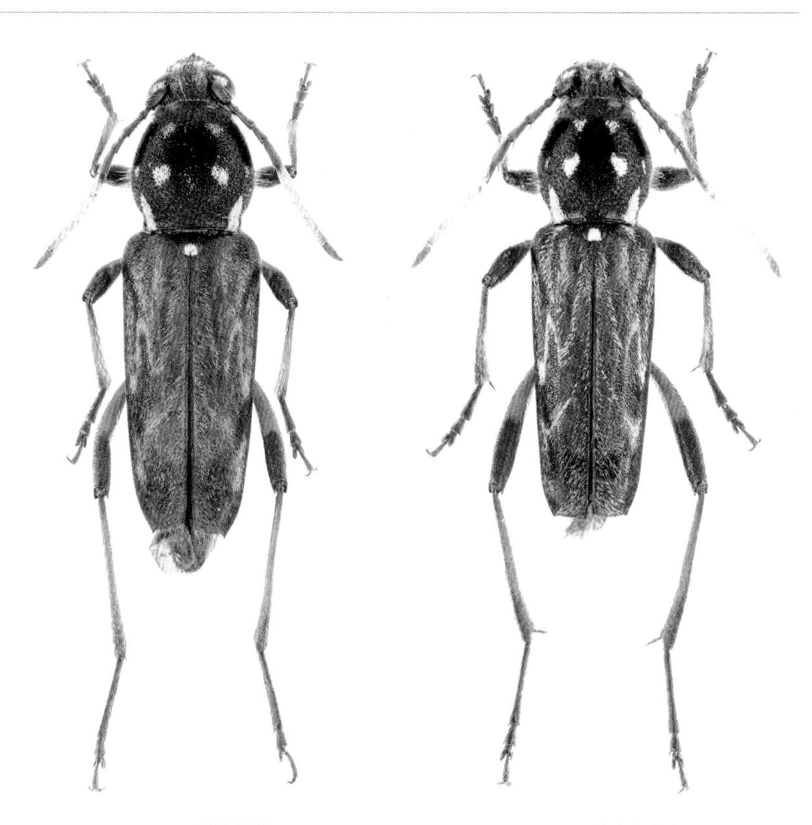

2003. 6. 9. 모악산. 암컷

2004. 6. 30. 태기산. 수컷

2008. 5. 23. 태기산. 참나무 벌채목에 온 성충

2004. 6. 9. 홍천 홍천읍

넉점애호랑하늘소

Xylotrechus (*Xylotrechus*) *pavlovskii* Plavilstshikov, 1954

크기 9~11㎜
서식지 산지
출현시기 6~8월
월동태 확인하지 못함
기주식물 확인하지 못함
분포 울주 웅천면, 고양 고양동

머리와 앞가슴등판은 검고 노란 점무늬가 있으며 딱지날개는 검은 바탕에 넓은 황갈색 띠와 밑으로 노란 줄무늬 있다. 다리는 주황색이며 넓적다리마디에 검은 무늬가 있다. 성충은 산지의 참나무 벌채목에 모인다. 자세한 생태는 확인하지 못했다. 남한 전역에 국지적으로 분포한다.

2003. 6. 9. 울주 웅천면. 암컷

2012. 8. 10. 성충이 모이는 참나무 벌채목

홍가슴호랑하늘소

Xylotrechus (*Xylotrechus*) *rufilius rufilius* Bates, 1884

크기 8~15㎜
서식지 산지
출현시기 5~8월
월동태 성충
기주식물 굴피나무
분포 무등산, 지리산, 회문산, 변산반도, 운장산, 모악산, 강화도, 북한산, 태기산

머리는 검고 앞가슴등판은 붉으며 작은 돌기가 나 있다. 딱지날개는 검으며 줄무늬가 2개 있다. 성충은 산지의 참나무 벌채목에 모여 짝짓기한다. 암컷은 죽은 기주식물의 틈에 산란관을 꽂아 산란한다. 9월 중순에 기주식물에서 유충, 번데기, 성충이 동시에 발견된다. 남한 전역에 분포한다.

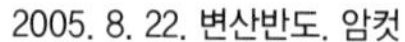

2005. 8. 22. 변산반도. 암컷

2007. 6. 11. 지리산. 수컷

2010. 7. 1. 운장산. 참나무 벌채목에 온 성충

2010. 7. 1. 운장산

2009. 8. 8. 모악산

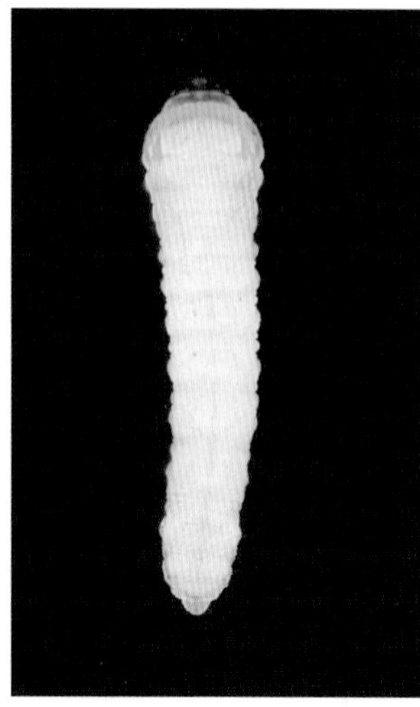

2012. 9. 16. 연석산. 유충

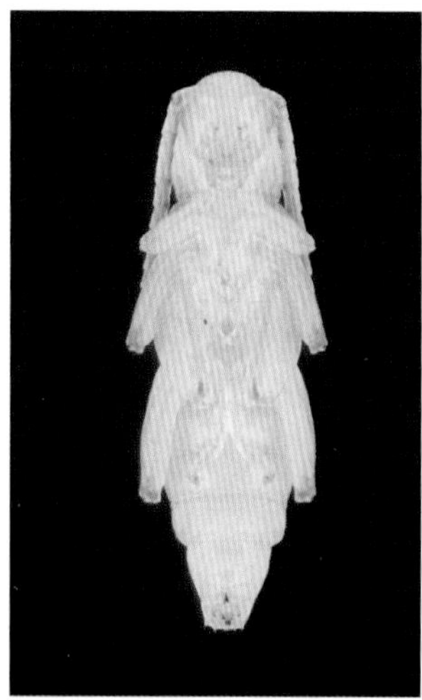

2012. 9. 16. 연석산. 번데기

2012. 9. 16.~10. 11. 연석산. 변화 과정

노랑줄호랑하늘소

Xylotrechus (*Xylotrechus*) *yanoi* Gressitt, 1934

크기 12~20㎜
서식지 산지
출현시기 7~8월
월동태 유충
기주식물 팽나무, 풍게나무
분포 변산반도, 운장산, 화야산, 춘천 남면, 삼척

머리와 앞가슴등판은 검고 앞가슴등판의 위와 아래 가장자리에 노란 줄무늬가 있다. 딱지날개는 검은 바탕에 위에는 짙은 갈색 띠가 있고 아래에는 흰색과 노란 줄무늬가 있다. 성충은 산지에서 한여름에 나타나 팽나무 벌채목에 날아온다. 암컷은 황혼녘에 죽은 팽나무에 산란하러 모이며 나무껍질에 산란관을 꽂고 어두워질 때까지 계속해서 산란한다. 남한 전역에 분포한다.

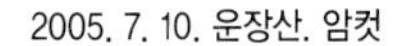

2005. 7. 10. 운장산. 암컷

2005. 7. 10. 운장산. 수컷

2001. 7. 16. 삼척. 벌채목에 온 성충

닮은줄호랑하늘소

Rusticoclytus salicis Takakuwa & Oda, 1978

크기 13~20㎜
서식지 산지
출현시기 5~7월
월동태 유충
기주식물 이태리포플러
분포 지리산, 광명 노은사동, 계방산, 홍천 홍천읍, 춘천 남면

몸 윗면은 암갈색이고 머리와 앞가슴등판에는 노란 세로 줄무늬가 있다. 딱지날개에는 복잡한 노란 무늬가 있다. 성충은 6월에 가장 많이 나타나며 버드나무류 벌채목에 모인다. 암컷은 수세가 약한 이태리포플러, 피나무, 자작나무 등에 산란하며 유충으로 겨울을 보내고 5월 중순부터 성충으로 우화한다. 남한 전역에 분포한다.

2005. 6. 30. 지리산. 암컷

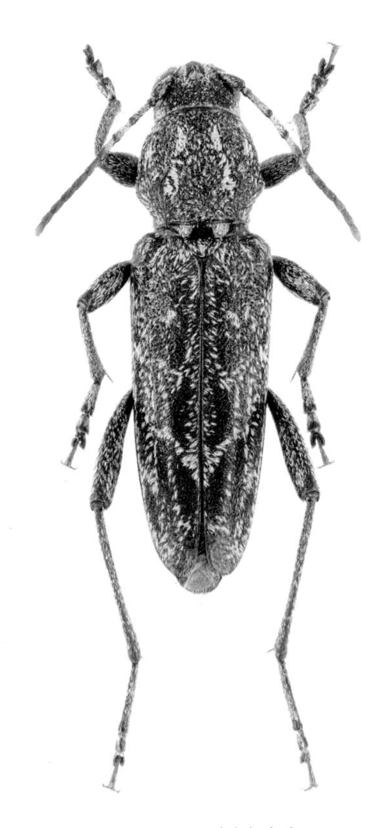

2005. 6. 30. 지리산. 수컷

2005. 7. 12. 지리산. 벌채목에 날아온 성충

2005. 6. 30. 지리산

소범하늘소

Plagionotus christophi (Kraatz, 1879)

크기 11~17㎜
서식지 산지
출현시기 4~6월
월동태 확인하지 못함
기주식물 참나무류 추정
분포 지리산, 내장산, 변산반도, 운장산, 영종도, 남한산성, 홍천 홍천읍, 영월 한반도면, 태기산

앞가슴등판은 검고 위 가장자리에 노란 줄이 있다. 딱지날개는 검고 위에는 암갈색 띠가 있고 아래에는 노란 점이 4개, 줄무늬가 2개 있다. 더듬이와 다리는 황갈색이며 넓적다리마디는 검다. 낮은 산지에서 살며 성충은 이른 봄부터 나타나 참나무 벌채목에서 여러 마리가 모여 짝짓기한다. 암컷이 죽은 참나무의 껍질 틈에 산란하는 모습을 볼 수 있다. 남한 전역에 분포한다.

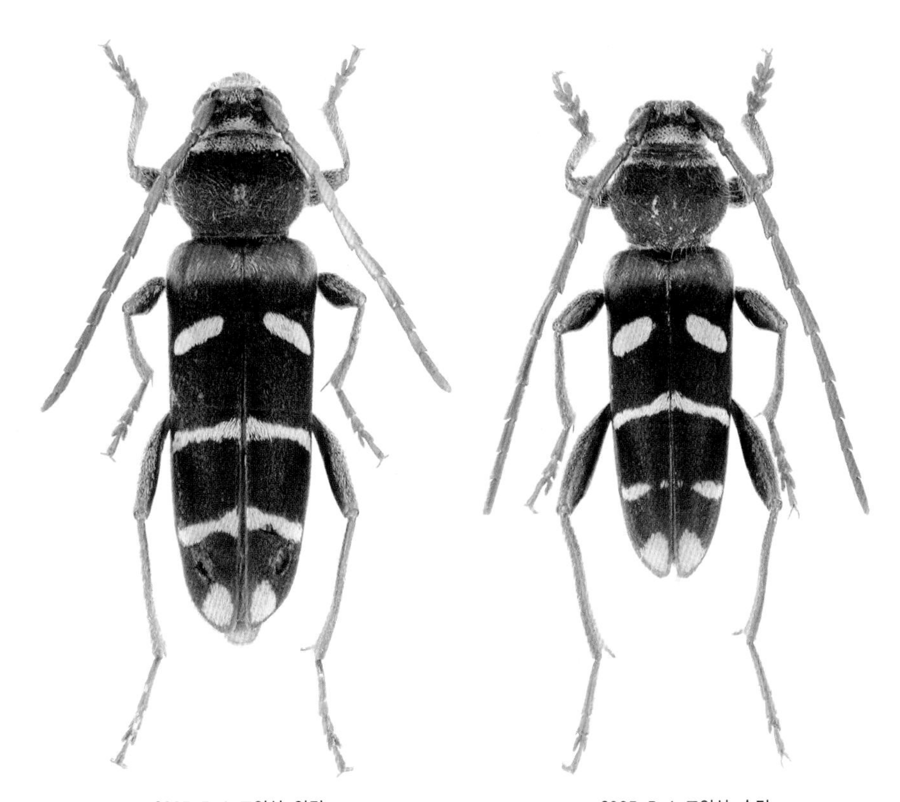

2005. 5. 4. 모악산. 암컷

2005. 5. 4. 모악산. 수컷

2013. 5. 13. 내장산. 죽은 참나무껍질 틈에 산란한다.

2011. 6. 9. 운장산. 참나무 벌채목에 온 소범하늘소(아래)

2010. 9. 10. 전주동물원. 소범하늘소가 흉내 내는 말벌류

작은소범하늘소

Plagionotus pulcher (Blessig, 1872)

크기 10~18㎜
서식지 산지
출현시기 6~8월
월동태 확인하지 못함
기주식물 참나무류 추정
분포 태기산, 삼척 미로면, 해산령, 홍천 홍천읍

앞가슴등판 중앙에 노란 가로 줄무늬가 있다. 딱지날개 위에는 암갈색 띠가 있고 아래로는 줄무늬가 4개 있으며 끝은 노랗다. 더듬이, 종아리마디, 발마디는 황갈색이다. 산지의 참나무 벌채목에 많은 수가 모인다. 암컷은 죽은 참나무 껍질 틈에 산란한다. 자세한 생태는 확인하지 못했다. 남한의 북부 지역에 분포한다.

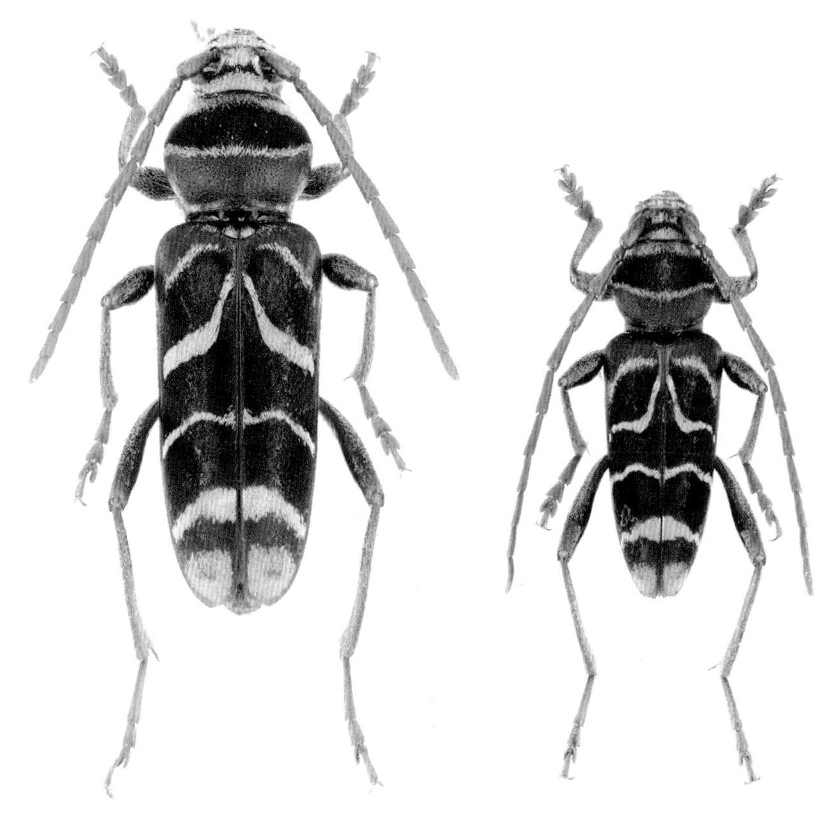

2008. 7. 13. 태기산. 암컷

2005. 8. 15. 홍천 홍천읍. 수컷

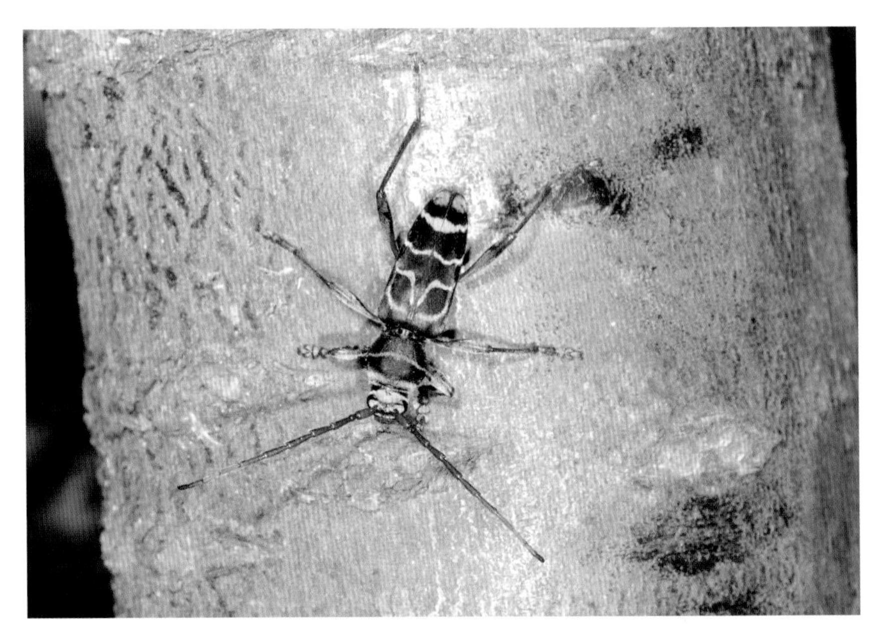

2008. 7. 13. 태기산. 참나무 벌채목에 온 성충

2008. 7. 13. 태기산. 참나무 벌채목에 산란 중이다.

두줄범하늘소

Clytus nigritulus Kraatz, 1879

크기 5~10㎜
서식지 높은 산지
출현시기 5~6월
월동태 확인하지 못함
기주식물 확인하지 못함
분포 운장산, 계방산, 구룡령, 해산령

몸 윗면은 검고 앞가슴등판에 긴 노란색 털이 나 있다. 딱지날개에는 회백색 줄무늬가 2개 있다. 성충은 산지에서 5월부터 나타나 활엽수 벌채목의 잔가지에 날아와 민첩하게 활동한다. 꽃에 온다고 하나 직접 확인하지는 못했다. 자세한 생태는 밝혀지지 않았다. 남한 전역에 국지적으로 분포한다.

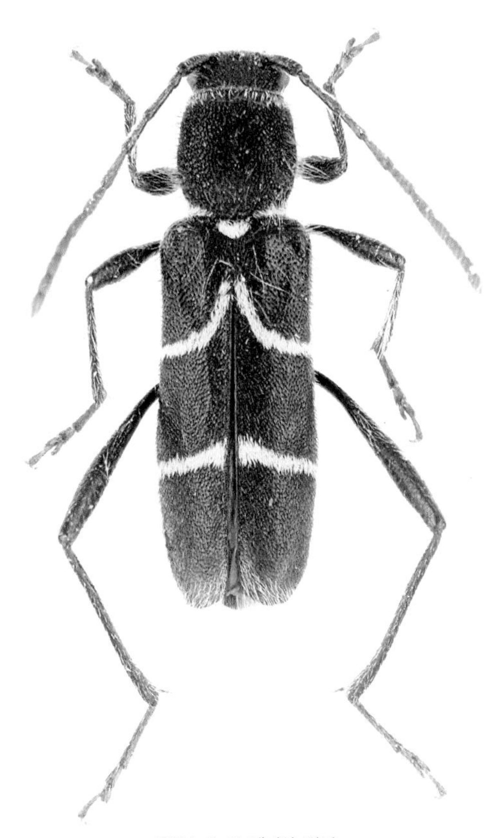

2004. 6. 10. 태기산, 암컷

산흰줄범하늘소

Clytus raddensis Pic, 1904

크기 7~13㎜
서식지 산지
출현시기 5~7월
월동태 확인하지 못함
기주식물 참싸리, 산초나무
분포 추월산, 변산반도, 운장산, 천성산, 계방산, 점봉산

몸 윗면은 검고 더듬이는 암갈색이다. 딱지날개 어깨에 노란색 점이 1쌍 있으며 아래로 노란 줄무늬가 2개 있다. 성충은 6월에 나타나 꽃에 날아오며 암컷은 활엽수 고사목의 갈라진 틈에 산란한다. 유충의 생태는 확인하지 못했다. 남한 전역에 분포한다.

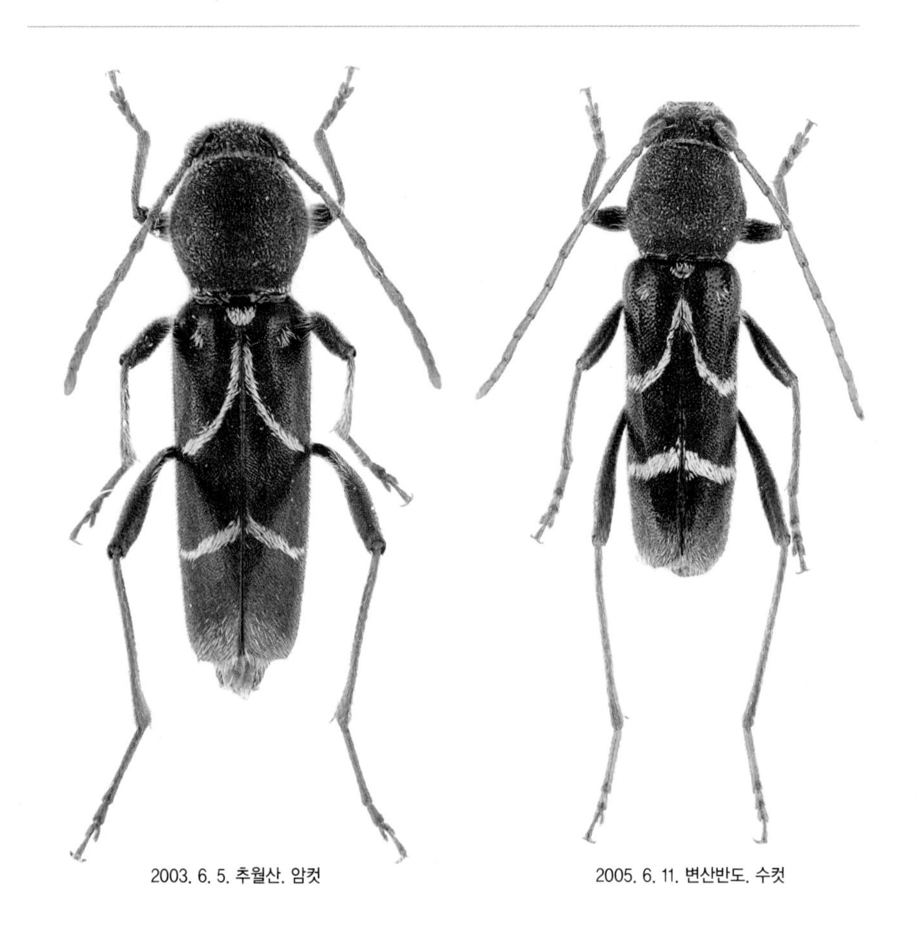

2003. 6. 5. 추월산. 암컷

2005. 6. 11. 변산반도. 수컷

2005. 6. 18. 점봉산

2007. 5. 30. 추월산. 산란 중이다.

2007. 6. 6. 변산반도

넓은촉각범하늘소

Clytus planiantennatus Lim & Han, 2012

크기 5~10㎜
서식지 산지
출현시기 5~7월
월동태 번데기
기주식물 생강나무
분포 두륜산, 변산반도, 운장산

몸 윗면은 검고 머리와 앞가슴등판에는 노란 털이 나 있다. 더듬이는 암갈색이며 5마디부터 넓어진다. 딱지날개에는 노란 점 1쌍과 줄무늬 2개가 있다. 성충은 산지에 살며 봄부터 나타난다. 기주식물 주변에서도 눈에 잘 띄지 않아 성충의 생태는 잘 알려지지 않았다. 암컷은 기주식물인 죽은 생강나무의 가는 가지에 산란하고 유충은 통로를 뚫고 살며 종령 유충은 통로의 양쪽을 톱밥으로 막고 10월에 번데기가 된다. 그대로 겨울을 나고 4월부터 성충으로 우화한다. 남한 전역에 분포한다.

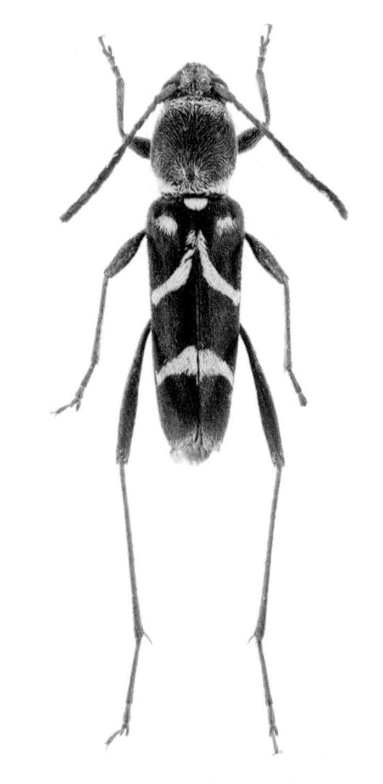

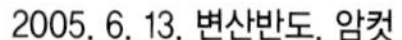

2005. 6. 13. 변산반도, 암컷

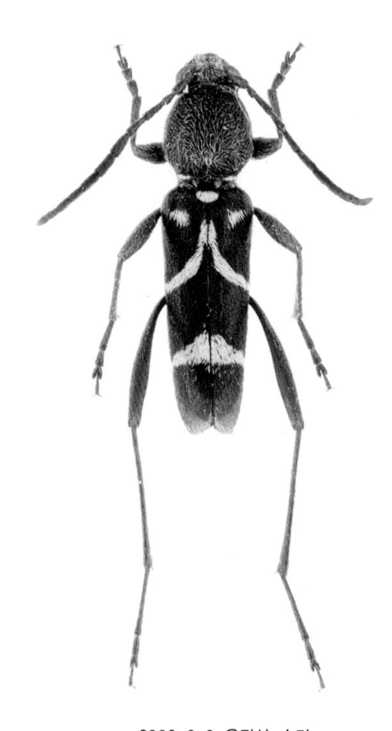

2006. 6. 3. 운장산, 수컷

2013. 3. 25. 운장산. 번데기

2013. 4. 25. 운장산. 우화

2011. 7. 1. 운장산

2009. 6. 10. 운장산. 죽은 생강나무에 온 성충

홍호랑하늘소

Brachyclytus singularis Kraatz, 1879

크기 8~12㎜
서식지 산지
출현시기 4~6월
월동태 성충
기주식물 개머루
분포 회문산, 무갑산, 모악산 내장산, 운장산, 소백산, 울릉도, 춘천 남면

머리와 앞가슴등판은 검고 더듬이와 다리는 암갈색이다. 딱지날개는 암갈색이며 갈색 띠와 노란 줄무늬가 2개 있다. 개체에 따라 무늬에 변화가 있다. 성충은 산지에서 봄부터 나타나 꽃에 날아와 꿀과 꽃가루를 먹으며 교미하는 모습을 볼 수 있다. 암컷은 죽은 기주식물에 산란하며 유충은 12월에 성충으로 우화해 겨울을 난다. 남한 전역에 분포한다.

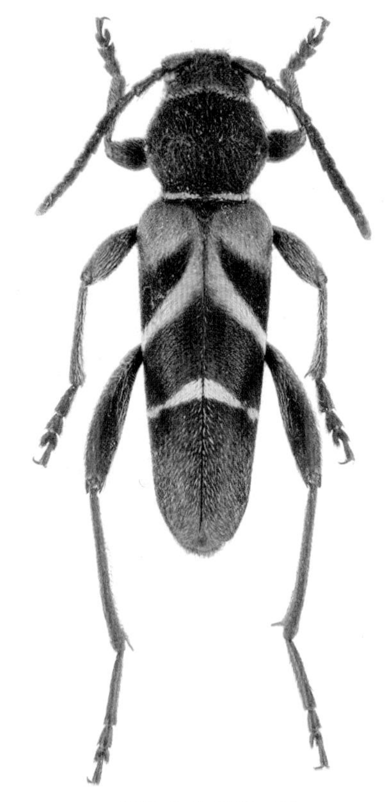

2006. 5. 27. 내장산. 수컷

2012. 12. 2. 운장산. 번데기

2011. 12. 14. 울릉도. 성충으로 월동 중이다.

2009. 4. 9. 내장산. 조팝나무 꽃에 날아왔다.

2012. 5. 23. 운장산. 개머루에 왔다.

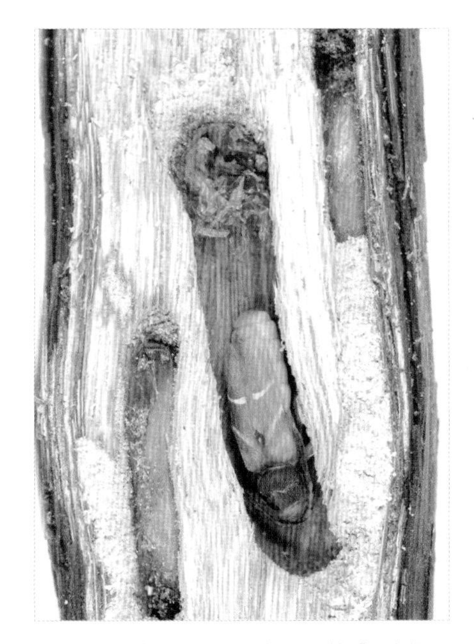

2011. 12. 22. 운장산. 기생벌 번데기와 우화한 홍호랑하늘소

2011. 12. 22. 운장산. 유충에서 기생해 우화한 기생벌

벌호랑하늘소

Cyrtoclytus capra (Germar, 1824)

크기 8~19㎜
서식지 산지
출현시기 5~7월
월동태 확인하지 못함
기주식물 물박달나무, 호두나무, 자작나무, 버드나무류
분포 지리산, 추월산, 내장산, 변산반도, 운장산, 광덕산(천안), 강화도, 구름산, 남한산성, 태기산, 계방산, 해산령, 설악산

머리는 검고 노란 털이 나 있다. 앞가슴등판은 검고 위와 아래에 노란 줄이 있으며, 중앙에 세로로 노란색 긴 털이 나 있다. 딱지날개에는 선명한 노란 줄무늬가 3개 있고 끝이 노랗다. 더듬이와 종아리마디, 발목마디는 주황색이고 넓적다리마디는 검다. 성충은 산지의 꽃과 활엽수 벌채목에 날아온다. 암컷은 죽은 기주식물의 껍질 틈에 산란한다. 남한 전역에 분포한다.

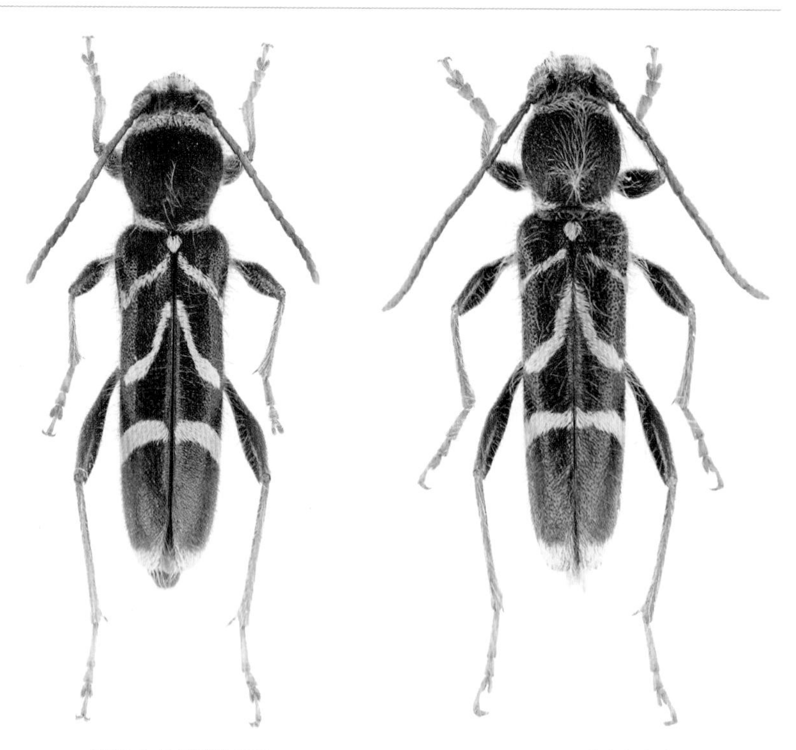

2005. 6. 17. 계방산. 암컷

2005. 4. 24. 내장산. 수컷

2009. 4. 15. 내장산. 번데기

2011. 6. 5. 운장산. 벌채목에 날아왔다.

2011. 6. 19. 운장산

넓은홍호랑하늘소

Cyrtoclytus monticallisus Komiya, 1980

크기 15~19㎜
서식지 산지
출현시기 5월~
월동태 성충
기주식물 팽나무, 풍게나무
분포 가야산, 능가산, 운장산, 명지산, 춘천 남면, 화야산

머리는 검고 노란 점이 2개 있다. 앞가슴등판은 검으며 위와 옆에 암갈색 점이 있고, 딱지날개에 있는 노란 줄무늬 2개가 선명하다. 기주식물인 팽나무와 풍게나무의 땅에 떨어진 가지에서 월동 중인 성충을 확인했으나 자세한 생태는 확인하지 못했다. 남한 전역에 분포한다.

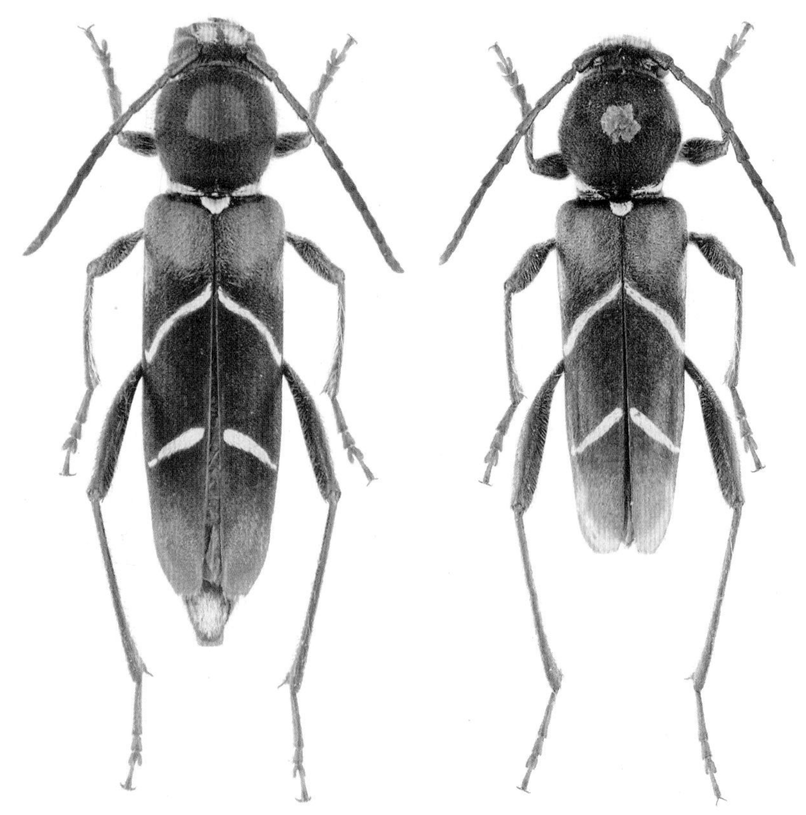

2004. 2. 1. 능가산. 암컷

2004. 2. 1. 능가산. 수컷

2007. 4. 28. 화야산

짧은날개범하늘소

Epiclytus ussuricus (Pic, 1933)

크기 6~9㎜
서식지 산지
출현시기 5~6월
월동태 확인하지 못함
기주식물 확인하지 못함
분포 덕유산

머리와 앞가슴등판은 검고 딱지날개에 흰색 '八' 자 줄무늬가 있고 아래로 검은색과 회백색 띠무늬가 있다. 수컷의 더듬이는 몸길이와 비슷하나 암컷의 더듬이는 이보다 작고 발목마디는 주황색이다. 기록(이승모, 1987)에 의하면 꽃에 날아온다고 한다. 자세한 생태는 알려지지 않았다. 오후에 산 정상으로 날아오는 것을 관찰한 바 있다. 남한 전역에 국지적으로 분포한다.

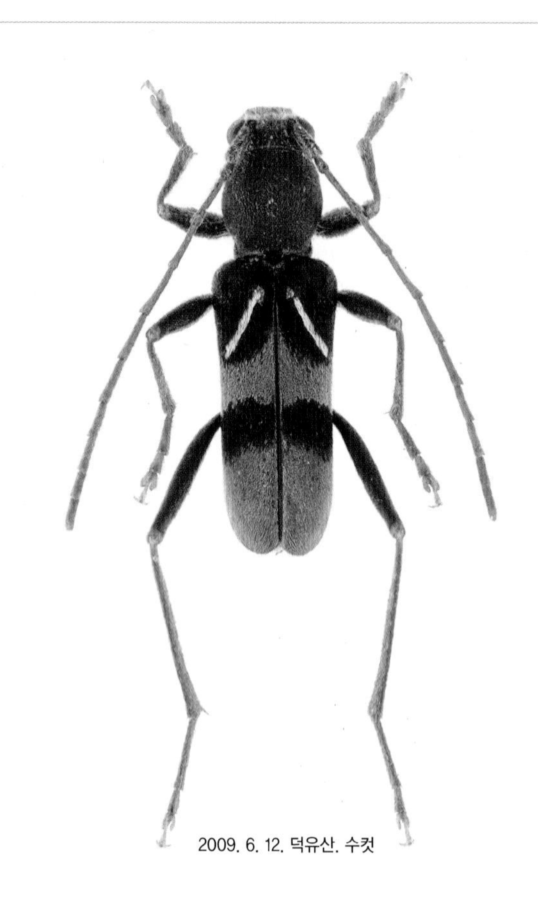

2009. 6. 12. 덕유산. 수컷

긴촉각범하늘소

Teratoclytus plavilstshikovi Zaitzev, 1937

크기 8~13㎜
서식지 산지
출현시기 6~8월
월동태 번데기
기주식물 개머루
분포 지리산, 추월산, 운장산, 울릉도, 소백산, 계방산, 운두련

머리와 앞가슴등판은 검고 앞가슴등판에 흰색 세로 줄무늬가 있다. 딱지날개 전반부는 암갈색이고 후반부는 검으며 흰색 줄무늬가 3개 있다. 더듬이 6마디는 흰색이며 수컷의 더듬이는 몸길이의 2배를 넘는다. 성충은 더듬이를 위아래로 흔드는 습성이 있다. 기주식물인 죽은 개머루에 날아오고 암컷은 여기에 산란한다. 줄기를 갉아먹고 자란 유충은 10월부터 번데기가 되며 겨울을 나고 봄에 성충으로 우화해 나온다. 남한 전역에 분포한다.

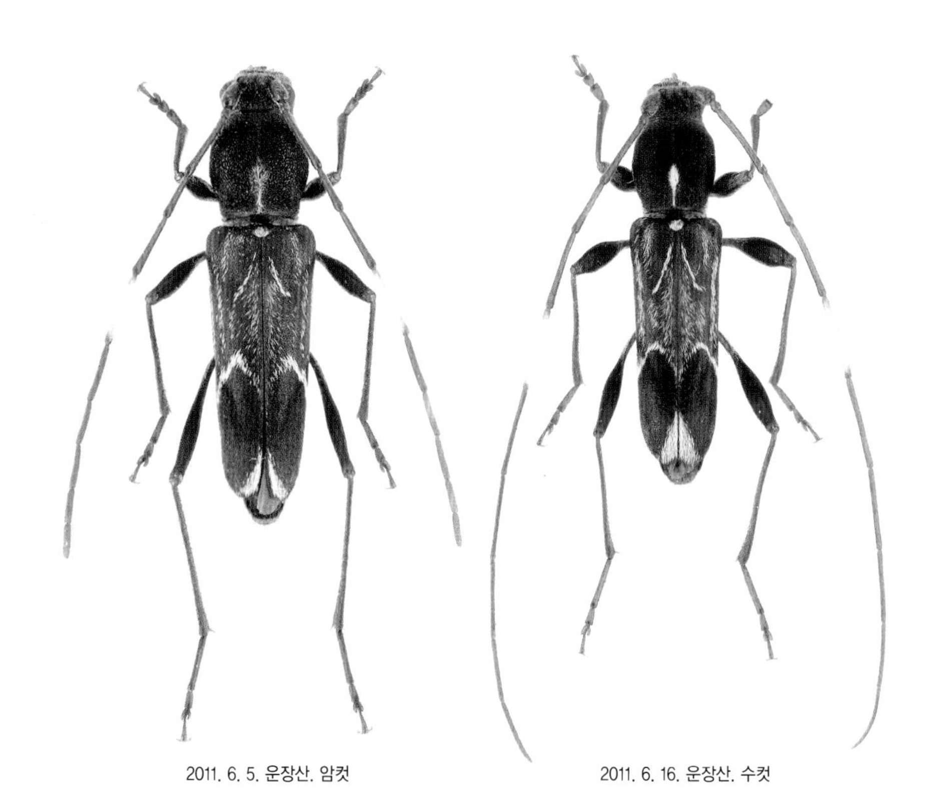

2011. 6. 5. 운장산. 암컷

2011. 6. 16. 운장산. 수컷

2011. 6. 16. 운장산. 개머루 벌채목에 날아 온 성충

2011. 6. 16. 운장산

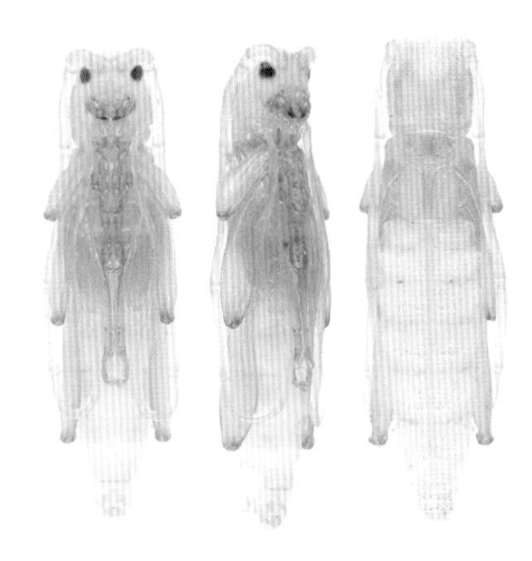
2010. 12. 21. 울릉도. 번데기

2010. 12. 11. 울릉도. 유충

2011. 5. 1~2011. 5. 12. 울릉도. 번데기 변화 과정

범하늘소

Chlorophorus diadema diadema (Motschulsky, 1854)

크기 8~16㎜
서식지 낮은 산지
출현시기 5~8월
월동태 확인하지 못함
기주식물 팽나무
분포 제주도, 백운산(광양), 위도, 회문산, 내장산, 변산반도, 운장산, 보현산, 소백산, 용유도, 주금산, 태기산

머리는 검고 회백색 털이 나 있다. 앞가슴등판은 검고 아래에 회백색 무늬가 있으며 딱지날개에는 갈고리 무늬 1개와 띠무늬 2개가 있다. 마을 주변이나 낮은 산지에 서식한다. 성충은 5월 말부터 나타나 8월 말까지 활동하고 흰 꽃에 날아와 꿀과 꽃가루를 먹는 모습을 볼 수 있다. 활엽수 벌채목에서도 관찰되며 암컷은 죽은 기주식물에 산란한다. 남한 전역에 분포한다.

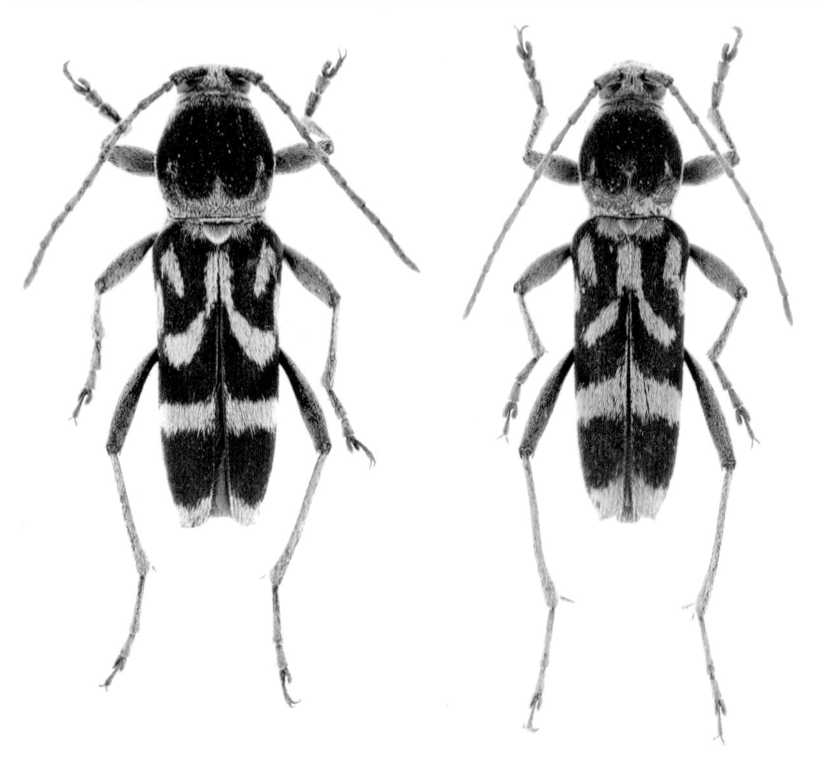

2014. 8. 5. 소백산. 암컷

2009. 8. 10. 회문산. 수컷

2014. 8. 20. 운장산. 범하늘소 성충이 꿀을 먹으러 오는 설악초

2014. 8. 20. 운장산. 설악초에 온 범하늘소

2014. 8. 20. 운장산

우리범하늘소

Chlorophorus motschulskyi (Ganglbauer, 1887)

크기 8~16㎜
서식지 산지
출현시기 5~6월
월동태 확인하지 못함
기주식물 확인하지 못함
분포 연석산, 운장산, 철원 갈말읍, 춘천 남면

머리와 앞가슴등판은 검고 회백색 털이 나 있다. 딱지날개 어깨에 회백색 줄무늬가 1쌍 있고, '八' 자 모양 줄무늬는 소순판과 연결되었으며, 아래로 가로 띠무늬가 있다. 산지에 서식하며 봄부터 나타나 꽃에 날아와 꿀이나 꽃가루를 먹는다. 자세한 생태는 확인하지 못했다. 남한 전역에 분포한다.

2010. 5. 30. 연석산. 암컷

2005. 5. 19. 춘천 남면. 수컷

2009. 5. 28. 춘천 남면

2005. 5. 31. 운장산

2014. 5. 14. 연석산

홀쭉범하늘소

Chlorophorus muscosus (Bates, 1873)

크기 5~15㎜
서식지 낮은 산지
출현시기 6~8월
월동태 유충
기주식물 예덕나무, 때죽나무, 찔레, 갈참나무, 사스레피나무, 팽나무, 사방오리, 구실잣밤나무, 물오리나무
분포 제주도, 가거도, 흑산도, 거문도, 완도, 금오도, 거제도, 위도, 두륜산, 황령산, 변산반도, 울릉도

몸은 가늘고 길쭉하며 암녹색이다. 머리, 앞가슴등판, 딱지날개는 노란 털로 덮여 있으며 딱지날개에 검은 점이 3쌍 있다. 개체에 따라 무늬에 변화가 있다. 성충은 산지에서 6월 중순부터 나타나며 꽃에 날아와 꿀이나 꽃가루를 먹는다. 암컷은 죽은 기주식물에 산란하고 유충으로 겨울을 나며 이듬해 6월 초순에 번데기가 된다. 남한 남부 지역에 분포한다.

2006. 6. 15. 제주도. 암컷

2002. 7. 5. 변산반도. 수컷

2004. 7. 17. 변산반도

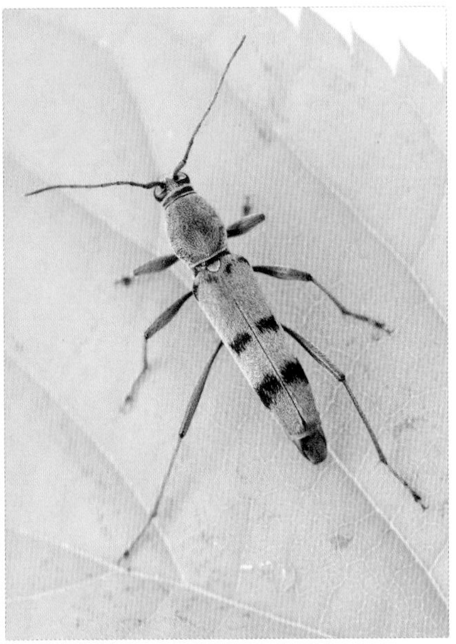

2004. 5. 25. 황령산

2011. 7. 25. 황령산. 기주식물에 온 성충

2011. 3. 15. 황령산. 유충이 갉아먹은 흔적

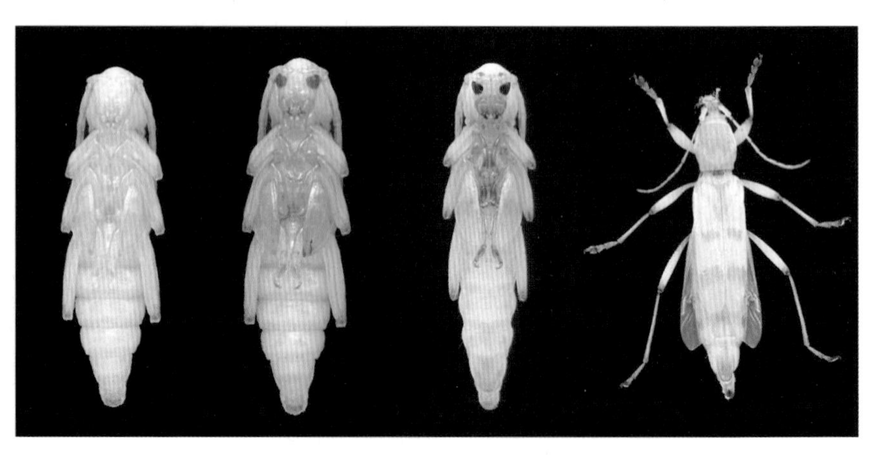

번데기 된 지 7일 | 번데기 된 지 19일 | 번데기 된 지 21일. 우화 직전 | 번데기 된 지 22일. 우화 직후

2011. 5. 19~6. 10. 황령산. 번데기 변화 과정

네줄범하늘소

Chlorophorus quinquefasciatus (Laporte & Gory, 1836)

크기 12~18㎜
서식지 산지
출현시기 6~8월
월동태 확인하지 못함
기주식물 확인하지 못함
분포 제주도, 거문도, 지심도, 울산

몸 윗면은 검은 바탕에 노란 털이 나 있다. 앞가슴등판에 검은 띠가 1개 있으며 딱지날개에는 검은 바탕에 노란 점과 무늬, 띠가 있다. 더듬이와 다리는 황갈색이다. 성충은 6월부터 나타나 꽃에 날아온다. 자세한 생태는 확인하지 못했다. 남한의 남부 지역과 일부 섬에 분포한다.

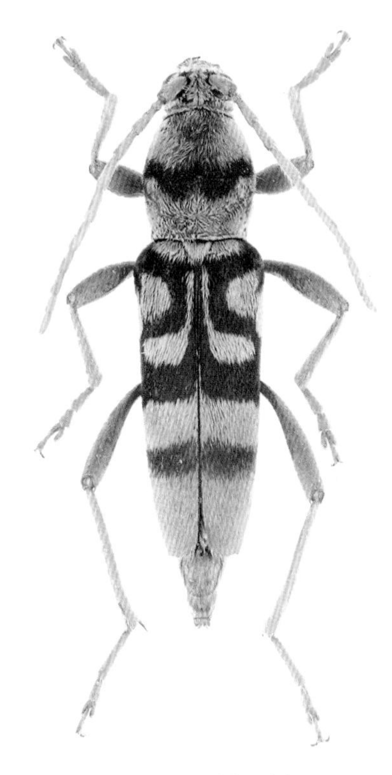

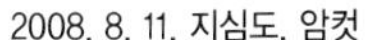

2008. 8. 11. 지심도. 암컷

2008. 8. 11. 지심도. 수컷

2008. 7. 10. 제주도

육점박이범하늘소

Chlorophorus simillimus (Kraatz, 1879)

크기 7～15㎜
서식지 산지
출현시기 5～7월
월동태 유충
기주식물 느티나무, 팽나무, 감나무, 밤나무
분포 지리산, 회문산, 내장산, 운장산, 모악산, 연석산, 칠갑산, 청명산, 용유도, 강화도, 영종도, 남한산성, 북한산, 오대산

몸 윗면은 황록색이다. 앞가슴등판에는 검은 점이 위와 양 옆에 있으며 딱지날개에도 점과 무늬가 6개 있다. 산지에 서식한다. 성충은 5월부터 나타나 각종 꽃에 날아와 꿀과 꽃가루를 먹고 6월부터는 죽은 기주식물에 날아와 나무 틈에 산란한다. 유충으로 겨울을 나고 4월에 번데기가 된다. 남한 전역에 분포한다.

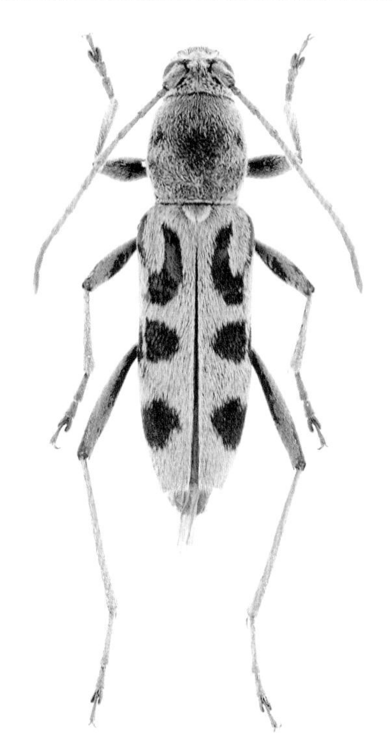

2005. 5. 17. 회문산. 암컷

2012. 5. 22. 지리산. 수컷

2009. 4. 6. 회문산. 번데기

2014. 5. 19. 회문산

2014. 5. 23. 연석산. 산란 중인 암컷

2014. 6. 14. 연석산

회색줄범하늘소

Chlorophorus tohokensis Hayashi, 1968

크기 7~13㎜
서식지 산지
출현시기 5~7월
월동태 유충
기주식물 개머루
분포 내장산, 변산반도, 운장산, 연석산, 화야산, 계방산, 홍천 홍천읍, 해산령

머리와 앞가슴등판은 검고 회백색 털로 덮여 있으며 검은 점이 2개 있다. 딱지날개에는 회백색 줄무늬와 띠가 2개씩 있다. 개체에 따라 무늬에 변화가 있다. 성충은 6월에 가장 많이 나타나며 꽃에 날아와 꿀이나 꽃가루를 먹는다. 암컷은 기주식물인 죽은 개머루에 산란하고 알에서 나온 유충은 줄기 속을 갉아먹으며 겨울을 나고 5월 초순에 번데기가 된다. 남한 전역에 분포한다.

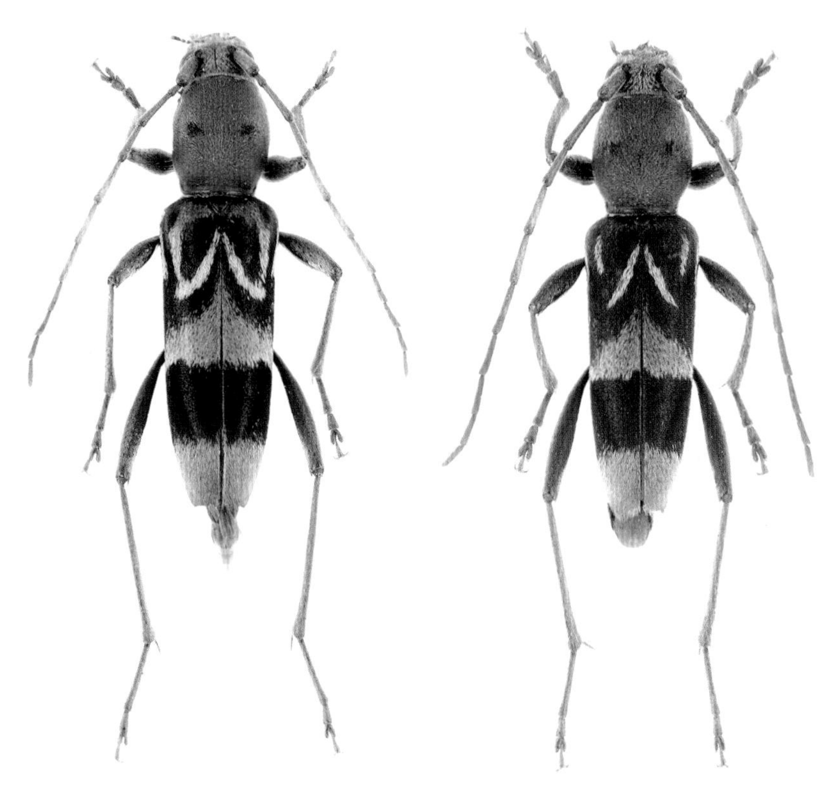

2012. 5. 17. 운장산. 암컷

2005. 6. 7. 변산반도. 수컷

2006. 2. 6. 변산반도. 유충

2012. 5. 6. 운장산. 번데기

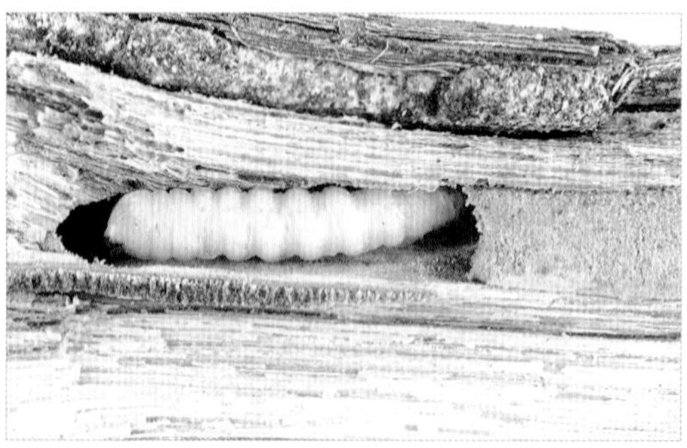

2012. 4. 18. 운장산. 유충

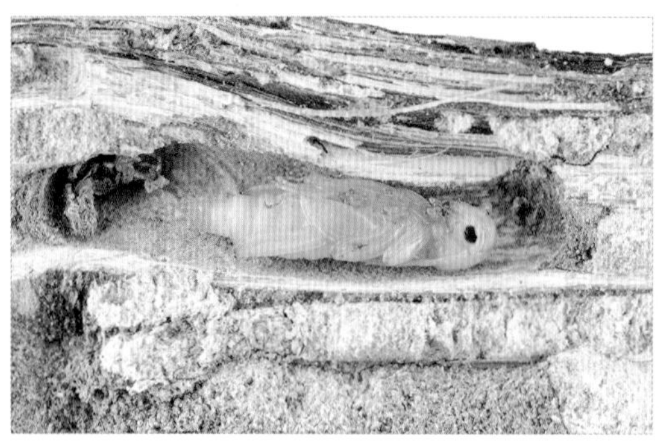

2012. 5. 6. 운장산. 번데기

2012. 5. 6. 운장산. 개미침벌에게 기생당한 번데기

2012. 5. 31. 운장산

2012. 5. 27. 운장산. 개머루에 왔다.

2012. 5. 14. 운장산

꼬마긴다리범하늘소

Rhaphuma diminuta diminuta (Bates, 1873)

크기 4~8㎜
서식지 낮은 산지
출현시기 4~7월
월동태 성충
기주식물 굴피나무, 노박덩굴, 밤나무, 후박나무, 팽나무, 층층나무, 호두나무, 말채나무
분포 장도, 완도, 두륜산, 천성산, 회문산, 추월산, 내장산, 변산반도, 운장산, 모악산, 광교산, 강화도, 주금산, 태기산

몸 윗면은 검으며 앞가슴등판에는 회색 털이 촘촘히 나 있고 검은 점이 나타난다. 딱지날개의 위 중앙에 흰색 세로 줄이 있으며, 아래로 점 2개와 가로 줄무늬가 있다. 성충은 이른 봄부터 낮은 산지에서 나타나 각종 흰색 꽃에 날아와 꿀을 먹는다. 암컷은 죽은 기주식물의 잔가지에 산란하며 다 자란 유충은 성충으로 우화해 그대로 겨울을 나고 봄에 기주식물을 뚫고 나온다. 남한 전역에 분포한다.

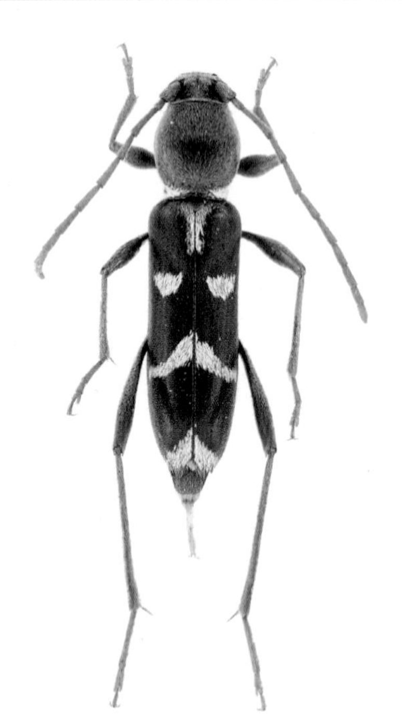

2005. 4. 26. 회문산. 암컷

2012. 5. 5. 운장산. 수컷

2007. 5. 27. 내장산. 꽃에서 꿀을 먹고 있다.

2011. 11. 10. 회문산. 월동 중인 성충. 탈출구를 톱밥으로 막아 놓았다.

2011. 5. 24. 회문산. 벌채목에 날아왔다.

긴다리범하늘소

Rhaphuma gracilipes (Faldermann, 1835)

크기 6~11㎜
서식지 낮은 산지
출현시기 5~7월
월동태 유충
기주식물 팽나무, 소사나무, 노박덩굴, 무궁화, 살구나무, 호두나무, 사방오리, 소나무, 밤나무, 후박나무
분포 흑산도, 장도, 진도, 완도, 두륜산, 방장산, 천성산, 단석산, 지리산, 회문산, 추월산, 내장산, 변산반도, 운장산, 모악산, 강화도, 용문산, 계방산, 오대산, 해산령, 설악산

몸 윗면은 검다. 머리와 앞가슴등판에는 회백색 털이 촘촘히 나 있고 딱지날개 어깨에는 흰 점이 2개 있으며 아래로는 '八' 자 무늬와 띠가 있다. 더듬이는 노란색이나 회백색을 띤다. 성충은 낮은 산지에서 봄부터 나타나 초여름까지 활동한다. 꽃에 날아와 꿀이나 꽃가루를 먹는 모습을 흔히 볼 수 있으며 주로 흰 꽃에 많이 날아온다. 양분을 축적하고 성숙해진 암컷은 교미를 마치고 죽거나 벌목한 각종 기주식물에 날아와 나무껍질이나 갈라진 틈에 산란한다. 알에서 나온 유충은 목질부로 파고들어가 나무를 갉아먹고 자라며, 번데기가 될 공간을 만들고 겨울을 난 뒤 4월에 번데기가 된다. 남한 전역에 분포한다.

2005. 5. 15. 변산반도. 암컷

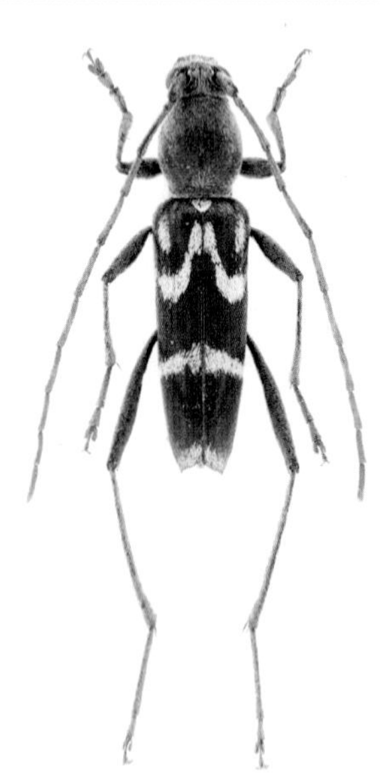

2004. 5. 13. 단석산. 수컷

2010. 2. 22. 회문산. 월동 중인 유충

2010. 4. 22. 회문산. 번데기

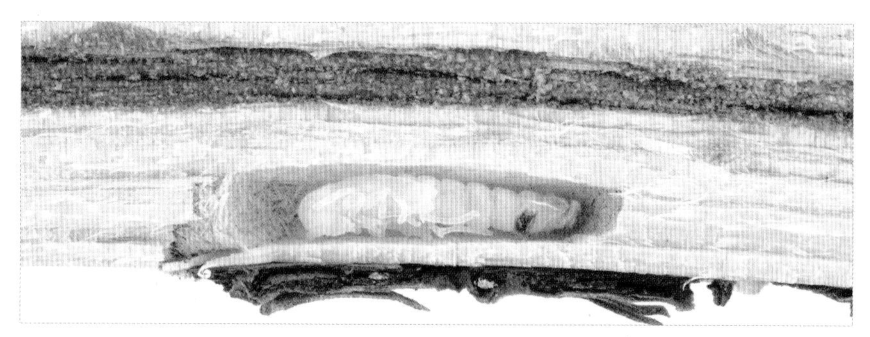

2014. 5. 6. 운장산. 번데기에서 성충으로 우화 중이다.

2007. 5. 18. 천성산

2008. 6. 1. 방장산. 나무 틈에 산란 중이다.

측범하늘소

Rhabdoclytus acutivittis acutivittis (Kraatz, 1879)

크기 12~19㎜
서식지 낮은 산지
출현시기 5~7월
월동태 확인하지 못함
기주식물 사시나무 추정
분포 거제도, 두륜산, 천성산, 지리산, 단석산, 회문산, 추월산, 운장산, 태기산, 계방산, 오대산, 화악산, 점봉산, 광덕산(화천), 해산령

몸 윗면은 검은 바탕에 노란색이나 회백색 털이 촘촘히 나 있다. 앞가슴등판에는 검은 점이 있다. 딱지날개에는 검은색과 회백색 또는 노란색 세로 줄무늬가 복잡하게 섞여 있다. 다리는 길고 가늘며 넓적다리마디는 곤봉모양이다. 성충은 5월부터 나타나 주로 산자락의 흰 꽃에 날아와 꿀과 꽃가루를 먹으며 짝짓기한다. 특히 층층나무 꽃에 많이 모이며 주변의 풀이나 나뭇잎에 앉아 쉬는 모습도 볼 수 있다. 6월 초순부터는 꽃에서 보기 힘들고 벌채목에 날아오기 시작한다. 암컷이 죽거나 벌채된 마른 사시나무에 산란관을 꽂고 산란하는 것을 볼 수 있으나 성충의 발생은 확인하지 못했다. 남한 전역에 분포한다.

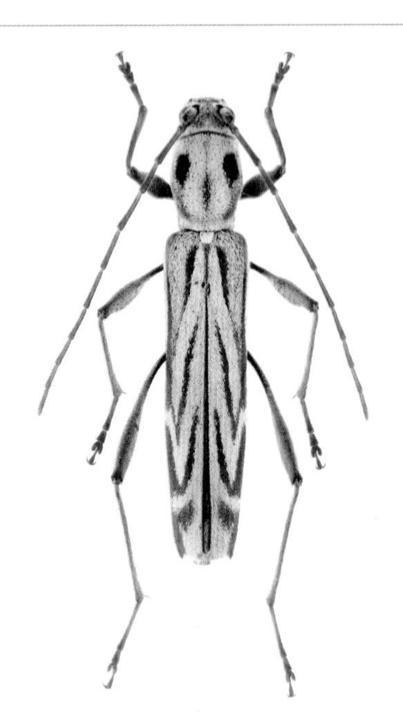

2004. 5. 30. 춘천 남면. 암컷

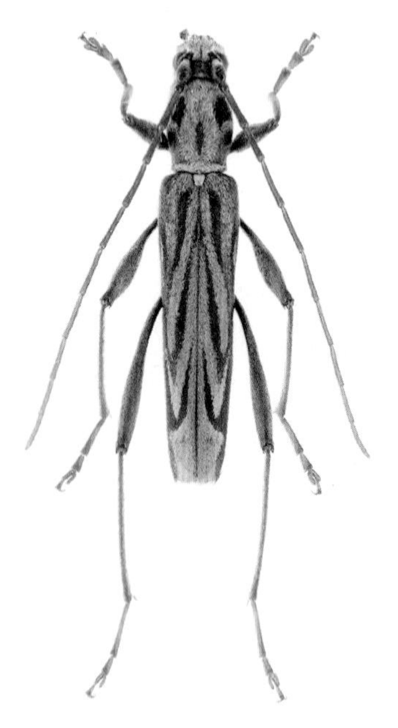

2007. 5. 7. 운장산. 수컷

2007. 5. 7. 운장산

2005. 6. 18. 점봉산. 죽은 나무 틈에 산란 중인 암컷

가시수염범하늘소

Demonax transilis Bates, 1884

크기 7~12㎜
서식지 산길 주변
출현시기 5~7월
월동태 번데기
기주식물 느티나무, 팽나무, 산초나무, 굴피나무, 칡, 닥나무
분포 진도, 금오도, 지리산, 추월산, 무안 청계면, 내장산, 변산반도, 운장산, 모악산, 군산 나포면, 광덕산(천안), 청명산, 홍천 홍천읍, 해산령

머리와 앞가슴등판은 검고 푸른빛이 나는 회백색 털이 나 있으며 앞가슴등판의 검은 점은 개체에 따라 변화가 있다. 딱지날개 어깨에는 가로로 회백색 털이 있고 아래로 회백색 물결무늬 1개와 띠 2개가 있으며, 띠에는 푸른빛이 도는 회백색 털이 나 있다. 낮은 산지에 서식하며 성충은 5월부터 나타나 산길 주변의 꽃에서 꿀과 꽃가루를 먹는 모습을 쉽게 볼 수 있다. 암컷은 죽은 기주식물의 잔가지에 산란하며 유충은 11월 중순부터 번데기가 되어 겨울을 나고 4월에 성충으로 우화한다. 남한 전역에 분포한다.

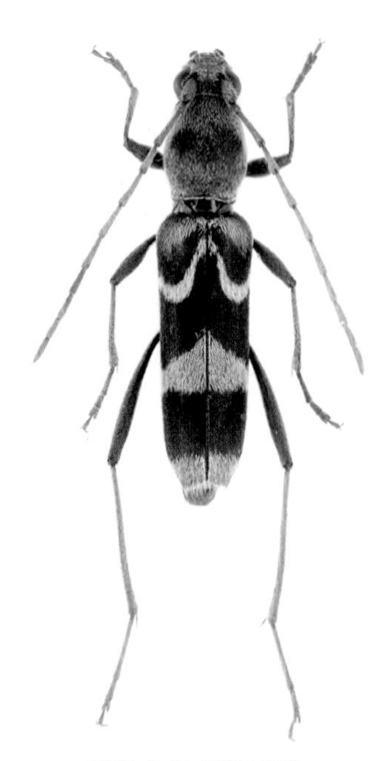
2008. 5. 25. 내장산. 암컷

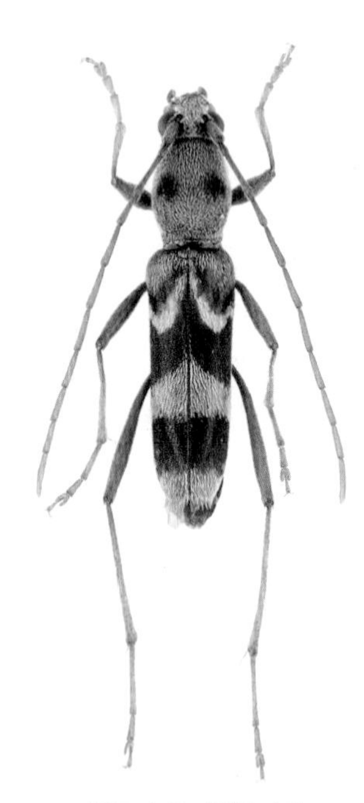
2009. 4. 16. 내장산. 수컷

2011. 12. 9. 운장산. 유충

2009. 4. 20. 내장산. 겨울을 보낸 번데기

2012. 4. 1. 내장산. 겨울을 나고 우화한 성충

2011. 5. 9. 운장산

2007. 5. 20. 내장산

2012. 1. 5. 부러진 팽나무 가지에서 번데기로 월동 중이다.

서울가시수염범하늘소

Demonax seoulensis Mitono & Cho, 1942

크기 12~18㎜
서식지 산지
출현시기 5~7월
월동태 확인하지 못함
기주식물 확인하지 못함
분포 부산, 울산, 충주 삼척면, 여주, 영월, 태기산

머리와 앞가슴등판에는 회색 털이 촘촘히 나 있으며 앞가슴등판 위에 검은 점이 2개 있다. 딱지날개는 검으며 어깨에는 회백색 털이 나 있고 아래로 '八' 자 무늬와 흰 띠 2개가 있다. 옆면의 점은 작다. 더듬이는 회백색이며 수컷의 더듬이는 몸길이에 이르고 암컷은 이보다 작다. 비교적 낮은 산지에서 볼 수 있다. 성충은 봄부터 나타나 꽃에 날아와 꿀이나 꽃가루를 먹고, 성숙한 암컷은 참나무 벌채목에 날아와 죽은 기주식물에 산란한다. 유충의 생태는 확인하지 못했다. 남한 전역에 분포한다.

2006. 7. 29. 부산. 암컷

2006. 7. 29. 부산. 수컷

2006. 6. 21. 여주

작은호랑하늘소

Perissus fairmairei Gressitt, 1940

크기 6~12㎜
서식지 낮은 산지
출현시기 5~7월
월동태 확인하지 못함
기주식물 참싸리, 굴피나무, 예덕나무, 밤나무, 참나무류
분포 두륜산, 지리산, 천성산, 운장산, 모악산, 용인 이동면, 무의도, 강화도, 태기산

몸 윗면은 검고 앞가슴등판은 몸에 비해 크고 둥글며 회백색 털이 나 있다. 딱지날개에는 회백색 갈고리 무늬와 아래로 가로 줄무늬가 있다. 성충은 산지의 죽은 활엽수나 벌채목이 쌓여 있는 곳에 많은 수가 모인다. 맑은 날에 나무 위를 민첩하게 기어 다니며 짧은 거리를 빠르게 날아 이동하고 벌채목 주변을 떠나지 않는다. 벌채목에서 암수가 짝짓기하고 암컷은 각종 활엽수의 껍질 틈에 산란한다. 꽃에 오는 것을 볼 수 없으며 나무껍질을 갉아먹는 것으로 추측된다. 참나무류에서 성충의 발생을 확인한 바 있다. 남한 전역에 분포한다.

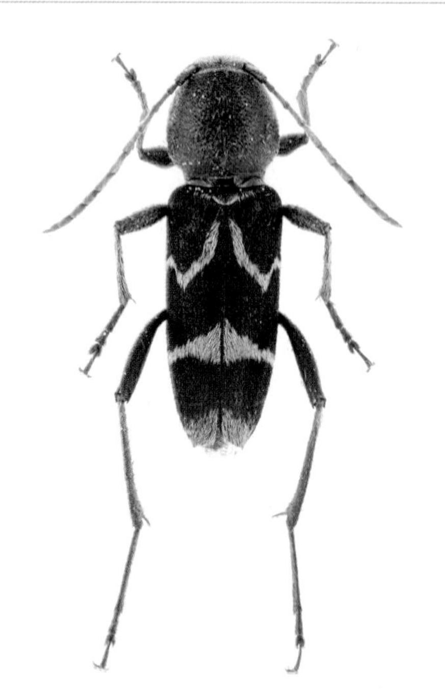

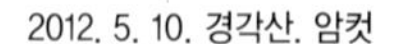

2012. 5. 10. 경각산. 암컷

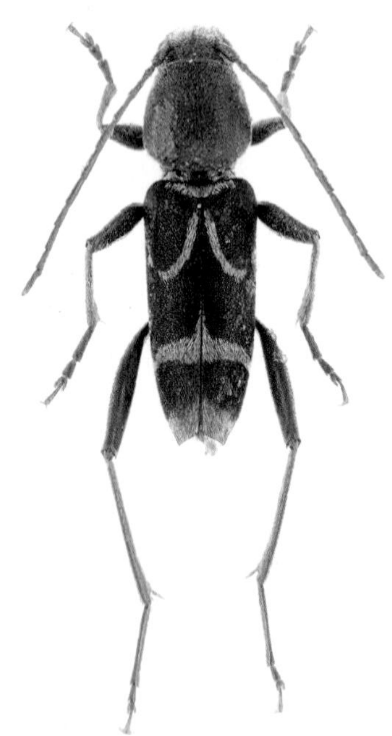

2005. 5. 9. 회문산. 수컷

2012. 5. 23. 연석산

2009. 6. 15. 운장산. 벌채목에 온 성충

2009. 6. 15. 운장산. 산란 중이다.

무늬박이작은호랑하늘소

Perissus kimi Niisato & Koh, 2003

크기 9~17㎜
서식지 낮은 산지
출현시기 5~7월
월동태 유충
기주식물 팽나무
분포 회문산, 추월산, 변산반도, 운장산, 모악산

몸 윗면은 황록색이나 회백색이다. 딱지날개에 점과 무늬가 10개 있다. 성충은 낮은 산지에서 5월 말부터 나타나 팽나무 벌채목을 쌓아 놓은 곳에 모인다. 짝짓기한 암컷은 기주식물의 껍질 틈에 산란한다. 암컷은 햇빛에 노출된 마른 나무를 선호하고 굵은 줄기에서 가지까지 굵기를 가리지 않고 산란한다. 굵은 줄기에서 많은 유충이 함께 살지만 일정한 거리를 유지하며 서로 접근하지 않는다. 알에서 나온 유충은 껍질과 목질 사이에서 나무를 갉아먹고 자라면서 목질부로 파고들어간다. 가을이면 다 자라며, 종령 유충은 성충이 되어 나올 탈출구를 미리 뚫고 입구를 톱밥으로 막은 뒤 겨울을 나고 그대로 번데기가 된다. 남한 남부 지역에 분포한다.

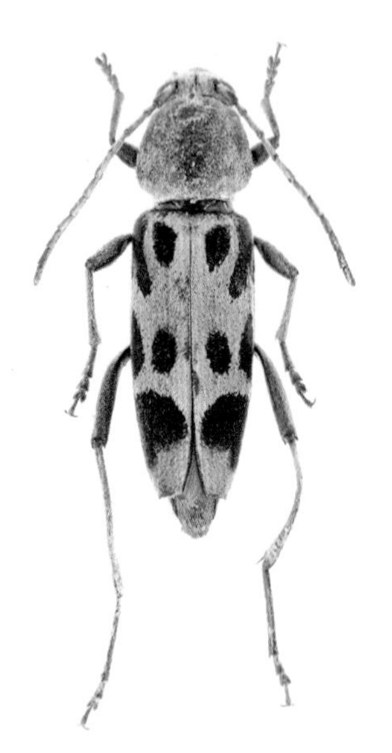

2005. 5. 25. 회문산. 암컷

2001. 6. 21. 운장산. 수컷

2008. 6. 7. 회문산. 성충

2010. 6. 5. 회문산. 팽나무에 온 성충

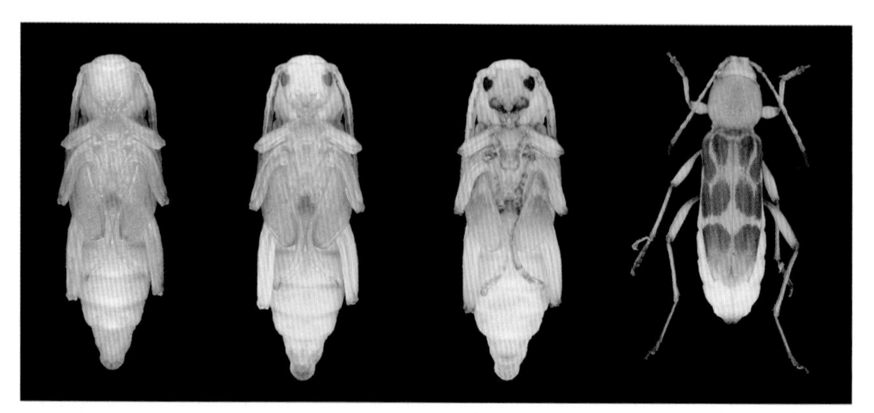

2011. 4. 22~5. 14. 회문산. 번데기 변화 과정

2011. 3. 11. 회문산. 유충

2011. 4. 19. 회문산. 번데기

2011. 5. 14. 회문산. 우화

흰테범하늘소

Anaglyptus (*Aglaophis*) *colobotheoides* (Bates, 1884)

크기 10~14㎜
서식지 산지
출현시기 6~7월
월동태 확인하지 못함
기주식물 확인하지 못함
분포 계방산, 구룡령, 해산령

머리에는 회백색 털이 나 있고, 앞가슴등판은 검다. 딱지날개에는 흰색 줄무늬와 암갈색, 검은색 띠가 섞여 있으며, 끝은 넓게 파여 끝에 가시가 있다. 더듬이와 다리는 암갈색이고 넓적다리마디는 볼록한 곤봉모양이며 알통은 검은색이다. 성충은 비교적 높은 산지에서 6월부터 나타나 꽃에 날아온다. 자세한 생태는 확인하지 못했다. 남한 중부 이북 지역에 분포한다.

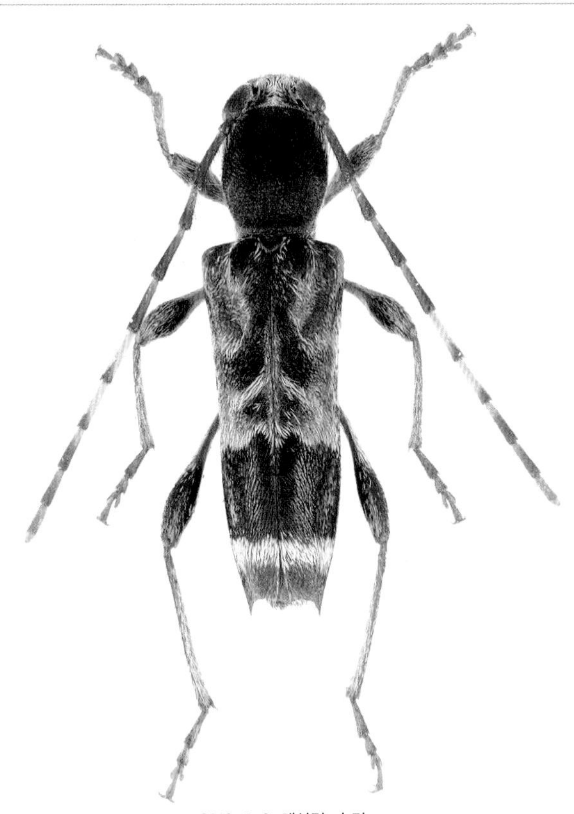

2012. 5. 3. 해산령. 수컷

반디하늘소

Dere thoracica A. White, 1855

크기 7~10㎜
서식지 낮은 산지
출현시기 4~6월
월동태 성충
기주식물 자귀나무, 호두나무
분포 거금도, 거제도, 무등산, 두륜산, 천성산, 회문산, 내장산, 운장산, 모악산, 연석산, 광덕산(천안)

머리는 검고 더듬이 길이는 암수 모두 몸길이의 절반쯤이다. 앞가슴등판은 붉으며 상단부와 하단부에 검은 띠가 있다. 딱지날개와 다리는 암청색이며 넓적다리마디가 곤봉모양이다. 성충은 이른 봄부터 나타나 산길 주변의 주로 흰 꽃에 날아와 꿀이나 꽃가루를 먹는다. 6월에는 꽃에서 보기 어렵고 기주식물인 자귀나무나 활엽수 벌채목에 많은 수가 날아와 짝짓기한다. 암컷은 기주식물의 껍질이나 틈에 산란하며 알에서 나온 유충은 껍질과 목질부 사이에서 생활하다가 목질부로 파고들어간다. 종령유충은 번데기방을 만들고 번데기가 되며 9월부터 성충으로 우화해 다음해 봄까지 번데기방에서 지낸다. 남한 전역에 분포한다.

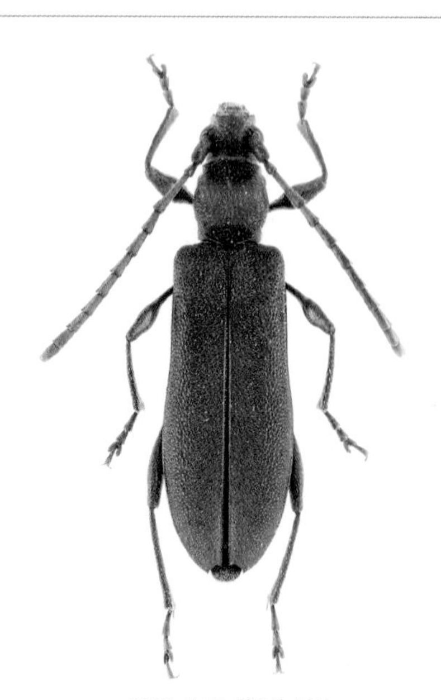

2003. 5. 10. 회문산. 암컷

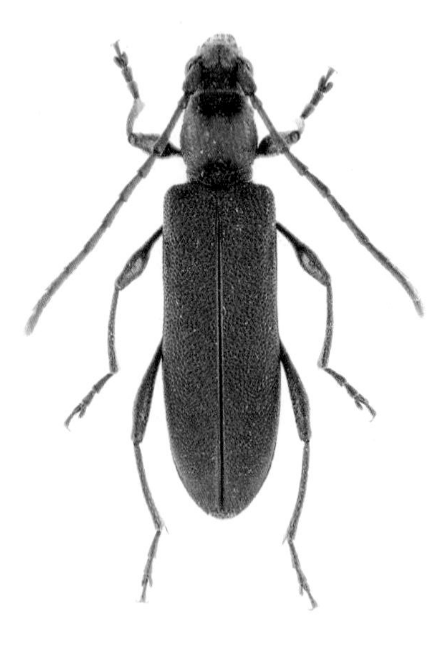

2005. 5. 3. 회문산. 수컷

2010. 5. 19. 회문산

2014. 6. 5. 모악산. 벌채목에 온 성충

2011. 8. 27. 연석산. 유충이 갉아먹은 흔적

2011. 8. 27. 연석산. 죽은 가지에 유충이 살고 있다.

2011. 8. 27. 연석산. 기주식물에 유충과 번데기가 함께 있다.

2012. 9. 3~ 경각산. 유충에서 우화까지의 변화 과정

무늬소주홍하늘소

Amarysius altajensis coreanus (Okamoto, 1924)

크기 13~19㎜
서식지 산지
출현시기 5~6월
월동태 확인하지 못함
기주식물 단풍나무, 신나무, 노각나무
분포 내장산, 변산반도, 운장산, 강화도, 해산령

머리와 앞가슴등판은 검다. 수컷의 더듬이는 몸길이보다 길고 암컷의 더듬이는 몸길이에 미치지 못한다. 딱지날개에는 길쭉한 타원형 검은 무늬가 있다. 산지에 서식하며 성충은 5월부터 나타나 신나무 꽃에 많이 모인다. 암컷은 죽거나 벌채된 기주식물에 산란하는데, 나무에 구멍을 뚫거나 틈에 산란하지 않고 나무껍질에 알을 붙이는 습성이 있다. 주홍하늘소류는 기주식물에 알을 붙일 것으로 추측된다. 남한 전역에 분포한다.

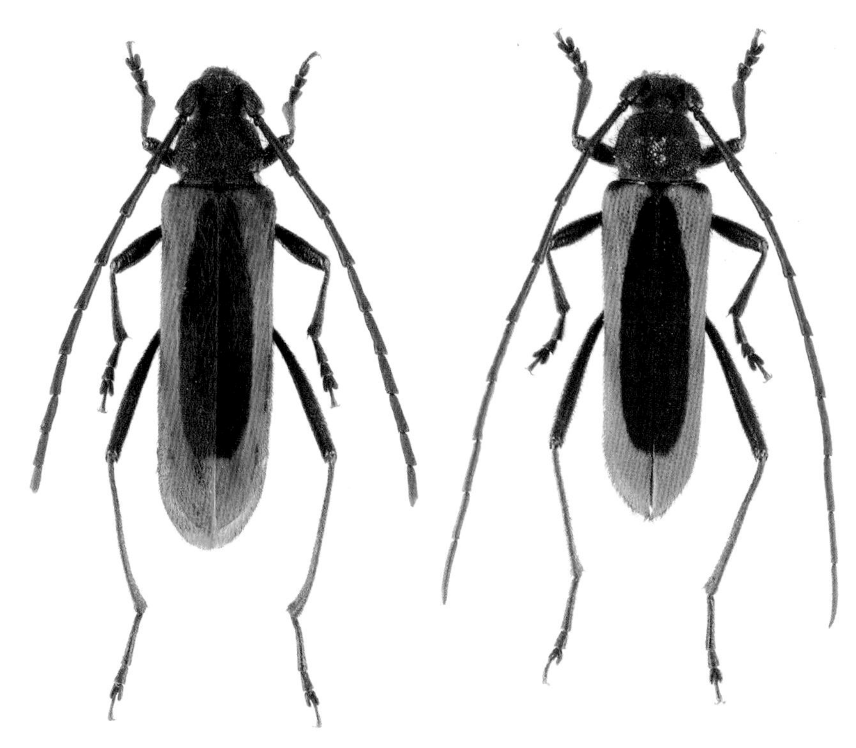

2006. 5. 4. 변산반도. 암컷

2006. 5. 9. 변산반도. 수컷

2005. 5. 11. 변산반도. 신나무 꽃에 온 성충

2006. 5. 9. 운장산. 나무를 뚫고 나오는 성충

2006. 5. 9. 변산반도. 기주식물 껍질에 알을 붙이고 있다.

소주홍하늘소

Amarysius sanguinipennis (Blessig, 1872)

크기 14~19㎜
서식지 산지
출현시기 5~6월
월동태 확인하지 못함
기주식물 확인하지 못함
분포 내장산, 운장산, 강화도, 명지산, 영월 한반도면, 미산계곡, 해산령, 고성 상리면

머리, 더듬이, 앞가슴등판, 다리는 검고 딱지날개는 붉은색이다. 암컷의 더듬이 길이는 몸길이 정도다. 앞가슴등판에는 작은 돌기가 있다. 성충은 5월부터 나타나 꽃과 활엽수 벌채목에 날아온다. 자세한 생태는 확인하지 못했다. 남한 전역에 분포한다.

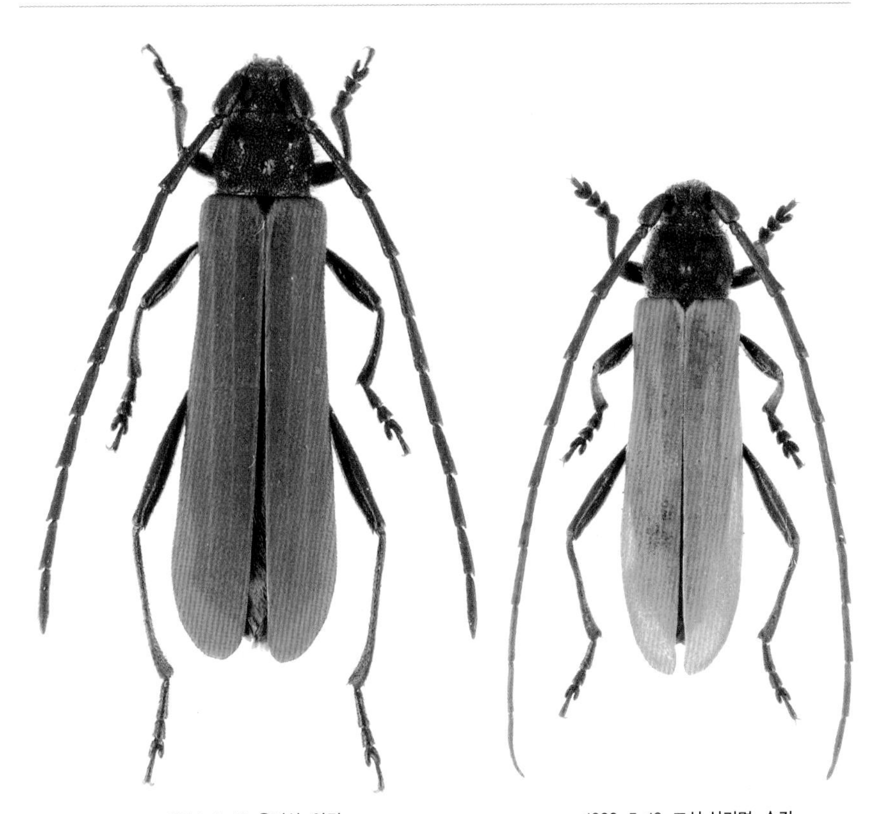

2014. 5. 10. 운장산. 암컷

1999. 5. 19. 고성 상리면. 수컷

2008. 5. 21. 영월 한반도면. 참나무 새순에 날아 온 성충

2011. 5. 18. 운장산. 참나무 벌채목에 온 성충

2014. 5. 13. 운장산

모자주홍하늘소

Purpuricenus (*Sternoplistes*) *lituratus* Ganglbauer, 1887

크기 17~23㎜
서식지 낮은 산지
출현시기 4~6월
월동태 확인하지 못함
기주식물 확인하지 못함
분포 부귀산, 영월 한반도면, 태기산, 홍천 홍천읍

머리, 더듬이, 다리는 검고 앞가슴등판과 딱지날개는 붉은색이다. 수컷의 더듬이는 몸길이의 2배 정도로 길다. 앞가슴등판에는 검은색 점이 5개 있고 양 옆에 돌기가 있다. 딱지날개 상단부에는 점이 2개 있고 하단부에 중절모 모양 검은 무늬가 있는데 개체에 따라 무늬에 변화가 있다. 성충은 산지에서 이른 봄부터 나타나 햇빛이 잘 드는 곳의 키 작은 참나무 잎 위에 앉아 있는 모습을 볼 수 있으며, 신나무 꽃이나 참나무 벌채목에도 온다. 유충의 생태는 확인하지 못했다. 남한의 중부 이북 지역에 분포한다.

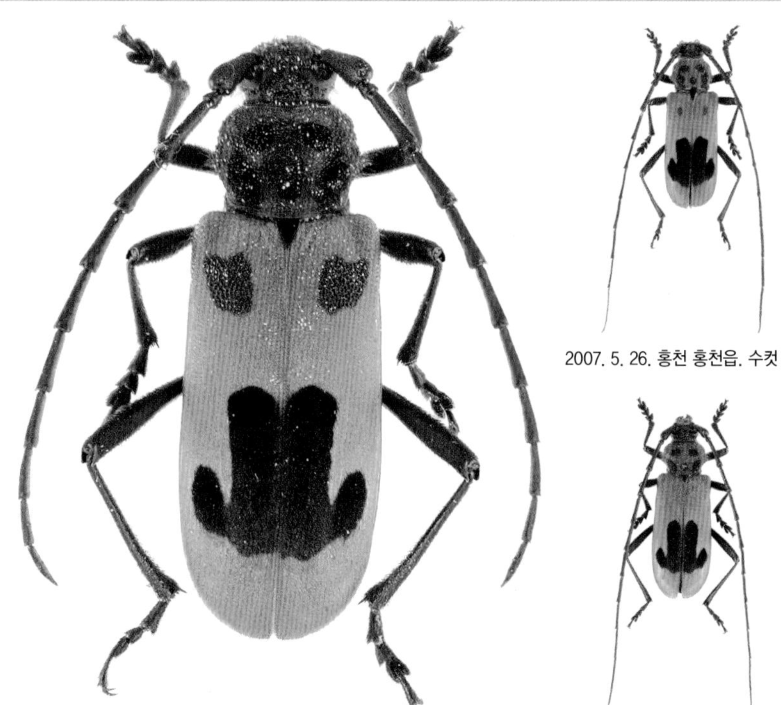

2003. 5. 13. 홍천 홍천읍. 암컷

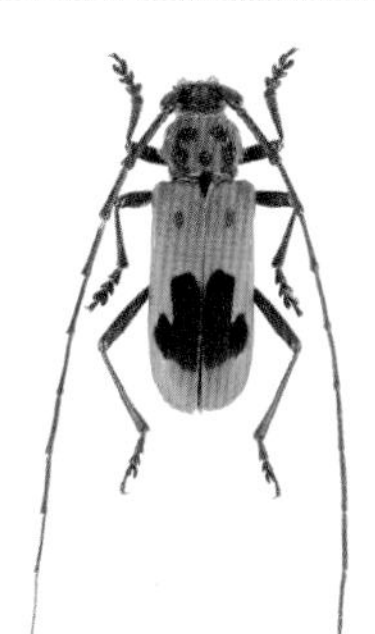

2007. 5. 26. 홍천 홍천읍. 수컷

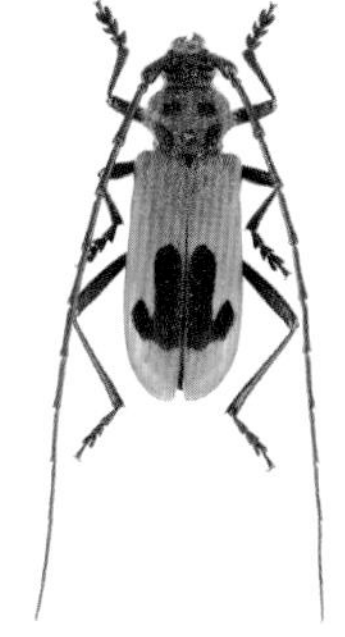

2008. 5. 20. 홍천 홍천읍. 수컷

2009. 4. 22. 지리산. 이른 봄부터 나타난다.

2006. 6. 24. 홍천 홍천읍

2007. 6. 24. 영월 한반도면. 참나무에 온 성충

달주홍하늘소

Purpuricenus (*Sternoplistes*) *sideriger* Fairmaire, 1888

크기 17~22㎜
서식지 산지
출현시기 5~7월
월동태 확인하지 못함
기주식물 확인하지 못함
분포 천성산, 지리산, 이천 장호원읍, 광릉수목원

머리, 더듬이, 다리는 검고 앞가슴등판과 딱지날개는 붉은색이다. 수컷의 더듬이는 몸길이의 2배 정도로 길다. 앞가슴등판에는 검은 점이 5개 있으며 양 옆에 돌기가 있다. 딱지날개에 있는 점 2개는 작고 1개는 크고 둥글다. 개체에 따라 무늬에 변화가 있다. 성충은 참나무 새순이 나오는 무렵에 나타나 햇빛이 잘 드는 곳에 있는 낮은 참나무 잎에 날아온다. 자세한 생태는 확인하지 못했다. 남한 전역에 분포한다.

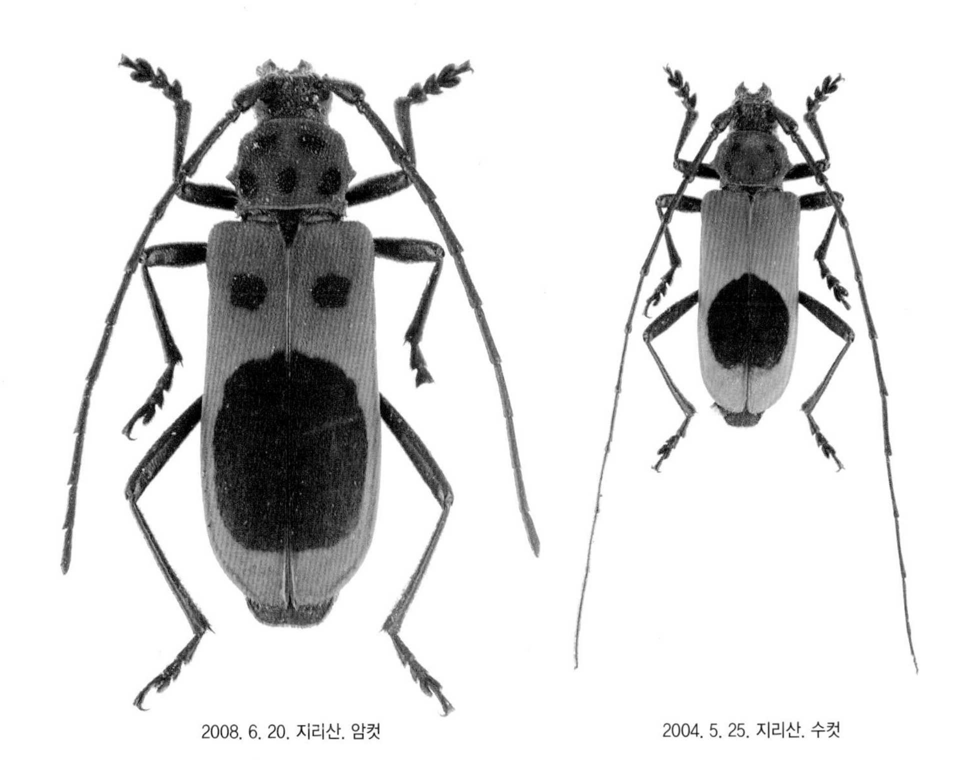

2008. 6. 20. 지리산. 암컷

2004. 5. 25. 지리산. 수컷

2003. 5. 28. 장호원

주홍하늘소

Purpuricenus (*Sternoplistes*) *temminckii* (Guérin-Méneville, 1844)

크기 13~17㎜
서식지 마을 주변
출현시기 5~6월
월동태 유충, 성충
기주식물 대나무
분포 완도, 두륜산, 무등산, 미륵산, 토함산, 지리산, 추월산, 내장산

머리, 더듬이, 다리는 검고 앞가슴등판과 딱지날개는 붉은색이다. 앞가슴등판의 검은 점은 개체에 따라 변화가 있으며 양 옆에 돌기가 있다. 성충은 마을 주변의 대나무 숲에 서식하며 5월부터 나타나 꽃에 날아온다. 암컷은 죽은 대나무에 산란하며 나무를 갉아먹고 배설물은 마디 사이에 배출해 외부에서 유충의 유무를 알 수 없다. 봄에 기주식물에서 다양한 크기의 유충과 성충이 동시에 발견되는 것으로 보아 생활주기가 2년으로 추측된다. 남한 남부 지역에 분포한다.

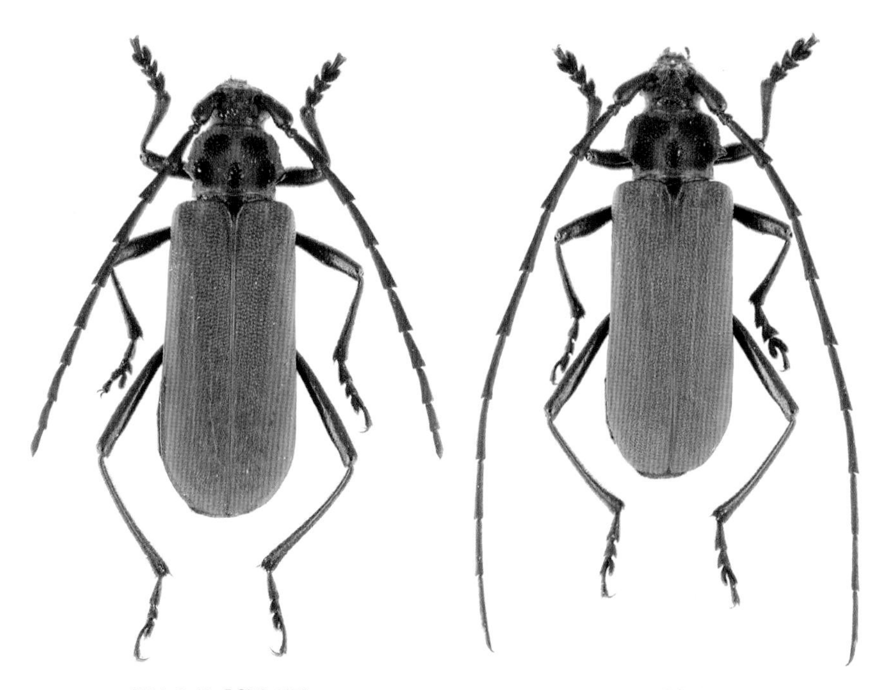

2004. 5. 10. 추월산, 암컷

2010. 2. 7. 추월산, 수컷

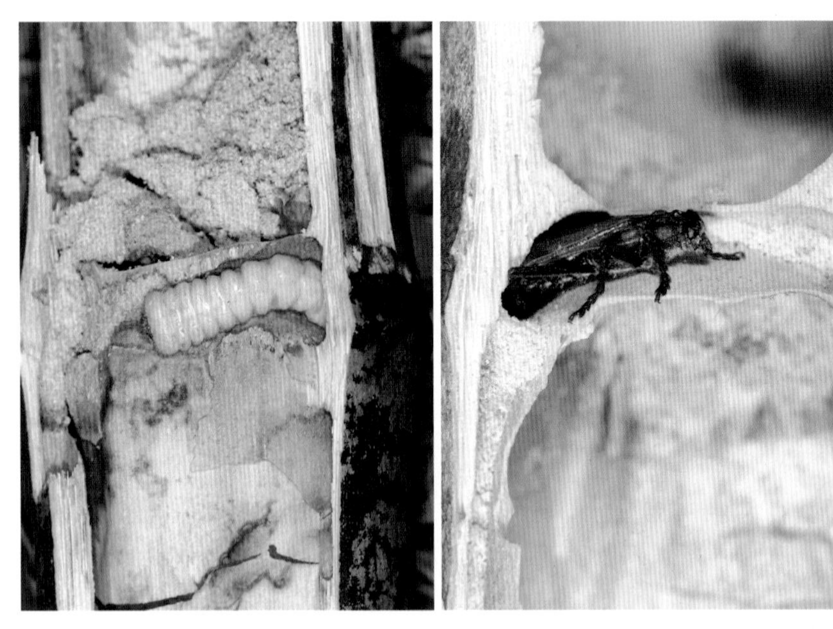

2005. 2. 21. 추월산. 월동 중인 유충

2005. 2. 21. 추월산. 월동 중인 성충

2007. 5. 27. 내장산

2014. 12. 7. 토함산. 죽은 대나무의 성충 탈출구

먹주홍하늘소

Anoplistes halodendri pirus (Arakawa, 1932)

크기 14~18㎜
서식지 낮은 산지
출현시기 5~6월
월동태 확인하지 못함
기주식물 확인하지 못함
분포 영월 한반도면, 태기산, 운두령

몸은 검고 수컷의 더듬이는 몸길이의 2배 정도로 길다. 딱지날개 어깨에 붉은 점이 2개 있으며 양 가장자리에도 붉은 줄무늬가 있다. 성충은 5월부터 나타나 키 작은 참나무에서 연한 잎을 갉아먹거나 짝짓기하는 모습을 볼 수 있다. 모자주홍하늘소와 서식 환경이 비슷해 동시에 발견되기도 한다. 유충의 생태는 확인하지 못했다. 남한의 중부 이북 지역에 분포한다.

2005. 5. 11. 영월 한반도면. 암컷

2005. 5. 11. 영월 한반도면. 수컷

2008. 5. 21. 영월 한반도면. 떡갈나무 잎을 갉아먹고 있다.

2008. 5. 21. 영월 한반도면

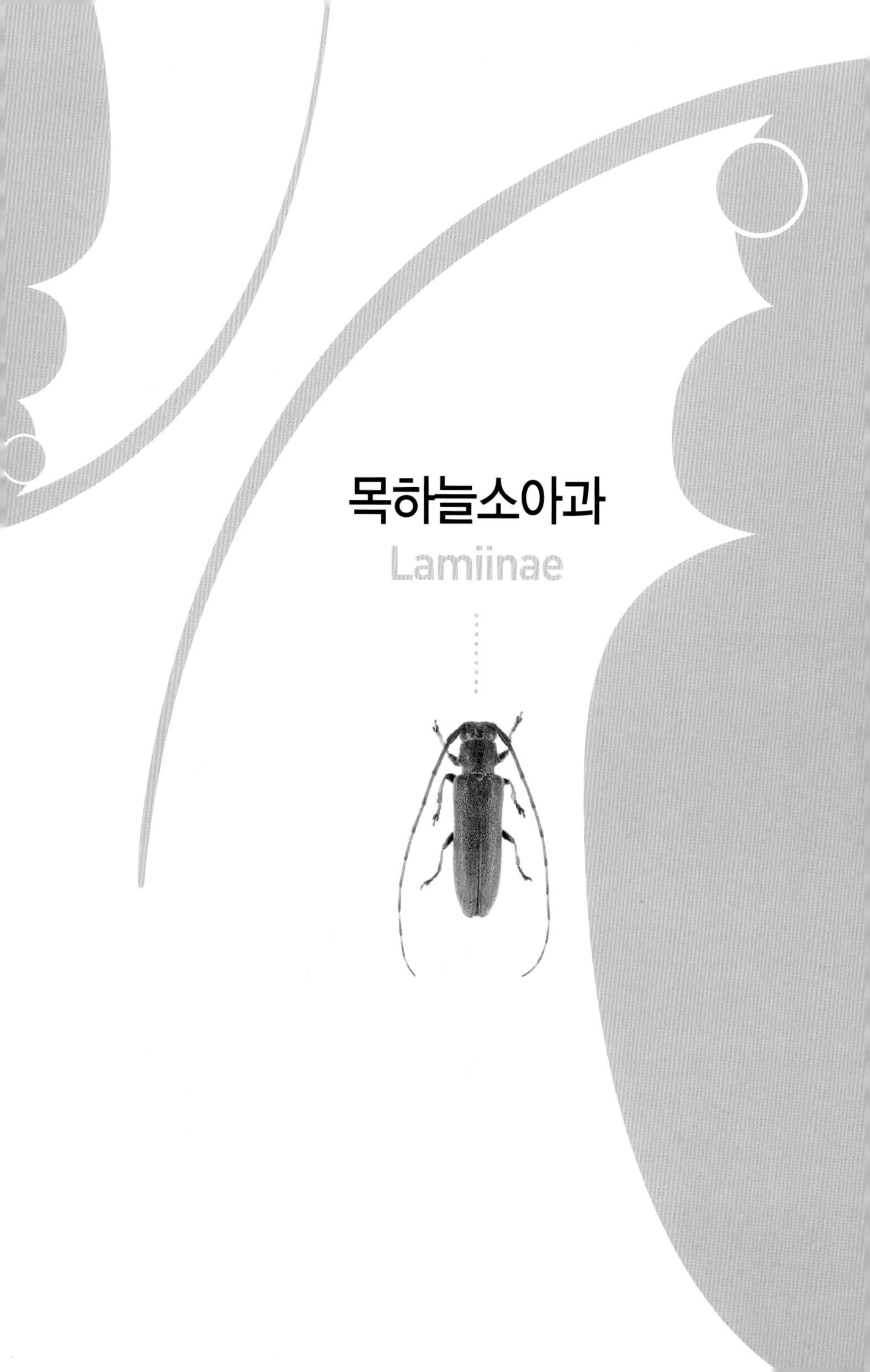

목하늘소아과

Lamiinae

흰깨다시하늘소

Mesosa (*Perimesosa*) *hirsuta hirsuta* Bates, 1884

크기 10~18㎜
서식지 산지
출현시기 6~9월
월동태 유충
기주식물 느티나무, 팽나무, 목련, 서어나무, 갈참나무, 전나무, 풍게나무, 소나무
분포 거제도, 두륜산, 지리산, 가지산, 회문산, 내장산, 능가산, 운장산, 모악산, 적상산, 연석산, 청량산, 광교산, 강화도, 북한산, 광릉수목원, 오대산, 해산령, 설악산

몸 윗면은 암갈색 바탕에 노란색과 흰색 털이 나 있고 약한 광택이 난다. 딱지날개에는 작고 검은 점과 분명치 않은 흰색 무늬가 있다. 성충은 낮은 산지에서 6월부터 나타나기 시작해 9월 중순까지 활동한다. 활엽수 줄기에 앉아 있거나 참나무 벌채목에서 볼 수 있다. 주로 저녁에 활동하며 낮에는 활발히 활동하지 않는다. 암컷은 죽거나 벌채된 기주식물에 산란하며 유충으로 겨울을 나고 5월에 번데기가 된다. 불빛에 날아오며 남한 전역에 분포한다.

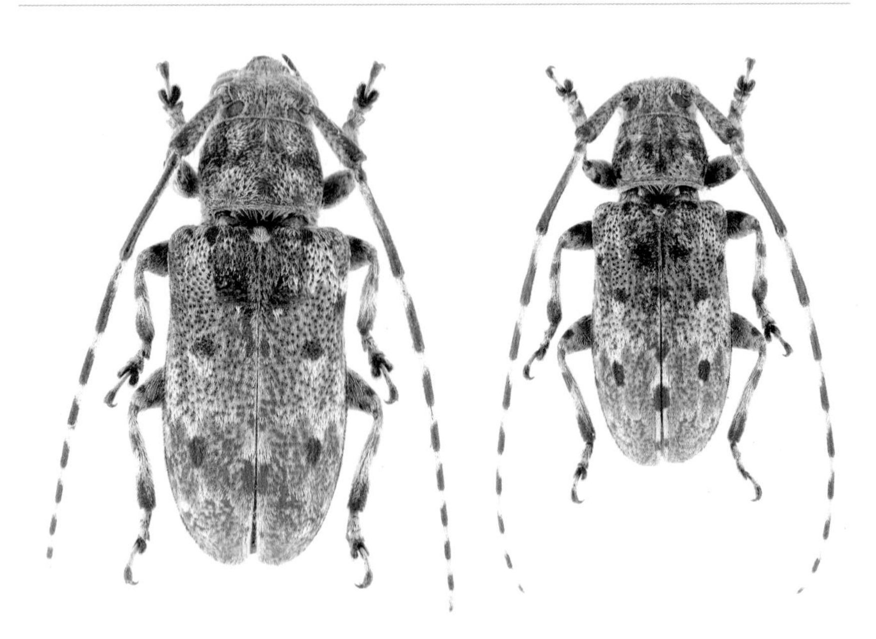

2008. 6. 12. 내장산. 암컷

2003. 7. 2. 광교산. 수컷

2010. 4. 27. 연석산. 번데기

2008. 8. 8. 광릉수목원

2009. 9. 16. 운장산. 참나무 벌채목에 온 성충

2012. 6. 29. 모악산. 성충이 모이는 참나무 벌채목

깨다시하늘소

Mesosa (*Mesosa*) *myops* (Dalman, 1817)

크기 10~17㎜
서식지 산지
출현시기 4~7월
월동태 확인하지 못함
기주식물 굴피나무
분포 지리산, 가지산, 회문산, 경각산, 운장산, 모악산, 광덕산(천안), 청량산, 소백산, 주금산, 화야산, 태기산, 해산령

몸 윗면은 검은 바탕에 노란색과 회백색 털이 나 있다. 앞가슴등판에는 검은 점이 4개 있으며 딱지날개에는 분명하지 않은 회백색 띠무늬와 검은색과 황갈색 점이 흩어져 있다. 성충은 산지에서 이른 봄부터 나타나 활동한다. 활엽수 벌채목에 모이며 암컷은 죽은 기주식물에 산란한다. 남한 전역에 분포한다.

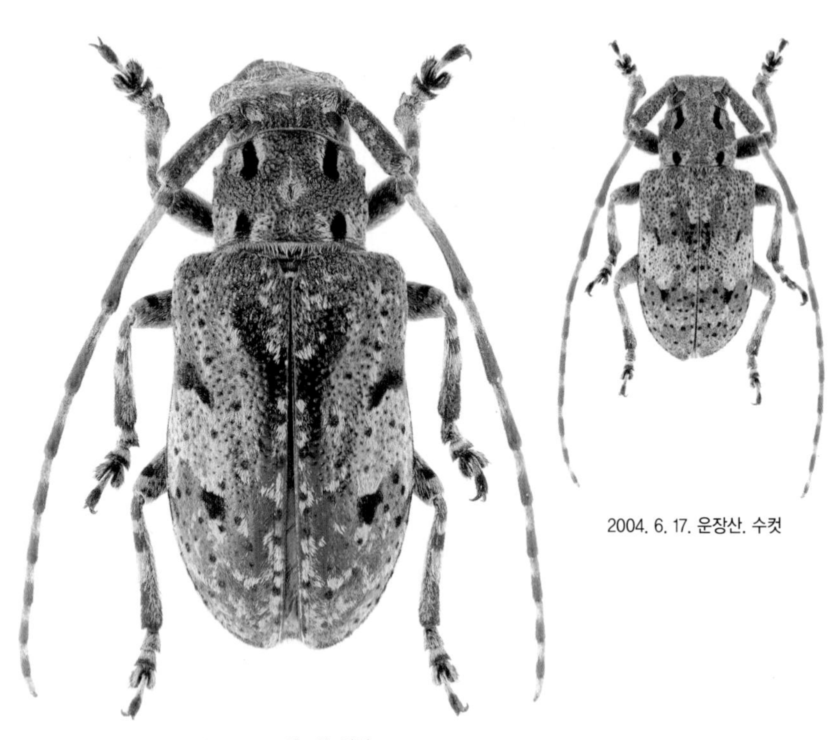

2004. 6. 17. 운장산. 수컷

2001. 6. 11. 광교산. 암컷

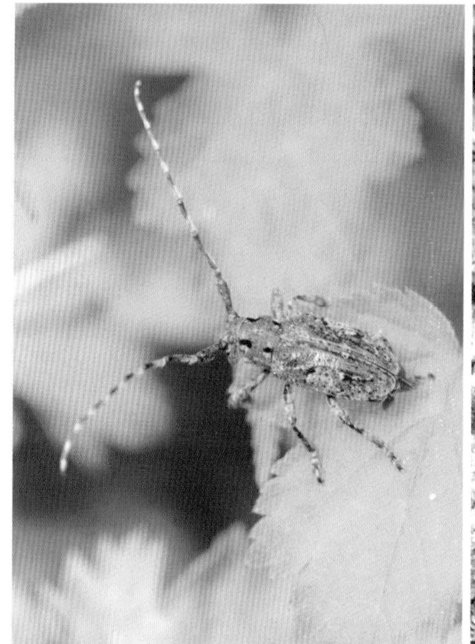

2011. 5. 24. 연석산

2014. 5. 13. 운장산. 나무껍질처럼 보이는 성충

2011. 5. 24. 연석산. 벌채목에 온 성충

섬깨다시하늘소

Mesosa (*Mesosa*) *perplexa* (Pascoe, 1858)

크기 12~17㎜
서식지 산지
출현시기 6~7월
월동태 확인하지 못함
기주식물 팽나무
분포 가거도

몸 윗면은 황갈색이며 흰색과 노란색 털이 촘촘히 나 있다. 앞가슴등판에는 분명하지 않은 검은 세로 줄무늬가 3개 있으며 딱지날개에는 황색, 암갈색, 흰색 무늬가 서로 뒤섞여 복잡한 무늬를 이룬다. 가거도에 서식하며 성충은 죽은 팽나무와 활엽수에서 발생한다. 자세한 생태는 확인하지 못했다.

2008. 6. 24. 가거도. 수컷

2008. 6. 24. 가거도. 암컷

2004. 6. 29. 가거도

측돌기하늘소

Asaperda stenostola Kraatz, 1879

크기 6~9㎜
서식지 산지
출현시기 5~7월
월동태 확인하지 못함
기주식물 확인하지 못함
분포 지리산, 김포 숙달동, 태기산, 계방산

몸 윗면은 검은색이다. 더듬이 1, 2마디는 검고, 3~11마디는 갈색으로 마디 후반부는 검다. 앞가슴등판 양 옆에 돌기가 있다. 넓적다리마디와 발마디는 검고 종아리마디는 황갈색이다. 성충은 산지에서 5월부터 나타나 활동한다. 기록(이승모, 1987)에 의하면 활엽수 벌채목에 날아온다고 하나 확인하지 못했다. 불빛에 날아오며, 남한 전역에 분포한다.

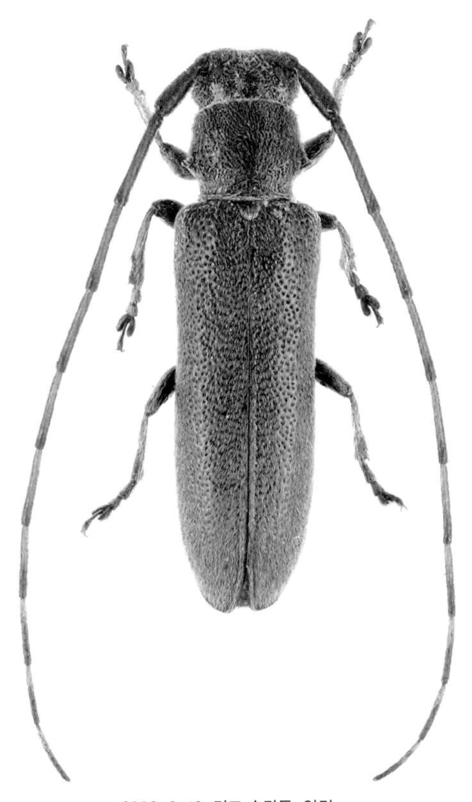
2009. 6. 16. 김포 숙달동. 암컷

2007. 5. 10. 지리산. 수컷

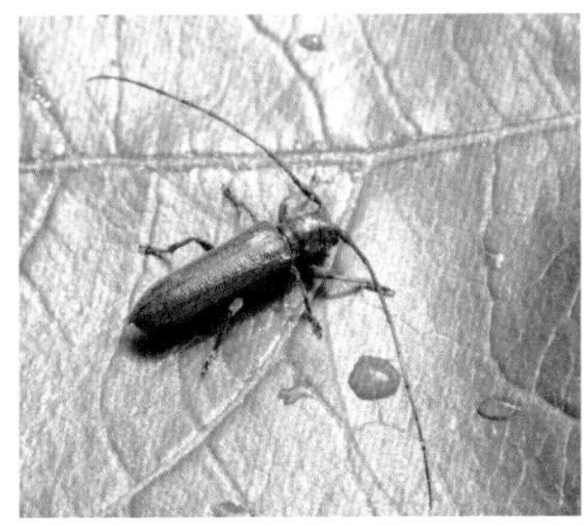
2001. 6. 11. 계방산

흑민하늘소

Eupogoniopsis granulatus Lim, 2013

크기 6~7㎜
서식지 낮은 산지
출현시기 5~7월
월동태 유충
기주식물 예덕나무, 뽕나무, 꾸지나무, 참싸리, 무화과나무, 닥나무
분포 제주도, 흑산도, 압해도, 변산반도, 선유도

몸은 황갈색이나 진한갈색이고, 더듬이는 주황색이며 암수 모두 몸길이의 1.5배 이상으로 길다. 앞가슴등판 양 옆에 작은 돌기가 있다. 마을 주변이나 낮은 산에 서식하며 성충은 기주식물의 잎 뒷면에 앉아 잎맥을 갉아먹으며 암수가 짝짓기한다. 암컷은 죽은 기주식물의 마른 잔가지에 산란하며 유충은 점차 커가면서 안으로 파고들어가 입구를 톱밥으로 막고 겨울을 난다. 유충은 5월에 번데기가 되기 시작한다. 남한의 중부 이남 지역에 분포한다.

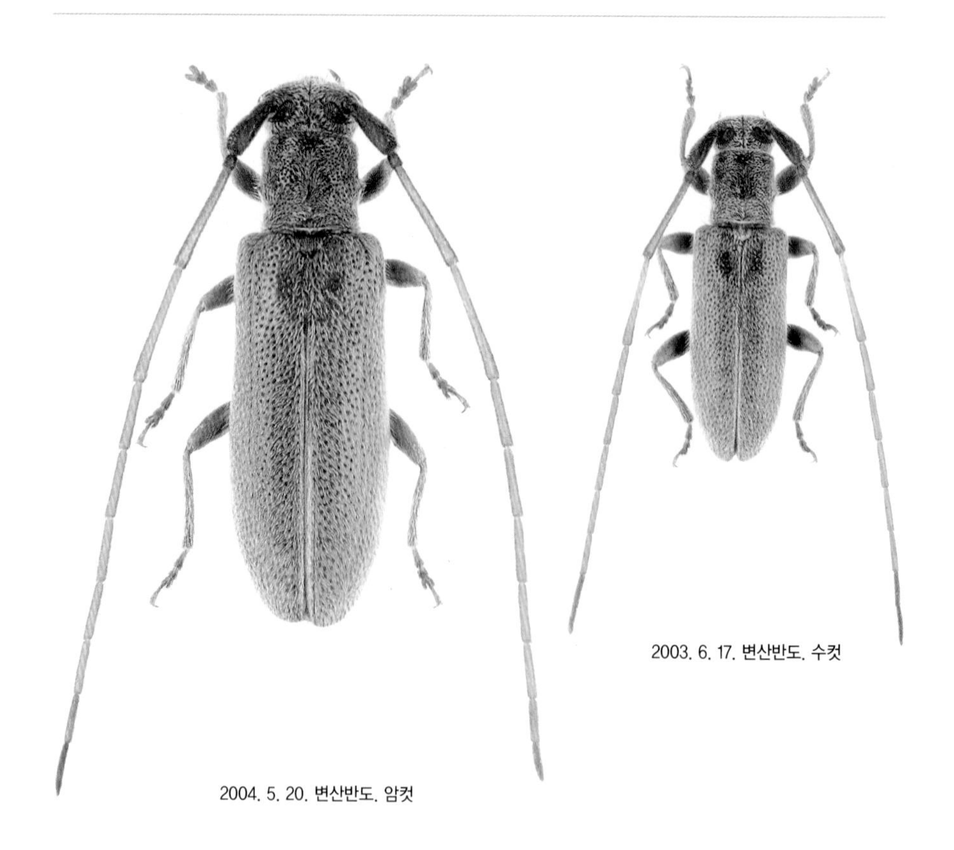

2003. 6. 17. 변산반도. 수컷

2004. 5. 20. 변산반도. 암컷

2012. 5. 10. 변산반도. 닥나무 속의 유충

2012. 5. 15. 변산반도. 닥나무 속의 번데기

2012. 6. 22. 변산반도

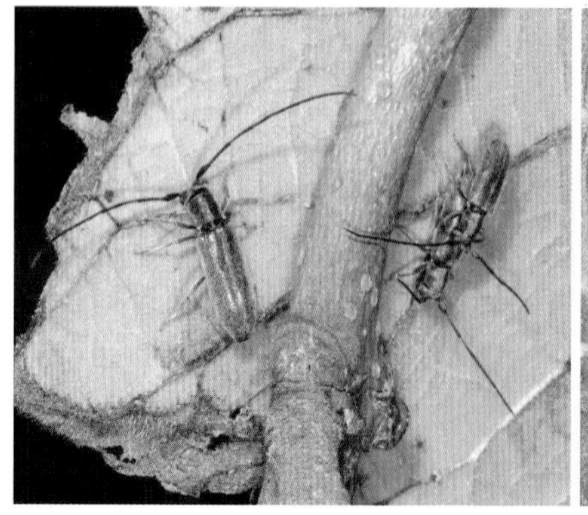

2009. 7. 2. 선유도

2009. 7. 2. 변산반도

2011. 11. 11. 변산반도. 서식지

2011. 11. 11. 변산반도. 유충이 사는 꾸지나무

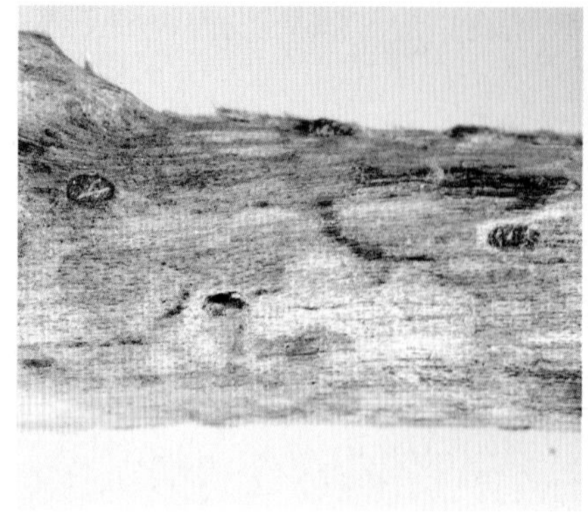

2012. 2. 4. 능가산. 유충이 월동 중인 싸리나무

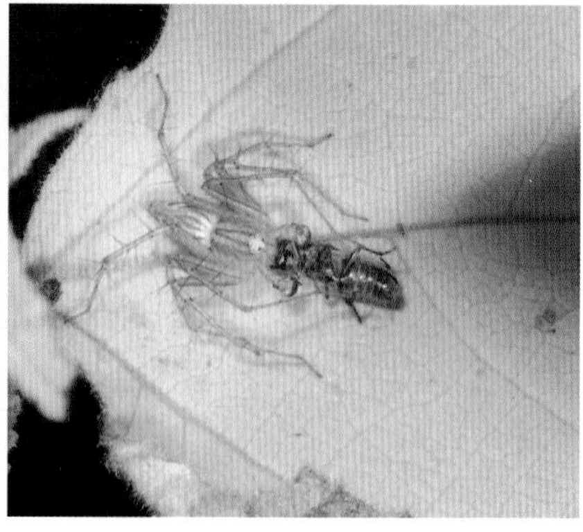

2009. 7. 2. 선유도. 거미에게 잡아먹히는 성충

나도오이하늘소

Apomecyna (Apomecyna) naevia naevia Bates, 1873

크기 8~11㎜
서식지 마을 주변
출현시기 6~9월
월동태 유충
기주식물 하늘타리
분포 제주도, 거금도, 거제도, 금오도, 위도, 변산반도

몸은 가늘고 길쭉한 모양으로 몸 윗면은 암갈색이다. 암수 모두 더듬이 길이는 몸길이의 절반 정도이다. 딱지날개에는 흰 점이 흩어져 있다. 성충은 마을 주변이나 산기슭의 하늘타리 주변에서 활동하며 8월에 하늘타리 줄기에 산란하는 모습을 볼 수 있다. 유충은 하늘타리 줄기에 터널을 뚫고 살며 다 자란 유충은 톱밥으로 터널의 양쪽 구멍을 막고 겨울을 보낸 뒤 5월에 번데기가 된다. 하나의 줄기에 사는 유충들은 일정한 거리를 유지하며 산다. 남한의 중부 이남 지역에 분포한다.

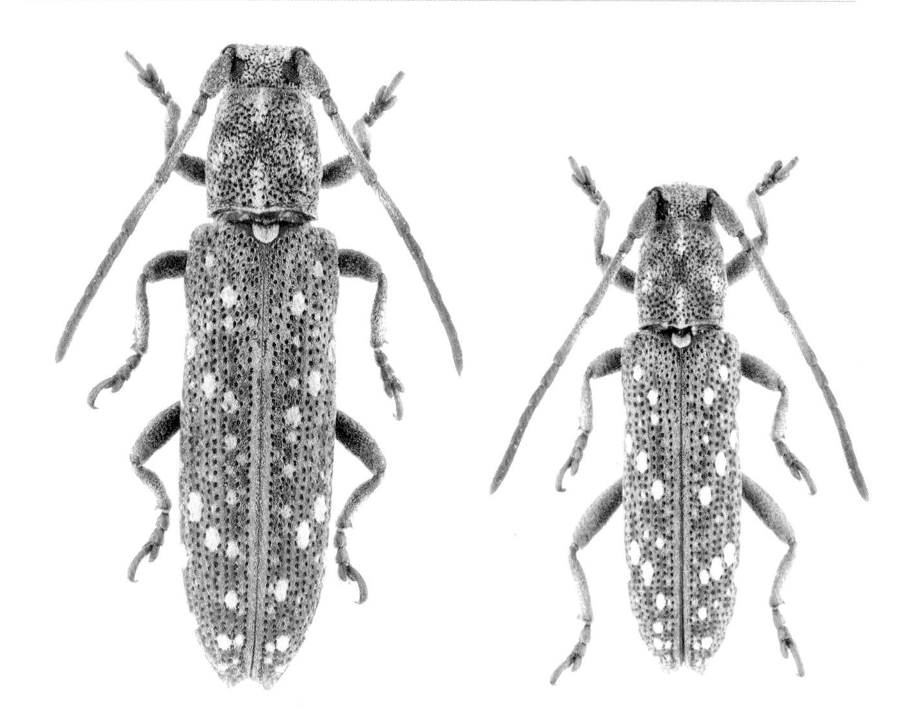

2008. 6. 7. 제주도. 암컷

2008. 6. 20. 제주도. 수컷

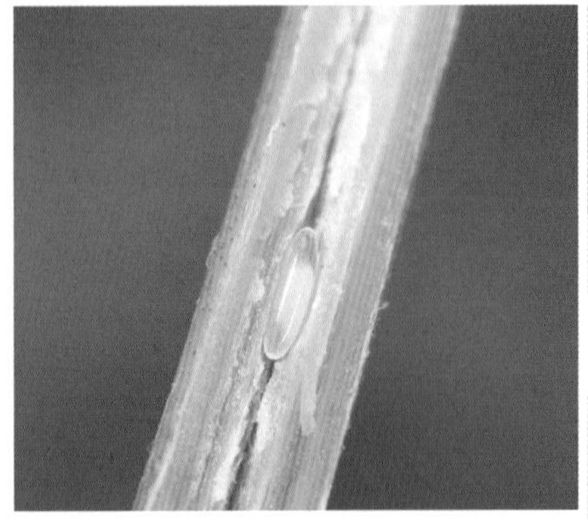

2006. 10. 4. 변산반도. 하늘타리에 낳은 알

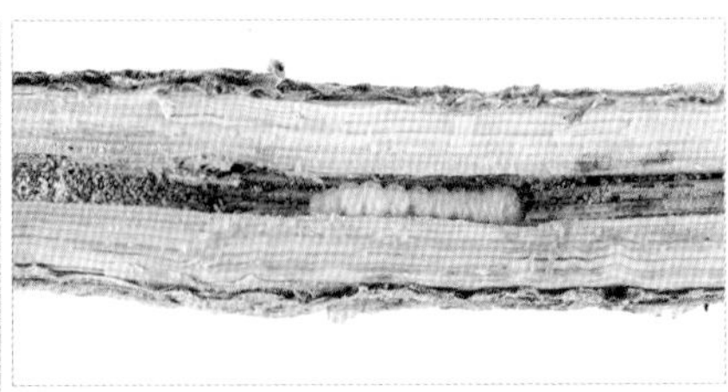

2012. 4. 22. 거금도. 유충

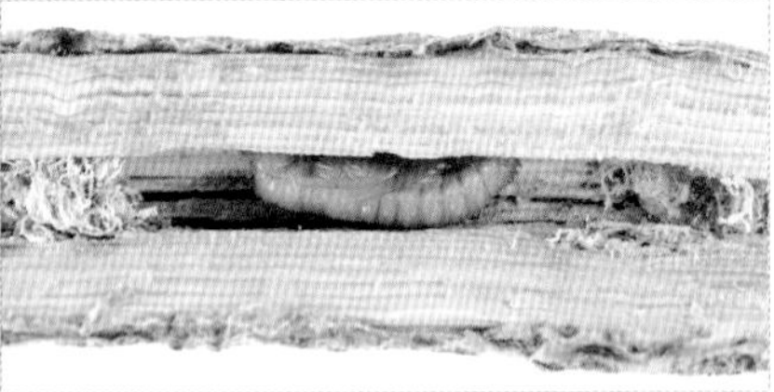

2008. 5. 10. 변산반도. 번데기

2007. 7. 22. 거제도

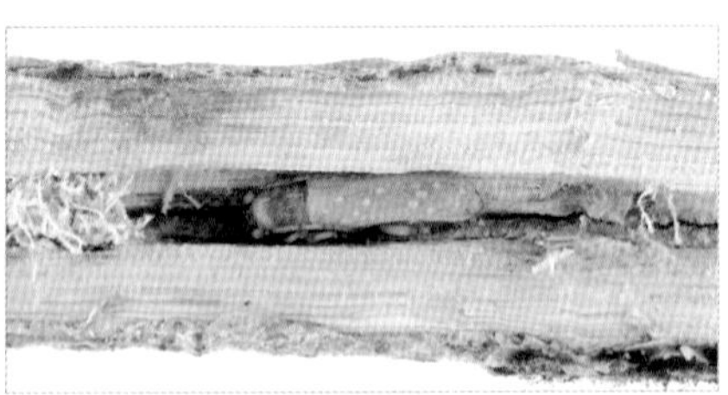

2008. 5. 23. 변산반도. 성충

2008. 4. 8. 제주도. 유충이 살고 있는 하늘타리

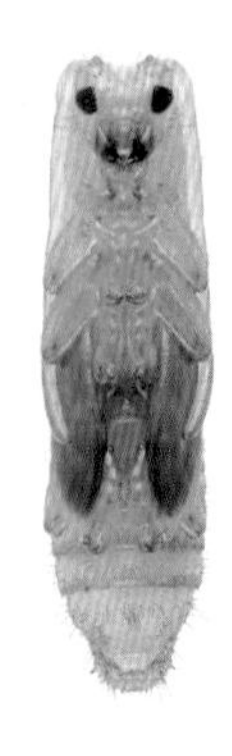

2008. 5. 10. 변산반도. 번데기

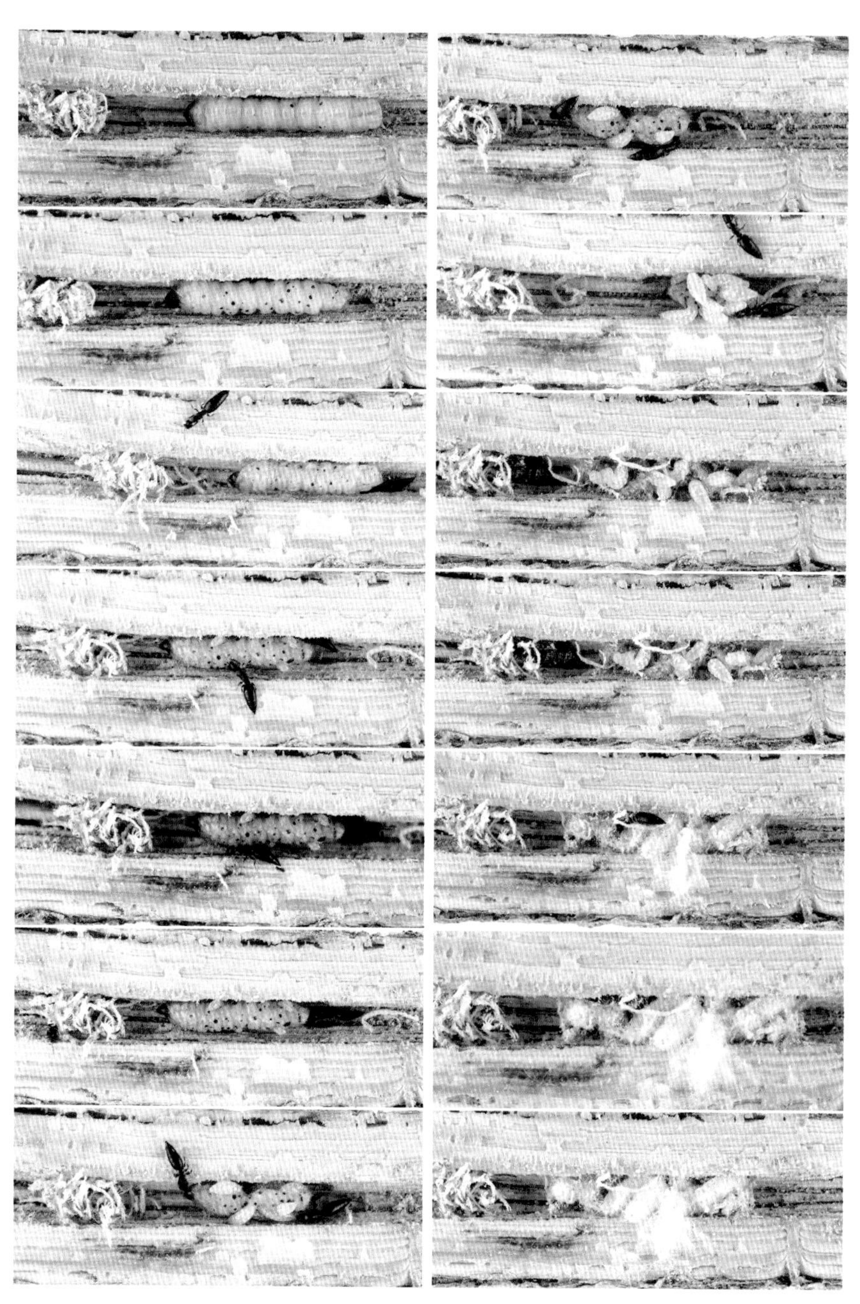

2012. 4. 22~5. 24. 거금도. 개미침벌에게 기생당했다. 개미침벌은 산란하고 유충을 돌본다.

뱀족날개하늘소

Atimura japonica Bates, 1873

크기 5~8㎜
서식지 낮은 산지
출현시기 5~8월
월동태 확인하지 못함
기주식물 확인하지 못함
분포 소백산, 소요산, 해산령

마치 나무토막 같은 모양으로 암갈색이다. 딱지날개에는 세로로 돌기가 융기되어 있으며 끝은 노란색이다. 성충은 산지에서 5월부터 나타나며 죽은 나무의 잔가지에서 드물게 발견된다. 기록(이승모, 1987)에 의하면 불빛에 날아온다고 한다. 자세한 생태는 밝혀지지 않았다. 남한의 북부 지역에 분포한다.

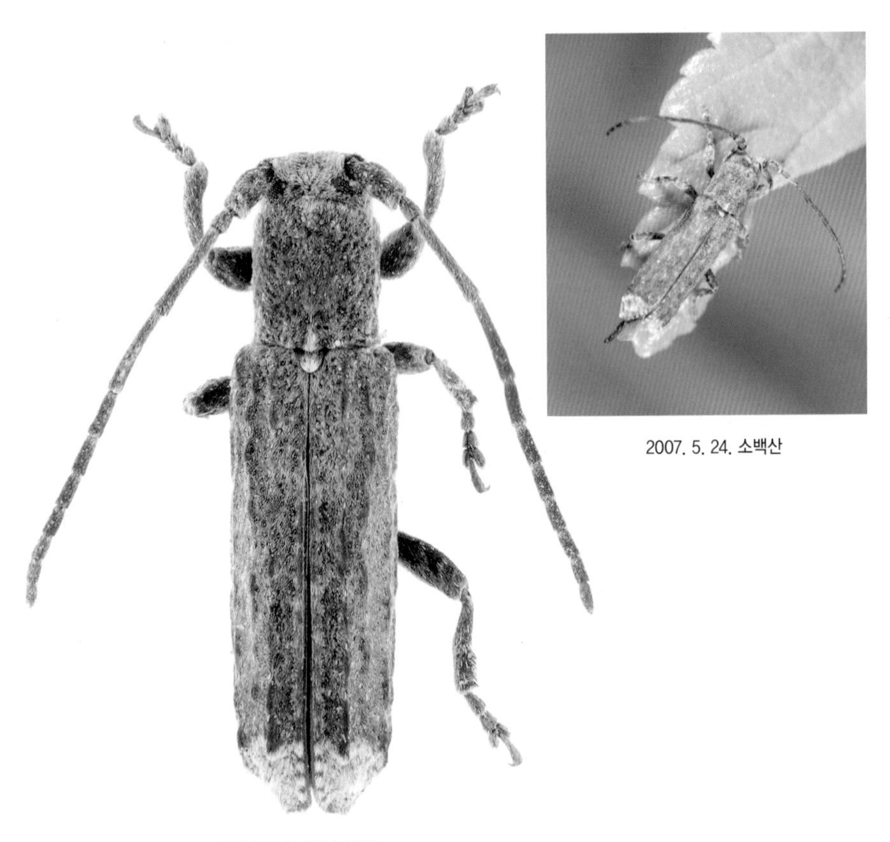

2007. 5. 24. 소백산

2002. 5. 5. 안성. 암컷

흰가슴하늘소

Xylariopsis mimica Bates, 1884

크기 10~14㎜
서식지 낮은 산지
출현시기 6~8월
월동태 유충
기주식물 노박덩굴
분포 지리산, 회문산, 추월산, 변산반도, 운장산, 소백산, 계방산, 오대산

머리와 더듬이는 암갈색이며 더듬이 길이는 암수 모두 몸길이 정도다. 앞가슴등판은 살구색이며 하단부에 검은 점이 있다. 딱지날개는 암갈색이며 흰색 띠가 있고, 끝은 가늘고 길쭉하다. 성충은 산지에서 6월부터 나타나며 기주식물인 죽은 노박덩굴 주변에서 볼 수 있다. 유충은 기주식물의 나무껍질과 목질부 사이에서 생활하며 겨울을 보낸 뒤 초여름에 번데기가 된다. 불빛에 날아오기도 하며 남한 전역에 분포한다.

2012. 7. 15. 운장산. 수컷

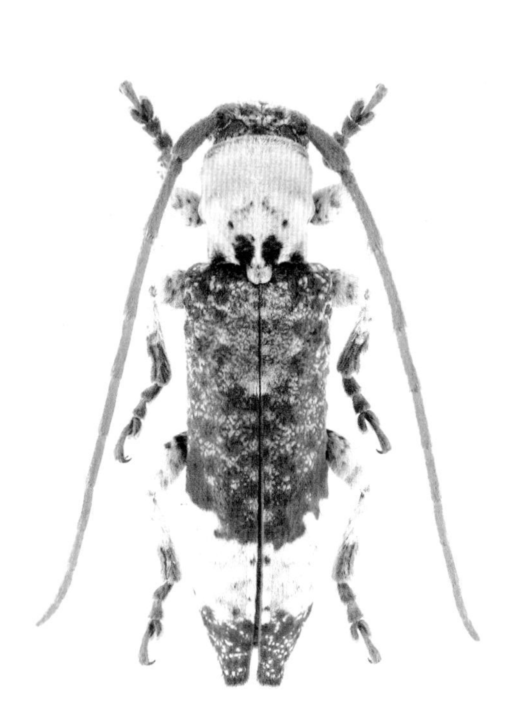

2006. 8. 7. 추월산. 암컷

2012. 6. 29. 운장산. 노박덩굴에 왔다.

2005. 7. 8. 지리산. 죽은 노박덩굴에 왔다.

2009. 11. 6. 운장산. 죽은 노박덩굴에 성충이 나온 탈출구가 보인다.

2008. 12. 1. 운장산. 유충이 살고 있는 죽은 노박덩굴

2011. 4. 9~ 6. 4. 운장산. 변화 과정

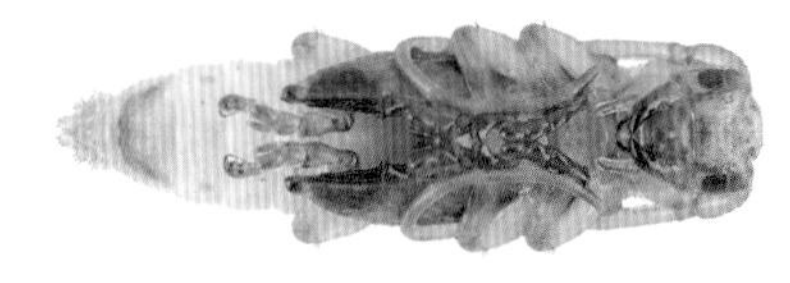

2012. 6. 19. 운장산. 번데기

좁쌀하늘소

Microlera ptinoides Bates, 1873

크기 3~4㎜
서식지 산지
출현시기 4~6월
월동태 확인하지 못함
기주식물 확인하지 못함
분포 토함산, 회문산, 운장산, 태기산, 운두령, 해산령

머리와 앞가슴등판은 검다. 더듬이는 갈색이며 길이는 암수 모두 몸길이 정도다. 딱지날개 전반부는 갈색이고 나머지 부분은 검은색으로 'V' 자 모양 줄무늬와 흰 점이 2개 있다. 성충은 이른 봄부터 나타나며 움직이지 않으면 눈에 띄지 않을 만큼 작다. 산지의 벌채된 활엽수 잔가지에서 볼 수 있으며 성충은 죽은 활엽수에서 발생한다. 자세한 생태는 확인하지 못했다. 남한 전역에 분포한다.

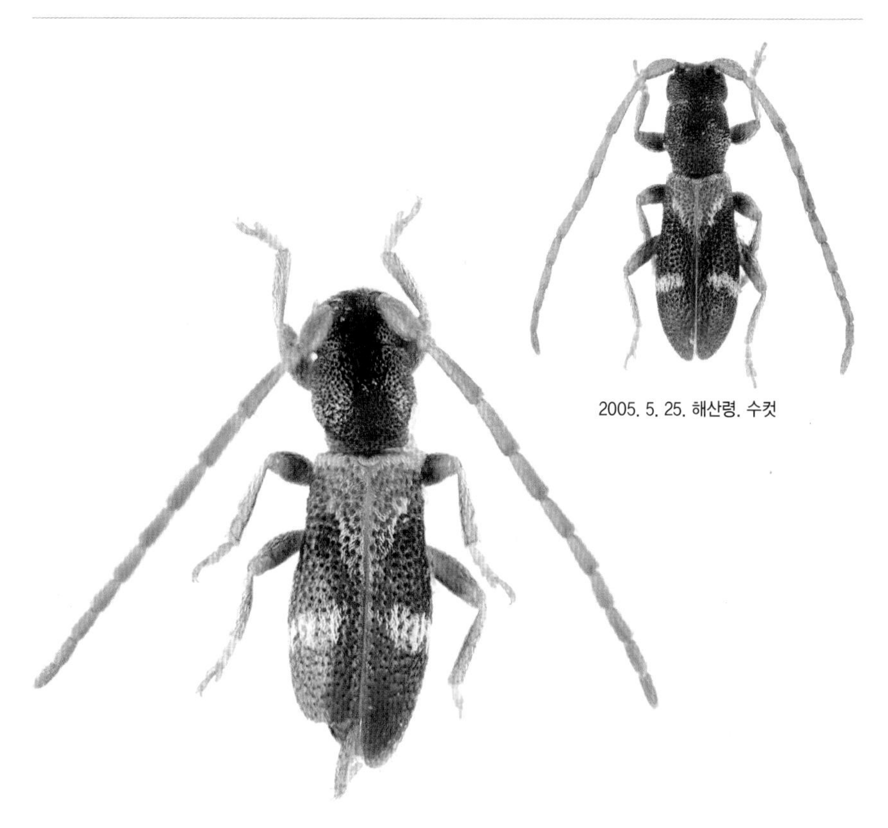

2005. 5. 25. 해산령. 수컷

2004. 4. 28. 회문산. 암컷

2011. 6. 30. 운장산

2011. 6. 30. 운장산

2010. 3. 2. 운장산. 성충이 모이는 활엽수 벌채목 잔가지

맵시하늘소

Sybra (*Sybrodiboma*) *subfasciata subfasciata* (Bates, 1884)

크기 7~10㎜
서식지 산지
출현시기 6~8월
월동태 확인하지 못함
기주식물 확인하지 못함
분포 거제도, 지리산, 소백산

몸 윗면에는 노란색과 흰색 털이 나 있고 풀색을 띤다. 더듬이는 암갈색이며 암수 모두 몸길이보다 길다. 딱지날개 중앙에 흰 점이 있고 끝이 뾰족한 모양이다. 성충은 산지에 서식하며 6월부터 나타나 죽은 활엽수에 날아온다. 자세한 생태는 확인하지 못했다. 남한 전역에 분포한다.

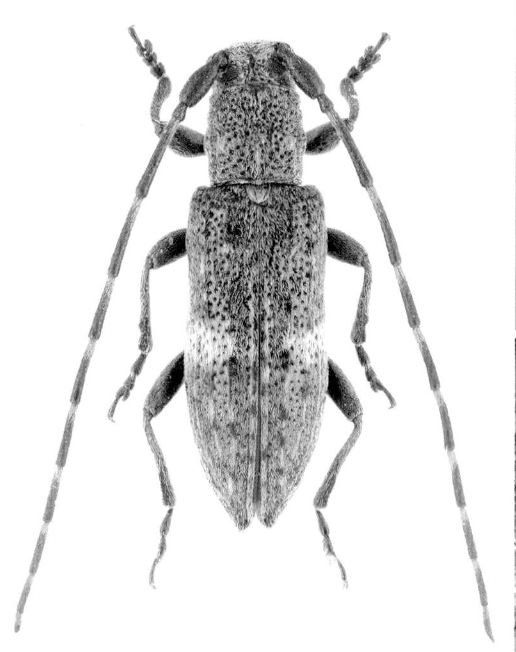

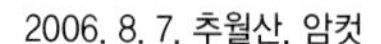

2006. 8. 7. 추월산. 암컷

2012. 6. 29. 운장산. 노박덩굴에 왔다.

우리하늘소

Ropica coreana Breuning, 1980

크기 6~8㎜
서식지 낮은 산지
출현시기 5~7월
월동태 유충
기주식물 뽕나무, 팽나무, 느티나무, 산초나무, 예덕나무, 무화과나무, 아까시나무, 밤나무, 칡, 푸조나무, 합다리나무, 호두나무, 고로쇠나무
분포 제주도, 가거도, 흑산도, 장도, 압해도, 거금도, 거문도, 지리산, 회문산, 내장산, 변산반도, 운장산, 소백산, 울릉도, 광덕산(천안), 오대산

몸 윗면은 진한 황갈색이며 노란색과 흰색 털이 나 있다. 암수 모두 더듬이가 몸길이보다 길다. 딱지날개에 흰 점무늬가 2개 있다. 낮은 산지에서 흔히 볼 수 있는 하늘소로 성충은 5월부터 나타나 죽은 활엽수에 모여 활동하며 짝짓기하는 모습을 볼 수 있다. 암컷은 죽은 기주식물의 가는 가지에 산란하며 유충으로 겨울을 나고 4월에 번데기가 된다. 불빛에 잘 날아오며 남한 전역에 분포한다.

2009. 5. 25. 운장산. 암컷

2005. 6. 29. 변산반도. 수컷

2007. 7. 12. 변산반도. 아까시나무에 온 성충

2012. 5. 27. 운장산. 놀라면 더듬이를 모으고 움직이지 않는다.

2014. 7. 14. 거금도. 죽은 아까시나무에 성충이 모인다.

2012. 4. 18. 압해도. 무화과나무에서 월동 중인 유충

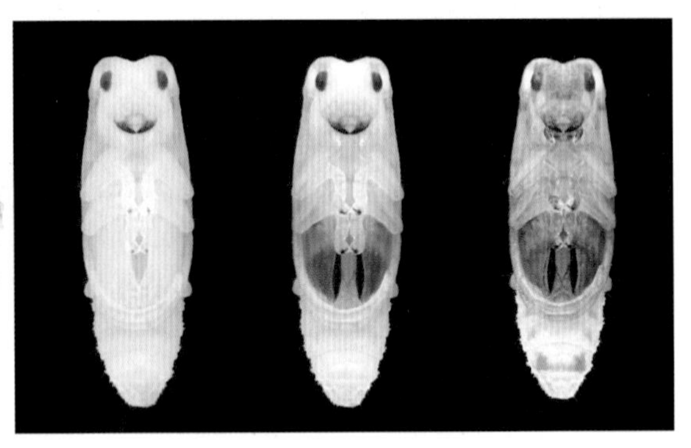

2014. 5. 13. 광덕산(천안). 호두나무에서 번데기가 되었다.

2012. 6. 22. 울릉도. 아까시나무에서 성충이 나온 탈출구

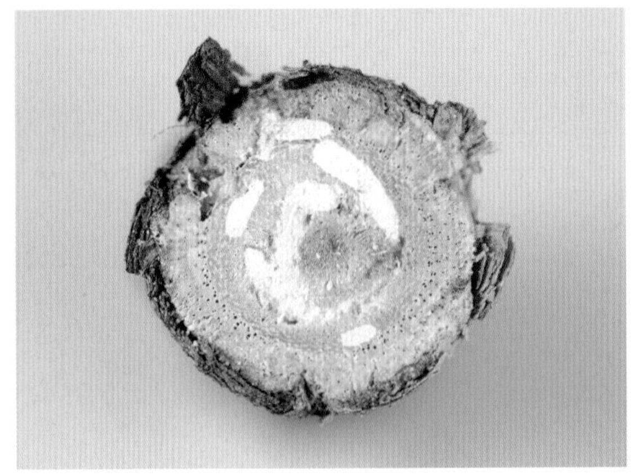

2011. 11. 3. 울릉도. 유충이 죽은 아까시나무를 먹은 흔적

닮은남색초원하늘소

Agapanthia (Epoptes) pilicornis pilicornis (Fabricius, 1787)

크기 15~17㎜
서식지 초지
출현시기 5~6월
월동태 확인하지 못함
기주식물 확인하지 못함
분포 철원 갈말읍

몸 윗면은 감청색이다. 더듬이 2~4마디가 갈색이고, 마디 끝에 검은 털 뭉치가 있다. 암수 모두 더듬이가 몸길이를 넘으며 수컷의 더듬이는 몸길이의 2배에 이른다. 높은 산 초지에서 5월부터 나타나 원추리에 날아온다. 자세한 생태는 확인하지 못했다. 남한의 북부 지역에 분포한다.

2013. 6. 27. 철원 갈말읍. 수컷

2014. 6. 20. 철원 갈말읍. 원추리에서 짝짓기 중이다.

남색초원하늘소

Agapanthia (*Epoptes*) *amurensis* Kraatz, 1879

크기 11~17㎜
서식지 초지
출현시기 5~6월
월동태 유충
기주식물 쑥, 개망초
분포 제주도, 지리산, 회문산, 내장산, 변산반도, 운장산, 모악산, 용유도, 남한산성

몸은 길쭉하고 광택이 나는 감청색이다. 더듬이 1, 2마디 끝에 검은 털 뭉치가 있으며, 암수 모두 몸길이보다 길다. 햇빛이 잘 드는 초지에 살며 성충은 봄부터 나타나 엉겅퀴, 개망초, 쑥에 날아온다. 암컷은 기주식물의 줄기를 빙 돌아 가해해 시들게 한 뒤에 산란한다. 유충은 줄기에 터널을 뚫고 살며 9월에 줄기를 자르고 구멍을 톱밥으로 막은 뒤에 뿌리 부근에서 겨울을 난다. 남한 전역에 분포한다.

2008. 5. 24. 영월 영월읍. 암컷

2003. 5. 6. 모악산. 수컷

2012. 5. 25. 모악산

2014. 5. 5. 옥정호. 엉겅퀴에 온 성충

2006. 5. 15. 회문산. 개망초 줄기를 갉아먹은 흔적이 보인다.

2012. 5. 1. 모악산. 개망초에 산란한 흔적

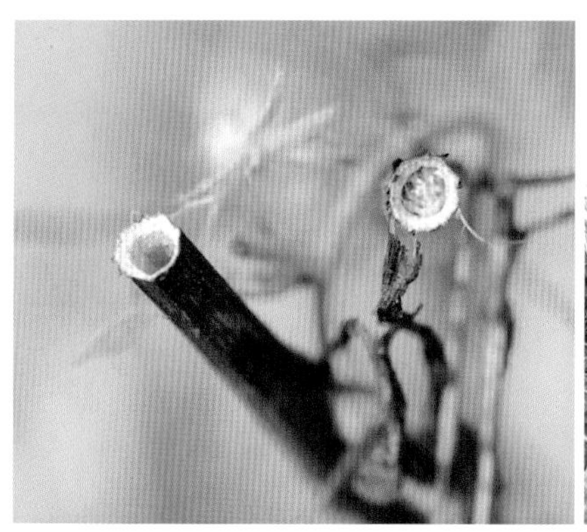

2012. 8. 28. 모악산. 줄기를 자르고 구멍을 막은 유충

2011. 12. 5. 운장산. 줄기를 자르고 뿌리에서 월동 중이다.

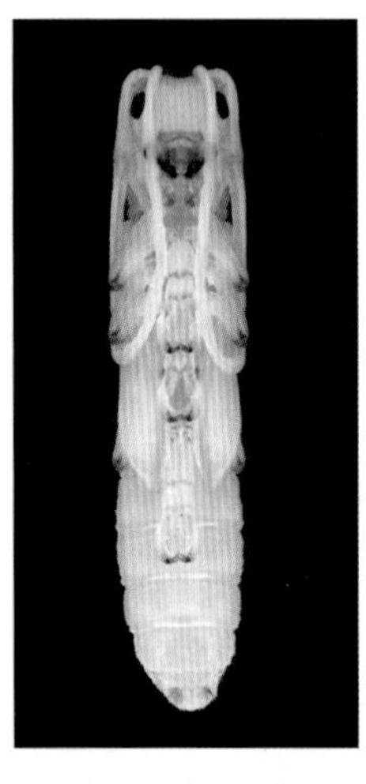

2012. 4. 12. 운장산. 번데기

2012. 4. 22. 운장산. 우화 직전의 번데기

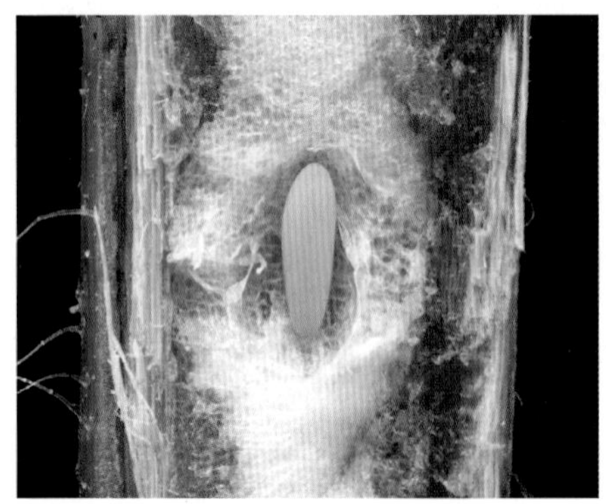

2008. 5. 22. 알

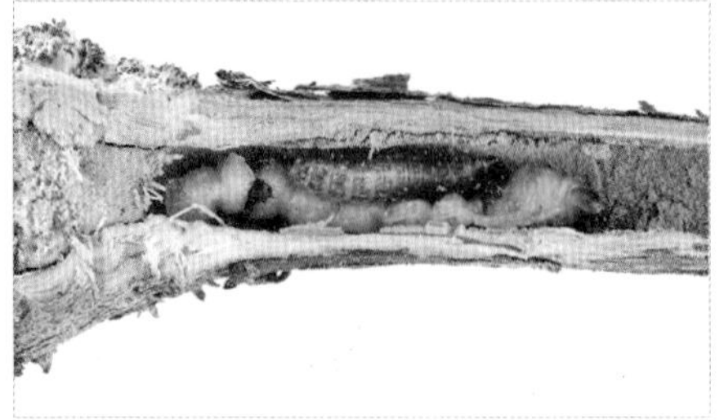

2012. 4. 12. 운장산. 방아벌레 유충(추정)에게 먹히고 있다.

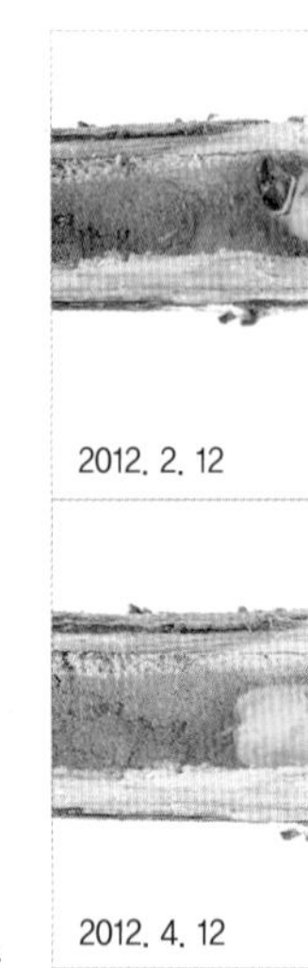

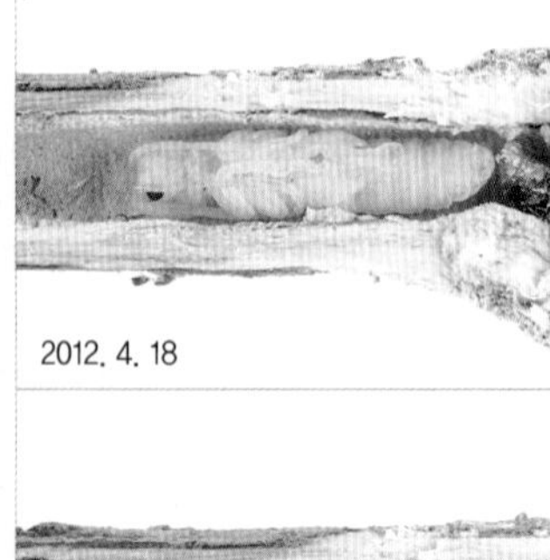

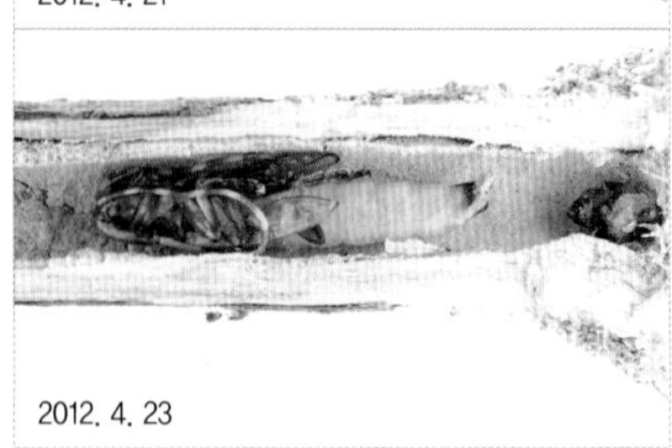

2012. 2. 12~4. 23. 운장산. 유충에서 우화까지의 변화 과정

초원하늘소

Agapanthia (*Epoptes*) *daurica daurica* Ganglbauer, 1884

크기 9~19㎜
서식지 높은 산 초지
출현시기 6~9월
월동태 확인하지 못함
기주식물 확인하지 못함
분포 계방산, 오대산, 대관령, 점봉산

몸은 감청색으로 길쭉하며, 암수 모두 더듬이 길이가 몸 길이를 넘는다. 앞가슴등판과 딱지날개에 녹색과 노란색, 회백색 털이 나 있다. 딱지날개에는 노란색 작은 점이 흩어져 있다. 높은 산지의 초지에 살며 성충은 6월에 나타나 햇빛이 잘 드는 곳의 풀이나 작은 나무의 나뭇잎 위에서 관찰된다. 자세한 생태는 확인하지 못했다. 남한의 북부 지역에 분포한다.

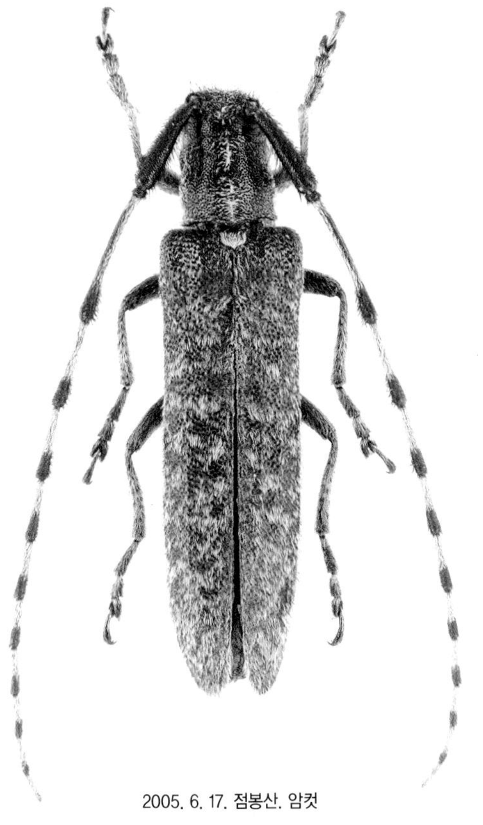

2005. 6. 17. 점봉산. 암컷

2003. 7. 31. 점봉산

작은초원하늘소

Coreocalamobius parantennatus Hasegawa, Han & Oh, 2014

크기 4~7㎜
서식지 산지
출현시기 4~5월
월동태 성충
기주식물 억새
분포 거제도, 변산반도, 운장산, 화야산, 태기산, 춘천 남면

몸은 유난히 가늘고 길쭉하며 몸 윗면에 노란 털이 나 있다. 머리와 앞가슴등판은 황갈색이고 딱지날개는 황색으로 끝이 뾰족하다. 성충은 이른 봄부터 나타나며 산이나 물가 주변의 억새가 자라는 곳에 서식한다. 겨울에 억새 줄기에서 월동 중인 성충이 발견된다. 남한 전역에 분포한다.

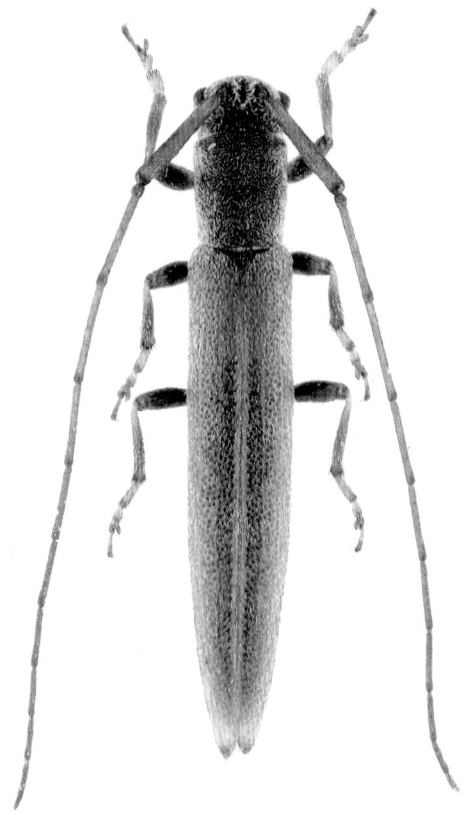

2004. 4. 15. 춘천 남면. 수컷

2001. 5. 3. 춘천 남면

2005. 4. 18. 광주(경기)

원통하늘소

Pseudocalamobius japonicus (Bates, 1873)

크기 7~12㎜
서식지 산길 주변
출현시기 5~7월
월동태 확인하지 못함
기주식물 확인하지 못함
분포 지리산, 추월산, 내장산, 북한산, 계방산, 홍천 홍천읍, 춘천 남면

몸은 가늘고 길쭉하며 암갈색이다. 더듬이는 가늘고 유난히 길어 암수 모두 몸길이의 3배 이상이다. 다리의 넓적다리마디는 검고 종아리마디와 발목마디는 주황색이다. 산지의 트인 공간에 서식하며 덩굴식물의 잎이나 나무의 가는 가지에서 발견된다. 불빛에 날아오며 자세한 생태는 확인하지 못했다. 남한 전역에 서식한다.

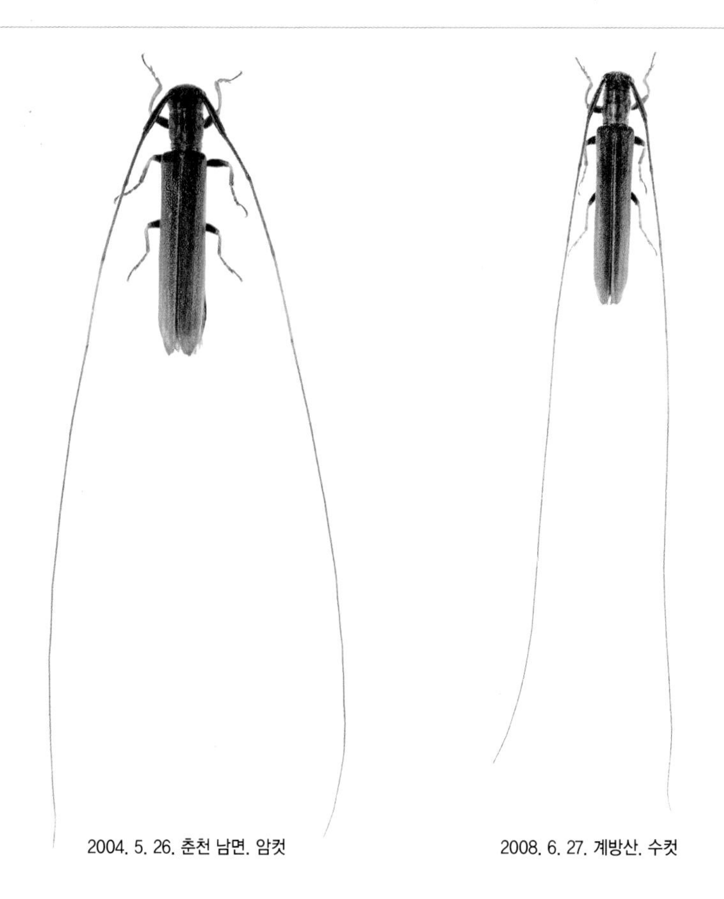

2004. 5. 26. 춘천 남면. 암컷

2008. 6. 27. 계방산. 수컷

2007. 6. 21. 내장산. 나뭇가지처럼 보이는 성충

2007. 5. 21. 추월산

꼬마하늘소

Egesina (Niijimaia) bifasciana bifasciana (Matsushita, 1933)

크기 3~5㎜
서식지 산지
출현시기 5~7월
월동태 유충
기주식물 뽕나무, 산초나무, 느티나무, 굴피나무, 아까시나무, 팽나무, 꾸지나무
분포 흑산도, 지리산, 회문산, 내장산, 변산반도, 운장산, 울릉도, 북한산, 계방산, 해산령

머리와 앞가슴등판은 검고 더듬이는 황갈색이며 긴 털이 나 있다. 암수 모두 더듬이가 몸길이보다 길다. 딱지날개는 암갈색으로 검은색 띠와 점 2개가 있으며 개체에 따라 무늬에 변화가 있다. 산지에 서식하며 성충은 5월부터 나타나 7월까지 활동한다. 성충은 죽은 활엽수의 가는 가지에서 발견된다. 암컷은 죽은 기주식물에 산란하며 유충으로 겨울을 나고 4월에 번데기가 된다. 남한 전역에 분포한다.

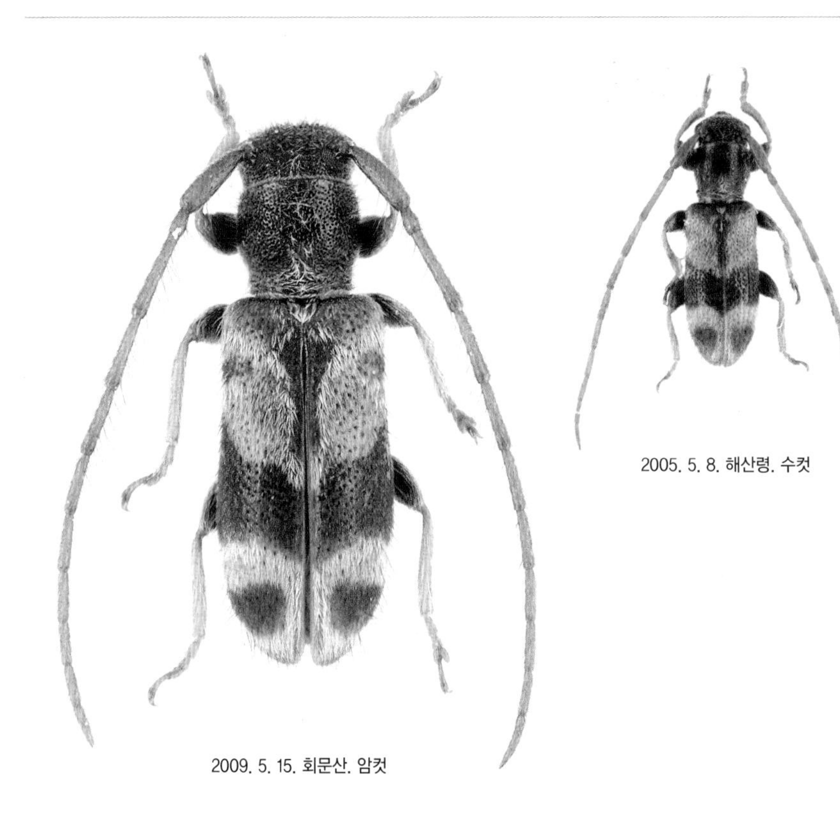

2009. 5. 15. 회문산. 암컷

2005. 5. 8. 해산령. 수컷

2012. 4. 17. 김제 금구면. 유충

2012. 4. 30. 김제 금구면. 번데기

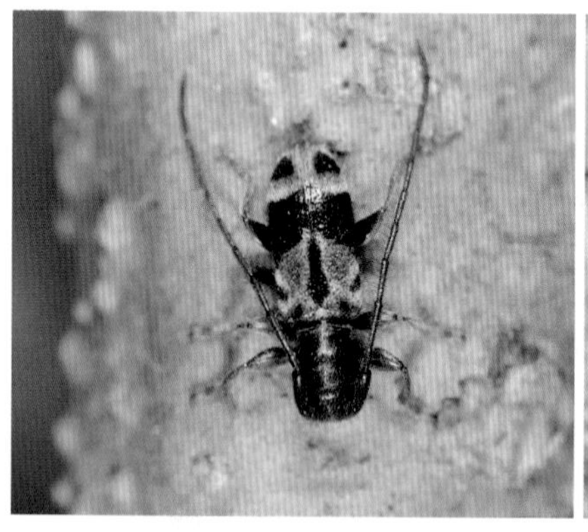

2007. 5. 29. 지리산. 고사목에 온 성충

2012. 5. 20. 운장산

2011. 6. 29. 운장산

2011. 11. 25. 흑산도. 성충이 산란한 팽나무 벌채목

큰곰보하늘소

Pterolophia (*Hylobrotus*) *annulata* (Chevrolat, 1845)

크기 9~15㎜
서식지 낮은 산지
출현시기 6~8월
월동태 유충
기주식물 예덕나무, 노박덩굴, 자귀나무, 팽나무, 뽕나무, 칡, 무화과나무, 아까시나무, 푸조나무, 폭나무, 사스레피나무, 등나무, 후박나무
분포 제주도, 가거도, 흑산도, 장도, 진도, 완도, 거금도, 거제도, 압해도, 무등산, 지리산, 회문산, 내장산, 변산반도, 운장산, 모악산, 금성산

몸은 대체로 짧고 넓적하다. 머리와 앞가슴등판은 암갈색이며 더듬이는 암수 모두 몸길이보다 짧다. 딱지날개 중앙에 넓은 흰색 무늬가 있다. 낮은 산지나 산자락의 밭 주변에 서식한다. 성충은 죽은 활엽수의 잔가지에서 볼 수 있다. 움직임이 거의 없으며 놀라면 나뭇가지를 움켜 잡고 더듬이를 모으는 습성이 있다. 암컷은 죽은 기주식물에 산란하고 유충으로 겨울을 보낸 뒤 5월에 번데기가 된다. 남한의 중부 이남 지역에 분포하며 남부 해안 지역에 개체수가 많다.

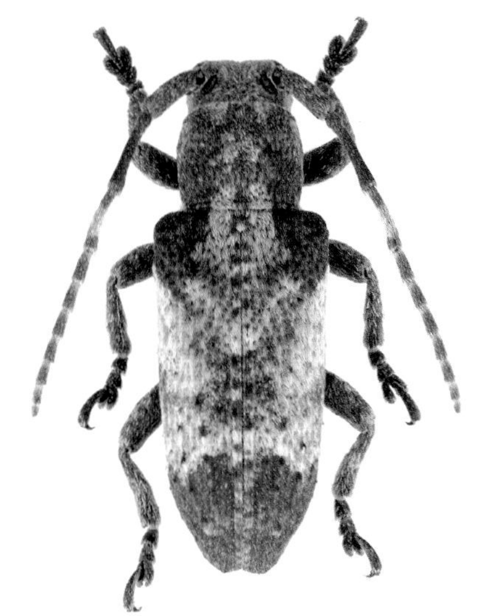
2005. 6. 30. 변산반도. 암컷

2006. 7. 1. 진도. 수컷

2004. 6. 29. 변산반도. 죽은 나뭇가지에 온 성충

2014. 7. 16. 내장산. 인기척에 놀란 모습

2012. 6. 20. 흑산도

2011. 11. 23. 진도. 유충이 살고 있는 팽나무 벌채목

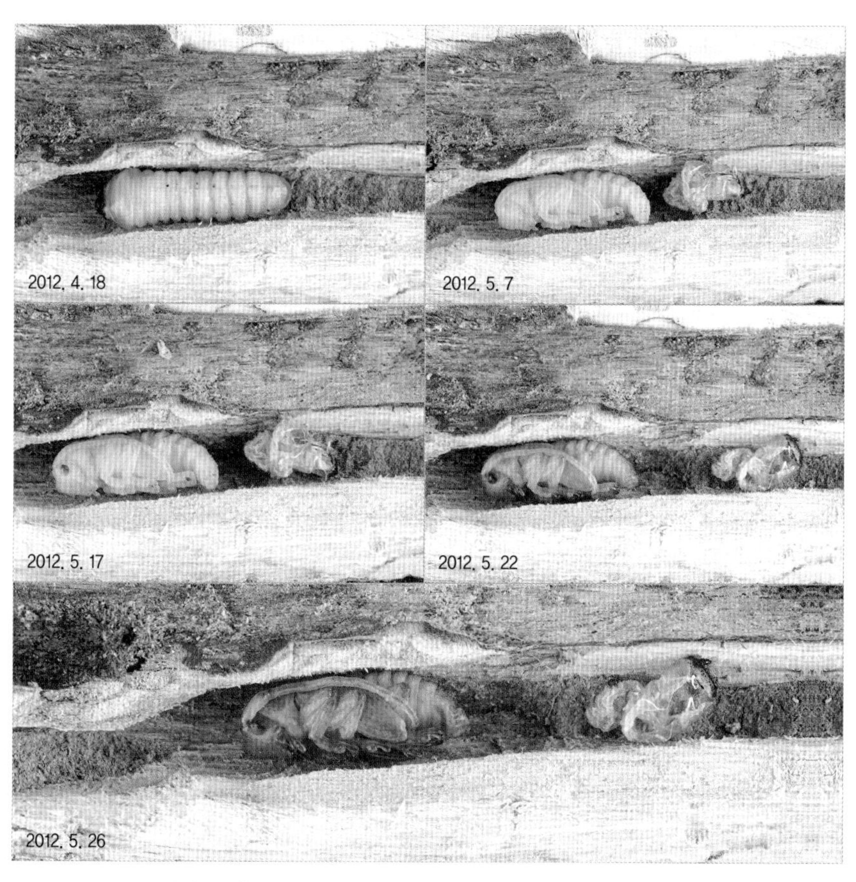

2012. 4. 18~5. 26. 압해도. 유충에서 번데기까지의 변화 과정

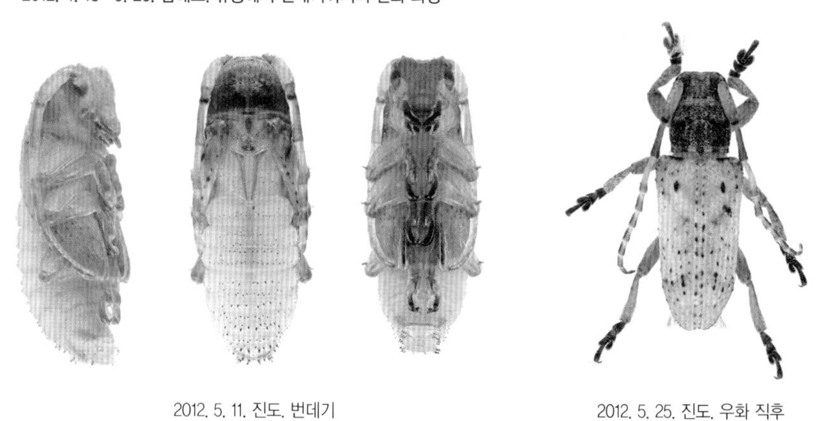

2012. 5. 11. 진도. 번데기

2012. 5. 25. 진도. 우화 직후

곰보하늘소

Pterolophia (*Pterolophia*) *caudata caudata* (Bates, 1873)

크기 12~16㎜
서식지 낮은 산지
출현시기 6~7월
월동태 유충
기주식물 아까시나무, 뽕나무, 예덕나무, 팽나무, 산초나무
분포 거문도, 거제도, 회문산, 내장산, 변산반도, 울릉도

몸 윗면은 회색과 살구색을 띤다. 수컷의 더듬이는 몸길이보다 길고 암컷의 더듬이는 몸길이에 미치지 못한다. 딱지날개 상단부는 검고 아래로는 회색 띠와 검은 점이 있으며 끝이 뾰족하고 깊게 갈라져 있다. 성충은 낮은 지역의 죽은 활엽수 잔가지에서 발견된다. 암컷은 죽은 기주식물에 산란하며 유충으로 겨울을 나고 봄에 번데기가 된다. 큰곰보하늘소와 비슷한 환경에서 살며 같이 발견되는 경우가 많다. 개체수는 큰곰보하늘소보다 적다. 남한 남부 지역에 분포한다.

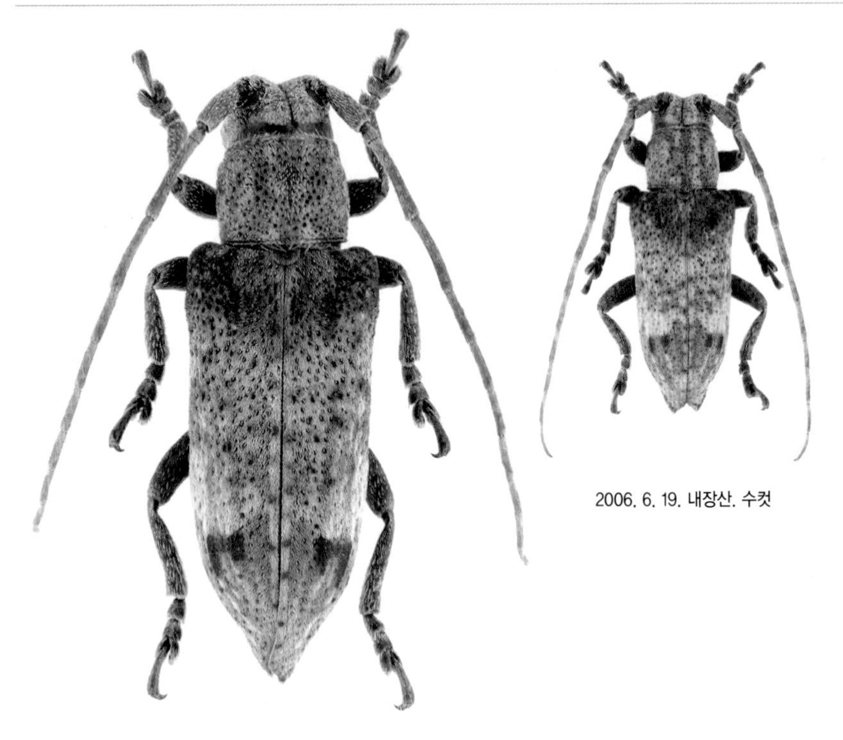

2006. 6. 19. 내장산. 수컷

2012. 6. 15. 회문산. 암컷

2007. 7. 14. 거문도

2010. 7. 3. 회문산. 고사목에 온 성충

2012. 6. 3. 울릉도. 번데기

흰점곰보하늘소

Pterolophia (*Pterolophia*) *granulata* (Motschulsky, 1866)

크기 7~10㎜
서식지 낮은 산지
출현시기 4~7월
월동태 확인하지 못함
기주식물 칡, 때죽나무, 아까시나무
분포 제주도, 지리산, 강천산, 내장산, 모악산, 울릉도, 주금산, 태백산, 오대산, 해산령

몸 윗면은 노란색, 회백색, 암갈색 털로 촘촘히 덮여 있다. 딱지날개 상단부에 작은 돌기가 있으며 노란색과 회백색 점이 있고 끝은 황갈색이다. 낮은 산지에 살며 성충은 이른 봄부터 나타난다. 두릅나무나 죽은 활엽수의 잔가지에 날아오며 놀라면 땅에 떨어져 죽은척한다. 암컷은 죽은 기주식물에 산란한다. 유충의 생태는 확인하지 못했고 성충이 10월에 나타나기도 한다. 남한 전역에 분포한다.

2014. 5. 10. 춘천 남면. 암컷

2008. 4. 18. 모악산. 수컷

2010. 5. 10. 모악산. 두릅나무에 온 성충

2011. 10. 28. 울릉도. 가을에 출현했다.

2011. 10. 28. 울릉도

2008. 4. 18. 모악산

대륙곰보하늘소

Pterolophia (*Pterolophia*) *maacki* (Blessig, 1873)

크기 5~10㎜
서식지 낮은 산지
출현시기 5~7월
월동태 유충
기주식물 참싸리, 예덕나무, 뽕나무, 굴피나무, 피나무, 후박나무, 팽나무, 층층나무
분포 장도, 회문산, 변산반도, 운장산, 모악산, 울릉도, 청명산, 강화도, 북한산, 태기산

몸 윗면은 흰색, 노란색, 암갈색 짧은 털로 덮여 있고 진한 갈색을 띤다. 딱지날개에는 흰색 무늬가 2개 있다. 성충은 봄부터 나타나 초여름까지 활동하고 낮은 산지의 각종 죽은 활엽수에서 발견된다. 암컷은 죽은 기주식물에 산란하고 유충으로 겨울을 보낸 뒤 4월에 번데기가 된다. 남한 전역에 분포한다.

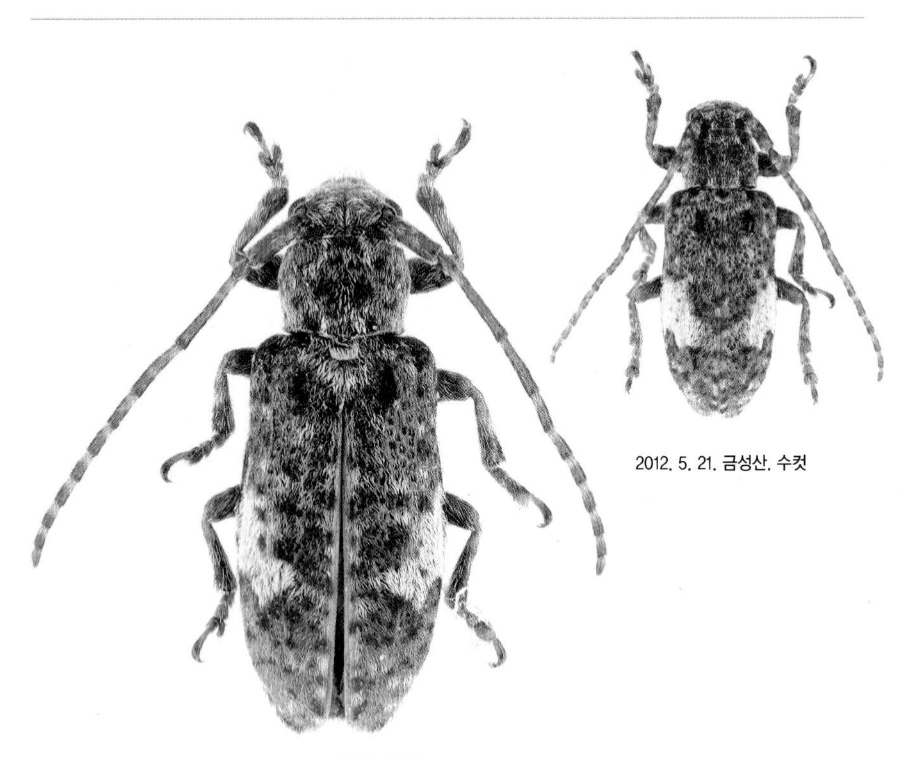

2012. 5. 21. 금성산. 수컷

2014. 6. 14. 운장산. 암컷

2012. 4. 12. 운장산. 굴피나무에서 번데기가 되었다.

2014. 5. 19. 연석산. 번데기

2012. 5. 28. 운장산. 벌채목에 온 성충

2011. 6. 20. 운장산. 움직이지 않으면 나무껍질처럼 보인다.

우리곰보하늘소

Pterolophia (*Pterolophia*) *multinotata* Pic, 1931

크기 6~9㎜
서식지 낮은 산지
출현시기 6~8월
월동태 확인하지 못함
기주식물 밤나무
분포 김제 이서면, 서울 화곡동, 주금산

몸 윗면은 진한 갈색이며 노란색과 회백색 털이 나 있다. 딱지날개 상단부에 작은 돌기가 있으며 아래쪽에 흰 점무늬가 약하게 나타난다. 우리하늘소와 모양이 비슷하다. 우리하늘소는 딱지날개에 돌기가 없으며 가운데다리 종아리마디 바깥쪽이 곡선이고, 우리곰보하늘소는 직선이다. 낮은 산지에 서식하며 유충은 죽은 기주식물의 잔가지에 기생한다. 남한의 중부 이남 지역에 분포한다.

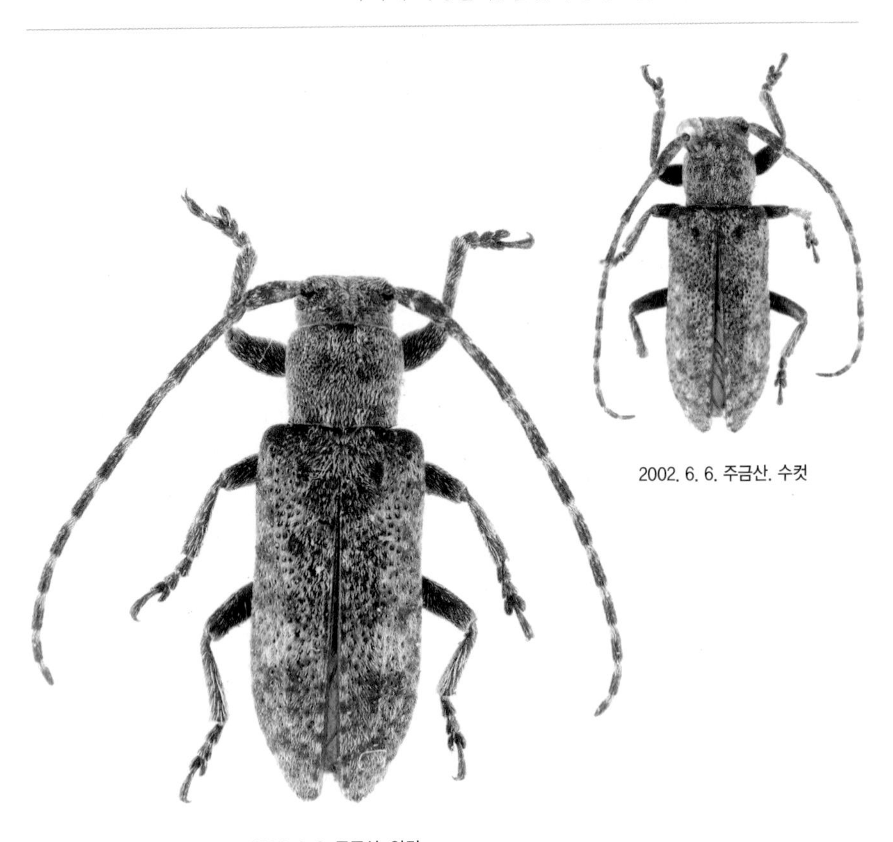

2002. 6. 6. 주금산. 수컷

2002. 6. 6. 주금산. 암컷

2012. 5. 28. 김제 이서면

흰띠곰보하늘소

Pterolophia (*Pterolophia*) *zonata* (Bates, 1873)

크기 7~11㎜
서식지 산지
출현시기 6~7월
월동태 확인하지 못함
기주식물 때죽나무, 개서어나무, 으름덩굴
분포 제주도, 두륜산

머리와 앞가슴등판, 딱지날개는 암갈색이며 흰색, 노란색, 암갈색 털이 촘촘히 나 있다. 딱지날개에 흰색 띠가 있고 하단부는 황갈색이다. 성충은 산지의 죽은 활엽수에서 발견된다. 암컷은 죽은 기주식물에 산란하며 자세한 생태는 확인하지 못했다. 남한 남부 지역과 제주도에 분포한다.

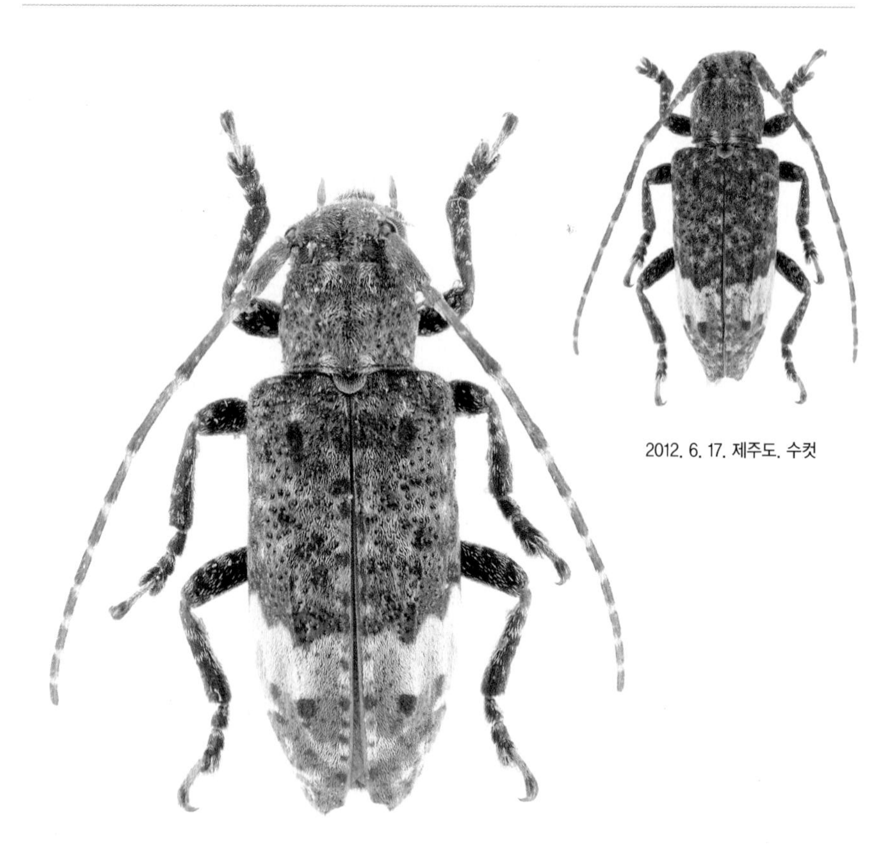

2012. 6. 17. 제주도. 수컷

2008. 6. 29. 두륜산. 암컷

2012. 6. 17. 제주도. 활엽수 고사목에 온 성충

2011. 2. 15. 제주도. 유충이 사는 때죽나무 고사목

2011. 2. 15. 제주도. 암컷은 죽은 으름덩굴에 산란한다.

지리곰보하늘소 (가칭)

Pterolophia (*Pseudale*) *jiriensis* Danilevsky, 1996

크기 9~10㎜
서식지 산지
출현시기 7~8월
월동태 확인하지 못함
기주식물 확인하지 못함
분포 지리산

몸 윗면은 검고 딱지날개는 가운데가 볼록한 타원형이며 크고 깊게 파인 점각과 흰색 점이 2개 있다. 자세한 생태는 밝혀지지 않았다. 지리산에서 발견되고 있다.

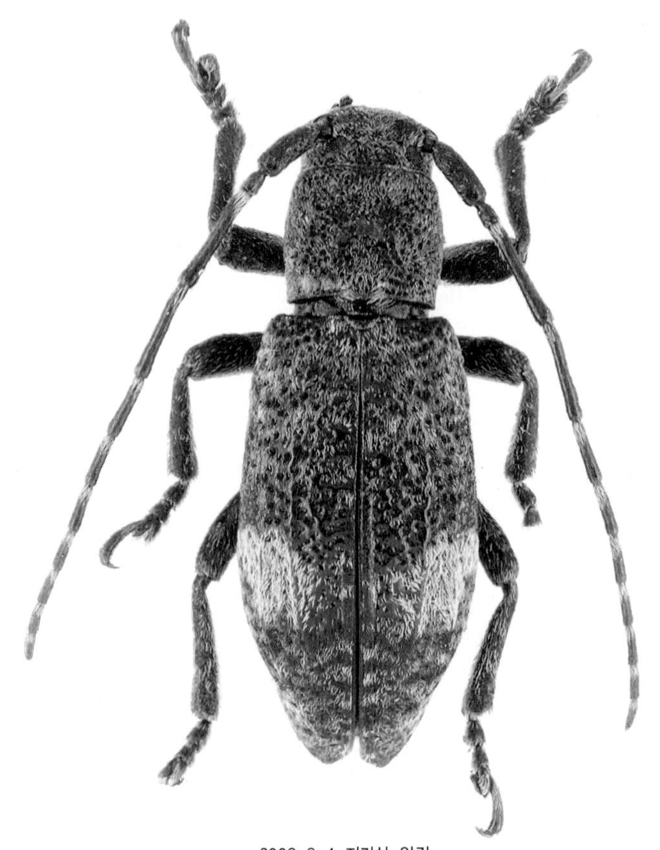

2008. 8. 4. 지리산. 암컷

혹등곰보하늘소 (가칭)

Pterolophia (*Pseudaie*) *adachii* (Hayashi, 1983) (추정)

크기 7~10㎜
서식지 낮은 산지
출현시기 6~8월
월동태 확인하지 못함
기주식물 느티나무
분포 거제도, 지리산, 가지산, 내장산, 운장산

Pterolophia (*Pseudaie*) *adachii* (Hayashi, 1983)로 추정되며 자세한 검토가 필요하다. 몸 윗면은 검으며 황색과 회백색 털이 나 있다. 딱지날개는 가운데가 볼록하고 흰색 무늬가 2개 있다. 성충은 산지에서 6월부터 나타나며 죽은 활엽수나 벌채목 가지에서 볼 수 있다. 성충은 죽은 느티나무 가지에서 발생했고 유충은 여러 종류의 죽은 활엽수에 기생할 것으로 추정된다. 남한 전역에 분포한다.

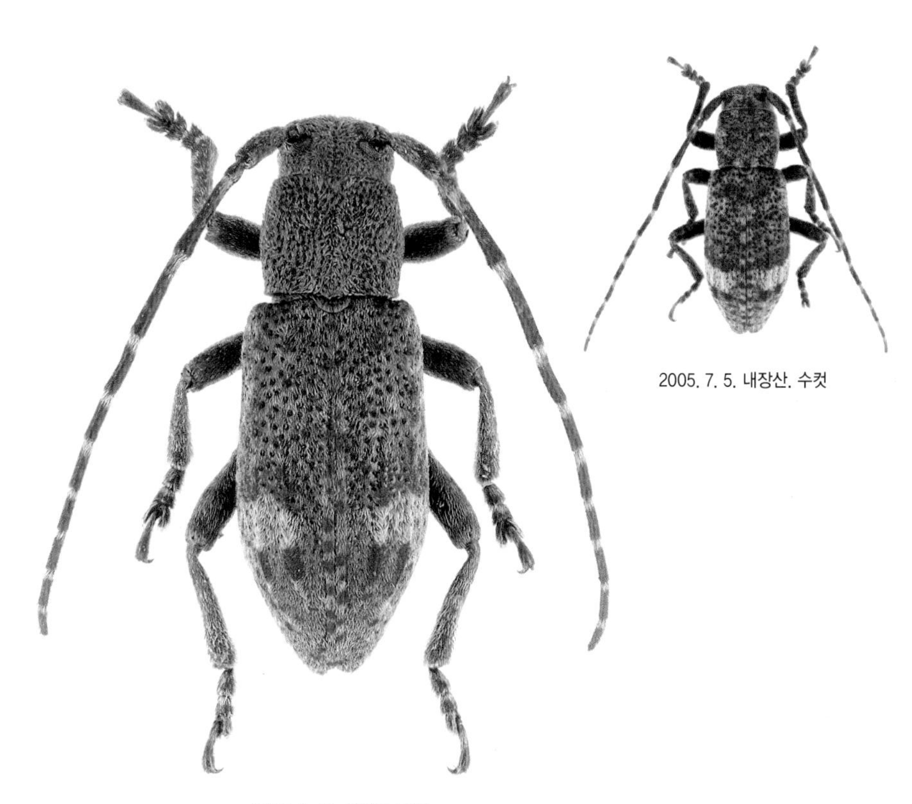

2005. 7. 5. 내장산. 수컷

2006. 6. 19. 거제도. 암컷

2011. 8. 13. 가지산. 벌채목에 온 성충

2008. 6. 5. 내장산. 벌채목에 온 성충

짝지하늘소

Niphona (Niphona) furcata (Bates, 1873)

크기 12~20㎜
서식지 낮은 산지
출현시기 5월~
월동태 유충, 번데기, 성충
기주식물 이대, 왕대
분포 진도, 완도, 토함산, 거제도, 두륜산, 무등산, 정병산(창원), 추월산

몸 윗면은 황색이다. 앞가슴등판은 짧고 넓으며 세로로 파여 있다. 딱지날개는 아래로 갈수록 좁아지고 끝이 깊게 갈라져 뾰족하다. 성충은 낮은 산지나 마을 주변의 대나무류 숲에서 볼 수 있다. 암컷은 죽은 대나무에 산란하며 유충은 마디에 구멍을 뚫어 통로를 만들고 생활하므로 유충의 몸 두께와 비슷한 굵기에서 발견된다. 다 자란 유충은 톱밥으로 통로의 위와 아래를 막고 좁은 공간에서 번데기가 된다. 보통 줄기 하나에 유충 한 마리가 살며 위와 아래에 각 한 마리씩 두 마리가 사는 경우도 있다. 성충이나 유충으로 겨울을 보낸다. 주홍하늘소와 함께 서식하는 왕대 숲에서는 주홍하늘소는 줄기에, 짝지하늘소는 가지에 나뉘어 한 나무에 같이 살기도 한다. 남한 남부 지역에 분포한다.

2001. 3. 10. 거제도. 암컷

2001. 3. 10. 거제도. 수컷

2007. 3. 17. 거제도. 성충으로 월동 중이다.

2010. 2. 17. 두륜산. 월동 중인 유충

목하늘소

Lamia textor (Linnaeus, 1758)

크기 24~28㎜
서식지 산지
출현시기 5~8월
월동태 확인하지 못함
기주식물 확인하지 못함
분포 예봉산, 양평, 영월
한반도면, 춘천 남면

몸은 넓적하고 둥글며 황록색이다. 앞가슴등판 양 옆에 뾰족한 돌기가 나 있으며 딱지날개에 노란 무늬가 흩어져 있다. 가운데다리 종아리마디에 돌기가 있다. 성충은 산지에서 5월부터 나타나며 황철나무 줄기나 주변에서 기어 다니는 모습이 드물게 발견된다. 유충은 살아있는 황철나무에 기생한다고 알려졌으나 확인하지는 못했다. 성충은 비행력이 약하다. 남한의 중부 이북 지역에 분포한다.

2012. 5. 19. 양평 사나사계곡. 수컷

2007. 5. 20. 예봉산

2013. 5. 6. 영월 한반도면, 버드나무에서 활동한다.

2013. 5. 6. 영월 한반도면. 비행력이 약해 땅바닥을 기어 다닌다.

우리목하늘소

Lamiomimus gottschei Kolbe, 1886

크기 24~38㎜
서식지 낮은 산지
출현시기 5~8월
월동태 확인하지 못함
기주식물 확인하지 못함
분포 무등산, 지리산, 경각산, 운장산, 모악산, 소백산, 강화도, 태기산

몸 윗면은 검은 바탕에 노란 털이 나 있다. 더듬이는 두꺼우며 수컷은 몸길이보다 길고 암컷은 몸길이에 미치지 못한다. 앞가슴등판 양 옆으로 뾰족한 돌기가 있으며 딱지날개에는 넓고 노란 띠무늬가 2개 있다. 가운데다리 종아리마디에 돌기가 있다. 성충은 봄부터 나타나 참나무 벌채목에 모여 껍질을 갉아먹는다. 밤에도 활동하며, 벌채된 참나무 그루터기에서 기어 다니는 모습을 볼 수 있다. 유충에서 성충이 되는 기간은 2년 이상으로 추측된다. 남한 전역에 분포한다.

2007. 6. 11. 지리산. 암컷

2005. 6. 19. 모악산. 수컷

2005. 6. 19. 모악산

2014. 5. 27. 연석산. 벌채목에 온 성충

2014. 5. 27. 연석산

후박나무하늘소

Eupromus ruber (Dalman, 1817)

크기 18~25㎜
서식지 산지
출현시기 5~7월
월동태 유충, 성충
기주식물 후박나무
분포 거제도

머리, 앞가슴등판, 딱지날개, 더듬이 1마디는 암적색이고 2~11마디와 다리는 검은색이다. 수컷의 더듬이는 길어 몸 길이의 2배를 넘는다. 앞가슴등판 위에는 검은 점이 있으며 양 옆에 돌기가 있다. 딱지날개에는 검은 점이 흩어져 있다. 낮은 산지나 마을 주변의 후박나무에서 볼 수 있다. 성충은 봄부터 나타나며 암컷은 살아있는 후박나무 가지에 산란터를 만들고 산란한다. 유충은 목질부에 터널을 뚫고 살며 구멍을 통해 배설물을 배출한다. 유충이 살고 있는 나무에서는 수액이 흘러 외부에서도 유충의 위치를 알 수 있다. 겨울에 유충과 성충이 함께 발견되는 것으로 보아 발생주기가 2년으로 추측된다. 남한 남부 지역에 분포한다.

2006. 5. 25. 거제도. 암컷

2006. 5. 25. 거제도. 수컷

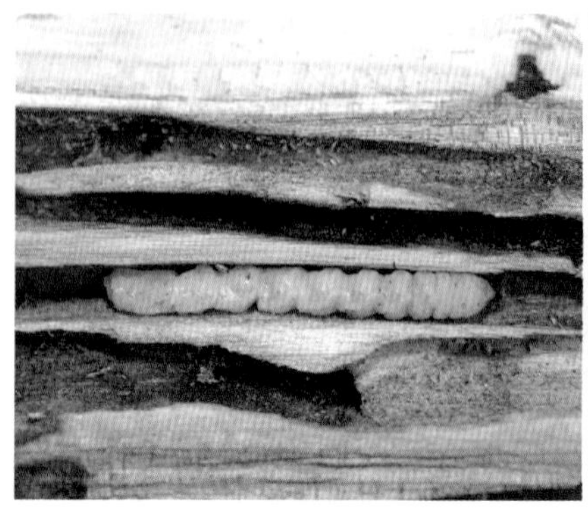

2005. 2. 5. 거제도. 월동 중인 유충

2005. 2. 5. 거제도. 월동 중인 성충

2007. 7. 1. 거문도. 유충이 살고 있는 후박나무에 수액이 흐른다.

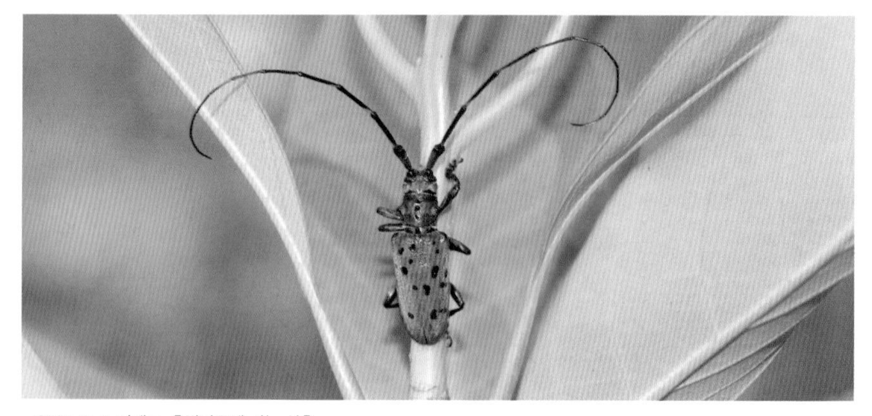

2005. 6. 5. 거제도. 후박나무에 사는 성충

솔수염하늘소

Monochamus (*Monochamus*) *alternatus alternatus* Hope, 1842

크기 15~27㎜
서식지 산지
출현시기 6~9월
월동태 유충
기주식물 소나무, 독일가문비나무
분포 제주도, 진도, 완도, 거제도, 여수, 두륜산, 무등산, 지리산, 가지산, 소백산, 천마산

머리는 검고 황갈색 털이 나 있으며 수컷의 더듬이는 몸 길이의 3배에 이른다. 앞가슴등판에는 황갈색 세로 줄무늬가 있으며 양 옆으로 뾰족한 돌기가 나 있다. 딱지날개에는 황갈색, 흰색, 검은색 점이 흩어져 있다. 성충은 소나무가 있는 산지에서 6월부터 나타나 소나무의 어린 가지를 갉아먹는다. 암컷은 죽거나 죽어가는 기주식물의 껍질을 물어뜯어 구멍을 내고 산란한다. 유충은 목질부 깊이 들어가 겨울을 나고 봄에 번데기가 된다. 불빛에 날아오고 남한의 중부 이남 지역에 서식한다.

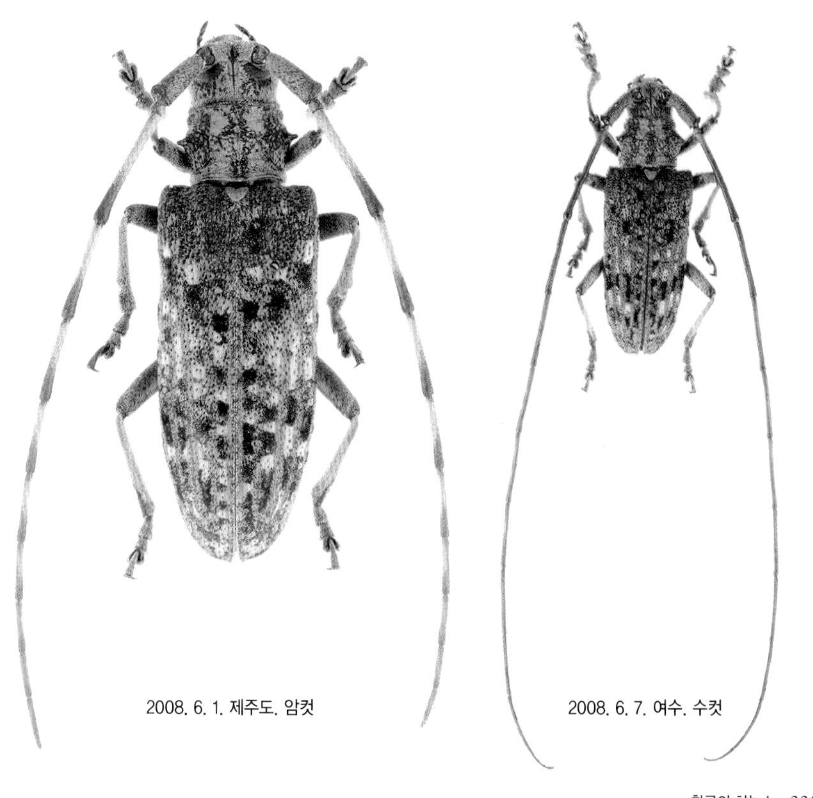

2008. 6. 1. 제주도. 암컷

2008. 6. 7. 여수. 수컷

2008. 2. 15. 여수. 죽은 소나무를 갉아먹는 유충

2008. 8. 2. 제주도. 죽은 소나무에 온 암컷

점박이수염하늘소

Monochamus (Monochamus) guttulatus Gressitt, 1951

크기 12~15㎜
서식지 산지
출현시기 6~8월
월동태 유충
기주식물 뽕나무, 말채나무, 신나무
분포 제주도, 거제도, 두륜산, 지리산, 회문산, 추월산, 운장산, 모악산, 운문산, 소백산, 태기산, 계방산, 오대산, 해산령, 점봉산

몸은 붉은빛을 띤 암녹색이다. 더듬이는 무척 길어 수컷의 더듬이는 몸길이의 3배에 이른다. 앞가슴등판 양 옆에 뾰족한 돌기가 있으며 딱지날개에 흰 점 2개와 흰색이나 노란색 작은 점이 흩어져 있다. 성충은 산지에서 6월부터 나타나 낮에는 활엽수 고사목과 벌채목에 날아오며 마른 나뭇잎에 숨어 있기도 한다. 황혼녘에는 낮은 가지 끝에 올라가 있는 모습을 볼 수 있다. 암컷은 죽은 기주식물에 산란하고 유충으로 겨울을 난다. 남한 전역에 분포한다.

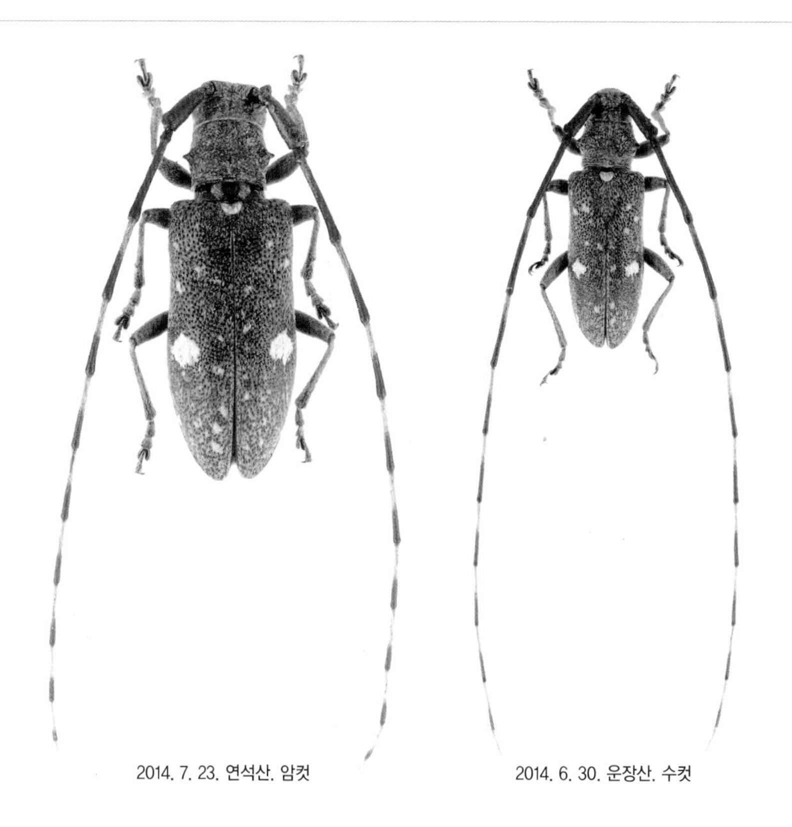

2014. 7. 23. 연석산. 암컷

2014. 6. 30. 운장산. 수컷

2014. 7. 1. 연석산. 고사목에서 활동하는 성충

2014. 7. 22. 연석산

2014. 6. 10. 운장산

2011. 7. 1. 운장산

2014. 6. 19. 운장산. 암컷이 산란하러 오는 신나무 벌채목

북방수염하늘소

Monochamus (*Monochamus*) *saltuarius* (Gebler, 1830)

크기 17~23㎜
서식지 산지
출현시기 5~6월
월동태 유충
기주식물 소나무, 팥배나무
분포 제주도, 무등산, 천성산, 단석산, 토함산, 운장산, 모악산, 연석산, 소백산, 강화도, 주금산, 명지산, 화악산, 계방산, 해산령, 진부령

몸 윗면은 검은 바탕에 노란 털이 나 있다. 수컷의 더듬이는 몸길이의 2배를 넘으며 암컷의 더듬이는 몸길이의 1.5배쯤 된다. 앞가슴등판의 양 옆에 돌기가 있으며 딱지날개에는 노란색 점이 흩어져 있다. 성충은 봄부터 나타나 주로 소나무 벌채목에 날아온다. 유충과 번데기는 죽은 기주식물에서 발견되며 유충으로 겨울을 나고 4월에 번데기가 된다. 불빛에 날아오며 남한 전역에 분포한다.

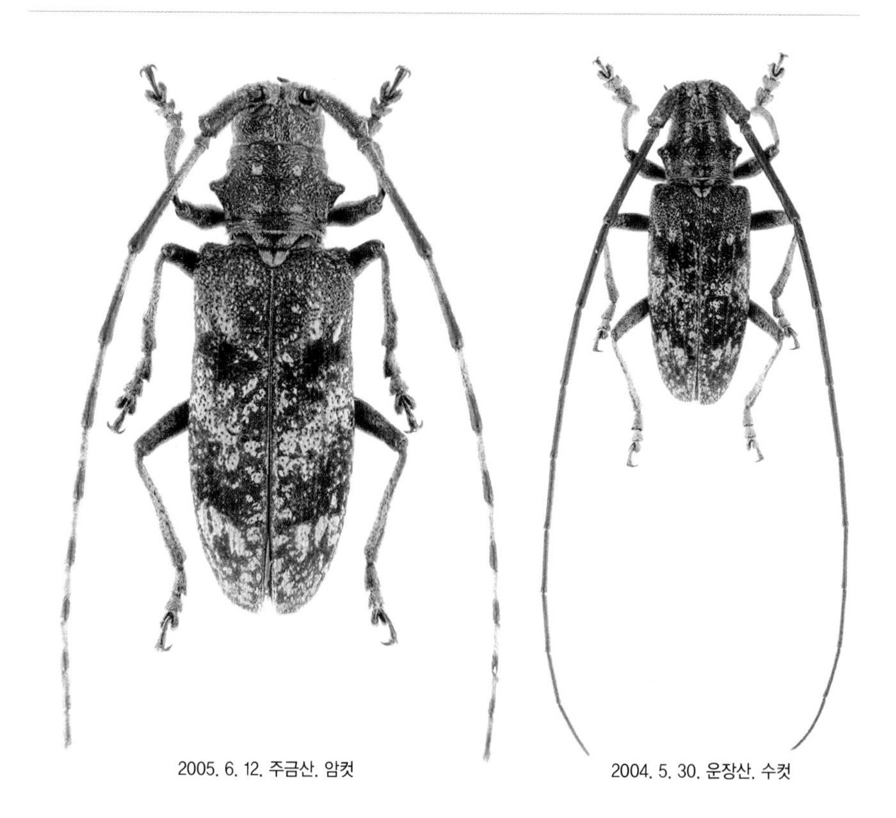

2005. 6. 12. 주금산. 암컷

2004. 5. 30. 운장산. 수컷

2014. 6. 5. 철원 동송읍. 소나무 벌채목에 온 성충

2012. 5. 12. 소백산

2014. 6. 9. 연석산

2014. 6. 5. 철원 동송읍

2014. 4. 21. 운장산. 유충이 소나무를 갉아먹은 흔적

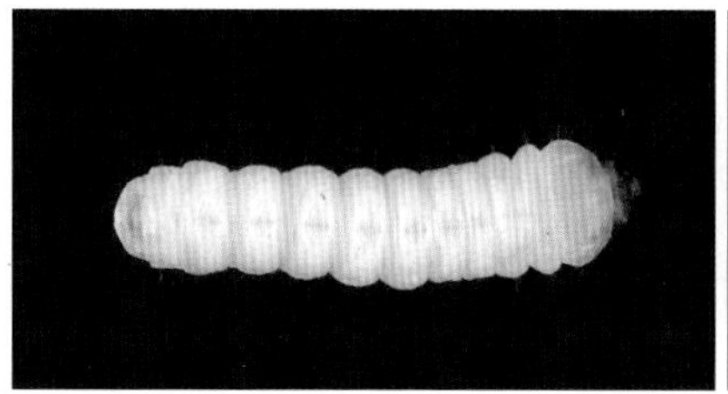

2014. 4. 7. 운장산. 종령 유충

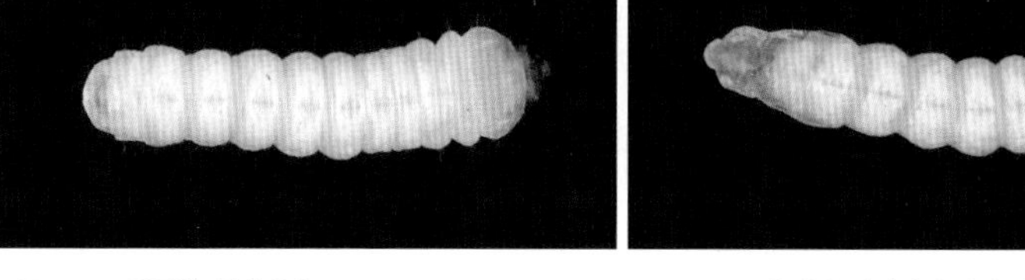

2014. 4. 7. 운장산. 번데기가 되기 직전의 유충

2014. 4. 3~. 운장산. 유충에서 우화까지의 변화 과정

긴수염하늘소

Monochamus (*Monochamus*) *subfasciatus subfasciatus* (Bates, 1873)

크기 10~18㎜
서식지 낮은 산지
출현시기 5~8월
월동태 유충
기주식물 때죽나무, 벚나무, 팥배나무
분포 제주도

머리, 앞가슴등판, 딱지날개는 청록색이며 수컷의 더듬이는 몸길이의 3배, 암컷의 더듬이는 2배 정도로 길다. 앞가슴등판 양 옆에 돌기가 있으며 딱지날개에는 흰 점 2개와 작은 황색 점이 흩어져 있다. 성충은 낮은 산지에 서식하며 5월부터 나타나 활동한다. 암컷은 죽은 기주식물에 산란하고 다 자란 유충은 기주식물의 껍질 바로 밑에 번데기방을 만들고 겨울을 보낸 뒤 봄에 번데기가 된다. 제주도에 분포한다.

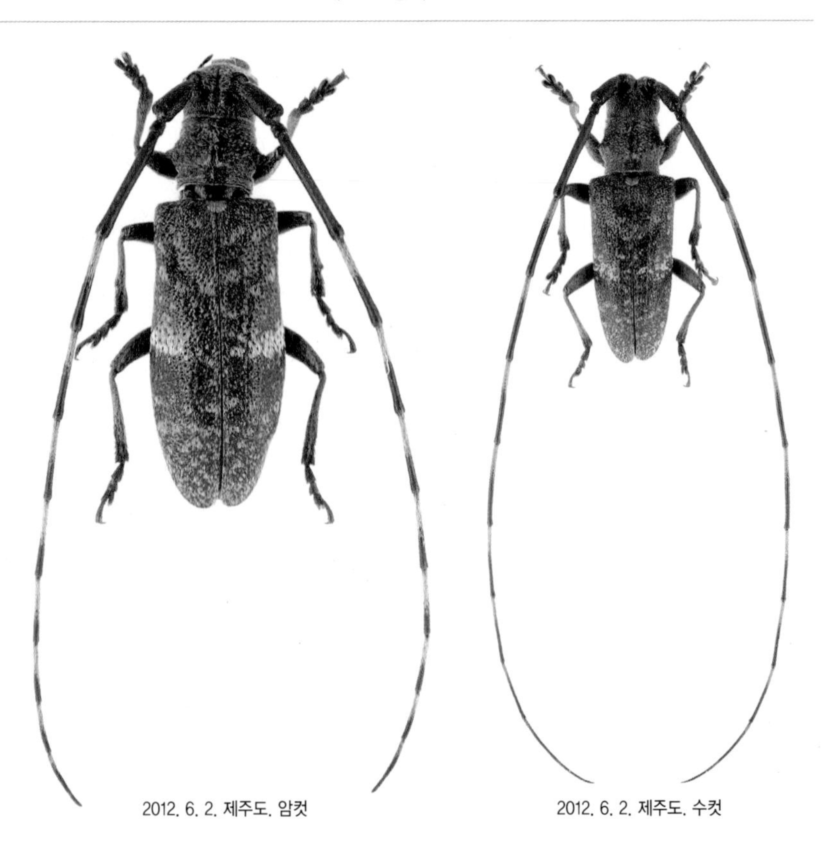

2012. 6. 2. 제주도. 암컷

2012. 6. 2. 제주도. 수컷

2012. 6. 2. 제주도. 성충

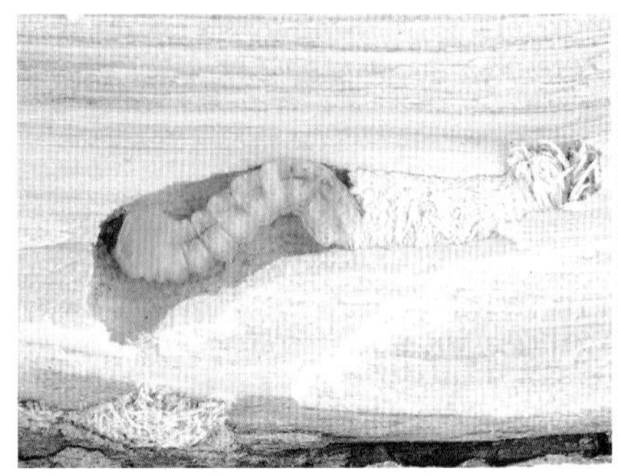

2012. 3. 30. 제주도. 유충

2012. 5. 8. 제주도. 번데기

2012. 5. 8. 제주도. 우화 중

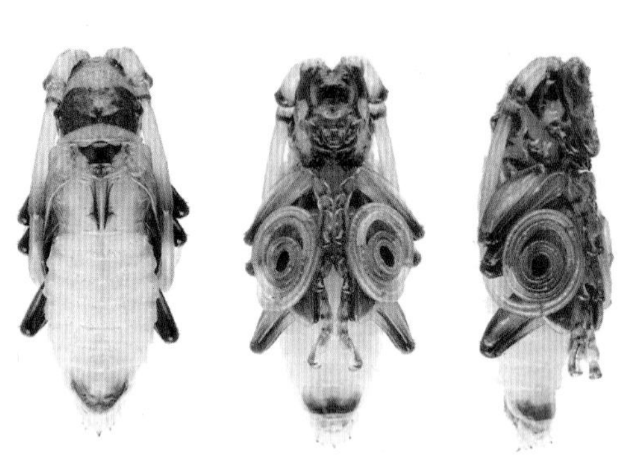

2012. 5. 8. 번데기

2011. 12. 15. 제주도. 긴수염하늘소가 사는 활엽수림

수염하늘소

Monochamus (*Monochamus*) *urussovii* (Fischer von Waldheim, 1805)

크기 15~35㎜
서식지 높은 산지
출현시기 7~9월
월동태 유충
기주식물 전나무
분포 지리산, 계방산, 오대산

몸 윗면은 검고 광택이 난다. 암컷은 넓적하고 수컷은 길쭉한 모양이다. 수컷의 더듬이는 몸길이의 2배 이상으로 길다. 앞가슴등판 양 옆에 뾰족한 돌기가 있으며 딱지날개에는 노란 점과 무늬가 흩어져 있다. 높은 산지에 서식하며 야행성으로 성충은 7월부터 나타나 죽어가는 기주식물에 모이며 암컷은 여기에 산란하고 유충으로 겨울을 난다. 불빛에 날아오며 남한 전역에 분포한다.

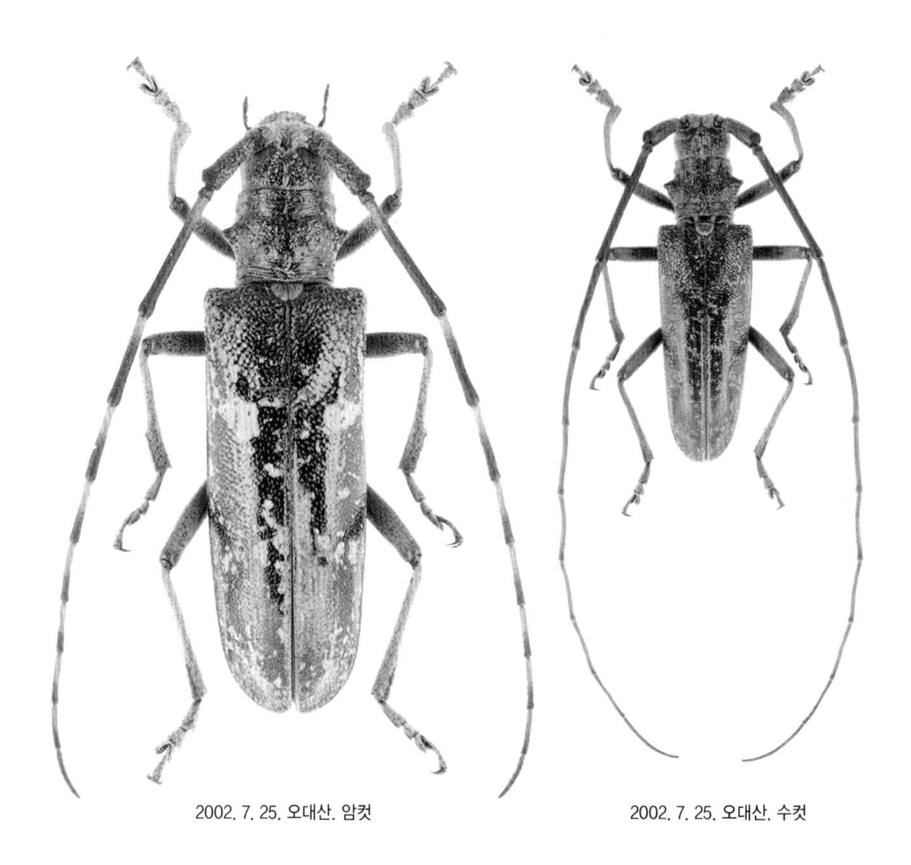

2002. 7. 25. 오대산. 암컷

2002. 7. 25. 오대산. 수컷

유리알락하늘소

Anoplophora glabripennis (Motschulsky, 1854)

크기 25~33㎜
서식지 마을 주변
출현시기 6~8월
월동태 확인하지 못함
기주식물 은단풍, 자작나무, 수양버들
분포 운길산, 오대산, 설악산

머리, 앞가슴등판, 딱지날개는 검고 광택이 강하다. 딱지날개의 흰 점은 알락하늘소보다 크다. 성충은 6월부터 나타나며 7월 초순에 가장 많이 보인다. 산지에 살며 기주식물의 껍질을 갉아먹는다. 암컷은 살아있는 기주식물에 산란한다. 유충은 구멍을 통해 배설물을 밖으로 배출하며 기생한 나무에 피해를 입힌다. 남한 중부 이북 지역에 분포한다.

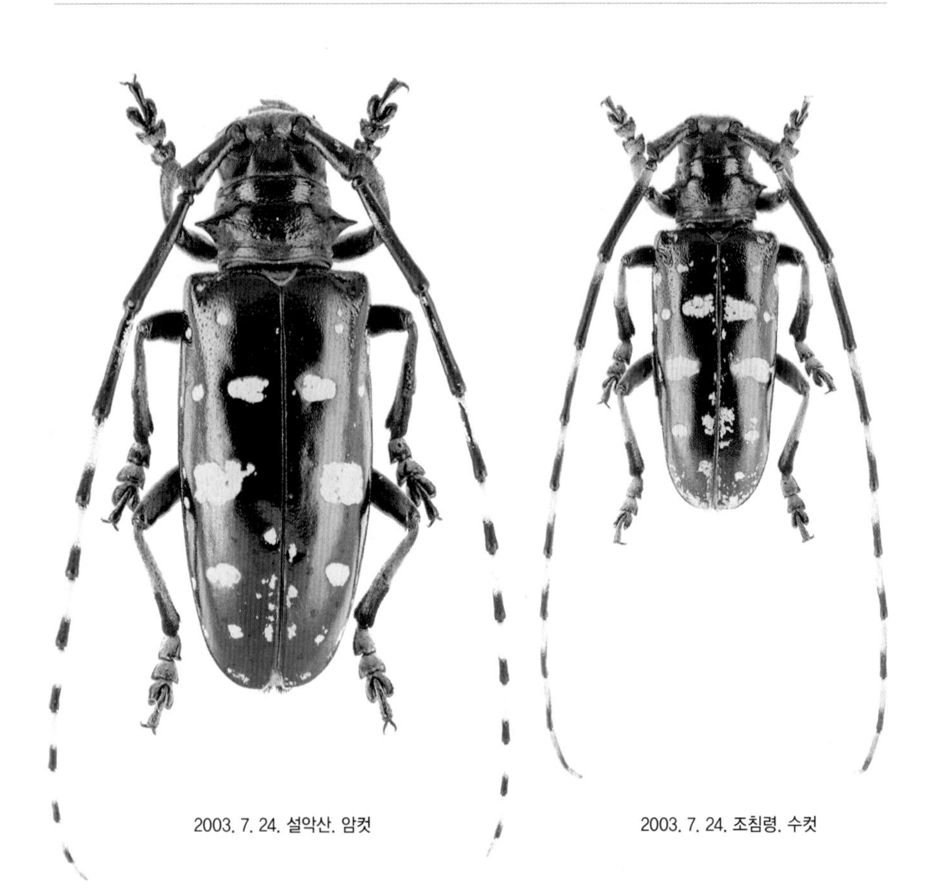

2003. 7. 24. 설악산. 암컷

2003. 7. 24. 조침령. 수컷

알락하늘소

Anoplophora malasiaca (J. Thomson, 1865)

크기 25~35㎜
서식지 마을 주변, 강가
출현시기 6~9월
월동태 유충
기주식물 중국단풍나무, 양버즘나무
분포 거제도, 지리산, 변산반도, 운장산, 모악산, 소백산, 서울 강남구, 구름산, 천마산

몸 윗면은 검고 광택이 강하다. 딱지날개 상반부의 위와 옆에 작은 돌기들이 있으며 흰 점무늬는 비교적 좌우 대칭이다. 마을 주변의 단풍나무나 강변의 버드나무류에 살며 성충은 6월부터 나타나 7월 초순에 가장 많이 보인다. 낮 동안 기주식물의 잎이나 가지에서 암수가 짝짓기를 하거나 가지의 껍질을 갉아먹으며, 암컷은 저녁에 굵은 줄기에 내려와 살아있는 기주식물에 산란한다. 아파트 조경수나 도시의 가로수에서도 볼 수 있으며 알에서 성충이 되기까지는 2년이 걸린다고 한다. 불빛에 날아오며 남한 전역에 분포한다.

2008. 8. 26. 지리산. 암컷

2005. 6. 23. 거제도. 수컷

2010. 7. 8. 모악산

2014. 7. 21. 모악산. 호랑거미 줄에 걸린 성충

2009. 7. 7. 모악산. 아파트 정원수에 살고 있다.

2014. 6. 30. 모악산. 갯버들 가지를 갉아 먹는 성충

2014. 7. 18. 모악산. 가지를 갉아먹어 죽은 갯버들

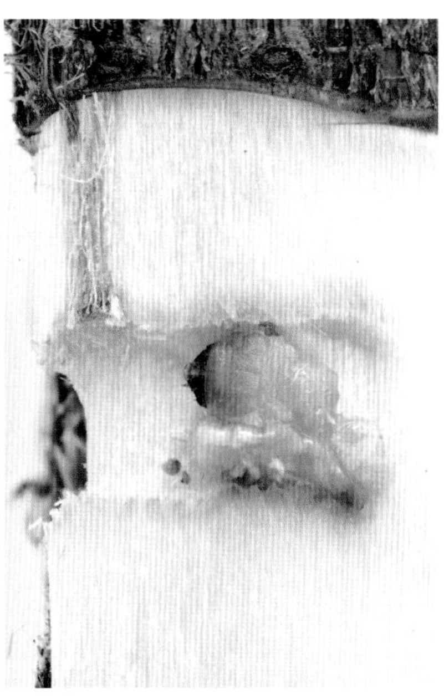

2014. 8. 28. 모악산. 유충이 줄기를 빙 돌며 갉아먹고 있다.

애기우단하늘소

Astynoscelis degener degener (Bates, 1873)

크기 9~14㎜
서식지 산길 주변
출현시기 6~7월
월동태 유충
기주식물 쑥
분포 회문산, 경각산, 변산반도, 운장산, 연석산, 영월 주천면, 태기산, 오대산

몸 윗면에 노란색과 회색 털이 나 있고 진한 갈색을 띤다. 더듬이는 갈색으로 암수 모두 몸길이의 2배 정도로 길다. 앞가슴등판과 딱지날개에는 분명하지 않은 흰색 무늬가 있다. 성충은 6월부터 나타나며 산길 주변에서 쑥 줄기를 갉아먹는다. 보호색을 띠어 쑥 줄기나 시든 잎에 있으면 찾기 어렵다. 암컷은 쑥 줄기를 빙 돌아가며 가해해 시들게 한 다음 산란한다. 유충은 줄기에 터널을 뚫고 생활하며 다 자란 유충은 줄기를 자르고 구멍을 톱밥으로 막은 뒤 뿌리에서 겨울을 나고 5월에 번데기가 된다. 남한 전역에 분포한다.

2011. 7. 1. 운장산. 암컷

2011. 7. 1. 운장산. 수컷

2011. 7. 1. 운장산. 쑥에 산란한 흔적

2011. 7. 1. 운장산. 마른 쑥 줄기에 숨어 있다.

2011. 7. 11. 운장산. 쑥 줄기에 갉아먹은 흔적이 있다.

2011. 7. 1. 운장산. 줄기 속의 알

2012. 4. 9. 운장산. 유충이 톱밥을 배출한 흔적

2012. 4. 9. 운장산. 자른 줄기의 구멍을 막고 월동하는 유충

2011. 7. 1. 운장산. 줄기에 빙 둘러 구멍을 뚫은 뒤에 산란했다.

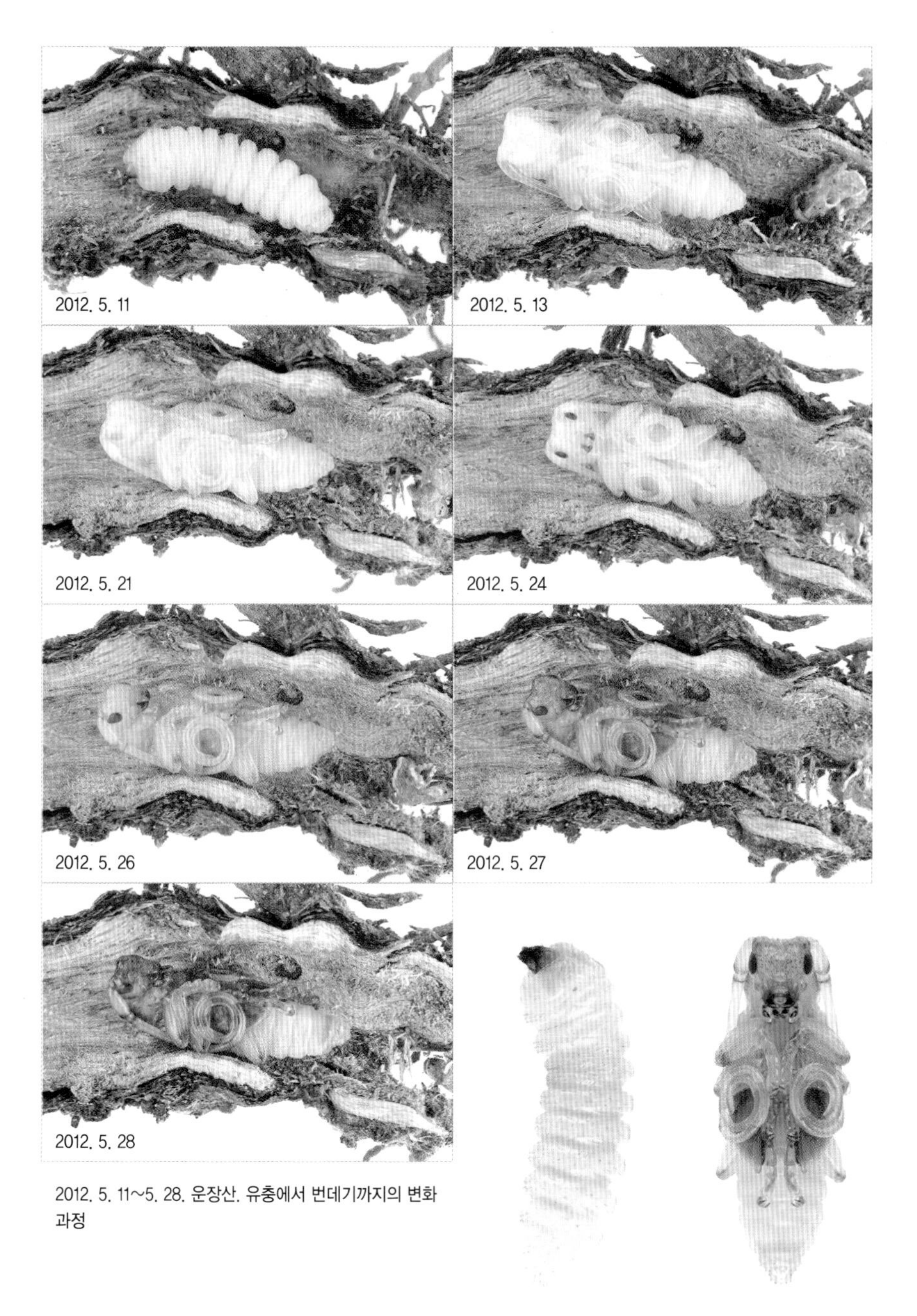

2012. 5. 11~5. 28. 운장산. 유충에서 번데기까지의 변화 과정

2011. 5. 12. 운장산. 유충

2011. 5. 27. 운장산. 번데기

우단하늘소

Acalolepta fraudatrix fraudatrix (Bates, 1873)

크기 12~25㎜
서식지 산지
출현시기 6~8월
월동태 유충
기주식물 예덕나무, 노박덩굴
분포 흑산도, 거제도, 두륜산, 지리산, 회문산, 내장산, 운장산, 연석산, 화야산, 태기산, 오대산

몸 윗면은 진한 갈색을 띠고 머리, 앞가슴등판과 딱지날개에 짧은 털이 밀집해 나 있으며 보는 각도에 따라 명암이 다르고 광택이 난다. 산지에 서식하며 성충은 6월부터 나타나기 시작해 7월 초순에 가장 많이 보인다. 낮에는 음지의 마른 나뭇잎에서 보호색을 띠고 숨어 있어 발견하기 어렵다. 암컷은 고사목이나 벌채된 기주식물에 산란하며 유충으로 겨울을 보내고 다음해 5월에 번데기가 된다. 불빛에 날아오며 남한 전역에 분포한다.

2014. 7. 20. 연석산. 수컷

2014. 7. 20. 연석산. 암컷

2014. 7. 20. 연석산

2014. 7. 1. 운장산. 성충이 숨어 있는 마른 나뭇잎

2005. 7. 8. 내장산. 꺾여 마른 가지에 숨어 있는 성충

2014. 6. 20. 흑산도

2005. 7. 8. 내장산. 성충은 꺾인 가지의 마른 잎에 숨는다.

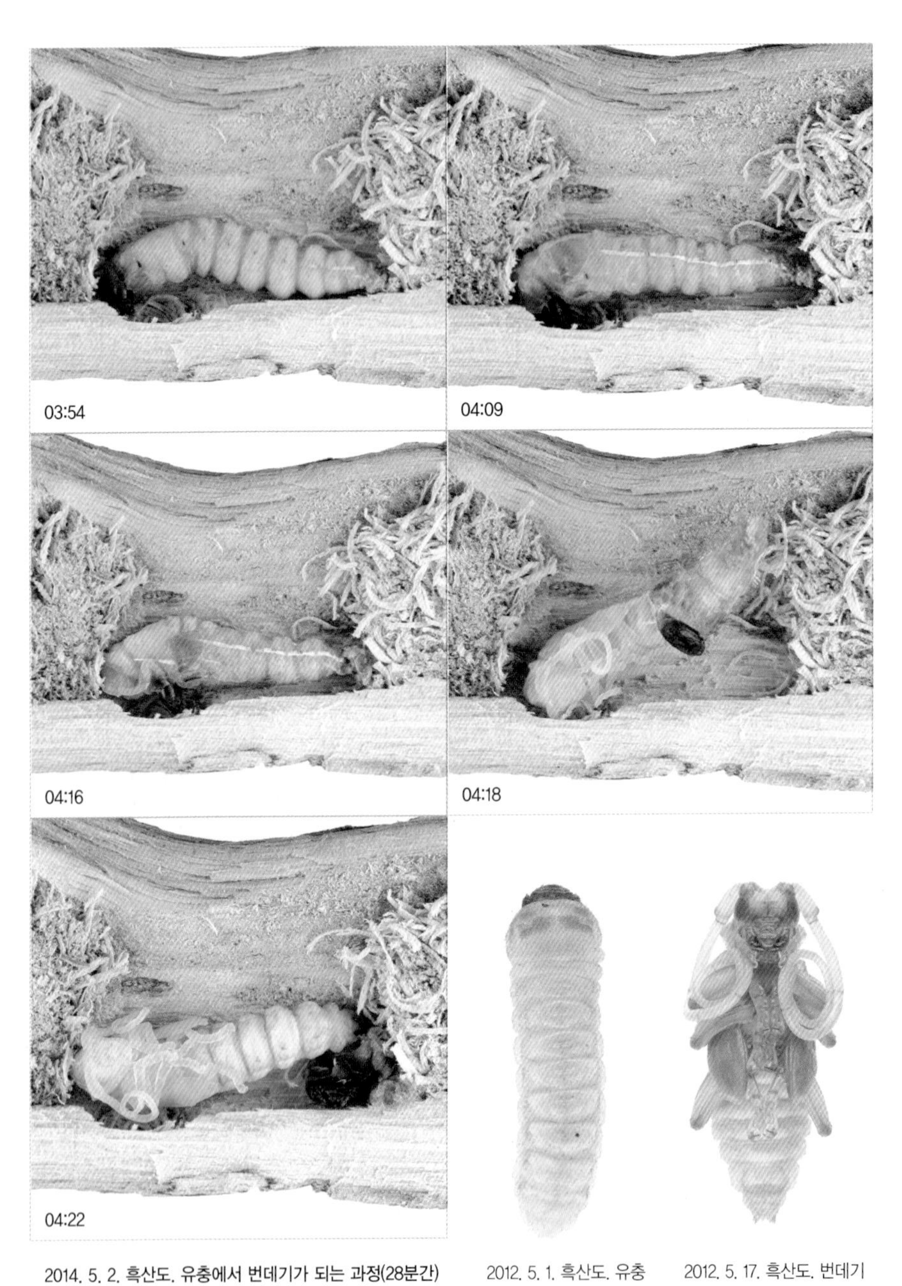

2014. 5. 2. 흑산도. 유충에서 번데기가 되는 과정(28분간)

2012. 5. 1. 흑산도. 유충

2012. 5. 17. 흑산도. 번데기

큰우단하늘소

Acalolepta luxuriosa luxuriosa (Bates, 1873)

크기 20~36㎜
서식지 낮은 산지
출현시기 6~8월
월동태 유충
기주식물 두릅나무, 팔손이
분포 제주도, 거제도, 지리산, 가지산, 내장산, 모악산, 소백산, 주금산, 태기산, 오대산

몸 윗면은 검은 바탕에 노란 털이 나 있다. 더듬이는 무척 길어 수컷은 몸길이의 3배에 이르고 1마디는 검고 나머지는 암갈색이나 회백색을 띤다. 앞가슴등판 양 옆에 뾰족한 돌기가 있으며 딱지날개에는 분명하지 않은 노란 무늬가 나타난다. 성충은 낮은 산지에서 6월부터 나타난다. 야행성으로 살아있는 기주식물의 잎이나 줄기를 갉아먹으며, 암컷은 턱으로 줄기를 물어뜯어 구멍을 내고 산란한다. 유충으로 겨울을 나고 5월에 번데기가 된다. 불빛에 날아오며 남한 전역에 분포한다.

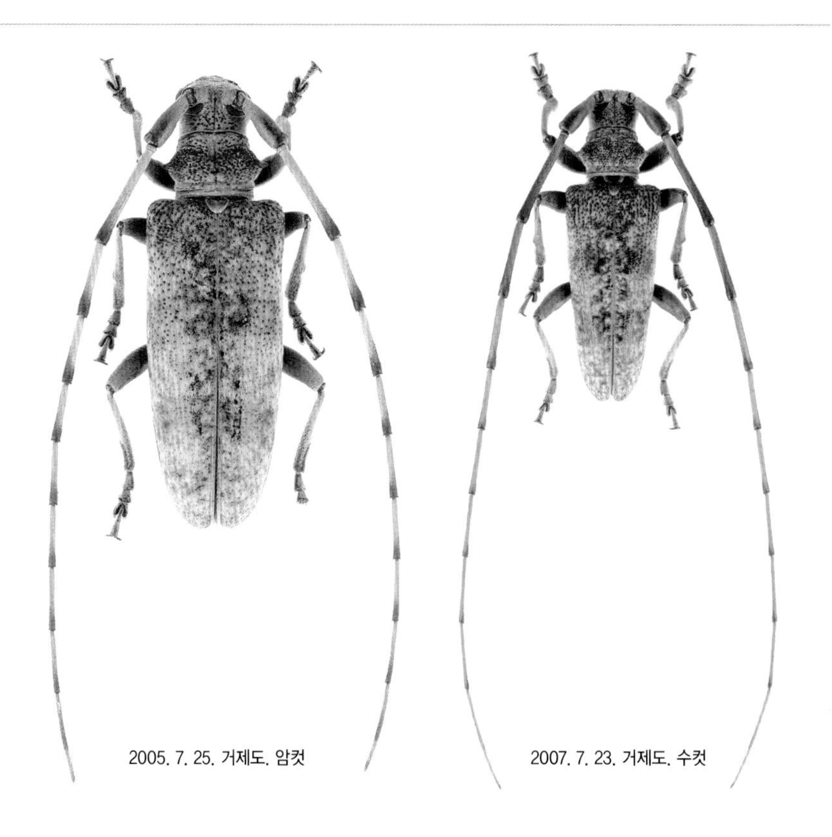

2005. 7. 25. 거제도. 암컷

2007. 7. 23. 거제도. 수컷

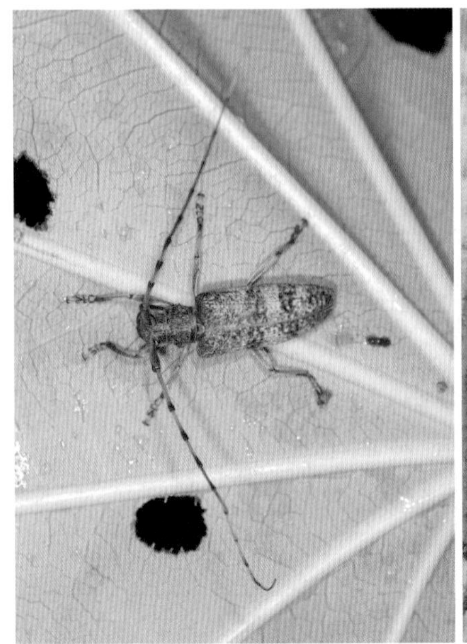

2007. 7. 4. 거제도. 팔손이 나뭇잎 뒤에 앉아 있다.

2007. 7. 4. 거제도. 팔손이 나뭇잎을 갉아먹은 흔적

2012. 7. 7. 모악산

2005. 7. 26. 거제도. 팔손이에 산란한 흔적

2005. 7. 26. 거제도. 팔손이에 낳은 알

2012. 5. 16. 모악산. 큰우단하늘소가 서식하는 두릅나무 군락

2012. 4. 16. 모악산. 유충이 살고 있는 두릅나무

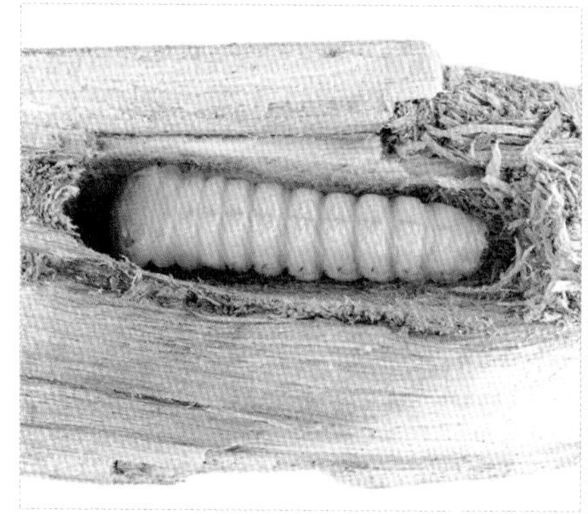
2012. 4. 30. 운장산. 유충

2012. 6. 2. 운장산. 번데기

작은우단하늘소

Acalolepta sejuncta sejuncta (Bates, 1873)

크기 14~20㎜
서식지 산지
출현시기 6~8월
월동태 유충
기주식물 예덕나무, 호두나무, 풍개나무, 굴피나무, 단풍나무, 노린재나무, 개서어나무
분포 거제도, 두륜산, 회문산, 내장산, 운장산, 모악산, 연석산, 칠갑산, 광덕산(천안), 주금산, 오대산, 미천골

몸은 진한 갈색으로 보는 각도에 따라 명암이 다르고 딱지날개에 검은 무늬가 나타난다. 우단하늘소와 모양이 비슷하나 우단하늘소보다 더듬이가 가늘다. 성충은 산지에서 6월부터 나타나며 활엽수 벌채목에 오거나 마른 나뭇잎에 숨어 있다. 암컷은 벌채된 기주식물에 산란하고 유충으로 겨울을 보낸다. 종종 우단하늘소와 같이 있으며 불빛에 잘 날아온다. 남한 전역에 분포한다.

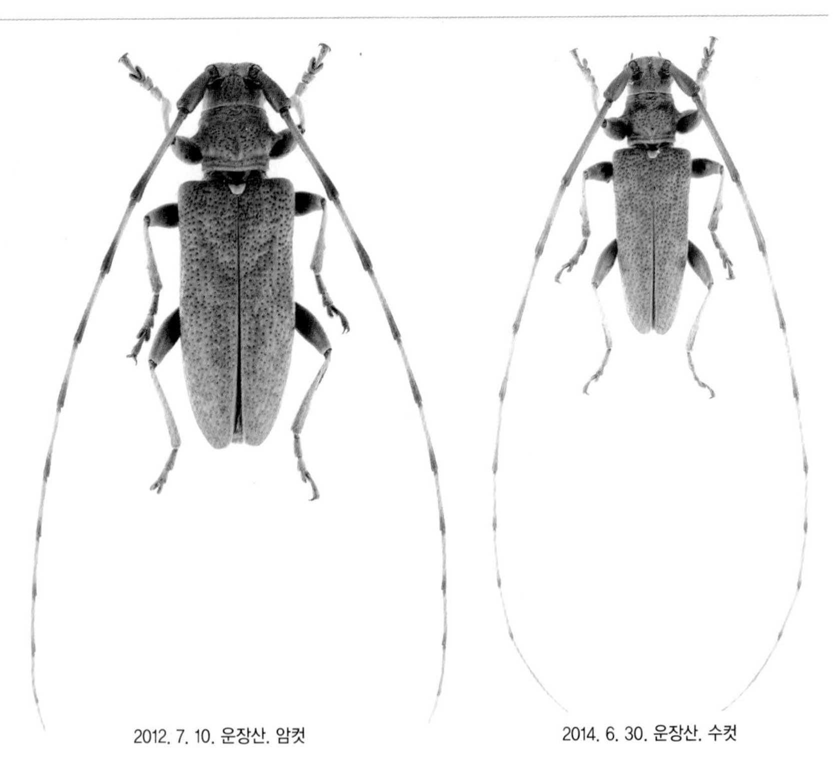

2012. 7. 10. 운장산. 암컷

2014. 6. 30. 운장산. 수컷

2014. 7. 1. 운장산. 성충이 숨어 있는 마른 잎

2014. 7. 8. 연석산. 꺾인 가지의 마른 잎에 오는 성충

2008. 6. 29. 모악산

2006. 6. 18. 내장산

화살하늘소

Uraecha bimaculata bimaculata J. Thomson, 1864

크기 15~25㎜
서식지 산지
출현시기 6~9월
월동태 유충
기주식물 예덕나무
분포 거제도, 병풍산, 지리산, 운장산, 모악산, 용유도

몸은 갈색이나 황갈색이며 개체에 따라 변화가 있다. 앞가슴등판 양 옆에 돌기가 있으며 딱지날개에는 진한 갈색 점이 있고, 끝이 깊게 파여 뾰족하다. 산지에 서식하며 성충은 6월부터 나타나 마른 나뭇가지나 덩굴식물 잎에 앉아 있어 눈에 잘 띄지 않으며 불빛에 날아온다. 암컷은 죽은 기주식물에 산란하고 유충으로 겨울을 난다. 남한 중부 이남 지역에 분포한다.

2010. 7. 22. 모악산. 암컷

2011. 7. 3. 운장산

2004. 7. 15. 거제도

울도하늘소

Psacothea hilaris hilaris (Pascoe, 1857)

크기 14~30㎜
서식지 마을 주변, 낮은 산지
출현시기 7~10월
월동태 유충
기주식물 뽕나무, 무화과나무, 꾸지나무
분포 거문도, 함안 군북면, 울릉도

몸 윗면은 암녹색으로 머리와 앞가슴등판에 노란 줄과 점무늬가 있으며, 더듬이는 무척 길어 수컷은 몸길이의 약 3배, 암컷은 2배 정도다. 딱지날개에도 크고 작은 노란 점이 흩어져 있다. 주로 마을 주변이나 낮은 산지에 살며 성충은 7월부터 나타나 기주식물의 잎이나 가지를 갉아먹는다. 암컷은 살아있는 기주식물의 줄기에 상처를 내고 산란하며 다 자란 유충은 성충이 되어 나올 탈출구를 미리 뚫어 놓고 톱밥으로 막은 뒤 번데기가 된다. 남한의 중부 이남 지역에 분포한다.

2007. 7. 14. 거문도. 암컷

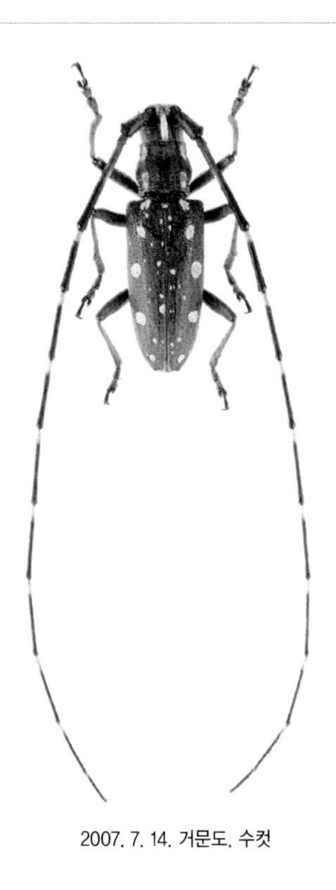

2007. 7. 14. 거문도. 수컷

2011. 10. 28. 울릉도. 뽕나무에 산란한 흔적

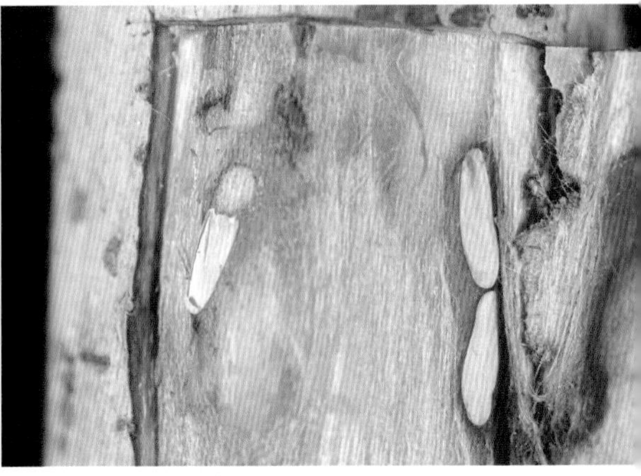

2007. 7. 14. 거문도. 꾸지나무에 낳은 알

2011. 19. 28. 울릉도. 유충이 살고 있는 뽕나무

2007. 7. 13. 거문도

2007. 7. 14. 거문도

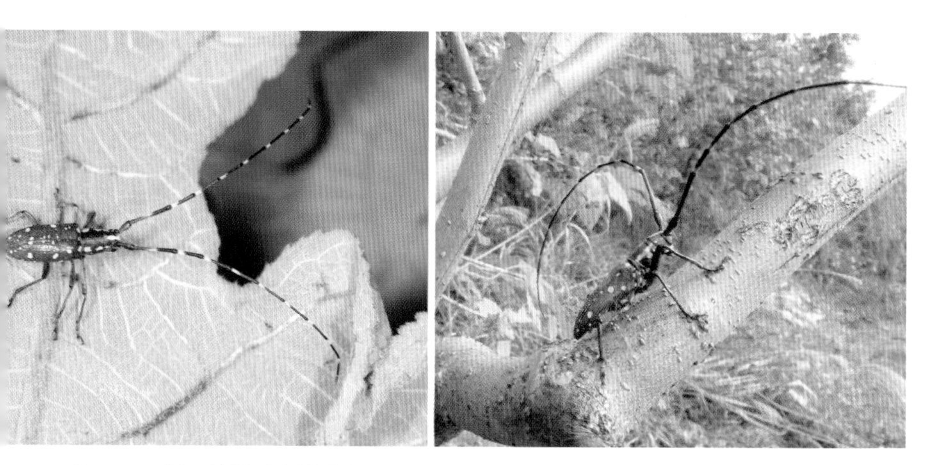

2007. 7. 13. 거문도. 잎맥을 갉아먹은 흔적이 보인다.

2011. 10. 30. 울릉도. 가을까지 활동 중인 성충

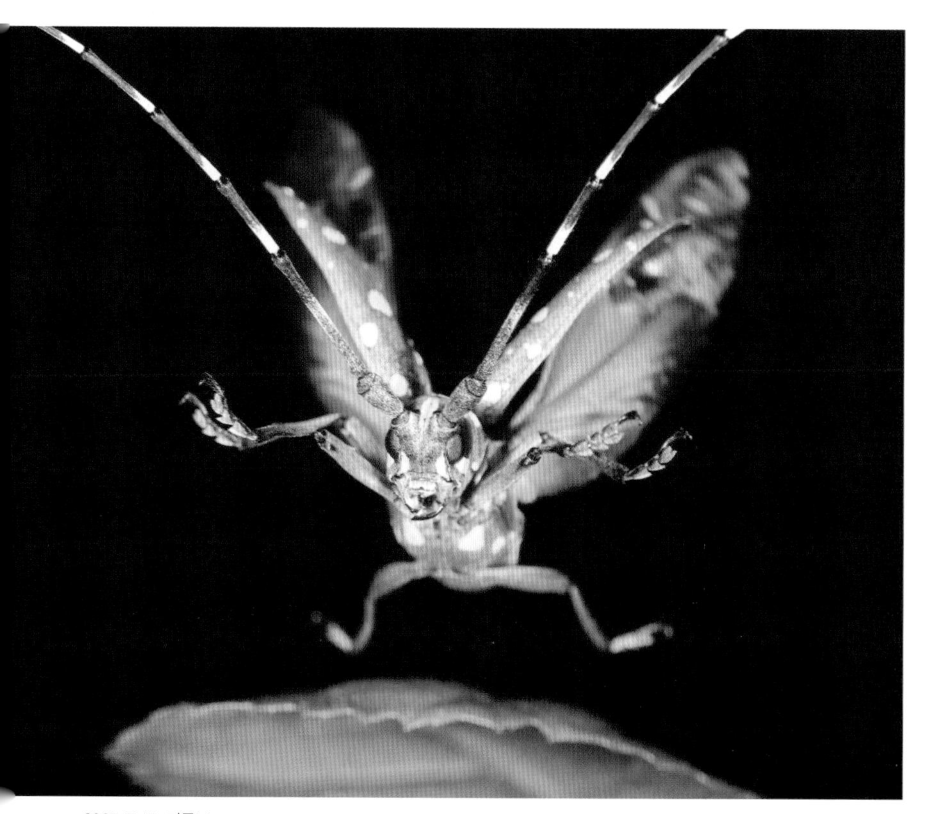

2007. 7. 17. 거문도

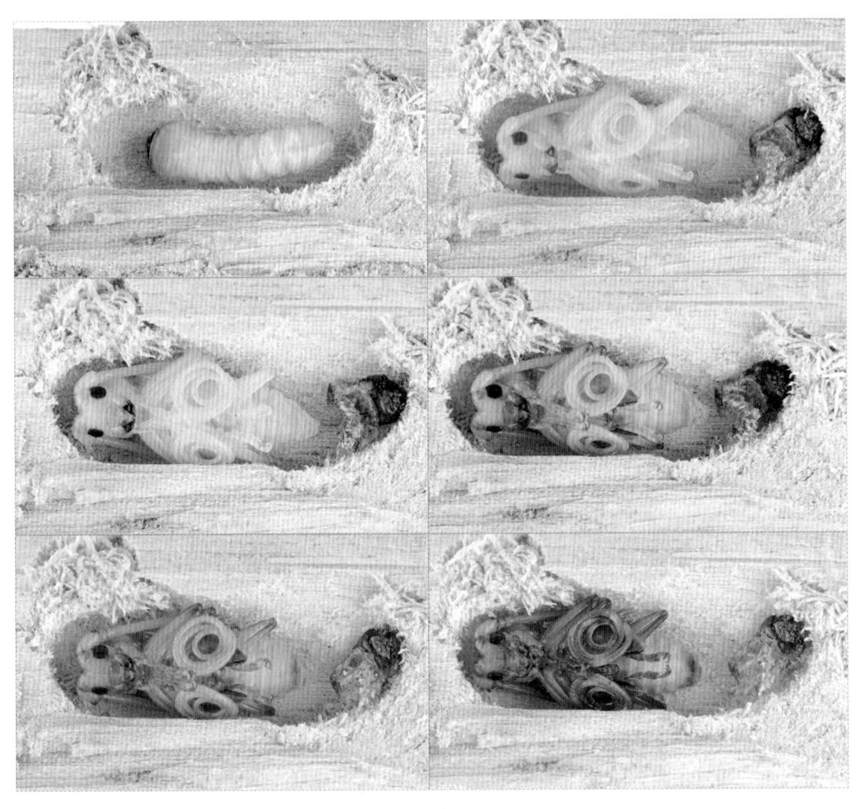

2012. 5. 15~ 울릉도. 유충에서 번데기까지의 변화 과정(사육)

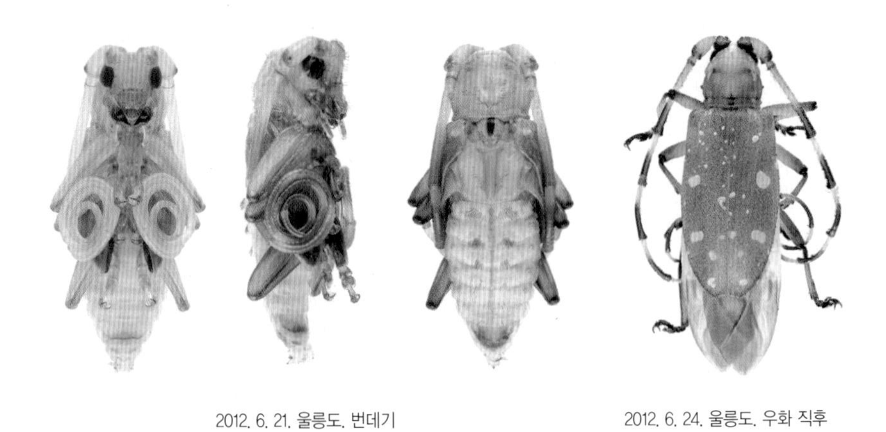

2012. 6. 21. 울릉도. 번데기

2012. 6. 24. 울릉도. 우화 직후

뽕나무하늘소

Apriona (*Apriona*) *germari* (Hope, 1831)

크기 35~45㎜
서식지 마을 주변
출현시기 7~8월
월동태 유충
기주식물 뽕나무
분포 거문도, 압해도, 무등산, 지리산, 회문산, 변산반도, 모악산, 태기산

몸 윗면은 황록색이며 앞가슴등판에는 주름모양 돌기가 융기되었고, 양 옆에 뾰족한 돌기가 있다. 딱지날개 상단부에는 조그만 돌기들이 나 있으며 끝에는 각 2개씩 가시가 있다. 앞다리의 종아리마디는 안으로 굽었다. 마을 주변의 뽕나무 밭에 서식하며 성충은 7월부터 나타나기 시작해 8월 초순에 가장 많이 보인다. 뽕나무 가지의 껍질을 갉아먹으며 암컷은 가는 가지에 타원형 알자리를 만들어 산란한다. 유충은 구멍을 통해 배설물을 배출하며 수액이 흘러 외부에서 유충의 위치를 알 수 있다. 유충이 성충이 되기까지는 2년이 걸린다. 낮에 활동하지만 불빛에도 날아온다. 남한 전역에 분포한다.

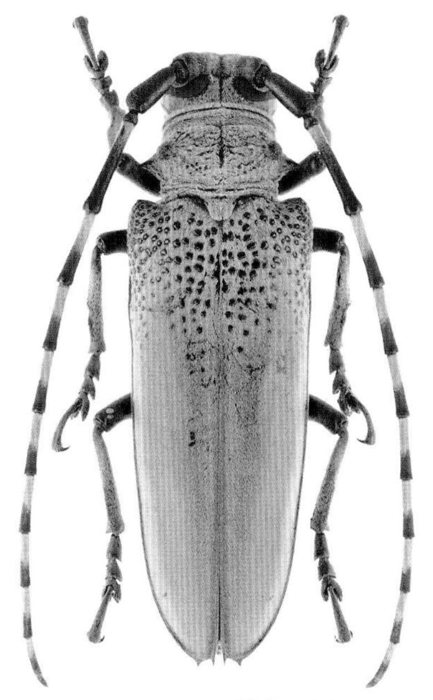

2004. 7. 17. 변산반도. 암컷

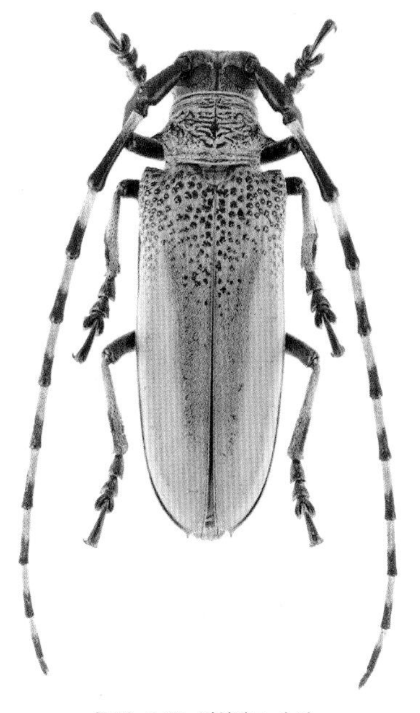

2008. 7. 30. 변산반도. 수컷

2009. 7. 11. 변산반도. 뽕나무 새 줄기에 오는 성충

2008. 7. 16. 변산반도

2007. 7. 16. 변산반도. 줄기를 갉아먹는 성충

2010. 7. 25. 변산반도

2008. 7. 31. 변산반도. 산란 흔적

2007. 7. 24. 변산반도. 껍질을 갉아먹어 가지가 죽는다.

2006. 5. 7. 변산반도. 유충이 톱밥을 배출한 흔적

2005. 7. 21. 변산반도. 유충이 터널을 뚫어 죽은 뽕나무

참나무하늘소

Batocera lineolata Chevrolat, 1852

크기 45~52㎜
서식지 산지
출현시기 5~7월
월동태 유충, 성충
기주식물 구실잣밤나무, 오리나무
분포 거제도, 금오도, 무등산

몸 윗면은 암녹색이다. 더듬이는 검으며 수컷은 몸길이의 2배에 약간 못 미친다. 앞가슴등판에는 흰색 세로 줄무늬 2개가 뚜렷하며 양 옆에 뾰족한 돌기가 있다. 딱지날개 상단부에는 작은 돌기들이 있으며 끝에 있는 가시는 아주 작고, 흰색 무늬는 비교적 좌우 대칭으로 나타난다. 앞다리는 길고 종아리마디는 안으로 굽었다. 성충은 산지에 살며 5월부터 나타나 여름까지 활동한다. 야행성으로 낮에 보기 어렵고 불빛에 날아온다. 암컷은 살아있는 기주식물의 줄기를 물어뜯어 구멍을 내고 껍질과 목질부 사이에 산란한다. 다 자란 유충은 목질부 깊숙이 파고들어가 터널을 뚫고 산다. 겨울에 유충과 성충이 동시에 발견되는 것으로 보아 생활 주기가 2년 이상으로 추측된다. 남한 남부 지역에 분포한다.

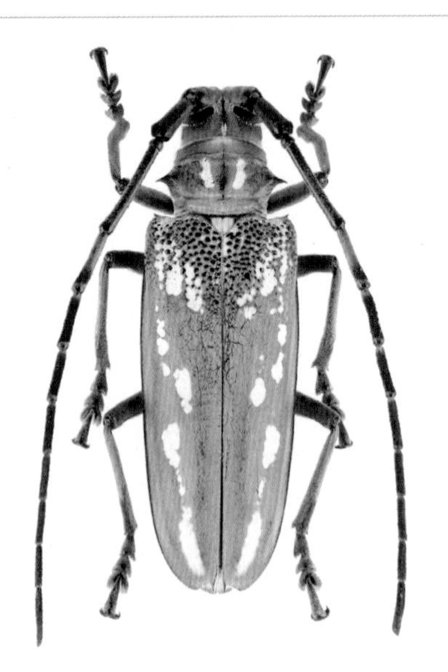
2004. 7. 21. 거제도. 암컷

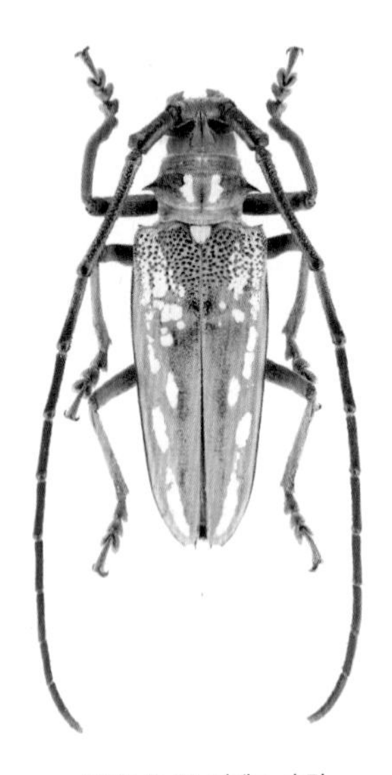
2005. 6. 23. 거제도. 수컷

2005. 6. 23. 거제도. 알

2005. 6. 23. 거제도. 알에서 나오는 유충

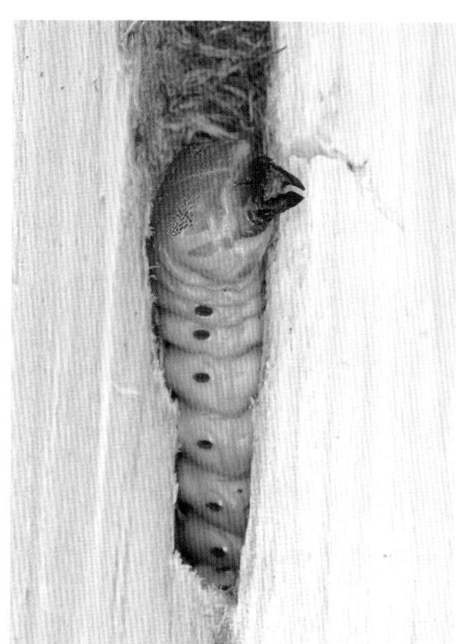

2008. 3. 17. 금오도. 월동 중인 유충

2008. 3. 17. 금오도. 월동 중인 성충

2005. 6. 23. 거제도

2005. 6. 23. 거제도

2010. 7. 2. 거제도. 무화과나무에 온 성충

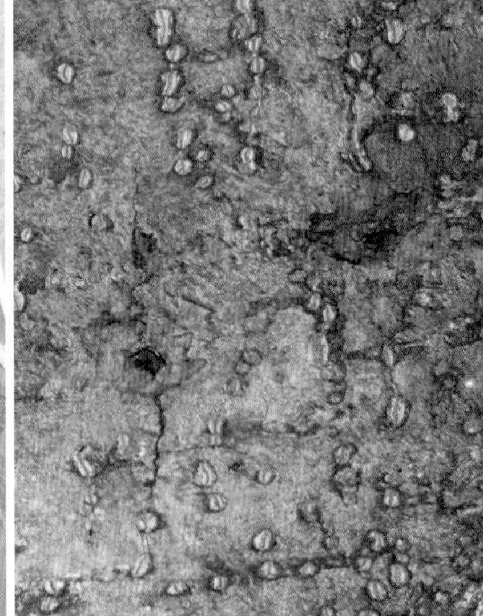

2005. 6. 24. 거제도. 오리나무에 산란한 흔적

알락수염하늘소

Palimna liturata continentalis (Semenov, 1914)

크기 12~24㎜
서식지 산지
출현시기 7~8월
월동태 확인하지 못함
기주식물 개서어나무
분포 제주도, 두륜산, 지리산, 광릉수목원

몸 윗면은 흰색에 노란 빛을 띤다. 더듬이는 무척 길어 수컷은 몸길이의 3배 이상이며 암컷도 2배가 넘는다. 앞가슴등판 양 옆에 돌기가 있으며 위에는 검은 세로 줄이 2개 있다. 딱지날개에는 검은 점과 얼룩무늬가 흩어져 있다. 앞다리는 길고 종아리마디가 안으로 굽었다. 산지에 살며 성충은 7월부터 나타나고 불빛에도 날아온다. 수세가 약한 기주식물에 모이며 암수가 짝짓기를 하고 암컷은 죽은 기주식물에 산란한다. 남한의 중부 이남 지역에 서식한다.

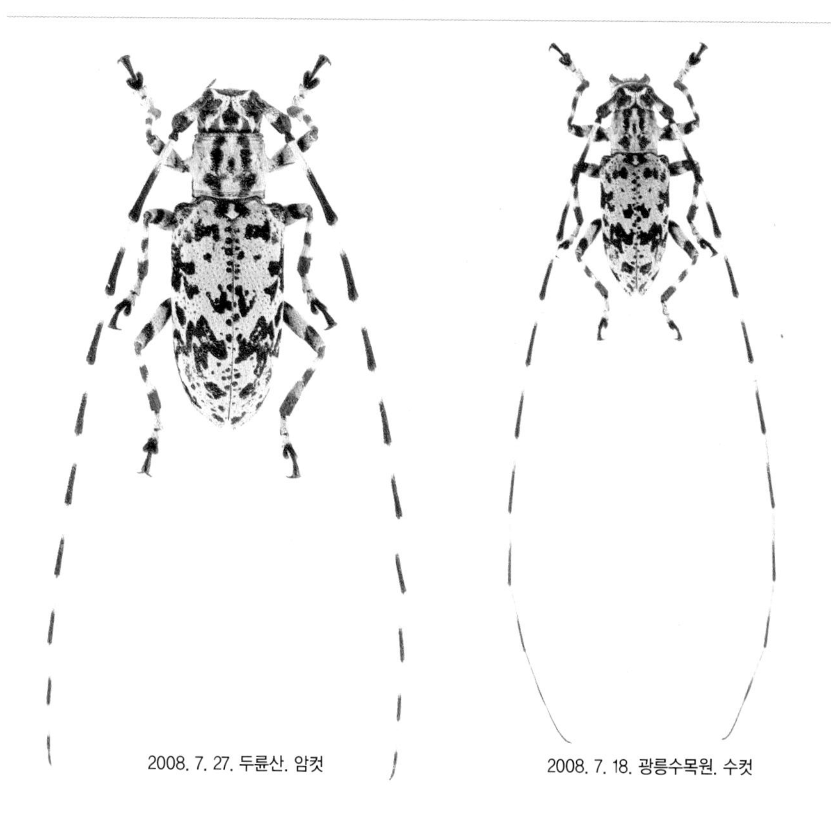

2008. 7. 27. 두륜산. 암컷

2008. 7. 18. 광릉수목원. 수컷

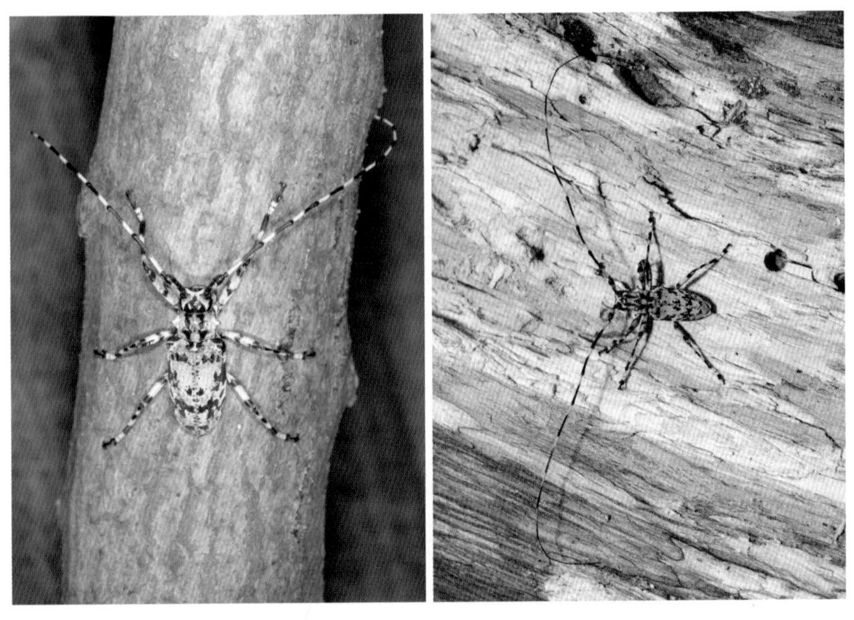

2006. 8. 5. 광릉수목원

2008. 7. 21. 두륜산

2008. 7. 5. 광릉수목원. 암컷이 산란하러 오는 죽어가는 서어나무

2014. 8. 28. 지리산. 불빛에 날아왔다가 죽었다.

털두꺼비하늘소

Moechotypa diphysis (Pascoe, 1871)

크기 17~25㎜
서식지 산지
출현시기 4~9월
월동태 유충, 성충
기주식물 노박덩굴, 굴피나무
분포 거제도, 무등산, 미륵산, 천성산, 지리산, 회문산, 추월산, 경각산, 운장산, 소백산, 강화도, 소래산(인천), 청계산, 태기산

몸은 넓적하고 검은색이나 황갈색을 띤다. 더듬이는 검고 마디 앞부분은 회백색이며 수컷은 몸길이보다 길고 암컷은 짧다. 딱지날개 윗부분에는 검은 털 뭉치가 있고 작은 돌기가 흩어져 있다. 성충은 이른 봄부터 나타나 늦여름까지 활동한다. 산지의 참나무 벌채목에 모이며 나무껍질을 갉아먹거나 교미하는 모습을 흔히 볼 수 있다. 겨울에 성충으로 월동한 개체는 일찍 나와 산란하고 알에서 나온 유충은 여름에 성충이 되어 다시 출현해 연 2회까지 발생한다. 암컷은 죽은 기주식물에 산란하며 다 자란 유충은 기주식물의 껍질과 목질부 사이에 번데기방을 만들고 번데기가 된다. 남한 전역에 분포한다.

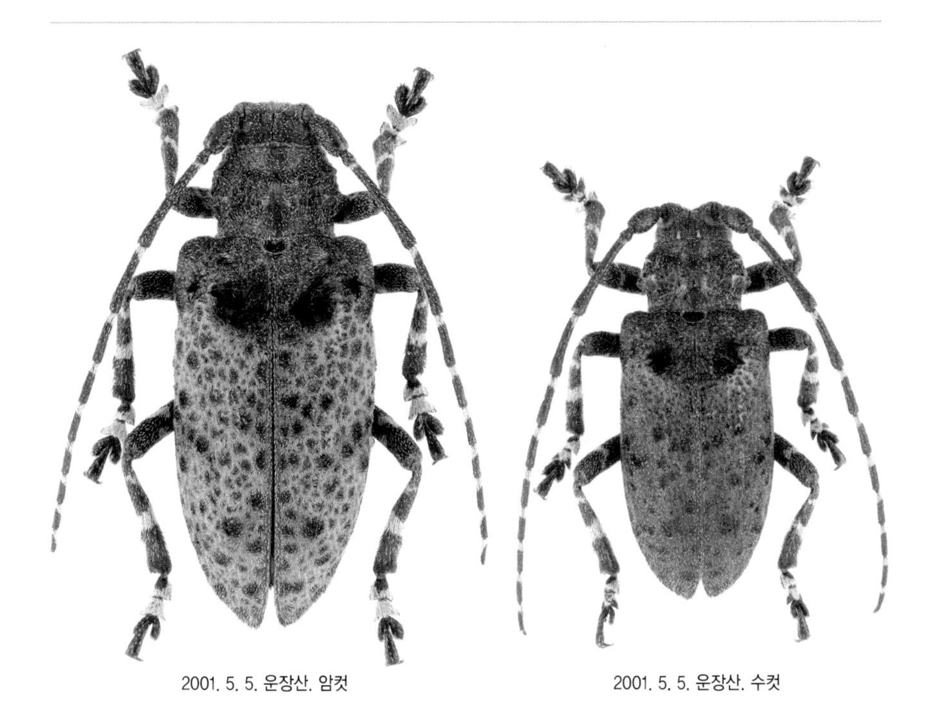

2001. 5. 5. 운장산. 암컷

2001. 5. 5. 운장산. 수컷

2014. 5. 23. 경각산. 참나무 벌채목에 왔다.

2014. 9. 16. 연석산. 허물을 벗고 있는 유충

2013. 9. 14. 연석산. 유충

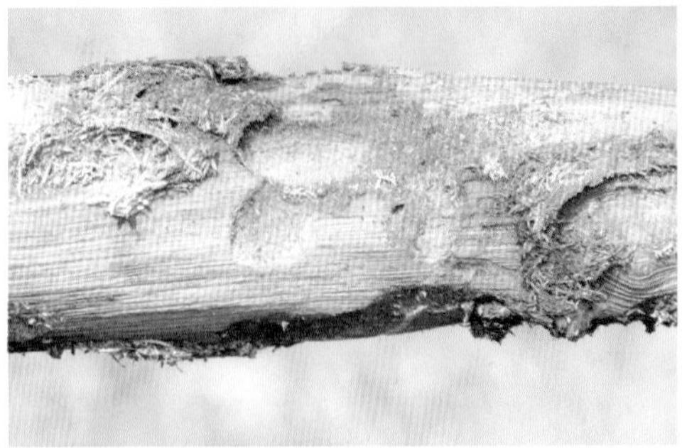

2010. 8. 30. 운장산. 유충이 먹은 흔적과 번데기방

2013. 9. 14. 연석산. 번데기

2010. 7. 1. 연석산. 산란 흔적

2010. 4. 29. 경각산. 털두꺼비하늘소가 많이 사는 참나무 벌채목

2010. 8. 30. 운장산. 껍질 밑 번데기 방에서 우화한 성충

2007. 6. 11. 지리산. 산란 중이다.

점박이염소하늘소

Olenecamptus clarus clarus Pascoe, 1859

크기 12~14㎜
서식지 낮은 산지
출현시기 6~8월
월동태 유충
기주식물 뽕나무
분포 지리산, 회문산, 변산반도, 운장산, 모악산, 전주 평화동, 강경읍, 강화도, 무갑산, 태기산

머리, 앞가슴등판, 딱지날개는 흰색이고 더듬이와 다리는 황갈색이다. 머리 가운데와 양 옆에 검은 점이 있으며 더듬이는 가늘고 길어 암수 모두 몸길이의 2배 이상이다. 앞가슴등판 위에는 세로 줄이 있으며, 옆에는 검은 점이 있다. 딱지날개에도 검은 점이 윗부분 옆에 1쌍, 위에 3쌍 있다. 성충은 6월부터 나타나기 시작하고 7월 초순에서 중순까지 가장 많이 보인다. 마을 주변의 뽕나무에 많으며 잎 뒷면에 앉아 잎을 갉아먹는다. 암컷은 죽은 뽕나무 가지에 산란한다. 유충으로 겨울을 보내고 봄에 번데기가 된다. 남한 전역에 분포한다.

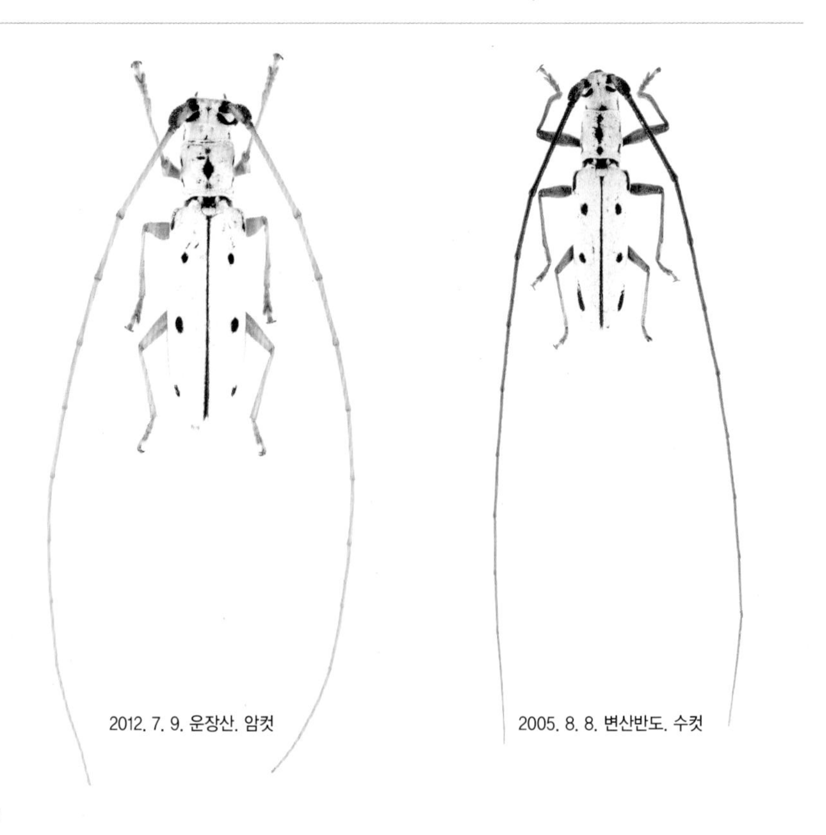

2012. 7. 9. 운장산. 암컷

2005. 8. 8. 변산반도. 수컷

2012. 2. 15. 회문산. 뽕나무에서 월동 중인 유충

2012. 5. 17. 회문산. 번데기

2012. 5. 21. 회문산. 성충으로 우화했다.

2014. 6. 23. 모악산. 뽕나무 잎을 갉아먹는다.

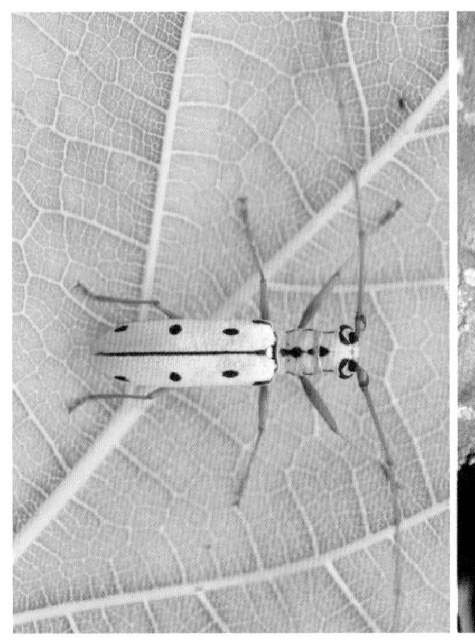

2014. 6. 23. 모악산. 뽕나무 잎 뒷면에 앉았다.

2013. 6. 27. 부귀산. 암컷이 부러진 뽕나무 가지에 산란하러 왔다.

2013. 6. 27. 부귀산. 죽은 가지에 암컷이 산란하러 온다.

2011. 11. 5. 회문산. 유충이 살고 있는 부러진 가지

테두리염소하늘소

Olenecamptus cretaceus cretaceus Bates, 1873

크기 16~23㎜
서식지 낮은 산지
출현시기 6~7월
월동태 유충
기주식물 팽나무, 예덕나무
분포 두륜산, 지리산, 내장산, 변산반도

머리, 앞가슴등판, 딱지날개는 흰색이고 더듬이와 다리는 암갈색이다. 수컷의 더듬이는 몸길이의 2배 이상으로 길다. 머리에서 딱지날개 하단부까지 옆면에 암갈색 줄무늬가 있다. 딱지날개에는 작고 검은 점이 1쌍 있다. 주로 낮은 산지에 살며 낮에는 보기 어렵고 불빛에 날아온다. 번데기는 죽은 기주식물에서 발견되고 유충으로 겨울을 난다. 남한 남부 지역에 분포한다.

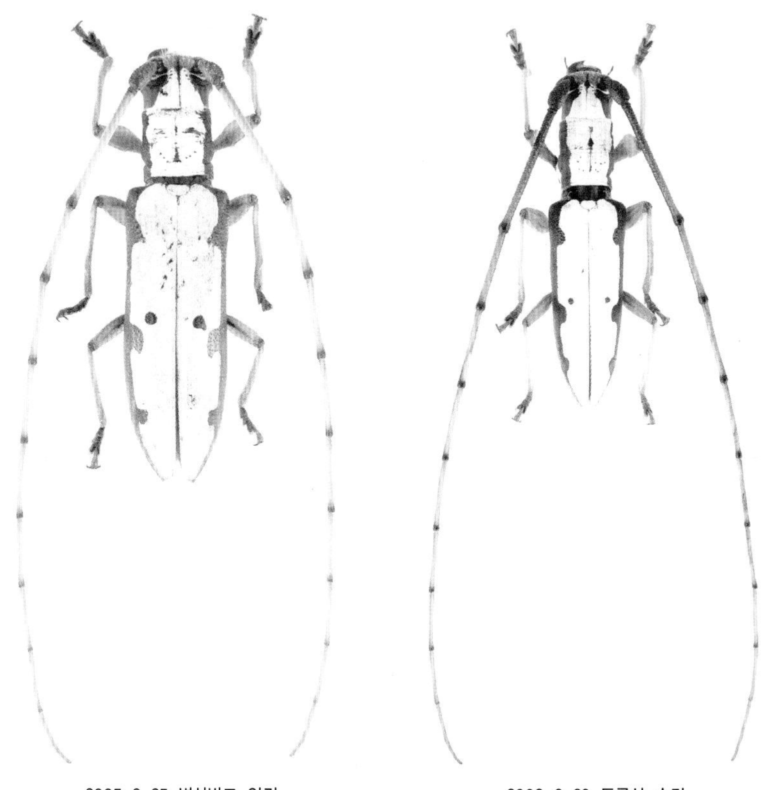

2005. 6. 25. 변산반도. 암컷

2008. 6. 23. 두륜산. 수컷

2007. 7. 23. 내장산

2007. 7. 23. 내장산

굴피염소하늘소

Olenecamptus formosanus Pic, 1914

크기 11~15㎜
서식지 낮은 산지
출현시기 6~7월
월동태 유충
기주식물 굴피나무, 호두나무
분포 제주도, 거제도, 지리산, 가지산, 내장산, 회문산, 운장산, 모악산, 소백산, 광덕산(천안), 홍천 홍천읍

머리, 앞가슴등판, 딱지날개는 흰색이고 더듬이와 다리는 황색이다. 수컷의 더듬이는 몸길이의 3배를 넘을 만큼 길다. 앞가슴등판에서 딱지날개 끝까지 연결되는 암갈색 세로 줄이 있다. 딱지날개 윗면의 점과 무늬는 개체에 따라 변화가 많다. 낮은 산지에 서식하며 성충은 6월부터 나타나며, 낮에 보기 어렵고 밤에 불빛에 날아온다. 암컷은 죽은 기주식물의 잔가지에 산란하며 유충으로 겨울을 난다. 남한의 중부 이남 지역에 분포한다.

2005. 6. 11. 모악산. 수컷

2012. 6. 28. 소백산. 죽은 굴피나무에 왔다.

2010. 6. 19. 회문산. 성충

2012. 4. 17. 모악산. 월동 중인 유충

2010. 5. 21. 회문산. 굴피나무 고사목에서 번데기가 되었다.

염소하늘소

Olenecamptus octopustulatus (Motschulsky, 1860)

크기 8~12㎜
서식지 낮은 산지
출현시기 5~7월
월동태 유충
기주식물 단풍나무, 비목, 후박나무, 층층나무, 말채나무, 사시나무
분포 장도, 지리산, 회문산, 추월산, 내장산, 변산반도, 운장산, 모악산, 소백산, 화야산, 공작산, 해산령

몸 윗면은 갈색이며, 더듬이와 다리는 노란색이다. 더듬이는 가늘고 길다. 앞가슴등판에는 세로로 흰 줄무늬가 있으며 딱지날개에는 흰 점이 4쌍 있다. 성충은 낮은 산지에서 5월부터 나타난다. 낮에는 눈에 잘 띄지 않으며 불빛에 잘 날아온다. 암컷은 죽은 기주식물의 잔가지에 산란하고 유충으로 겨울을 난다. 남한 전역에 분포한다.

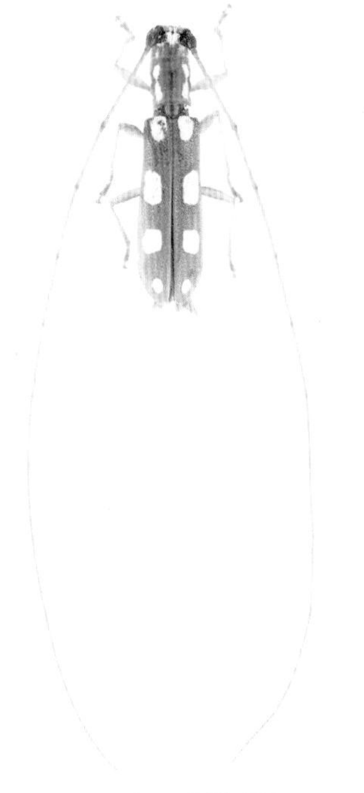

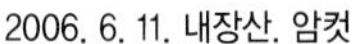

2006. 6. 11. 내장산. 암컷

2005. 5. 22. 변산반도. 수컷

2012. 4. 17. 옥정호. 유충

2012. 5. 20. 옥정호. 번데기

2010. 6. 18. 추월산

2012. 6. 10. 옥정호

2012. 6. 10. 옥정호

2012. 5. 20. 옥정호. 기생벌도 번데기가 되었다.

2012. 8. 12. 장도. 유충이 뚫고 들어간 구멍과 성충이 뚫고 나온 탈출구(원형)

흰염소하늘소

Olenecamptus subobliteratus Pic, 1923

크기 12~20㎜
서식지 산지
출현시기 6~8월
월동태 유충
기주식물 호두나무, 굴피나무
분포 운장산, 덕유산, 광덕산(천안), 태기산, 오대산, 해산령

몸 윗면은 흰색이며 더듬이와 다리는 갈색이나 암갈색이다. 검은 점이 앞가슴등판의 위에 1개, 양 옆에 2개씩, 딱지날개에 4개 있다. 산지에 살며 성충은 6월부터 나타나 8월까지 활동한다. 암컷은 죽은 기주식물에 산란하고 유충으로 겨울을 난다. 번데기 기간은 약 13일이다. 남한 전역에 분포한다.

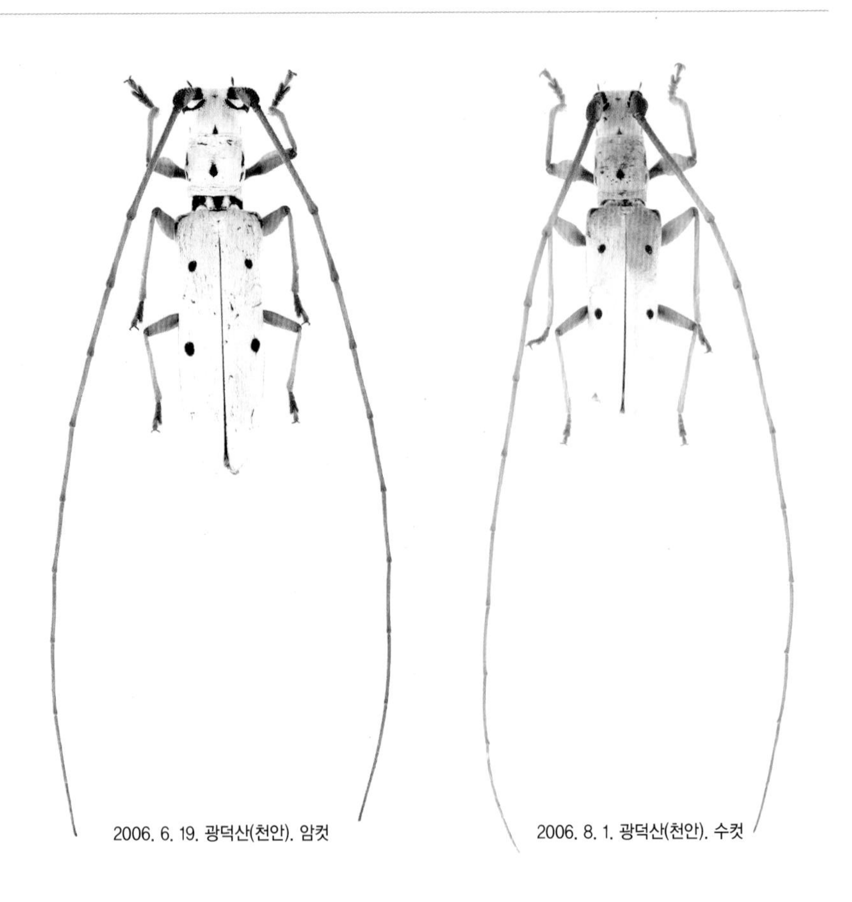

2006. 6. 19. 광덕산(천안). 암컷

2006. 8. 1. 광덕산(천안). 수컷

2014. 6. 29. 광덕산(천안). 성충

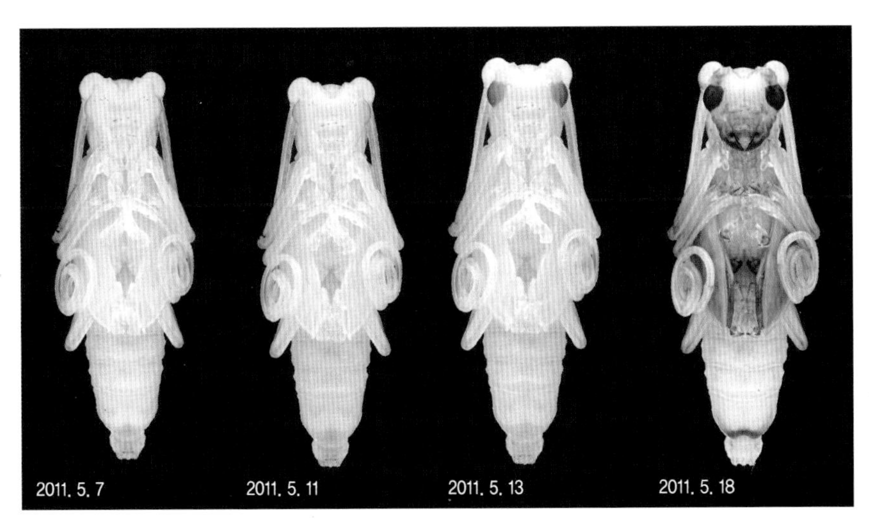

2011. 5. 7~5. 18. 광덕산(천안). 번데기 변화 과정

말총수염하늘소

Xenolea asiatica (Pic, 1925)

크기 7~10㎜
서식지 낮은 산지
출현시기 5~7월
월동태 유충
기주식물 뽕나무, 예덕나무, 꾸지나무, 꾸지뽕나무
분포 제주도, 변산반도, 울릉도

몸 윗면은 노란 털로 덮여 있으며 전체적으로 황갈색을 띤다. 더듬이는 길어 암수 모두 몸길이의 2배를 넘고 앞가슴등판 양 옆에는 돌기가 나 있다. 성충은 5월 말부터 나타나 낮은 산지나 밭 주변의 기주식물의 가지에서 활동한다. 짝짓기가 끝난 암컷은 죽은 기주식물의 가는 가지에 산란한다. 알에서 나온 유충은 껍질과 목질부 사이에서 살며 점차 자란 유충은 목질부로 뚫고 들어가 톱밥으로 구멍을 막은 뒤 겨울을 나고 봄에 번데기가 된다. 남한 남부 지역에 분포한다.

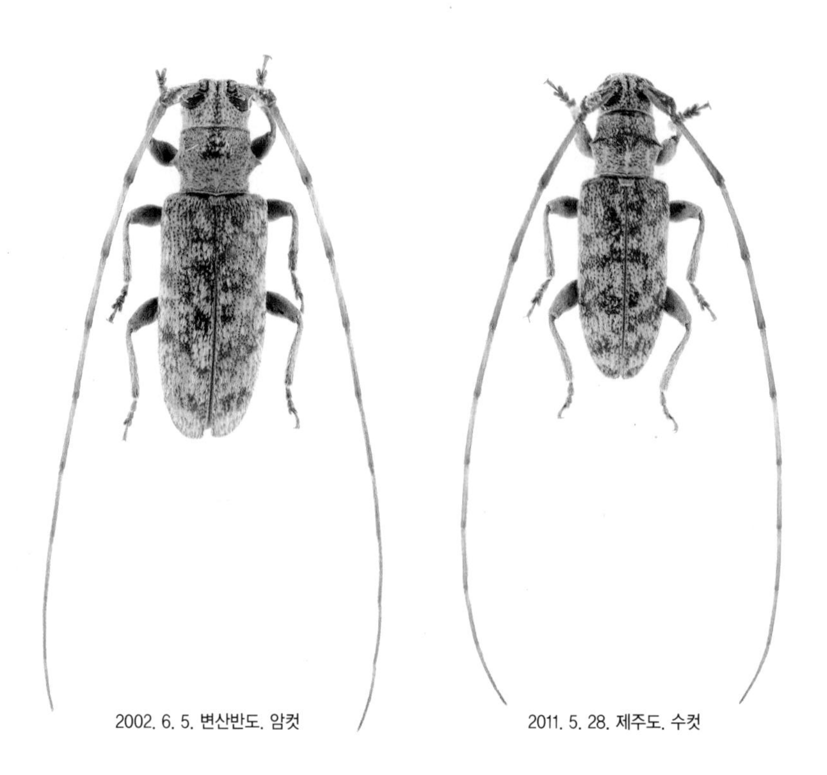

2002. 6. 5. 변산반도. 암컷

2011. 5. 28. 제주도. 수컷

2012. 2. 11. 제주도. 월동 중인 유충

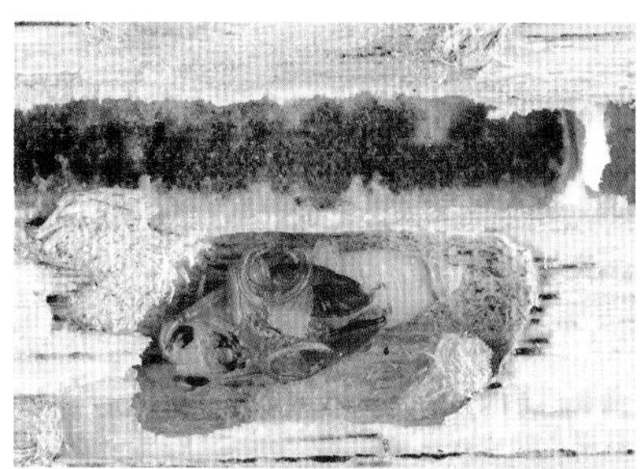

2012. 4. 18. 제주도. 번데기

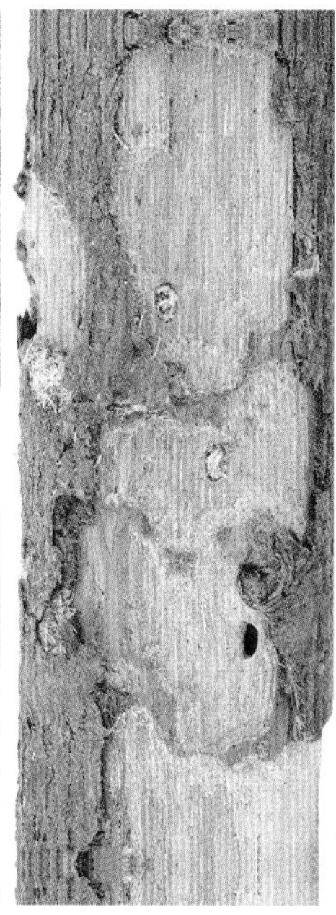

2012. 3. 30. 울릉도. 유충이 먹은 흔적

2012. 4. 17. 울릉도. 꾸지나무 속 번데기

2005. 7. 2. 변산반도

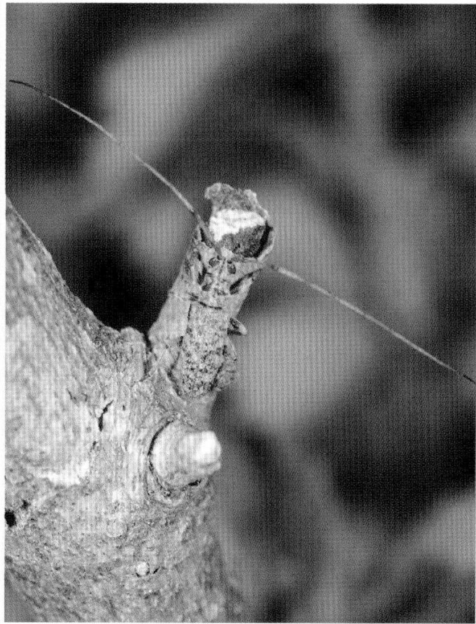

2012. 6. 7. 울릉도

곤봉하늘소

Arhopaloscelis bifasciata (Kraatz, 1879)

크기 4.5~8㎜
서식지 산지
출현시기 6~7월
월동태 확인하지 못함
기주식물 층층나무
분포 울릉도, 태백산, 계방산, 진부령

머리가 검고 더듬이는 황갈색을 띠며 암수 모두 몸길이의 1.5배 쯤 된다. 앞가슴등판은 검고 양 옆에 돌기가 있다. 딱지날개는 황갈색이며 가로로 점이 4줄 있다. 다리의 넓적다리마디는 검으며 수컷은 곤봉모양이다. 성충은 6월부터 나타나며 활엽수 고사목의 잔가지에 날아오고 암수가 만나 짝짓기하는 모습을 볼 수 있다. 저녁에는 불빛에도 날아온다. 번데기는 죽은 기주식물에서 발견된다. 남한의 북부 지역과 울릉도에 서식한다.

2012. 6. 22. 울릉도, 수컷

2001. 6. 16. 계방산, 암컷

2012. 6. 22. 울릉도

2001. 6. 10. 계방산

무늬곤봉하늘소

Rhopaloscelis unifasciata Blessig, 1873

크기 5.5~10㎜
서식지 산지
출현시기 4~7월
월동태 성충
기주식물 예덕나무, 노각나무, 생강나무
분포 제주도, 지리산, 추월산, 경각산, 운장산, 화야산, 계방산, 해산령, 진부령

머리와 앞가슴등판은 검고 딱지날개는 살구색이다. 더듬이는 암수 모두 몸길이의 약 1.5배이고 긴 털이 나 있다. 앞가슴등판은 양 옆에 돌기가 있다. 딱지날개에는 가로로 검은색 띠와 작은 점이 흩어져 있고 끝은 노란색을 띤다. 산지에 서식하며 성충은 이른 봄부터 나타나 죽은 활엽수의 잔가지에 날아온다. 암컷은 죽은 기주식물에 산란하고 알에서 나온 유충은 10월에 성충으로 우화해 겨울을 난다. 남한 전역에 분포한다.

2009. 4. 26. 지리산. 암컷

2010. 7. 11. 경각산. 수컷

2012. 5. 13. 운장산. 성충은 죽은 나뭇가지에서 활동한다.

2005. 5. 5. 지리산. 죽은 나무에 온 성충

2008. 4. 1. 제주도. 예덕나무에서 월동 중인 성충

맵시곤봉하늘소

Terinaea tiliae (Murzin, 1983)

크기 5~7㎜
서식지 산지
출현시기 5~8월
월동태 확인하지 못함
기주식물 확인하지 못함
분포 계방산, 해산령, 진부령

몸 윗면은 진한 갈색이고 황색 털이 나 있다. 더듬이와 다리는 갈색이다. 앞가슴등판 양 옆에 돌기가 있다. 성충은 봄부터 나타나 산지의 죽은 활엽수나 벌채목의 잔가지에 날아오며 곤봉하늘소, 무늬곤봉하늘소와 함께 관찰되기도 한다. 남한의 북부 지역에 분포한다.

2007. 5. 15. 해산령. 수컷

2007. 5. 15. 해산령. 암컷

2012. 6. 28. 진부령

애곤봉하늘소

Cylindilla grisescens Bates, 1884

크기 5~6㎜
서식지 산지
출현시기 6~10월
월동태 확인하지 못함
기주식물 확인하지 못함
분포 오대산

몸 윗면은 검고 더듬이는 암갈색으로 마디 전반부는 흰색이다. 딱지날개에 흰색 띠무늬가 있고 작은 점이 흩어져 있다. 성충은 죽은 활엽수의 잔가지에서 발견되며 저녁에는 불빛에 날아온다. 드물게 보이는 하늘소로 자세한 생태는 밝혀지지 않았다. 남한 전역에 분포한다.

2012. 6. 26. 오대산

2012. 7. 21. 오대산. 암컷

권하늘소

Mimectatina divaricata divaricata (Bates, 1884)

크기 6~8㎜
서식지 산지
출현시기 5~8월
월동태 유충
기주식물 칡
분포 제주도

몸은 살구색 털로 덮여 있다. 더듬이는 암수 모두 몸길이 정도이고 앞가슴등판 윗면에는 세로로 검은 띠가 약하게 나타난다. 딱지날개에 검은 무늬와 작은 흰 점이 있다. 성충은 5월부터 나타나 죽은 활엽수에서 발견된다. 암컷은 죽은 기주식물에 산란하며 알에서 나온 유충은 기주식물 껍질 밑에 번데기방을 만들고 겨울을 난다. 제주도와 울릉도에 분포한다.

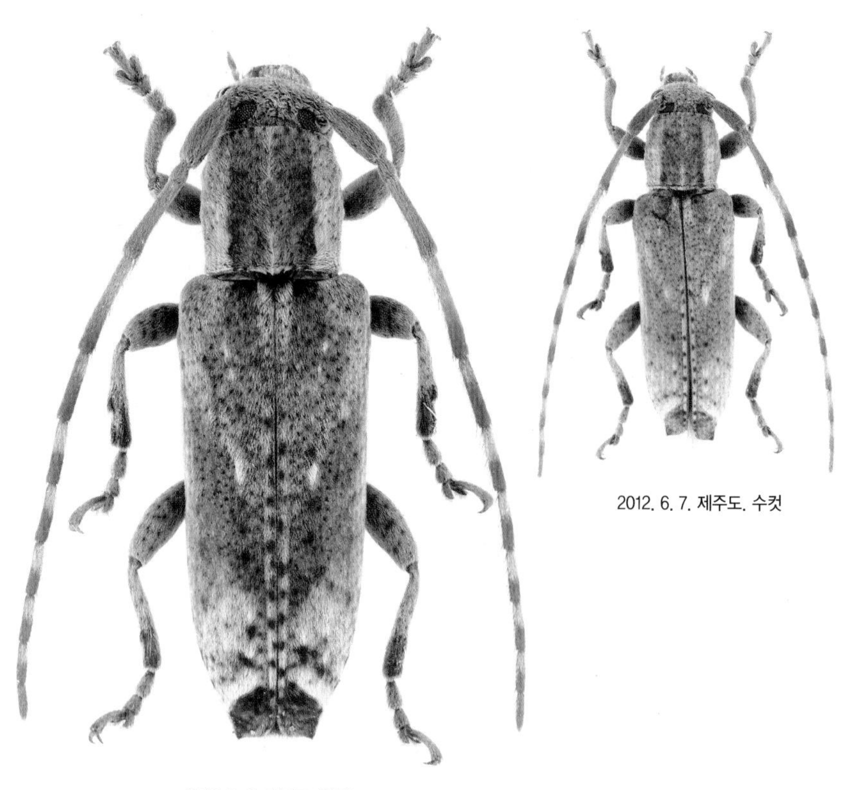

2012. 6. 7. 제주도. 수컷

2012. 6. 7. 제주도. 암컷

2012. 6. 7. 제주도. 죽은 칡에 왔다.

2012. 6. 7. 제주도

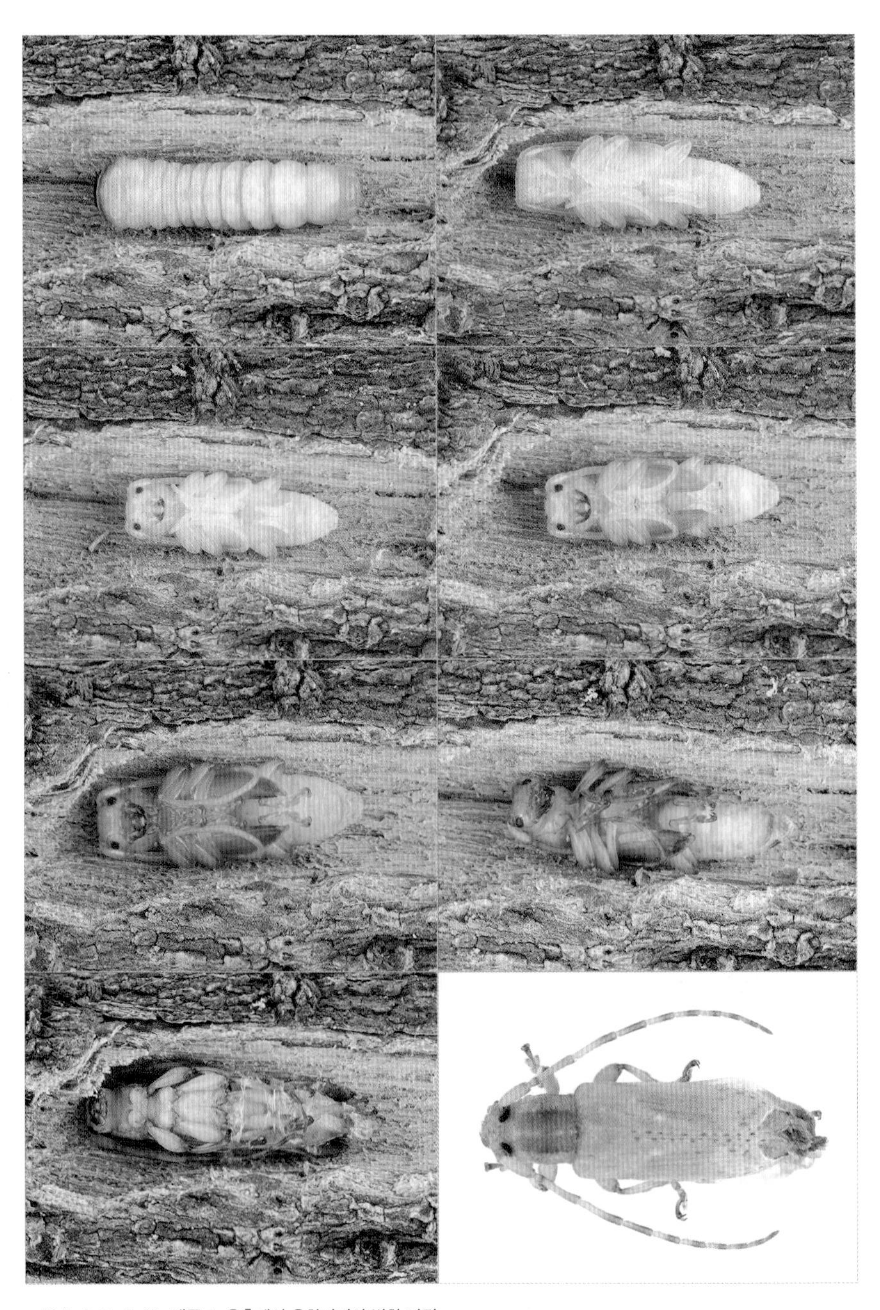

2011. 3. 5~5. 24. 제주도. 유충에서 우화까지의 변화 과정

큰통하늘소

Sophronica koreana Gressitt, 1951

크기 5~8㎜
서식지 낮은 산지
출현시기 4~8월
월동태 유충
기주식물 뽕나무
분포 회문산. 춘천 남면

머리, 더듬이, 앞가슴등판, 다리는 검고 딱지날개는 암갈색이다. 몸 윗면과 더듬이에 긴 털이 나 있다. 통하늘소와 비슷하나 통하늘소는 앞가슴등판이 둥글고 옆에 돌기가 없다. 성충은 낮은 산지나 마을 주변의 죽은 뽕나무에서 볼 수 있다. 암컷은 죽은 기주식물의 잔가지에 산란하고 불빛에 날아온다. 남한 전역에 분포한다.

2011. 5. 13. 회문산. 암컷

2008. 5. 15. 춘천 남면. 암컷

2011. 5. 13. 회문산. 고사목에 왔다.

통하늘소

Anaesthetobrium luteipenne Pic, 1923

크기 5~7㎜
서식지 마을 주변
출현시기 5~7월
월동태 유충
기주식물 뽕나무
분포 회문산, 내장산, 변산반도, 연석산, 울릉도

머리, 앞가슴등판은 검고 딱지날개는 황갈색이며, 더듬이와 다리는 검은색이나 암갈색을 띤다. 앞가슴등판에 작은 돌기가 있다. 성충은 마을 주변이나 낮은 산지의 기주식물 주변에서 볼 수 있으며 불빛에도 날아온다. 암컷은 죽은 기주식물의 잔가지에 산란한고 유충으로 겨울을 나고 봄에 번데기가 된다. 9월에 기주식물 안에서 번데기와 성충을 확인했으며 연 2회 발생 가능성이 있다. 남한 전역에 분포한다.

2005. 5. 15. 내장산. 암컷

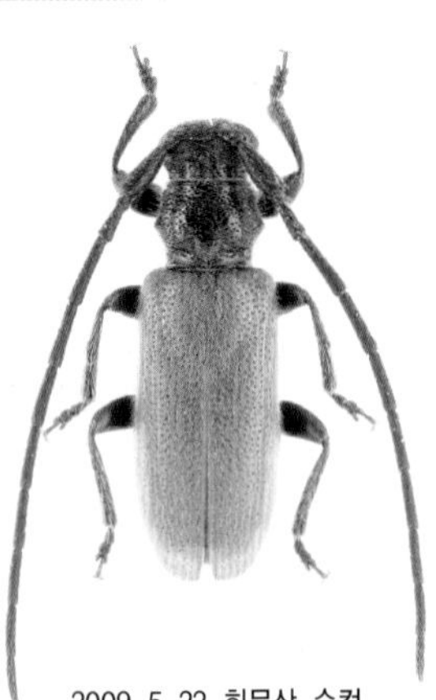

2009. 5. 22. 회문산. 수컷

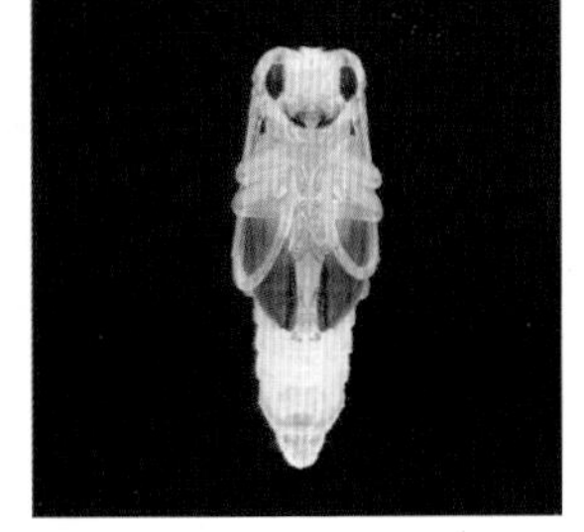

2013. 9. 10. 변산반도. 번데기

2012. 5. 28. 회문산. 죽은 뽕나무에 온 성충

2013. 9. 19. 변산반도. 암컷은 죽은 뽕나무 가지에 산란한다.

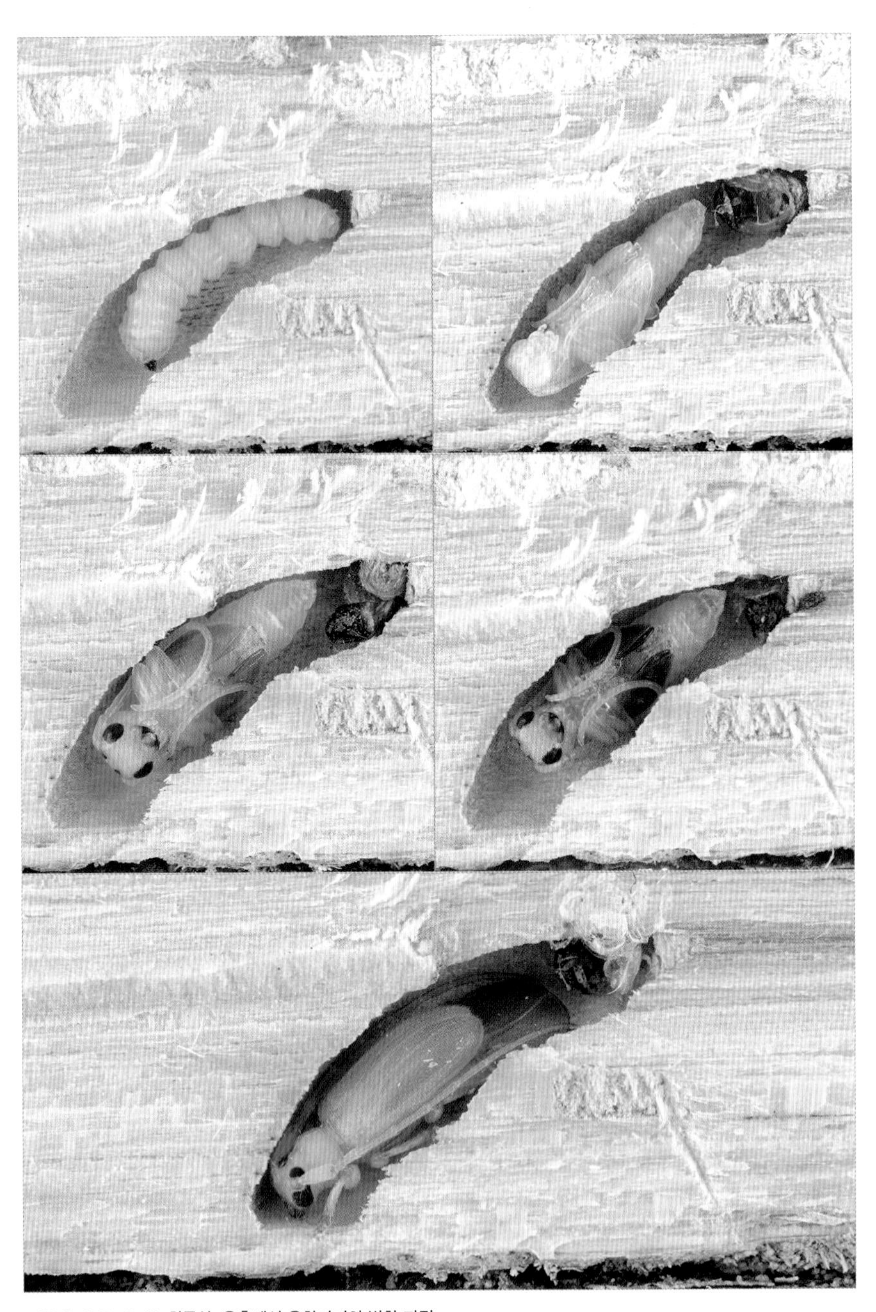

2012. 4.15~5. 11. 회문산. 유충에서 우화까지의 변화 과정

새똥하늘소

Pogonocherus seminiveus Bates, 1873

크기 6~8㎜
서식지 산길 주변
출현시기 3~6월
월동태 성충
기주식물 두릅나무
분포 무등산, 지리산, 회문산, 내장산, 운장산, 모악산, 화성 봉담읍, 영월 한반도면, 태기산

머리와 더듬이, 앞가슴등판은 암갈색이며 더듬이는 암수 모두 몸길이와 비슷하다. 딱지날개의 전반부는 흰색이고 후반부는 검으며 끝에 가지가 있다. 성충은 이른 봄부터 나타나 기주식물인 두릅나무 줄기에 모인다. 암컷은 기주식물의 고사목에 산란하며 알에서 나온 유충은 8월 말이면 성충이 되어 그대로 겨울을 난다. 남한 전역에 분포한다.

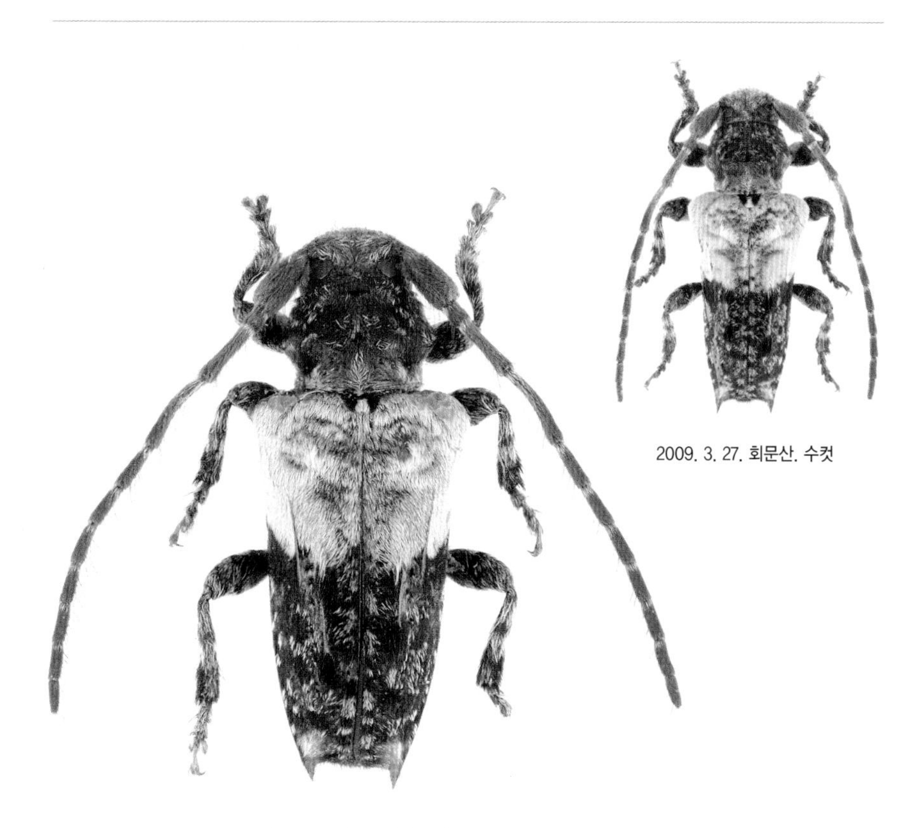

2009. 3. 27. 회문산. 수컷

2005. 5. 5. 화성 봉담읍. 암컷

2006. 4. 29. 모악산. 언뜻 보면 새똥처럼 보인다.

2009. 3. 19. 회문산. 두릅나무 새순을 갉아먹는 성충

2012. 4. 2. 회문산. 새똥하늘소가 사는 두릅나무 군락

2006. 4. 5. 운장산. 놀라면 땅에 떨어져 죽은체한다.

009. 3. 19. 회문산. 이른 봄에 두릅나무에 온 성충

2014. 8. 20. 운장산. 기생벌 유충에게 먹히고 있다.

2014. 8. 20. 운장산. 개미침벌에게 기생당한 번데기

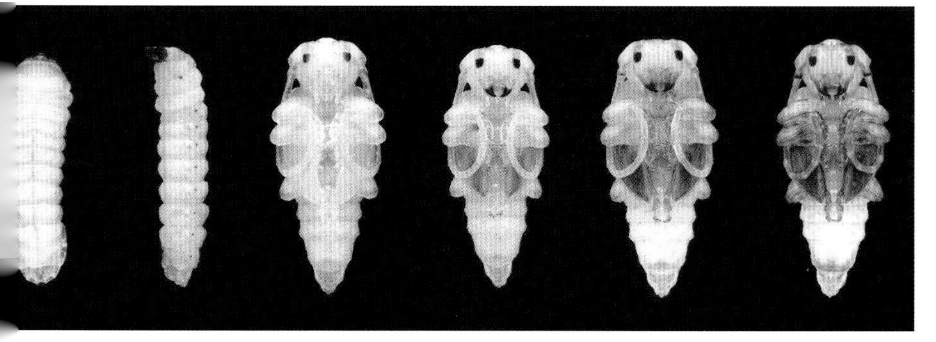

2014. 8. 20~ 운장산. 유충에서 번데기까지의 변화 과정

잔점박이곤봉수염하늘소

Oplosia suvorovi (Pic, 1914)

크기 8~10㎜
서식지 산지
출현시기 6~8월
월동태 유충
기주식물 피나무
분포 운장산, 홍천 홍천읍, 해산령

머리와 앞가슴등판은 검고, 딱지날개에는 황색 털이 나 있으며 검은 띠무늬와 작은 점이 흩어져 있다. 넓적다리 마디는 곤봉모양이다. 산지의 죽은 활엽수에 나타난다. 번데기는 죽은 피나무와 참나무류에서 발견된다. 남한 전역에 분포한다.

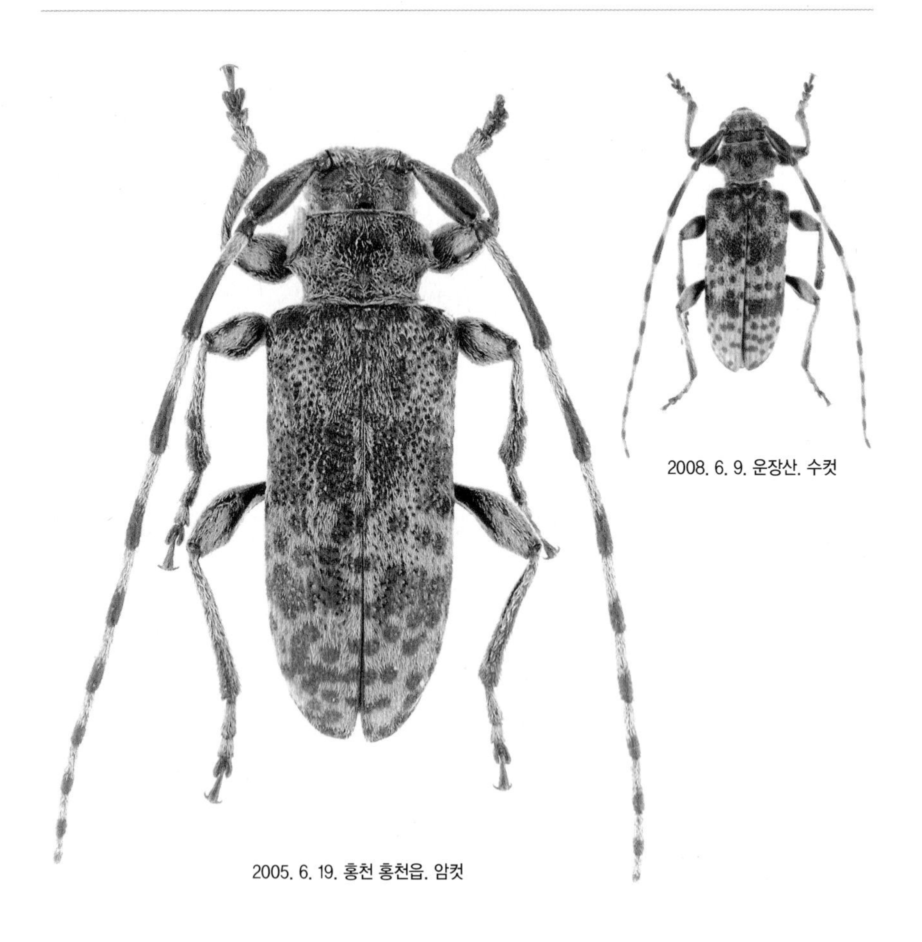

2008. 6. 9. 운장산. 수컷

2005. 6. 19. 홍천 홍천읍. 암컷

2009. 4. 1. 해산령. 번데기

2009. 6. 13. 운장산. 벌채목에 온 성충

2009. 6. 25. 해산령

검은콩알하늘소

Exocentrus fisheri Gressitt, 1935

크기 5.5~8㎜
서식지 높은 산지
출현시기 6~8월
월동태 확인하지 못함
기주식물 확인하지 못함
분포 지리산, 운장산, 소백산, 계방산, 오대산

몸은 검고 광택이 난다. 앞가슴등판 양 옆에 돌기가 있으며 딱지날개 옆 가장자리에 붉은 세로 줄이나 점이 있다. 높은 산지에 살며 성충은 6월부터 8월까지 활동하고, 불빛에 잘 날아온다. 기록(이승모, 1987)에 의하면 활엽수의 고사목에 온다고 한다. 자세한 생태는 확인하지 못했다. 남한 전역에 분포한다.

2009. 8. 29. 운장산

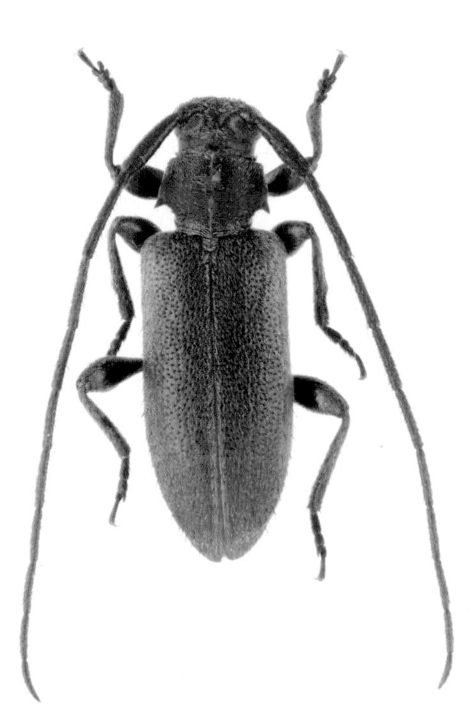

2014. 6. 28. 오대산. 수컷

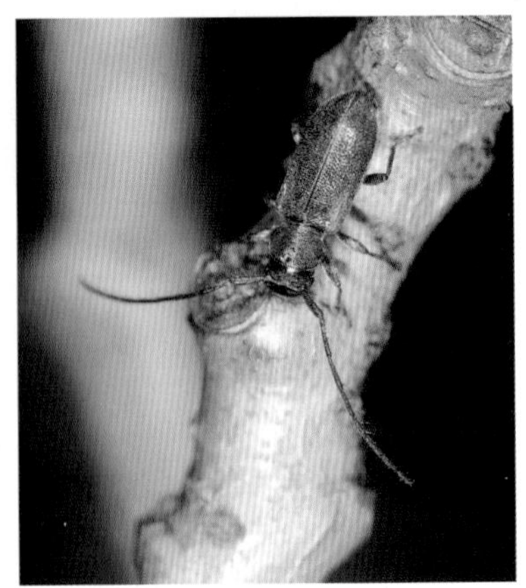

2012. 7. 12. 소백산. 불빛에 날아온 성충

유리콩알하늘소

Exocentrus guttulatus guttulatus Bates, 1873

크기 4.5~9㎜
서식지 산지
출현시기 6~8월
월동태 유충
기주식물 아까시나무, 팽나무, 뽕나무
분포 지리산, 운장산, 울릉도, 소백산, 태백산, 태기산, 계방산, 오대산

머리, 앞가슴등판, 딱지날개는 암갈색이고, 노란 털이 나 있다. 더듬이에는 검은색 긴 털이 나 있다. 딱지날개 중앙에는 노란 띠 1개와 작은 점이 흩어져 있고 검은 털이 듬성듬성 나 있다. 산지에 서식하며 성충은 6월부터 나타나고 벌채된 활엽수에서 볼 수 있다. 암컷은 죽은 기주식물에 산란하고 유충으로 겨울을 난다. 불빛에 잘 날아오며 남한 전역에 분포한다.

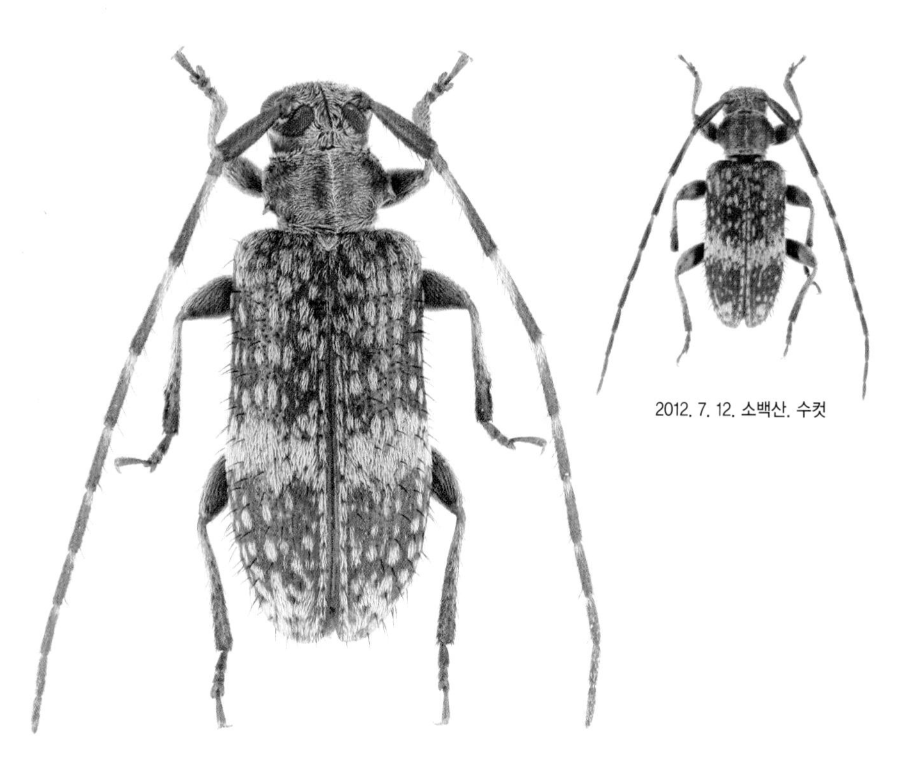

2012. 7. 12. 소백산. 수컷

2005. 6. 28. 춘천 남면. 암컷

2011. 7. 3. 운장산

2011. 7. 3. 운장산

2012. 7. 14. 소백산

줄콩알하늘소

Exocentrus lineatus Bates, 1873

크기 4.5~7㎜
서식지 낮은 산지
출현시기 5~7월
월동태 유충
기주식물 예덕나무, 때죽나무, 산초나무, 단풍나무, 뽕나무, 일본잎갈나무, 아까시나무, 귤나무, 닥나무, 호두나무, 개머루, 층층나무, 팽나무, 구실잣밤나무, 푸조나무, 밤나무, 무화과나무
분포 제주도, 가거도, 흑산도, 거금도, 압해도, 거문도, 거제도, 지리산, 추월산, 내장산, 변산반도, 운장산, 모악산, 금성산, 울릉도, 소백산, 남한산성, 북한산, 대관령

머리, 앞가슴등판, 딱지날개는 검거나 암갈색이며 노란 털이 나 있다. 더듬이와 다리는 황색이고 더듬이에는 긴 털이 나 있다. 딱지날개에는 검은 가로 띠와 노란 세로 줄이나 띠무늬가 있고 긴 털이 나 있다. 성충은 봄부터 나타나 각종 죽은 활엽수에 모여 활동하며 저녁에는 불빛에도 잘 날아온다. 암컷은 죽은 기주식물에 산란하며 유충으로 겨울을 나고 봄에 번데기가 된다. 남한 전역에 분포한다.

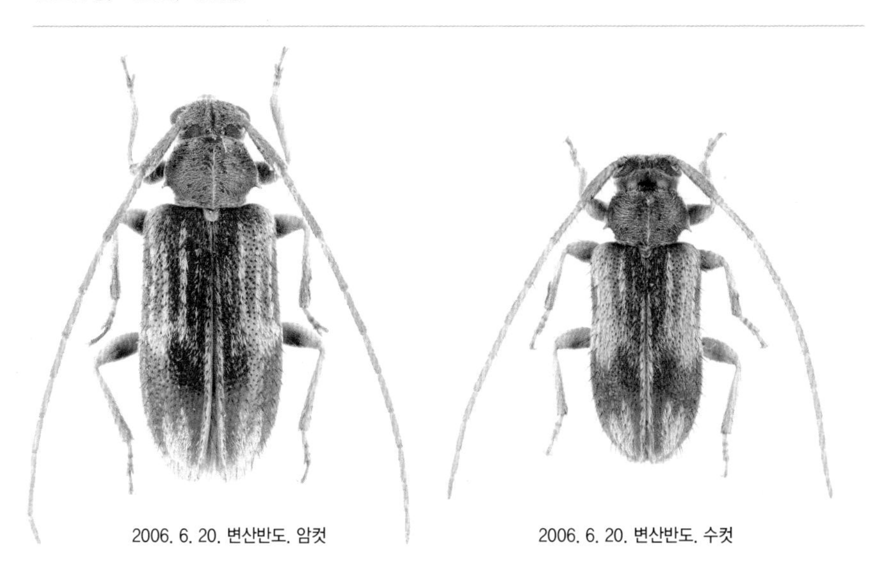

2006. 6. 20. 변산반도. 암컷

2006. 6. 20. 변산반도. 수컷

2007. 7. 14. 거문도

2014. 6. 27. 연석산. 개미붙이에게 잡아먹히는 성충

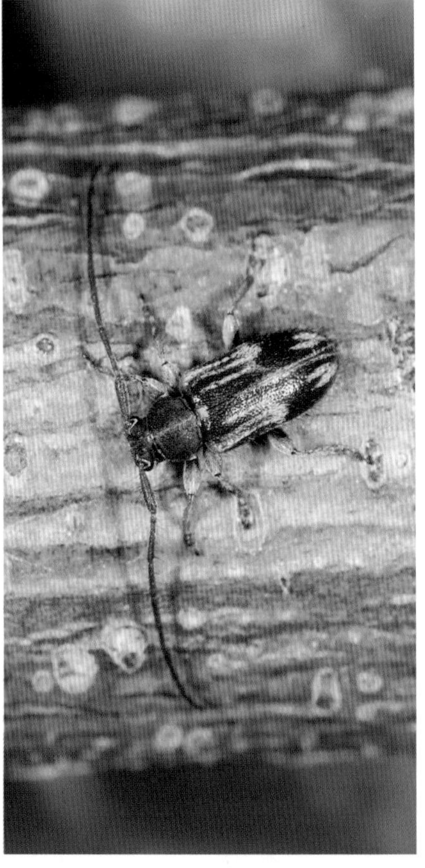

2007. 7. 2. 변산반도

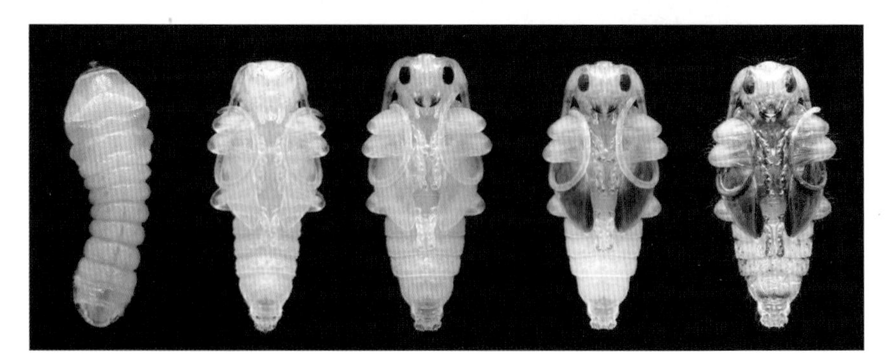

2014. 5. 2~. 모악산. 유충에서 번데기까지의 변화 과정

우리콩알하늘소

Exocentrus zikaweiensis Savio, 1929

크기 5~7㎜
서식지 낮은 산지
출현시기 6~7월
월동태 확인하지 못함
기주식물 아까시나무, 예덕나무, 느티나무
분포 미륵산, 내장산, 변산반도, 금성산

머리, 더듬이, 앞가슴등판, 다리는 검고 딱지날개는 진한 갈색이며 검은색 긴 털이 나 있다. 낮은 산지에 살며 성충은 6월부터 나타나 각종 죽은 활엽수나 벌채목에 모인다. 특히 아까시나무 잔가지에 많으며 암컷은 죽은 기주식물에 산란한다. 남한 전역에 분포한다.

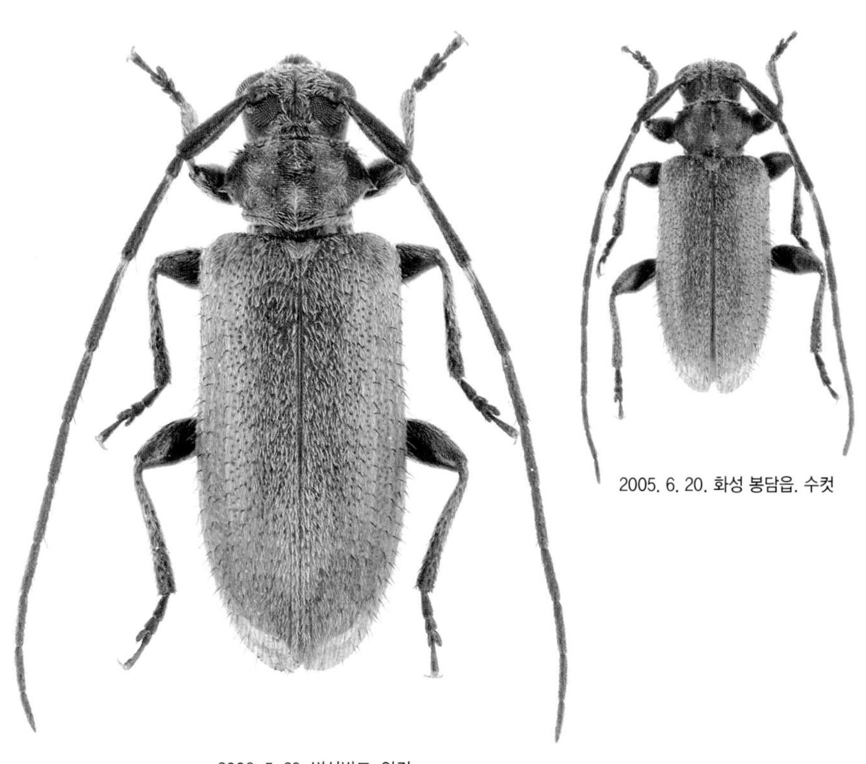

2005. 6. 20. 화성 봉담읍. 수컷

2006. 5. 23. 변산반도. 암컷

2012. 6. 29. 내장산

2012. 6. 29. 내장산

2005. 7. 15. 변산반도

솔곤봉수염하늘소

Acanthocinus aedilis (Linnaeus, 1758)

크기 12~20㎜
서식지 산지
출현시기 4~6월
월동태 확인하지 못함
기주식물 확인하지 못함
분포 가평 하면

몸은 회색이며 수컷의 더듬이는 몸길이의 5배에 이를 만큼 길다. 앞가슴등판은 짧고 넓으며 노란 점이 4개 있고, 양 옆에 돌기가 있다. 딱지날개에는 검은색 물결무늬가 나타난다. 성충은 산지에서 이른 봄부터 나타나며 잣나무나 소나무 벌채목에 모인다. 자세한 생태는 확인하지 못했다. 남한의 중부 지역에 분포한다.

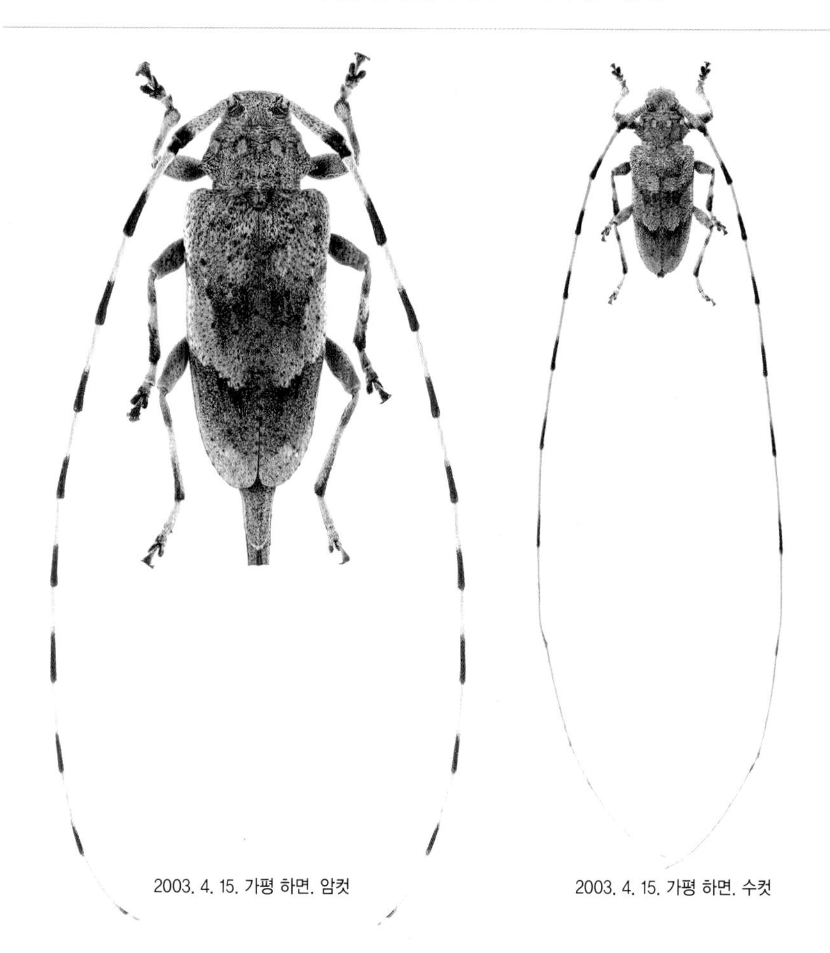

2003. 4. 15. 가평 하면. 암컷

2003. 4. 15. 가평 하면. 수컷

북방곤봉수염하늘소

Acanthocinus carinulatus Gebler, 1833

크기 8~12㎜
서식지 산지
출현시기 5~8월
월동태 확인하지 못함
기주식물 확인하지 못함
분포 지리산, 운장산, 덕유산, 소백산, 광교산, 화악산, 계방산, 진부령

몸은 검은색이며 수컷의 더듬이는 몸길이의 3배에 이를 만큼 길다. 앞가슴등판에 노란 점이 4개 있으며 딱지날개에는 분명하지 않은 흰색 띠가 있다. 산지의 침엽수에 살며 성충은 5월 말부터 나타나고 7월 말에 가장 많이 보인다. 야행성으로 불빛에 잘 날아오며 저녁에 침엽수의 줄기나 벌채목에 모여 짝짓기하는 모습을 볼 수 있다. 남한 전역에 분포한다.

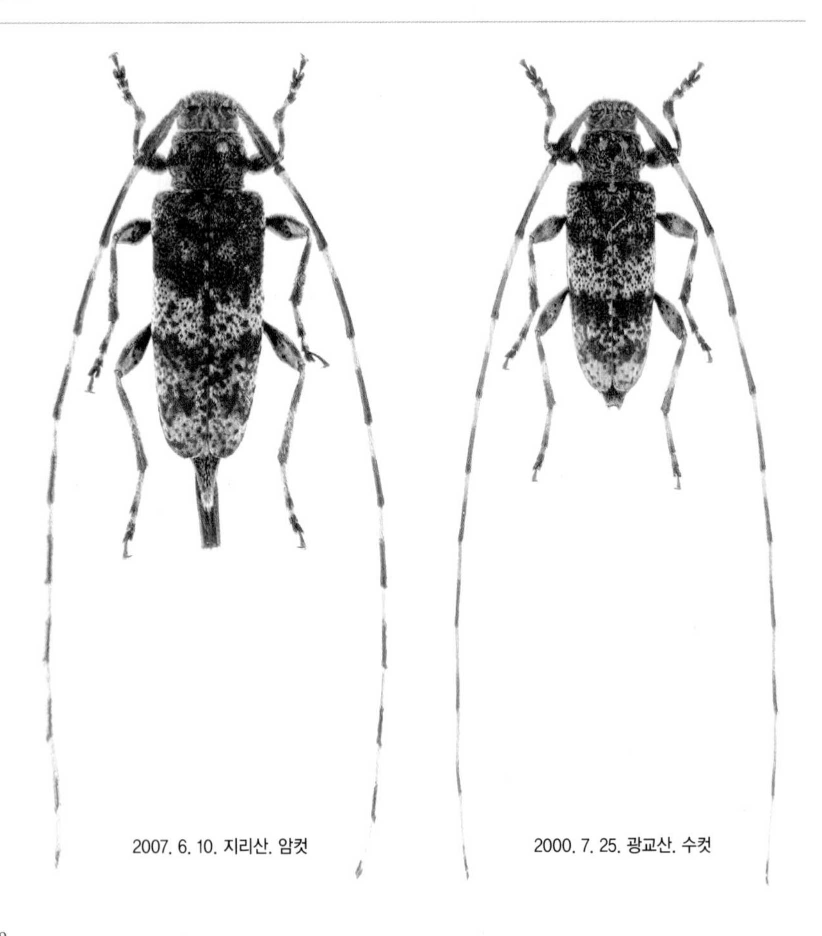

2007. 6. 10. 지리산. 암컷

2000. 7. 25. 광교산. 수컷

2012. 7. 4. 운장산. 침엽수 벌채목에 온 성충

2007. 7. 21. 소백산. 저녁에 활동하는 성충

흰점꼬마수염하늘소

Leiopus albivittis albivittis Kraatz, 1879

크기 5.5~8㎜
서식지 높은 산지
출현시기 6~8월
월동태 유충
기주식물 물황철나무
분포 계방산, 오대산, 점봉산

몸은 검고 광택이 나며 더듬이는 암수 모두 몸길이의 2배 정도로 길다. 앞가슴등판 양 옆에 작은 돌기가 있으며 딱지날개에는 회백색 띠무늬가 2개 있다. 넓적다리마디는 곤봉모양이다. 성충은 죽은 활엽수의 가는 가지에서 활동하며 7월 말에는 벌채된 기주식물에 산란하러 날아온다. 다 자란 유충은 나무껍질 밑에 타원형 번데기방을 만들고 번데기가 된다. 남한의 북부 지역에 분포한다.

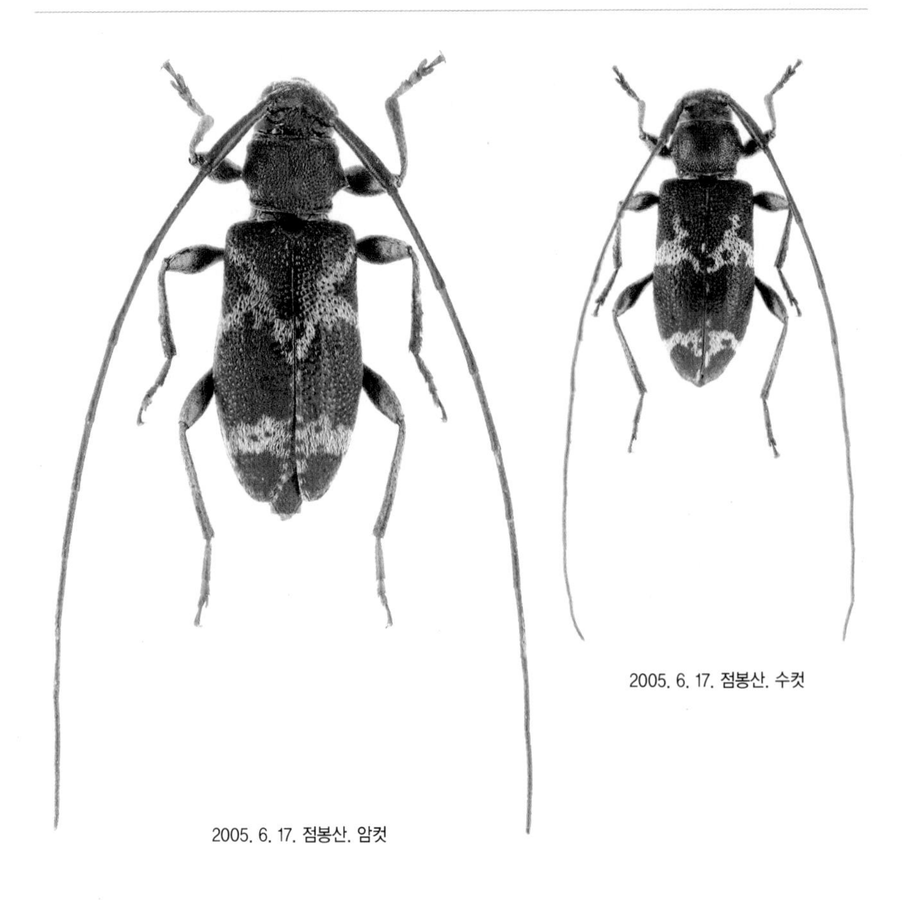

2005. 6. 17. 점봉산. 수컷

2005. 6. 17. 점봉산. 암컷

2005. 6. 18. 점봉산. 고사목 가지에 왔다.

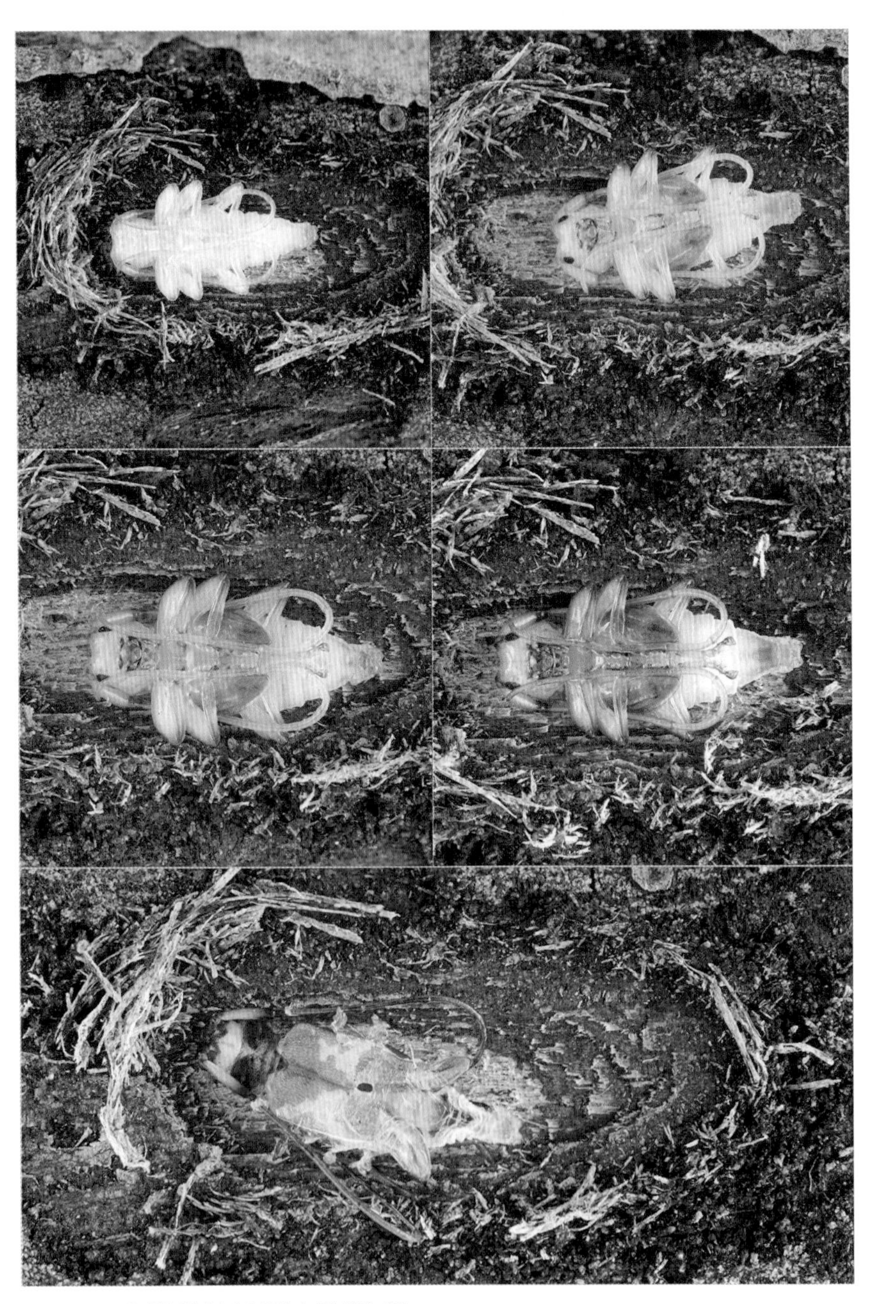

2012. 5.1~ 오대산. 번데기에서 우화까지의 변화 과정

산꼬마수염하늘소

Leiopus stillatus (Bates, 1884)

크기 8~11㎜
서식지 산지
출현시기 5~7월
월동태 유충
기주식물 굴피나무, 때죽나무
분포 제주도, 내장산, 운장산, 계방산, 오대산, 진부령, 진동계곡

몸 윗면은 회색이며 더듬이는 암수 모두 몸길이의 2배 정도로 길다. 앞가슴등판 양 옆에 돌기가 있으며 딱지날개에는 크고 작은 검은 점이 흩어져 있다. 넓적다리마디는 검고 곤봉모양이다. 성충은 산지의 죽은 활엽수에 날아온다. 죽은 기주식물에 사는 유충은 나무껍질 밑에 번데기방을 만든 뒤 겨울을 나고 이른 봄에 번데기가 된다. 남한 전역에 분포한다.

2012. 5. 29. 제주도. 암컷

2007. 5. 30. 내장산. 수컷

2014. 4. 4. 운장산. 굴피나무 껍질에 번데기방을 만들었다.

2007. 7. 1. 내장산. 참나무류 고사목에 온 성충

2012. 4. 3. 운장산. 유충이 사는 죽은 굴피나무

2012. 6. 13. 제주도

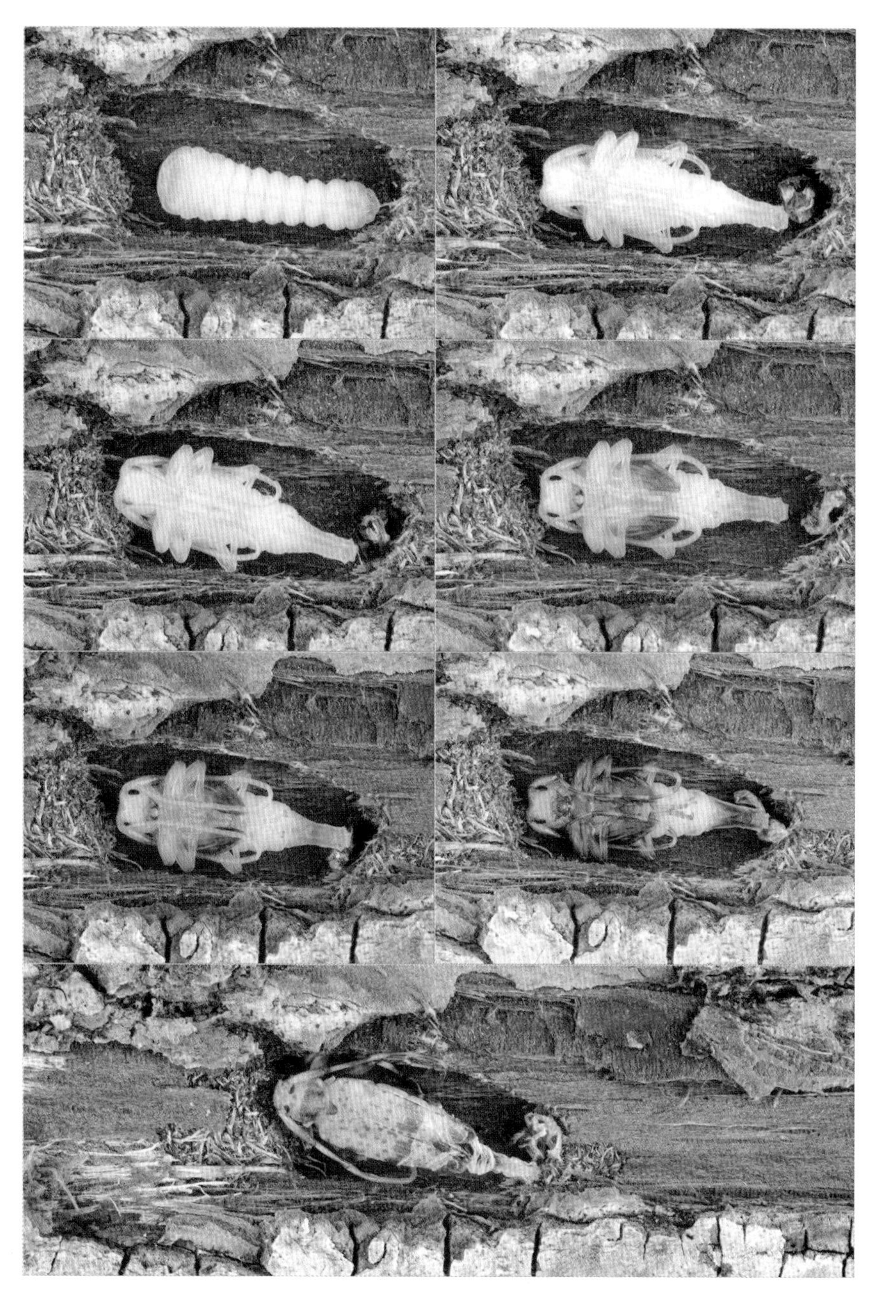

2012. 3. 3~ 운장산. 유충에서 우화까지의 변화 과정

뿔가슴하늘소

Rondibilis (*Rondibilis*) *schabliovskyi* (Tsherepanov, 1982)

크기 8~15㎜
서식지 높은 산지
출현시기 7~8월
월동태 확인하지 못함
기주식물 확인하지 못함
분포 지리산, 태백산, 오대산

몸 윗면은 암갈색이나 검은색을 띠며 흰색 털이 촘촘히 나 있다. 앞가슴등판에는 작은 점이 있고 딱지날개에는 검은 가로 띠무늬와 작은 점이 흩어져 있다. 수컷의 넓적다리마디는 곤봉모양이다. 높은 산지에 서식하며 성충은 한여름에 나타나 활엽수의 줄기에서 관찰된다. 자세한 생태는 확인하지 못했다. 남한 전역에 분포한다.

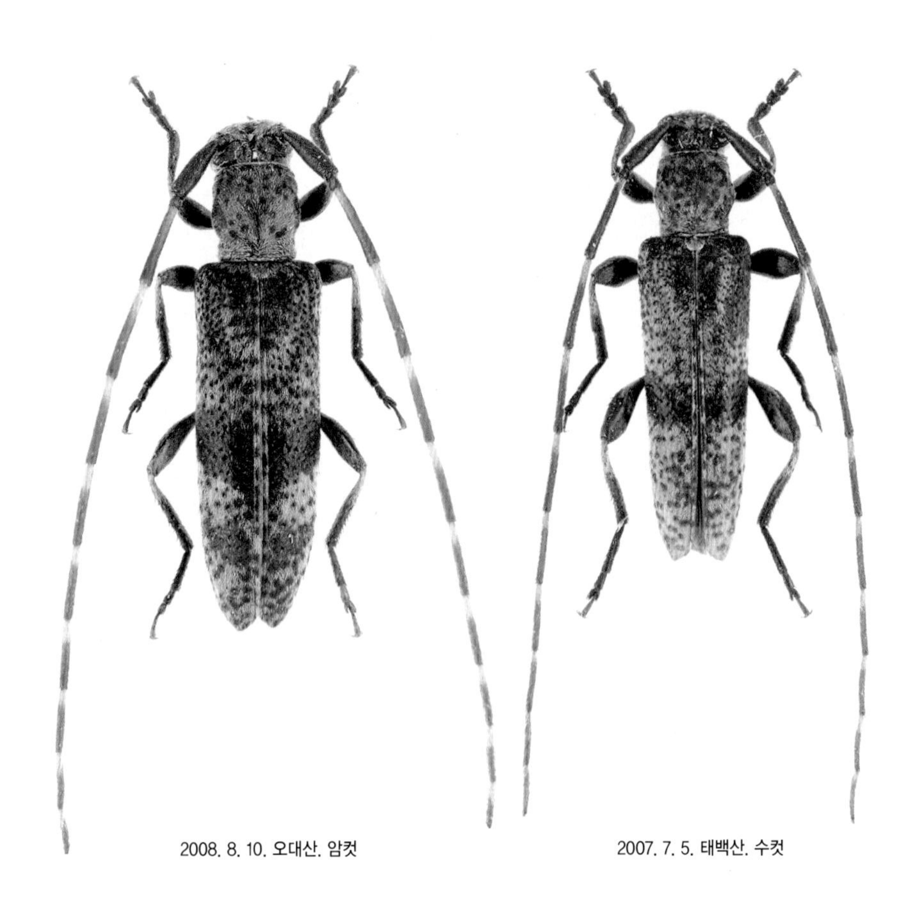

2008. 8. 10. 오대산. 암컷

2007. 7. 5. 태백산. 수컷

정하늘소

Sciades (*Estoliops*) *fasciatus fasciatus* (Matsushita, 1943)

크기 4~7.5㎜
서식지 산지
출현시기 6~7월
월동태 유충
기주식물 나도밤나무
분포 제주도, 홍도

몸은 암갈색 바탕에 황색과 회색 털이 나 있다. 더듬이 자루마디는 검고 나머지는 갈색을 띤다. 앞가슴등판 양 옆의 돌기는 작고 뾰족하다. 딱지날개에는 분명하지 않은 암갈색 가로 무늬와 작은 점이 있다. 산지에 살며 성충은 죽은 활엽수에서 발견된다. 암컷은 죽은 기주식물의 잔가지에 산란한다. 남한 남부 지역에 분포한다.

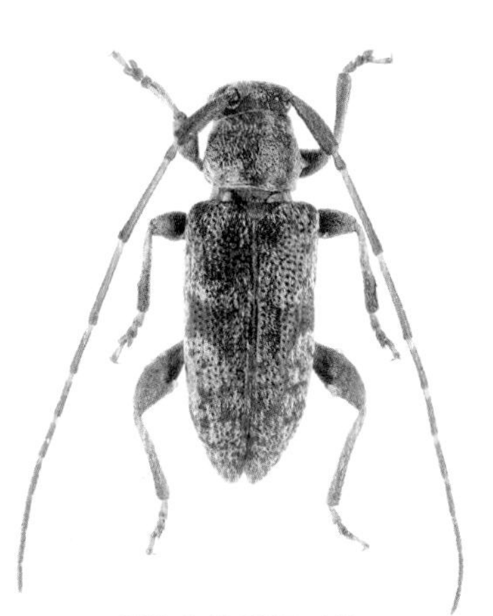

2012. 6. 15. 제주도. 수컷

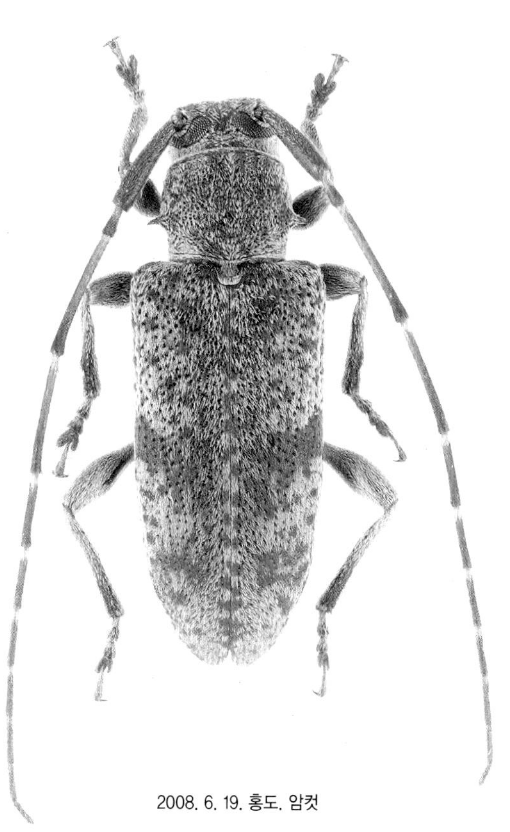

2008. 6. 19. 홍도. 암컷

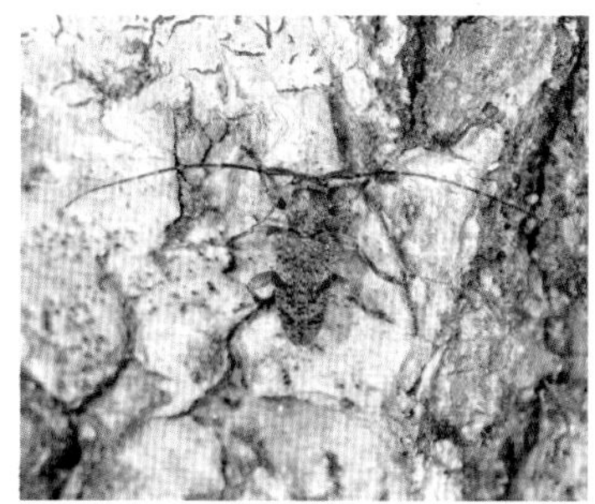

2008. 6. 19. 홍도. 활엽수 고사목에 온 성충

2012. 6. 16. 제주도

2011. 12. 24. 제주도. 서식지

작은정하늘소 (가칭)

Sciades (*Miaenia*) *maritimus* Tsherepanov, 1979 (추정)

크기 4~5㎜
서식지 산지
출현시기 6~7월
월동태 확인하지 못함
기주식물 확인하지 못함
분포 지리산, 회문산, 변산반도, 운장산, 계방산

Sciades (*Miaenia*) *maritimus* Tsherepanov, 1979로 추정되며 자세한 검토가 필요하다. 몸 윗면은 고동색이며 황색 털이 듬성듬성 나 있고 광택이 난다. 앞가슴등판 양 옆의 돌기는 작다. 넓적다리마디는 검고 곤봉모양이다. 성충은 산지에서 6월부터 나타나 밤꽃에 날아온다. 자세한 생태는 확인하지 못했다. 남한 전역에 서식한다.

2001. 7. 2. 운장산. 수컷

2001. 6. 11. 지리산. 암컷

2007. 6. 11. 지리산. 죽은 나뭇가지에 온 성충

2011. 7. 3. 운장산

남색하늘소

Bacchisa (*Bacchisa*) *fortunei fortunei* (J. Thomson, 1857)

크기 7.5~11.5㎜
서식지 낮은 산지
출현시기 5~6월
월동태 유충
기주식물 콩배나무
분포 거제도, 변산반도, 운장산, 모악산, 백운산

머리, 앞가슴등판, 다리는 주황색이며 더듬이는 검은색을 띤다. 딱지날개는 군청색으로 광택이 강하다. 낮은 산지의 콩배나무에 서식하며 성충은 6월부터 나타나 기주식물의 잎을 갉아먹는다. 맑은 날에는 활발히 날며 기주식물 주변을 떠나지 않는다. 암컷은 살아있는 기주식물에 산란하고 유충으로 겨울을 보낸 뒤 봄에 번데기가 된다. 남한 남부 지역에 분포한다.

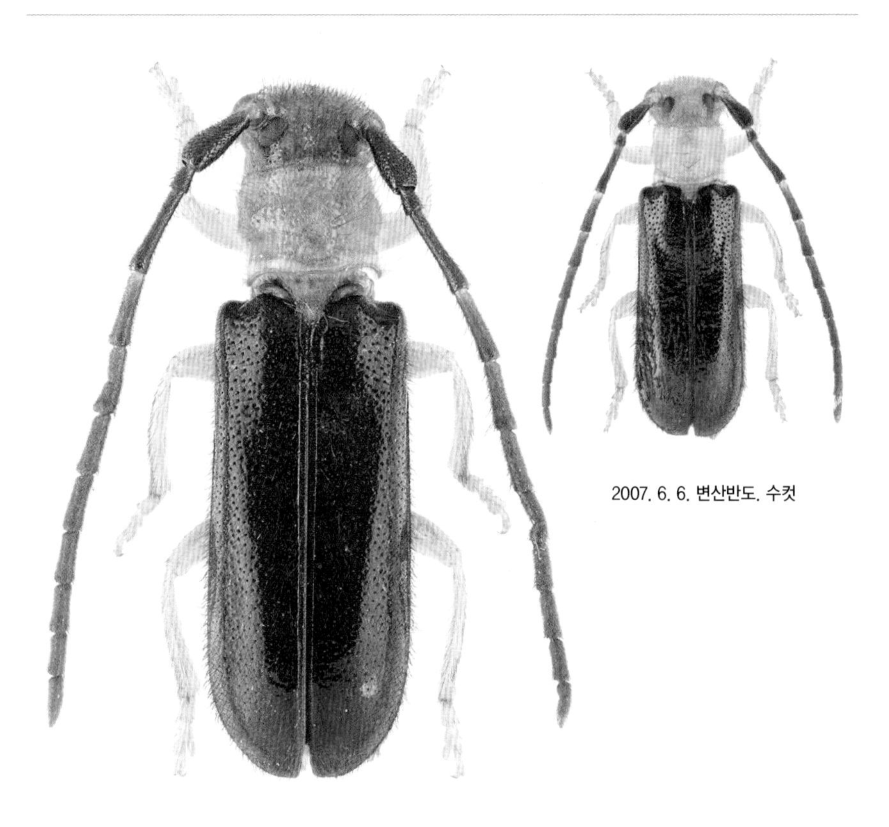

2007. 6. 6. 변산반도. 수컷

2003. 6. 1. 운장산. 암수

2007. 5. 8. 변산반도. 살아있는 콩배나무에 사는 유충

2007. 5. 8. 변산반도. 봄에 번데기가 되었다.

2013. 6. 10. 모악산

2007. 5. 8. 변산반도. 유충이 살고 있는 콩배나무

큰남색하늘소

Tetraophthalmus episcopalis (Chevrolat, 1852)

크기 12~14㎜
서식지 산지
출현시기 6~8월
월동태 확인하지 못함
기주식물 확인하지 못함
분포 진해, 철원 갈말읍, 해산령

머리와 앞가슴등판은 붉고 딱지날개는 군청색으로 광택이 강하다. 더듬이는 검고 4~8마디의 전반부는 주황색이다. 앞가슴등판에는 볼록한 돌기가 있으며 가로로 깊은 홈이 파여 있다. 산지에 서식하며 성충은 6월부터 나타나 8월까지 활동한다. 자세한 생태는 확인하지 못했다. 남한 전역에 국지적으로 분포한다.

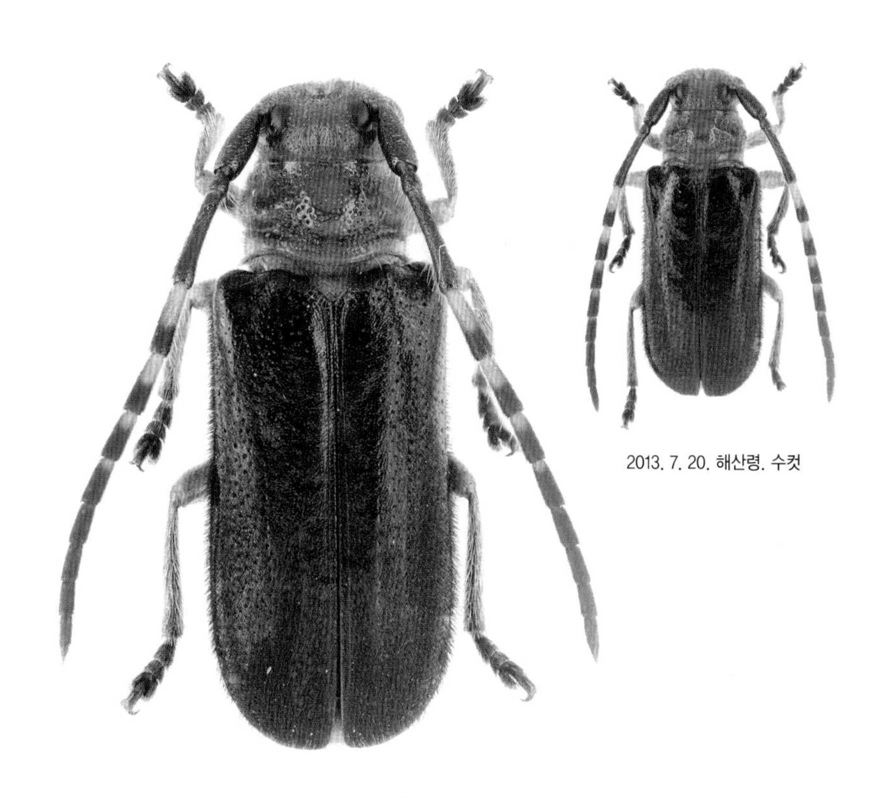

2013. 7. 20. 해산령. 수컷

2013. 7. 20. 해산령. 암컷

2003. 6. 16. 진해

별긴하늘소

Saperda balsamifera (Motschulsky, 1860)

크기 12~15㎜
서식지 산지
출현시기 5~6월
월동태 확인하지 못함
기주식물 확인하지 못함
분포 계방산, 해산령

몸 윗면은 청록색이며, 더듬이 마디 전반부는 푸른빛이 나는 회백색이고 후반부는 검다. 앞가슴등판에는 노란 세로 줄이 3개 있으며 딱지날개에는 노란 점이 좌우대칭으로 있다. 개체에 따라 무늬 변화가 있다. 기록(이승모, 1987)에 의하면 성충은 포플러류 나무에 날아오며 유충도 여기에 기생하는 것으로 알려졌지만 직접 확인하지는 못했다. 남한의 중부 이북 지역에 분포한다.

2013. 6. 9. 용인 양지면, 수컷

작은별긴하늘소

Saperda populnea (Linnaeus, 1758)

크기 11~14㎜
서식지 산지
출현시기 5~6월
월동태 유충
기주식물 은수원사시나무
분포 내장산, 운장산, 태기산, 해산령

몸 윗면은 감청색이며 머리에는 노란 털이 있다. 더듬이 전반부는 회백색, 후반부는 검은색이다. 앞가슴등판에는 노란 세로 줄무늬가 3개 있으며 가운데 무늬는 약하다. 딱지날개에는 노란색 작은 점과 털이 나 있다. 기록(강전유 외, 2008)에 의하면 산지의 조림지에 많으며 사시나무, 은백양나무, 황철나무에서 발생한다. 암컷은 살아있는 기주식물의 가는 가지에 산란하며, 유충으로 겨울을 나고 4월부터 번데기가 된다. 유충이 사는 가지는 혹처럼 부풀어 있다고 한다. 남한의 북부 지역에 분포한다.

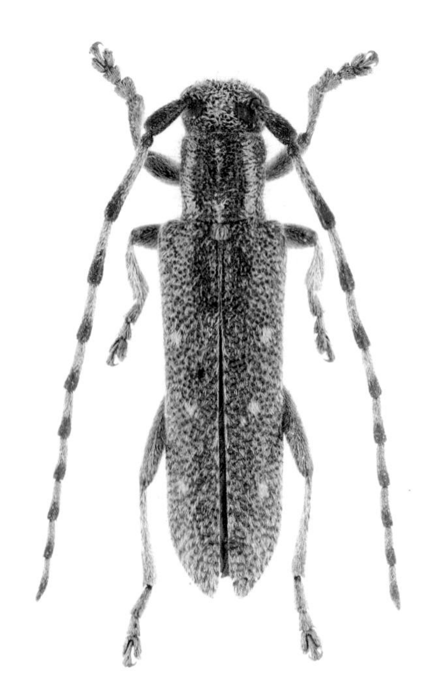
2003. 5. 10. 해산령. 수컷

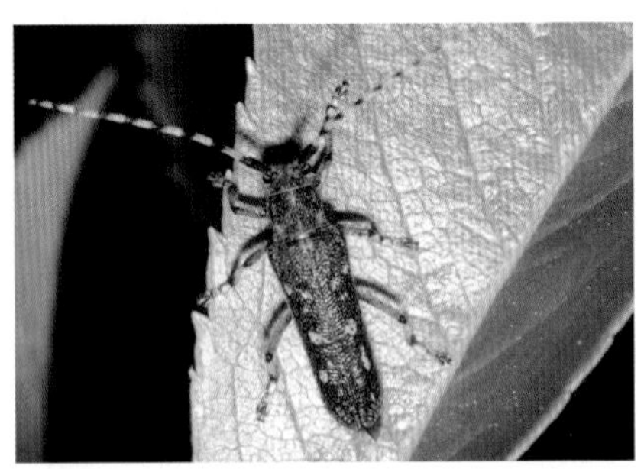
2007. 6. 16. 무갑산

2008. 5. 9. 해산령

열두점긴하늘소

Saperda alberti Plavilstshikov, 1915

크기 12~20㎜
서식지 산지
출현시기 6~7월
월동태 유충
기주식물 물황철나무
분포 오대산

몸 윗면은 황록색이며 더듬이는 파란색을 띠고 마디 끝이 검다. 앞가슴등판 위에는 검은 점이 4개 있으며 옆에도 점이나 줄무늬가 있다. 딱지날개의 위에는 검은 점이 5쌍 있으며, 옆에는 세로 줄무늬가 있다. 산지에 서식하고 성충은 6월부터 나타나며 불빛에 날아오기도 한다. 유충은 죽은 기주식물에서 발견되며 다 자란 유충은 성충이 되었을 때 나올 탈출구를 뚫어 놓고 톱밥으로 막은 뒤 겨울을 나고 봄에 번데기가 된다. 남한의 북부 지역에 분포한다.

2012. 4. 28. 오대산. 암컷(사육)　　2012. 4. 25. 오대산. 수컷(사육)

2012. 4. 5. 오대산. 성충이 되어 나올 탈출구를 미리 뚫고 톱밥으로 막아 놓은 유충

2012. 5. 19. 오대산. 성충(사육)

2012. 4. 6~4. 17. 오대산. 번데기의 변화 과정(사육)

무늬박이긴하늘소

Saperda interrupta Gebler, 1825

크기 9~12㎜
서식지 산지
출현시기 5~7월
월동태 유충
기주식물 노각나무, 예덕나무, 소나무, 일본잎갈나무, 전나무
분포 지리산, 운장산, 연석산, 가평, 태기산, 계방산, 대관령

몸 윗면은 황록색이며, 더듬이는 검고 길이는 암수 모두 몸길이 정도다. 앞가슴등판에는 검은 점이 위에 4개, 옆에 각 1개씩 있다. 딱지날개에는 세로 줄로 연결된 무늬 1쌍과 검은 점이 4개 있고 개체에 따라 무늬에 변화가 있다. 산지에 살며 성충은 5월에 나타나 기주식물 주변에서 짧은 거리를 빠르게 날아다니며 인기척에 민감하다. 암컷은 죽은 기주식물의 가는 가지에 산란하고 유충으로 겨울을 난 뒤 4월에 번데기가 된다. 남한 전역에 분포한다.

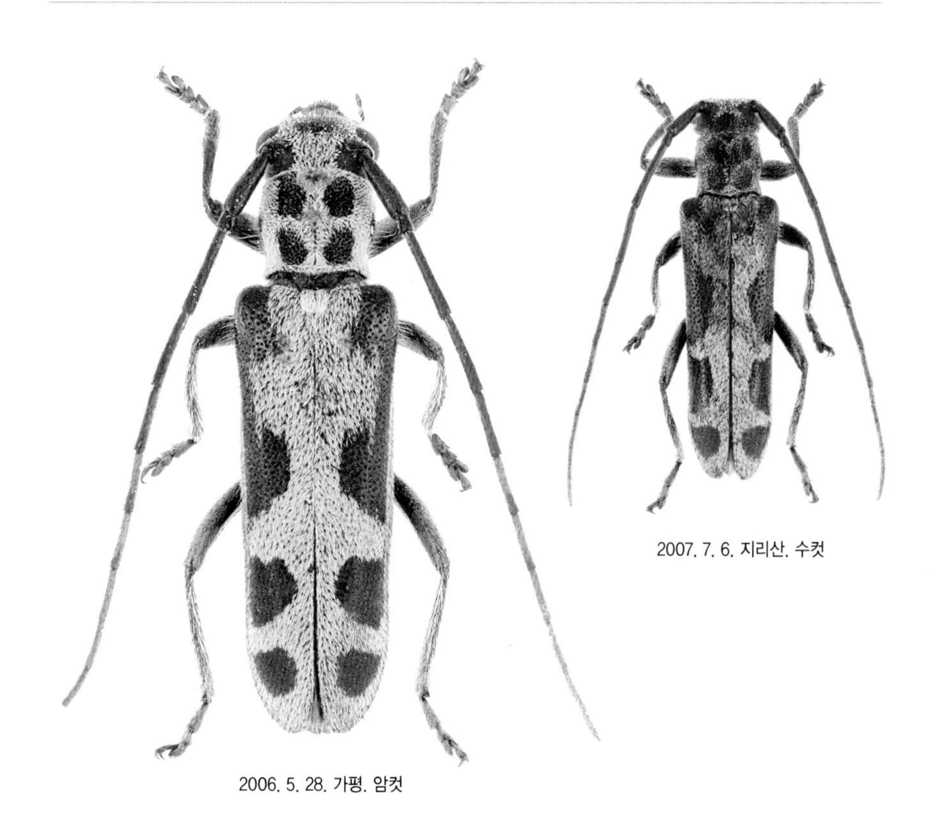

2007. 7. 6. 지리산. 수컷

2006. 5. 28. 가평. 암컷

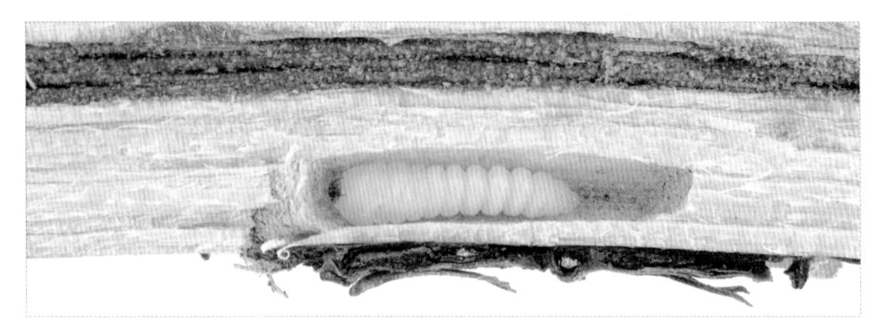

2012. 3. 2. 연석산. 탈출구를 톱밥으로 막아 놓고 월동 중인 유충

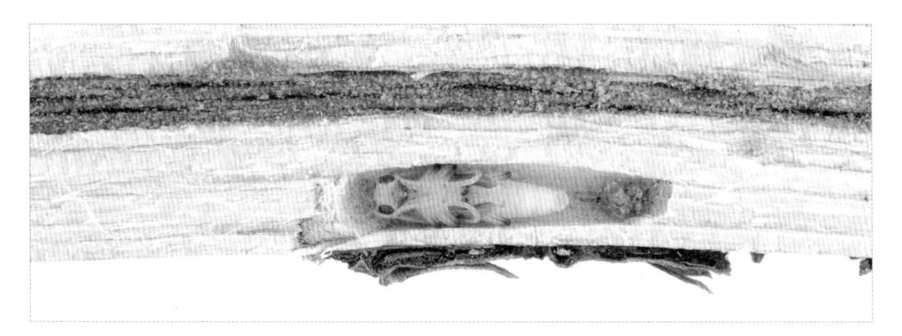

2012. 4. 14. 연석산. 번데기

2011. 6. 16. 가평

2010. 6. 25. 운장산

팔점긴하늘소

Saperda octomaculata Blessig, 1873

크기 9~15㎜
서식지 산지
출현시기 5~7월
월동태 확인하지 못함
기주식물 확인하지 못함
분포 연석산, 홍천 홍천읍, 춘천 신동면

몸 윗면은 검은 바탕에 푸른색을 띤 노란 털이 촘촘히 나 있어 황록색이다. 검은 점이 앞가슴등판에 2개, 딱지날개에 8개 있다. 성충은 5월부터 나타나 산지의 수세가 약한 활엽수나 벌채목에 온다. 자세한 생태는 확인하지 못했다. 남한 전역에 분포한다.

2013. 7. 5. 홍천 홍천읍. 암컷

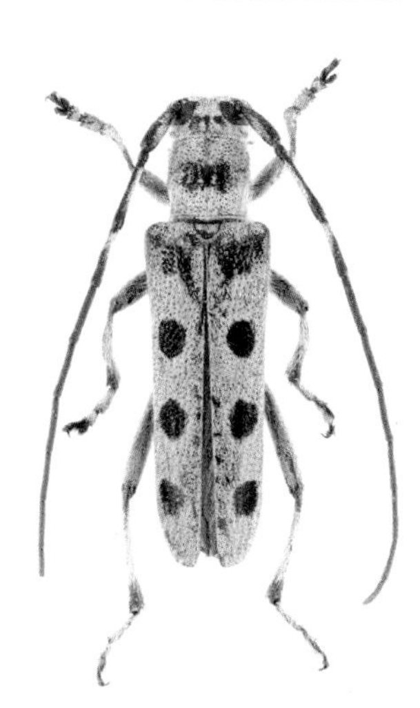

2001. 5. 23. 춘천 신동면. 수컷

2005. 7. 12. 지리산

2014. 5. 23. 연석산

만주팔점긴하늘소

Saperda subobliterata Pic, 1910

크기 8~13㎜
서식지 산지
출현시기 5~7월
월동태 유충 추정
기주식물 혹느릅나무
분포 지리산, 강화도, 태기산, 계방산, 오대산, 홍천 홍천읍, 해산령

몸 윗면은 암녹색이며 더듬이는 암수 모두 몸길이 정도다. 검은 점이 앞가슴등판 위에 2개, 옆에 각 1개, 딱지날개에 4쌍 있다. 성충은 산지의 활엽수 벌채목에 날아오고 수세가 약한 죽어가는 나무에 모이기도 한다. 암컷은 죽은 기주식물에 산란하고 유충은 나무껍질 아래에 번데기방을 만든다. 남한 전역에 분포한다.

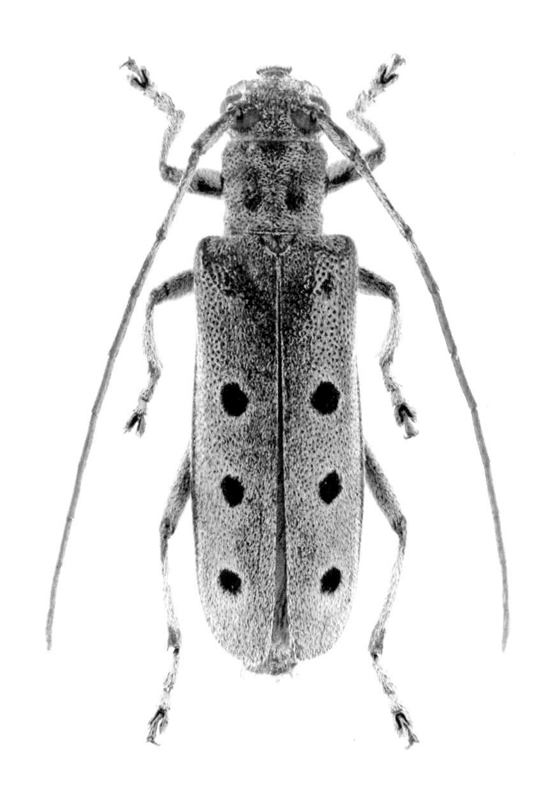

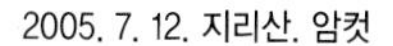
2005. 7. 12. 지리산. 암컷

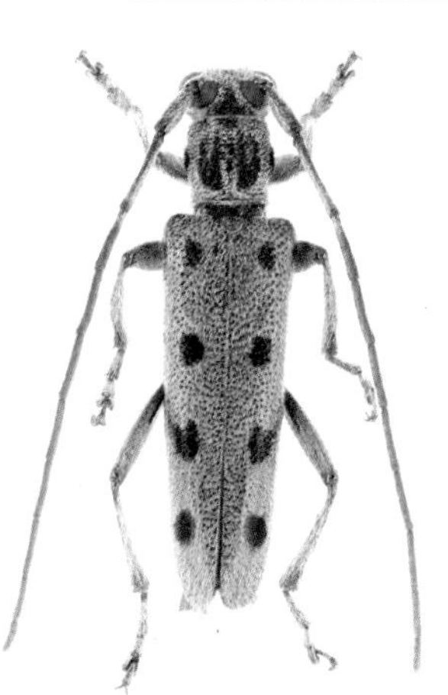
2008. 6. 29. 영월 한반도면. 수컷

2005. 7. 12. 지리산

2005. 7. 12. 지리산. 앞가슴등판 옆에 검은 점이 있다.

2010. 6. 29. 영월 한반도면. 죽은 느릅나무에 온 성충

2005. 7. 4. 지리산. 기주식물에서 탈출하고 있다.

2008. 5. 19. 영월 한반도면. 기주식물 껍질 밑에서 번데기가 되었다.

노란팔점긴하늘소

Saperda tetrastigma Bates, 1879

크기 11~15㎜
서식지 산지
출현시기 5~6월
월동태 유충
기주식물 개다래
분포 회문산, 경각산, 변산반도, 운장산, 백운산, 계방산, 대관령, 해산령

머리와 앞가슴등판은 암녹색이며 딱지날개는 황록색이고 더듬이와 다리는 검은색을 띤다. 검은 점이 앞가슴등판 위에 4개, 옆에 각 1개, 딱지날개에 8개 있다. 성충은 봄부터 나타나 다래덩굴 주변에서 활동하며 놀라면 잎 뒤로 숨는 습성이 있다. 암컷은 죽은 개다래 줄기에 산란한다. 유충은 나무껍질 밑에 번데기방을 만들고 겨울을 보낸 뒤 4월에 번데기가 된다. 남한 전역에 분포한다.

2003. 5. 9. 경각산. 암컷

2005. 5. 24. 회문산. 수컷

2005. 5. 28. 회문산. 다래덩굴에 왔다.

2009. 5. 9 . 운장산. 기주식물에서 탈출하고 있다.

2006. 2. 13. 변산반도. 유충

2005. 4. 25. 변산반도. 성충으로 우화했다.

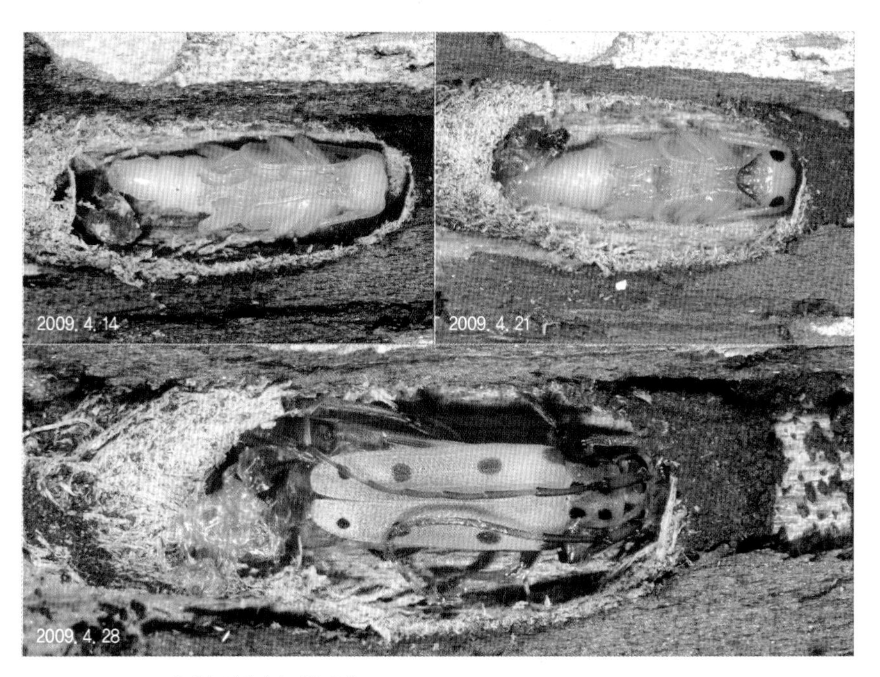

2009. 4. 14~4. 28. 운장산. 번데기의 변화 과정

모시긴하늘소

Paraglenea fortunei (Saunders, 1853)

크기 12~15㎜
서식지 마을 주변
출현시기 5~7월
월동태 유충
기주식물 무궁화
분포 함안 군북면, 변산반도, 서천 한산면

머리와 더듬이는 검으며 앞가슴등판은 황록색이나 하늘색을 띠고 검은 점이 2개 있다. 딱지날개 가운데에 가로 띠무늬가 1개 있으며 상단부와 하단부에 점무늬가 있다. 성충은 5월부터 나타나며 마을 주변 햇빛이 잘 드는 곳의 무궁화나무나 모시풀에서 활동한다. 암컷은 죽어가는 무궁화나무에 산란하고 유충으로 겨울을 난다. 남한의 남부 지역에 분포한다.

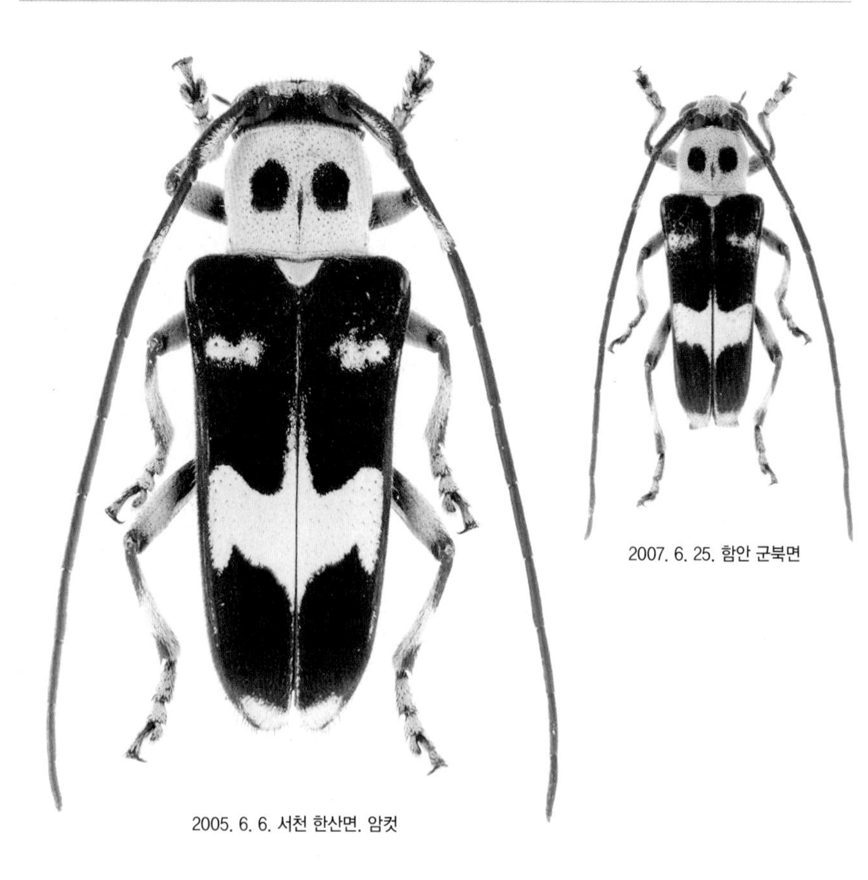

2005. 6. 6. 서천 한산면. 암컷

2007. 6. 25. 함안 군북면

2007. 6. 7. 변산반도

2005. 6. 6. 함안 군북면. 무궁화나무에서 활동한다.

2014. 12. 5. 서천 마서면. 월동 중인 유충

녹색네모하늘소

Eutetrapha metallescens (Motschulsky, 1860)

크기 12~17㎜
서식지 높은 산지
출현시기 6~8월
월동태 유충
기주식물 피나무
분포 지리산, 내장산, 치악산, 계방산, 오대산, 해산령, 점봉산, 진부령

머리, 앞가슴등판, 딱지날개는 진한 녹색이고 더듬이는 검으며 광택이 강하다. 검은 점이 앞가슴등판에 1쌍, 딱지날개에 2쌍 있으며, 하단부에 고리 모양 무늬가 있다. 높은 산지에 서식하며 성충은 6월부터 나타나기 시작해 활엽수 벌채목에 날아온다. 암컷은 죽은 기주식물에 산란하며 유충으로 겨울을 난다. 불빛에 잘 날아오며 남한 전역에 분포한다.

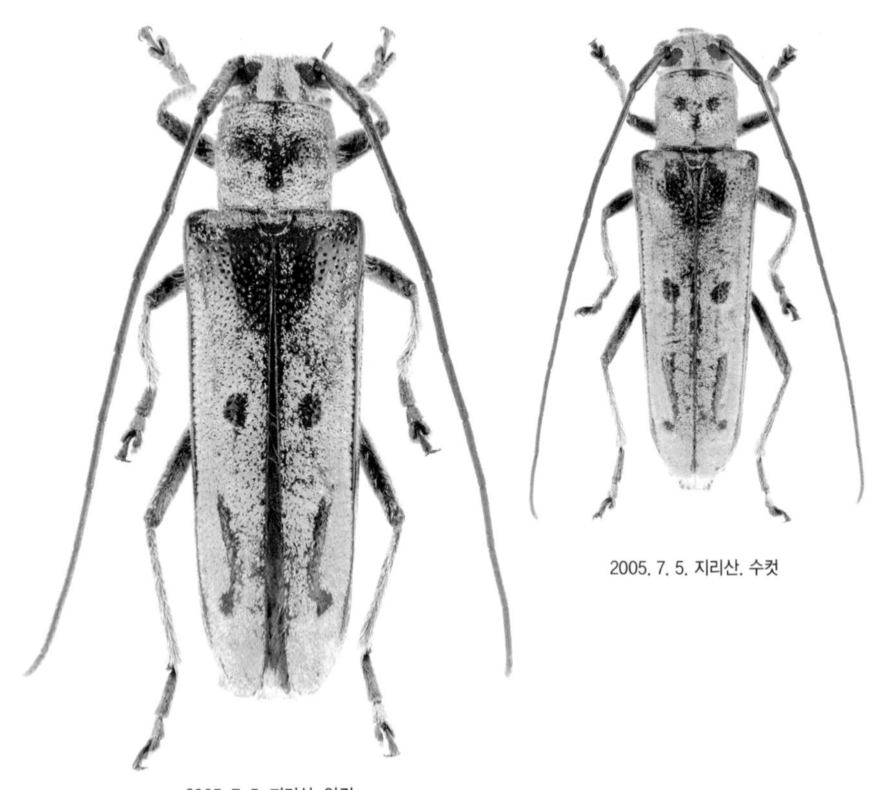

2005. 7. 5. 지리산. 수컷

2005. 7. 5. 지리산. 암컷

2009. 7. 8. 해산령

2009. 7. 21. 계방산

네모하늘소

Eutetrapha sedecimpunctata sedecimpunctata (Motschulsky, 1860)

크기 14~20㎜
서식지 높은 산지
출현시기 6~8월
월동태 유충
기주식물 피나무
분포 태백산, 계방산, 오대산, 구룡령, 대관령, 해산령, 진부령

몸 윗면은 진노랑색이며 개체에 따라 색깔과 무늬에 변화가 있다. 더듬이는 회백색으로 수컷 더듬이는 몸길이를 넘으며 앞가슴등판과 딱지날개에 검은색 작은 점이 있다. 딱지날개 양 가장자리에 세로로 돌기가 돌출되어 있다. 성충은 높은 산지에서 초여름부터 나타나 피나무 벌채목에 모이고 불빛에도 날아온다. 유충은 죽은 기주식물에서 겨울을 나고 봄에 번데기가 된다. 남한의 북부 지역에 분포한다.

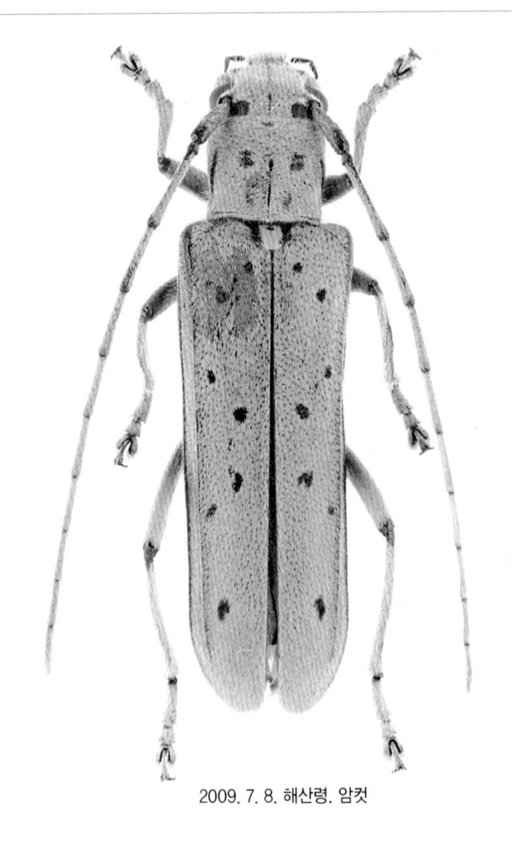

2009. 7. 8. 해산령. 암컷

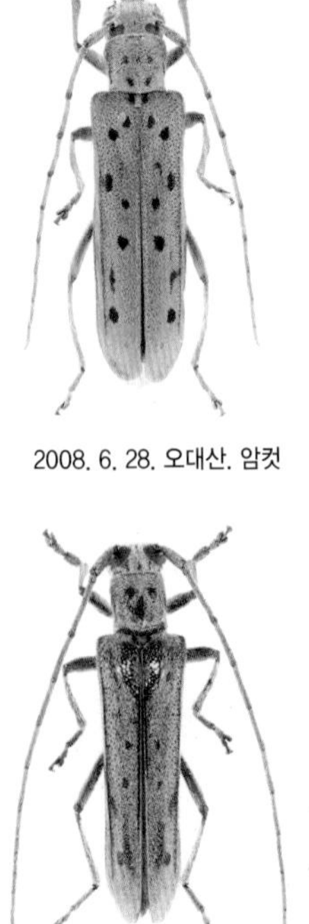

2008. 6. 28. 오대산. 암컷

2003. 8. 1. 계방산. 수컷

2009. 7. 8. 해산령

2009. 7. 8. 해산령

삼하늘소

Thyestilla gebleri (Faldermann, 1835)

크기 10~15㎜
서식지 초지
출현시기 5~7월
월동태 확인하지 못함
기주식물 쑥, 개망초
분포 무갑산, 계방산, 해산령, 점봉산

몸은 검으며 회백색 털이 나 있다. 앞가슴등판에서 딱지날개까지 연결되는 회백색 세로 줄무늬가 중앙과 옆면에 있다. 성충은 봄부터 나타나며, 햇빛이 잘 드는 초지의 쑥이나 개망초에 앉아 있는 모습을 볼 수 있다. 인기척에 놀라면 식물 줄기 뒤로 숨거나 가까운 거리로 날아가기도 한다. 기록(이승모, 1987)에 의하면 삼(대마)에 온다고 한다. 삼 재배가 금지되면서 기주식물을 바꾼 것으로 추측되며 암컷은 쑥이나 개망초에 산란한다. 남한의 중부 이북 지역에 분포한다.

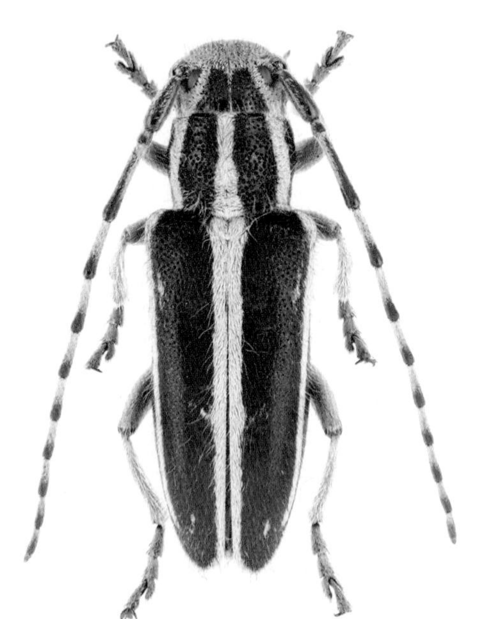

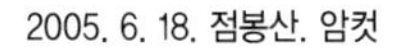

2005. 6. 18. 점봉산. 암컷

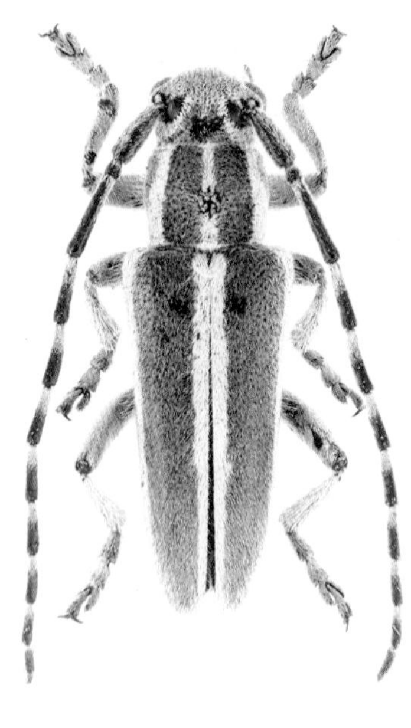

2008. 6. 20. 영월 한반도면. 수컷

2006. 6. 5. 무갑산

잿빛꼬마긴하늘소

Praolia citrinipes citrinipes Bates, 1884

크기 6~9㎜
서식지 산지
출현시기 5~7월
월동태 유충
기주식물 생강나무
분포 제주도, 운장산

머리, 가슴, 다리는 주황색이고 딱지날개는 회백색에 파란빛이 난다. 더듬이는 길어 암수 모두 몸길이의 2배를 넘는다. 성충은 산지에서 6월부터 나타나 생강나무 잎 뒷면에 앉아 있거나 주변의 넓은 나뭇잎에서 볼 수 있다. 암컷은 죽은 생강나무의 비교적 가는 가지에 산란하고 유충은 목질부에 터널을 뚫고 산다. 나무껍질 밑까지 터널을 뚫은 유충은 뒤의 구멍을 톱밥으로 막은 뒤 겨울을 나고 봄에 번데기가 된다. 남한 남부 지역에 서식한다.

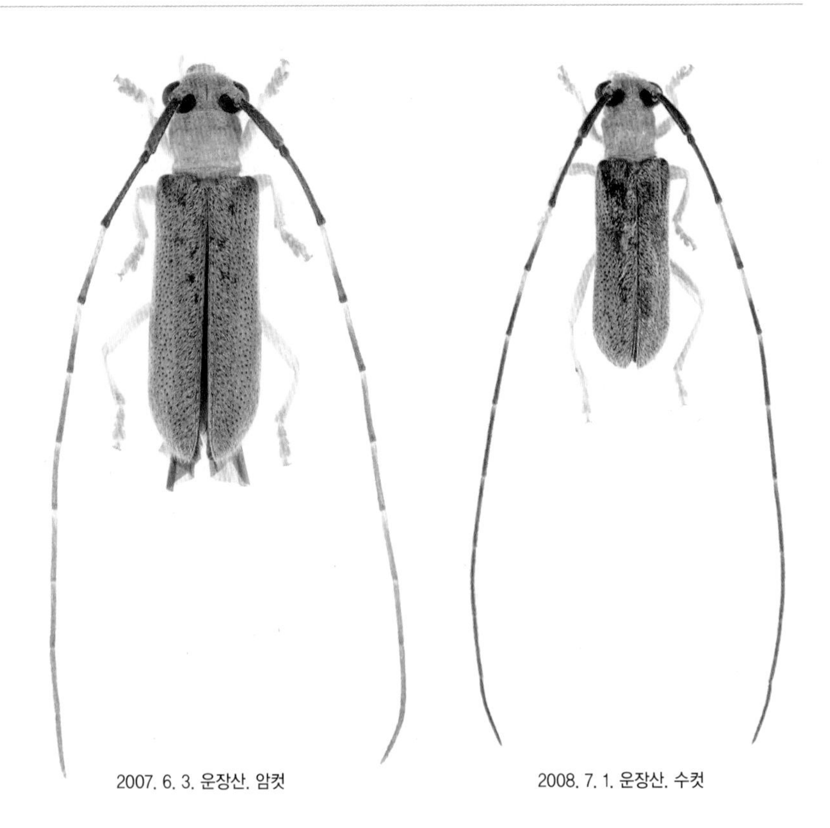

2007. 6. 3. 운장산. 암컷

2008. 7. 1. 운장산. 수컷

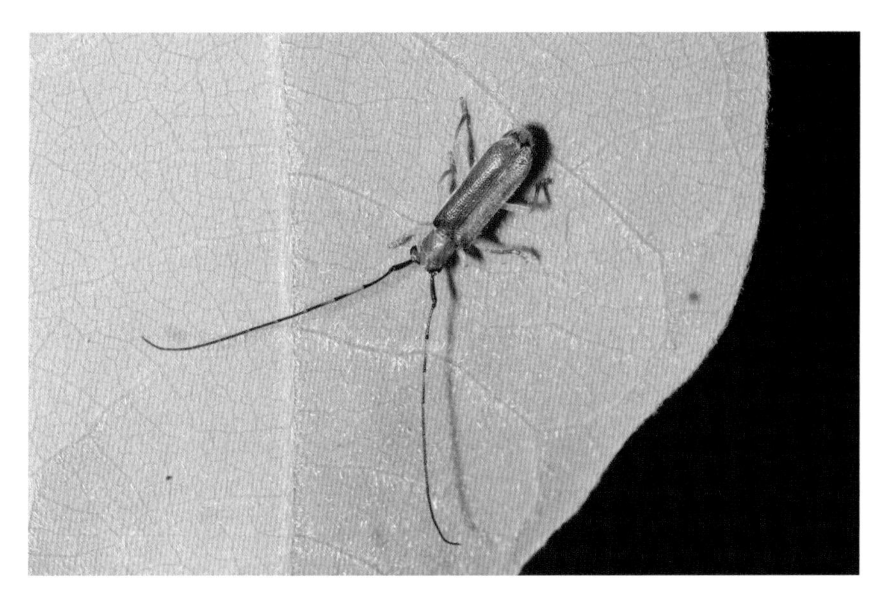

2008. 6. 30. 운장산. 생강나무 잎에 앉은 성충

2012. 4. 23~5. 15. 운장산. 번데기 변화 과정

산황하늘소

Menesia albifrons Heyden, 1886

크기 6~9㎜
서식지 산지
출현시기 6~8월
월동태 확인하지 못함
기주식물 참나무류
분포 운장산, 해산령, 곰배령

머리, 앞가슴등판, 딱지날개, 더듬이는 검고 다리는 주황색이다. 딱지날개에는 명확하지 않은 암갈색 무늬와 흰 점이 나타난다. 성충은 산지에서 6월부터 나타나 활엽수 고사목에 날아오며 저녁에 불빛에도 날아온다. 자세한 생태는 확인하지 못했다. 남한 전역에 분포한다.

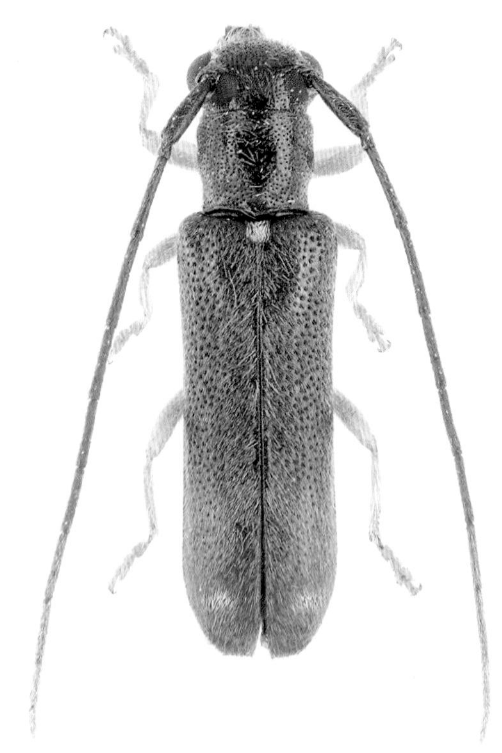

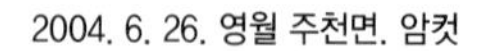
2004. 6. 26. 영월 주천면. 암컷

2011. 7. 12. 운장산

황하늘소

Menesia flavotecta Heyden, 1886

크기 6~10㎜
서식지 산지
출현시기 5~8월
월동태 확인하지 못함
기주식물 가래나무
분포 주금산, 태기산, 오대산, 진부령

머리, 앞가슴등판, 딱지날개에 노란 털이 촘촘히 나 있다. 더듬이 1, 2마디는 검고 나머지는 주황색이다. 딱지날개 양 가장자리에 검은 세로 줄무늬가 있다. 다리는 주황색이다. 성충은 기주식물인 가래나무 잎 뒷면에 앉아 잎을 갉아먹으며 암컷은 가래나무 벌채목에 산란하러 날아온다. 불빛에 날아오기도 한다. 남한의 중부 이북 지역에 분포한다.

2005. 6. 20. 주금산. 암컷

2005. 6. 20. 주금산. 수컷

2012. 7. 16. 주금산

별황하늘소

Menesia sulphurata (Gebler, 1825)

크기 6~10㎜
서식지 산지
출현시기 5~7월
월동태 확인하지 못함
기주식물 굴피나무, 노박덩굴, 물황철나무, 호두나무, 단풍나무
분포 토함산, 회문산, 운장산, 모악산, 연석산, 태백산, 계방산, 오대산, 점봉산, 진부령

머리, 앞가슴등판, 딱지날개는 검은 바탕에 노란 털이 군데군데 나 있다. 더듬이는 암갈색이고 앞가슴등판 양 옆에는 노란 세로 줄이 있다. 딱지날개에는 노란 점이 8개 있다. 넓적다리마디는 주황색이고 종아리마디와 발마디는 노랗다. 성충은 산지에 살며 어두워질 무렵 죽은 기주식물에 날아와 산란한다. 저녁 무렵에 활발히 활동하는 황혼성으로 불빛에도 날아온다. 남한 전역에 분포한다.

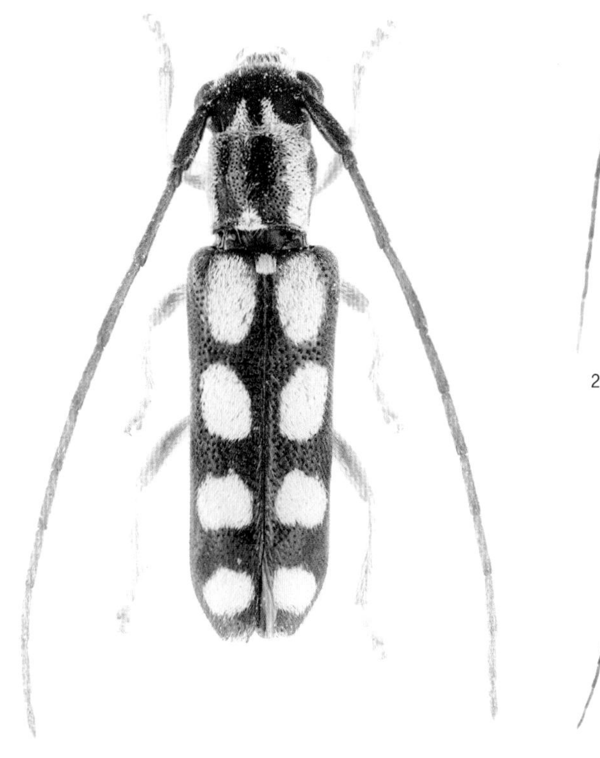

2005. 5. 11. 회문산. 암컷

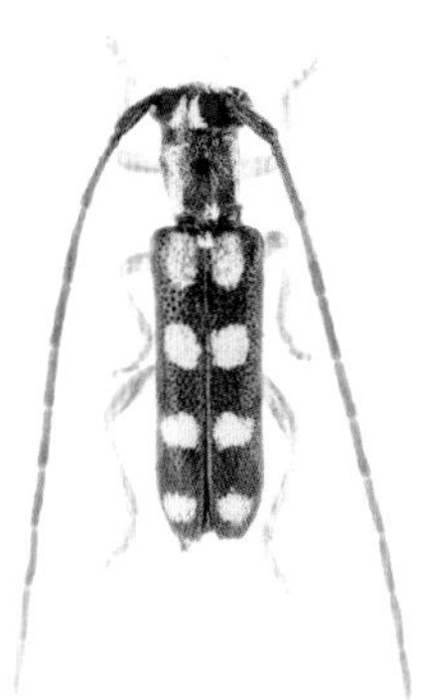

2004. 6. 2. 회문산. 수컷

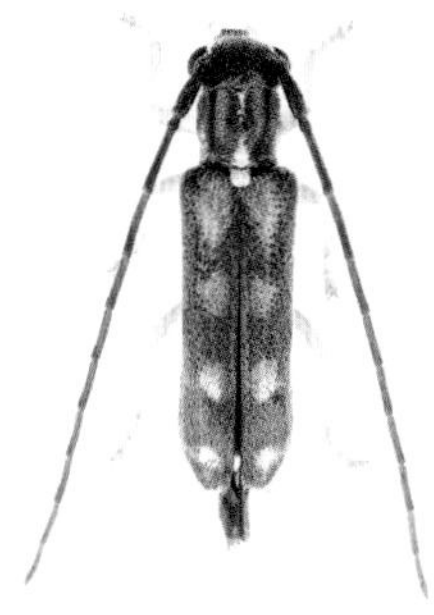

2009. 6. 1. 운장산. 수컷

2009. 6. 29. 운장산. 죽은 활엽수에 온 성충

2005. 5. 11. 회문산. 암컷은 각종 고사목에 산란한다.

2012. 4. 16. 오대산. 번데기

흰점하늘소

Glenea (*Glenea*) *relicta relicta* Pascoe, 1858

크기 8~13㎜
서식지 낮은 산지
출현시기 5~8월
월동태 확인하지 못함
기주식물 굴피나무, 단풍나무, 말채나무
분포 거제도, 두륜산, 지리산, 회문산, 추월산, 내장산, 변산반도, 운장산, 연석산

머리, 더듬이, 앞가슴등판은 검고 딱지날개와 넓적다리 마디는 암갈색이다. 앞가슴등판에 흰색 줄무늬가 있다. 딱지날개의 끝은 넓게 파여 가시가 있고 흰 점이 5쌍 있다. 성충은 산지에 살며 낮은 나뭇잎 위에서 발견된다. 암컷은 7월 초순부터 기주식물에 날아와 턱으로 나무껍질에 구멍을 내고 산란한다. 남한의 중부 이남 지역에 분포한다.

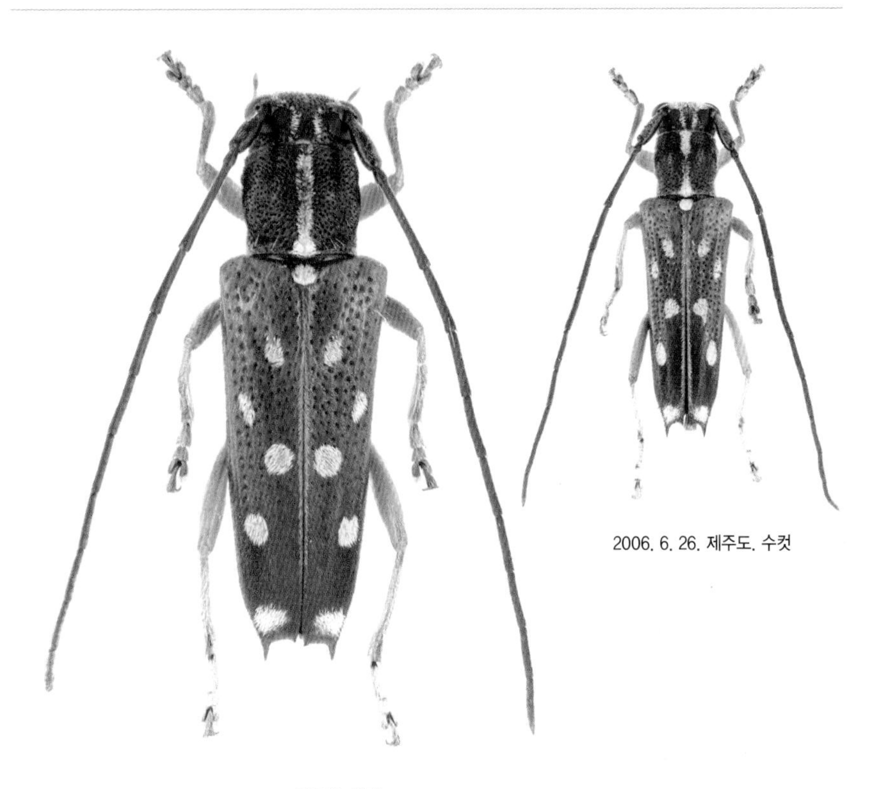

2006. 6. 26. 제주도. 수컷

2005. 6. 8. 회문산. 암컷

2014. 3. 25. 연석산. 유충

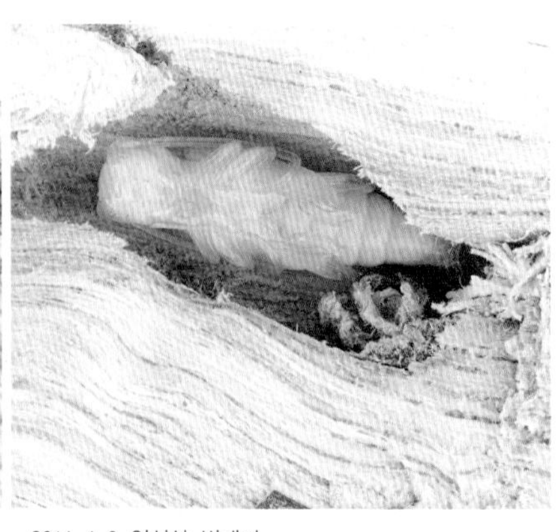

2014. 4. 3. 연석산. 번데기

2014. 7. 9. 연석산

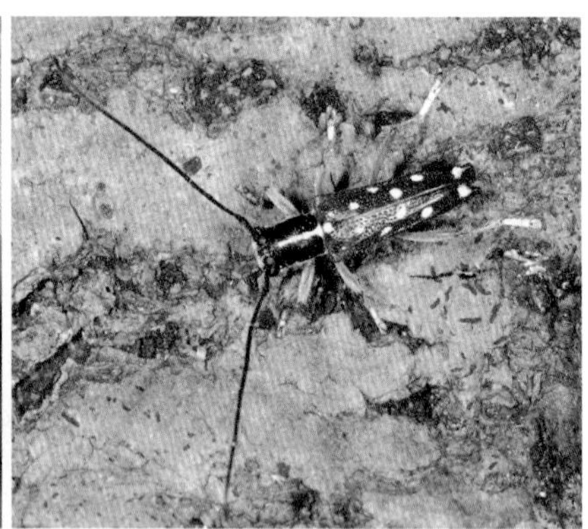

2008. 6. 28. 내장산. 벌채목에 산란하러 왔다.

2014. 7. 9. 연석산. 벌채목 주변 풀잎 위에서 쉬고 있다.

2014. 7. 19. 연석산. 산란 중이다.

먹당나귀하늘소

Eumecocera callosicollis (Breuning, 1943)

크기 8~11㎜
서식지 높은 산지
출현시기 5~7월
월동태 확인하지 못함
기주식물 피나무
분포 지리산, 덕유산, 오대산, 운두령, 대관령, 해산령, 점봉산, 진부령

머리, 앞가슴등판, 딱지날개는 검고 짧은 회백색 털이 나 있으며 광택이 난다. 더듬이는 가늘며 암수 모두 몸길이를 넘는다. 비교적 높은 산지에서 볼 수 있으며 낮은 나뭇잎 또는 풀잎 위에 앉아 있거나 활엽수 벌채목에 날아온다. 유충과 번데기는 죽은 기주식물에서 발견되고 성충은 불빛에도 날아오며 남한 전역에 분포한다.

2008. 6. 27. 운두령. 수컷

2006. 6. 17. 점봉산. 암컷

2006. 6. 12. 덕유산. 벌채목에 온 성충

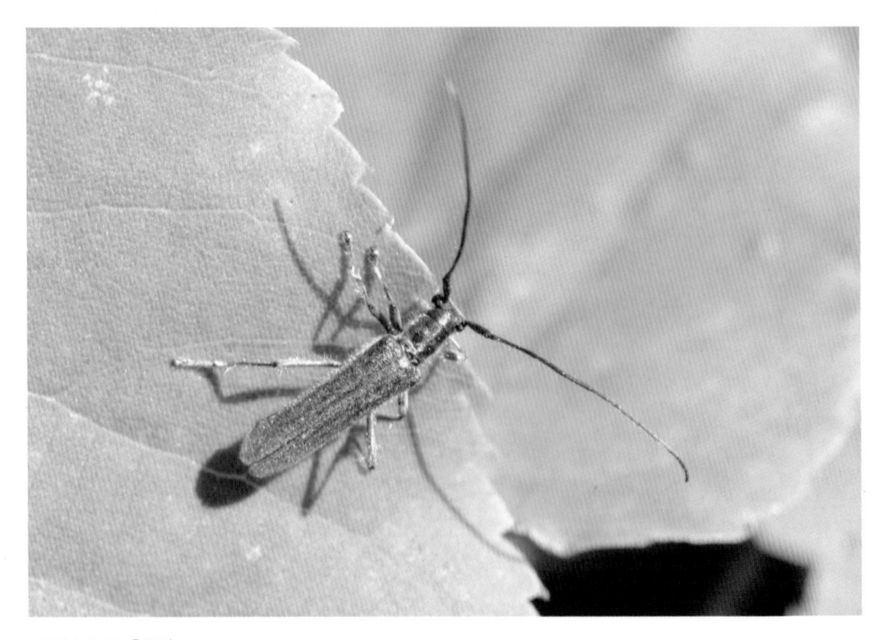

2004. 5. 31. 운두령

당나귀하늘소

Eumecocera impustulata (Motschulsky, 1860)

크기 8~12㎜
서식지 산길 주변
출현시기 5~7월
월동태 확인하지 못함
기주식물 피나무, 서어나무
분포 제주도, 홍도, 두륜산, 지리산, 토함산, 회문산, 내장산, 운장산, 모악산, 강화도, 계방산, 대관령, 해산령, 점봉산

몸 윗면은 황색, 녹색 등 개체에 따라 변화가 많다. 앞가슴등판 위와 옆에 검은색 세로 줄무늬가 4개 있고, 딱지날개에는 양 가장자리를 따라 검은 줄이 있다. 성충은 5월부터 나타나 산길 주변의 햇빛이 잘 드는 곳의 나뭇잎에 앉아 있으며, 놀라면 나뭇잎 뒤에 숨거나 짧은 거리를 빠르게 날아 이동한다. 암컷은 죽은 기주식물에 산란하며 불빛에 날아온다. 남한 전역에 분포한다.

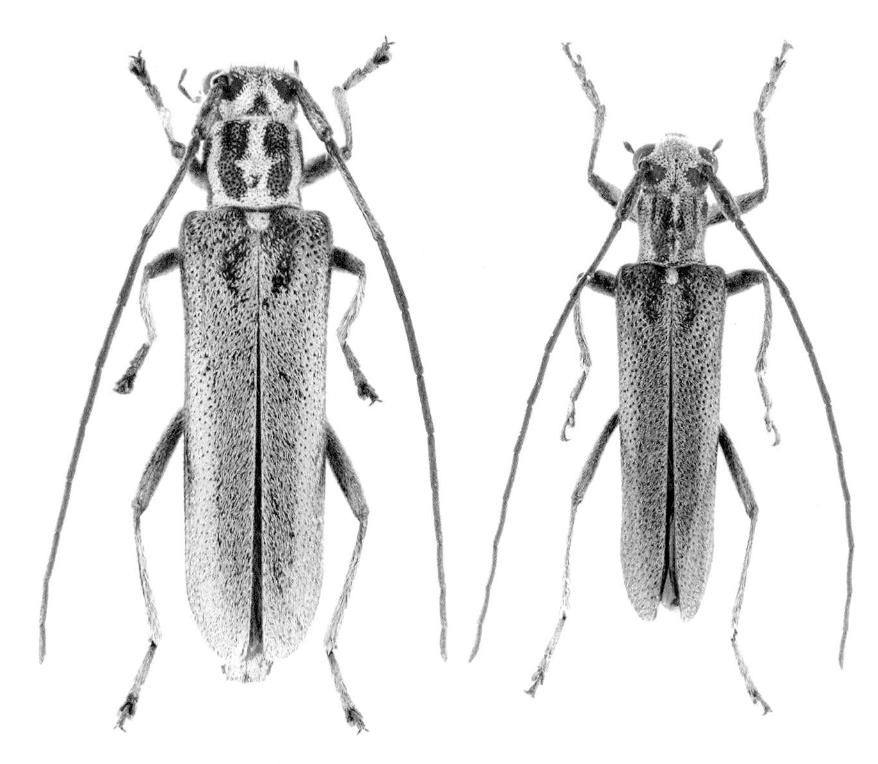

2008. 5. 20. 모악산. 암컷

2012. 6. 16. 제주도. 수컷

2012. 6. 16. 제주도. 활엽수 고사목에 산란한다.

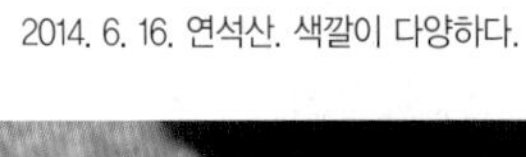

2014. 6. 16. 연석산. 색깔이 다양하다.

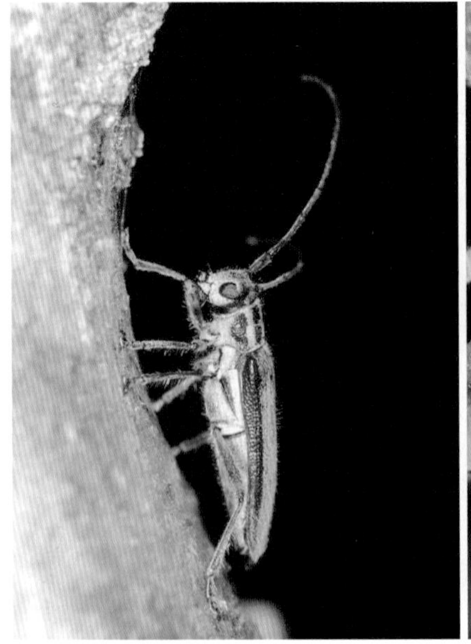

2008. 5. 19. 모악산

2008. 5. 19. 모악산

먹국화하늘소

Phytoecia (*Cinctophytoecia*) *cinctipennis* Mannerheim, 1849

크기 8~11㎜
서식지 초지
출현시기 5~7월
월동태 확인하지 못함
기주식물 인진쑥 추정
분포 영월 한반도면

머리, 앞가슴등판, 딱지날개는 검고 노란 털이 나 있어 황록색을 띤다. 더듬이는 검으며 넓적다리마디는 주황색이다. 딱지날개 봉합선에 노란색 털이 촘촘히 나 있다. 성충은 햇빛이 잘 드는 초지의 인진쑥에 날아오며 오후 3시 이후에 활발히 활동한다. 유충은 인진쑥에 기생하고 성충으로 월동할 것으로 추측되나 확인하지 못했다. 남한의 북부 지역에 분포한다.

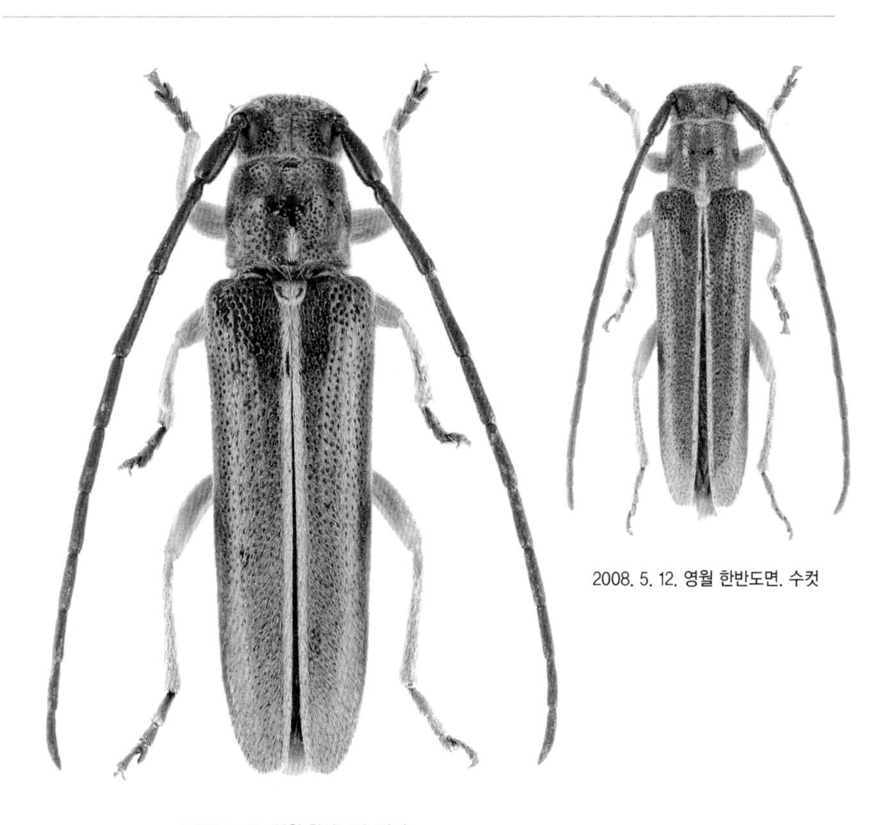

2008. 5. 12. 영월 한반도면. 수컷

2008. 5. 12. 영월 한반도면. 암컷

2008. 5. 12. 영월 한반도면. 인진쑥에 날아 온 성충

국화하늘소

Phytoecia (*Phytoecia*) *rufiventris* Gautier des Cottes, 1870

크기 6~9㎜
서식지 초지
출현시기 5~6월
월동태 성충
기주식물 쑥
분포 지리산, 회문산, 추월산, 내장산, 변산반도, 운장산, 모악산, 주금산, 태기산

머리와 더듬이는 검고 딱지날개와 앞가슴등판은 감청색이다. 앞가슴등판에 붉은 점이 있다. 성충은 5월부터 나타나 초지의 쑥에서 활동하며 암컷은 쑥 줄기에 둥글게 상처를 내 시들게 한 뒤에 산란한다. 유충은 줄기에 터널을 뚫고 살며 다 자란 유충은 줄기를 자르고 구멍을 막은 뒤 뿌리 부근에서 성충으로 우화해 겨울을 난다. 번데기 기간은 약 12일이다. 남한 전역에 분포한다.

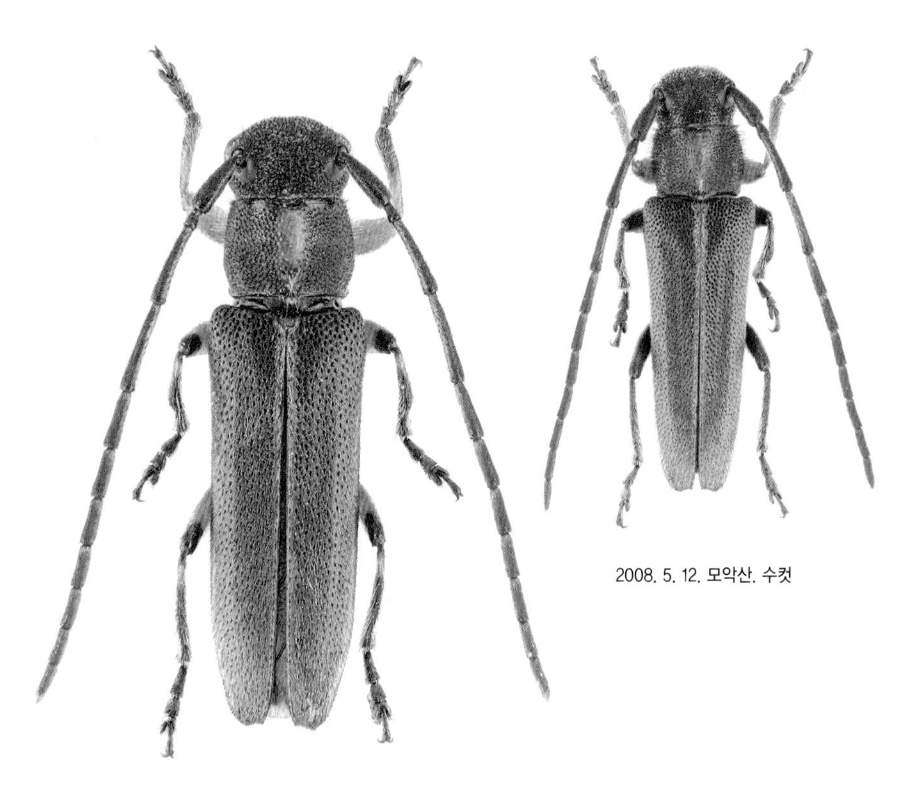

2008. 5. 12. 모악산. 수컷

2008. 5. 22. 영월 한반도면. 암컷

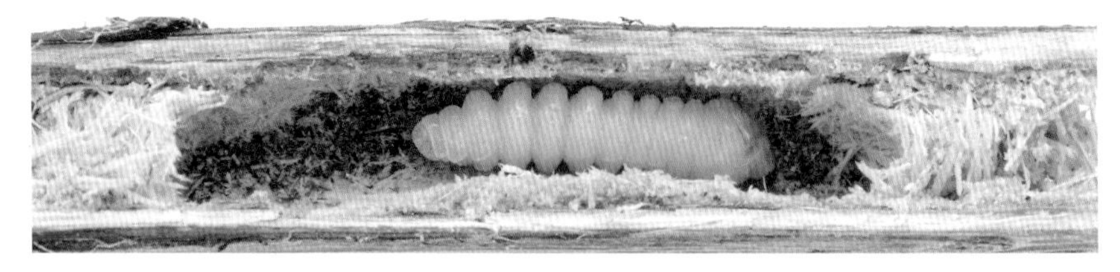

2014. 8. 24. 모악산. 유충

2014. 9. 12. 모악산. 번데기

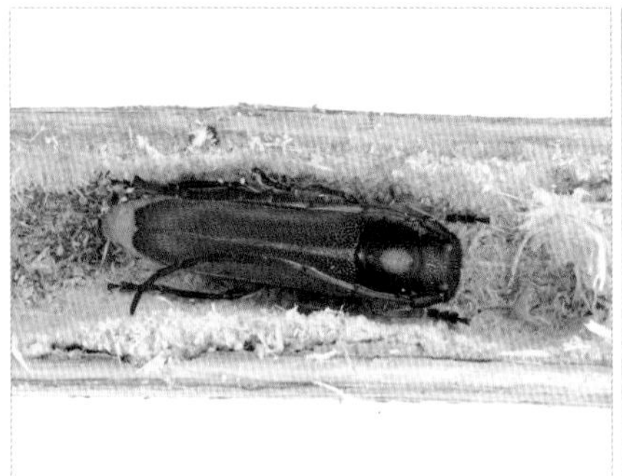

2014. 12. 5. 모악산. 성충으로 우화했다.

2013. 5. 31. 학산

2010. 5. 15. 운장산. 개망초 줄기를 갉아먹고 있다.

2008. 5. 19. 모악산. 쑥 줄기를 물어뜯고 산란하려 한다.

검정국화하늘소 (가칭)

Phytoecia (*Phytoecia*) *coeruleomicans* Breuning, 1947(추정)

크기 8~9㎜
서식지 초지
출현시기 5~6월
월동태 확인하지 못함
기주식물 확인하지 못함
분포 영월 한반도면

Phytoecia (*Phytoecia*) *coeruleomicans* Breuning, 1947로 추정되며 자세한 검토가 필요하다. 국화하늘소의 한 종류로 몸은 검고 머리와 앞가슴등판에 긴 털이 나 있다. 더듬이는 암수 모두 몸길이 정도다. 성충은 5월부터 나타나 초지나 빈 공터, 무덤 주변에서 낮게 날아다닌다. 자세한 생태는 확인하지 못했다. 남한의 북부 지역에 분포한다.

2004. 5. 22. 영월 한반도면. 수컷

2010. 5. 29. 영월 한반도면. 암컷

2008. 5. 12. 영월 한반도면

2008. 5. 12. 영월 한반도면

노랑줄점하늘소

Epiglenea comes comes Bates, 1884

크기 8~11㎜
서식지 산길 주변
출현시기 5~7월
월동태 유충
기주식물 붉나무
분포 거제도, 두륜산, 무등산, 지리산, 단석산, 회문산, 내장산, 변산반도, 운장산, 모악산, 금성산, 운문산, 광교산, 강화도, 화야산, 공작산, 오대산

머리에는 노란색이나 회백색 털이 촘촘히 나 있으며 더듬이는 검고 회백색 털이 나 있다. 앞가슴등판에 노란 세로 줄무늬가 3개 있으며, 딱지날개에는 줄무늬 1쌍과 노란 점 2쌍이 있다. 성충은 봄부터 나타나며 6월 말에 가장 많이 보인다. 붉나무 주변에서 볼 수 있으며 잎 뒷면에 앉아 잎을 갉아먹는다. 맑은 날에는 붉나무 주변을 빠르게 날아다닌다. 암컷은 죽은 기주식물에 산란하며 유충으로 겨울을 보낸 뒤 4월에 번데기가 된다. 남한 전역에 분포한다.

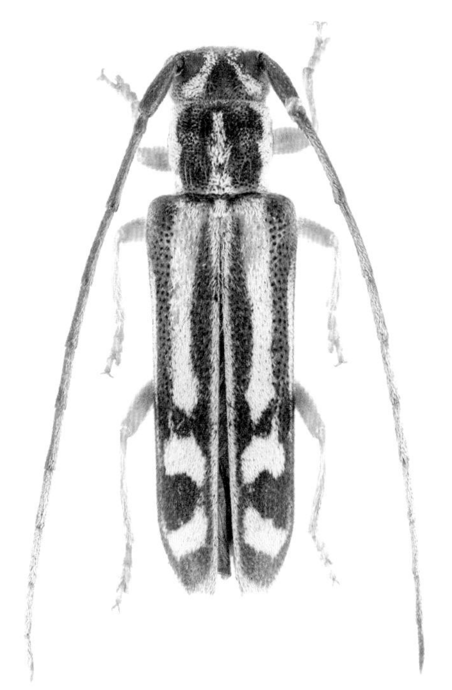

2005. 5. 30. 변산반도. 암컷

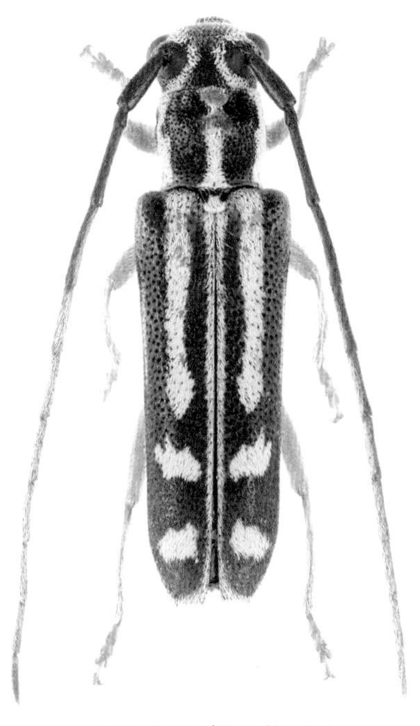

2010. 6. 10. 광주 두암동. 수컷

2014. 6. 23. 모악산. 성충이 붉나무 잎을 갉아먹은 흔적

2014. 4. 4. 운장산. 붉나무 벌채목에 사는 유충

2014. 4. 4. 운장산. 기주식물 속에 있는 유충과 번데기

2014. 6. 13. 연석산. 산초나무에서 쉬고 있다.

2014. 6. 23. 모악산. 붉나무 잎 뒷면에 앉아 있는 성충

2014. 6. 16. 운장산. 놀라서 마른 나뭇잎에 숨은 성충

2011. 6. 19. 운장산

선두리하늘소

Nupserha marginella marginella (Bates, 1873)

크기 8~13㎜
서식지 산길 주변
출현시기 6~8월
월동태 확인하지 못함
기주식물 확인하지 못함
분포 제주도, 지리산, 회문산, 추월산, 경각산, 내장산, 변산반도, 청계산, 검단산, 천마산, 화야산

머리와 더듬이의 1, 2마디가 검으며, 더듬이는 암수 모두 몸길이를 넘는다. 앞가슴등판과 다리, 딱지날개는 주황색이고 딱지날개의 옆 가장자리에 검은 세로 줄무늬가 있다. 햇빛이 잘 드는 산길이나 숲속의 공터에 서식한다. 6월부터 나타나기 시작하는 성충은 한 낮에는 활동하지 않으며 오후 4시 이후에 낮은 풀줄기나 나뭇잎에 앉으며 낮게 날아다닌다. 자세한 생태는 확인하지 못했다. 남한 전역에 분포한다.

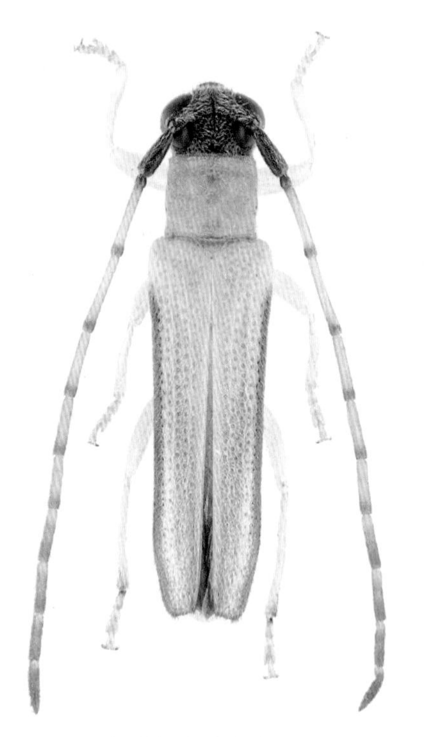

2006. 6. 10. 제주도, 암컷

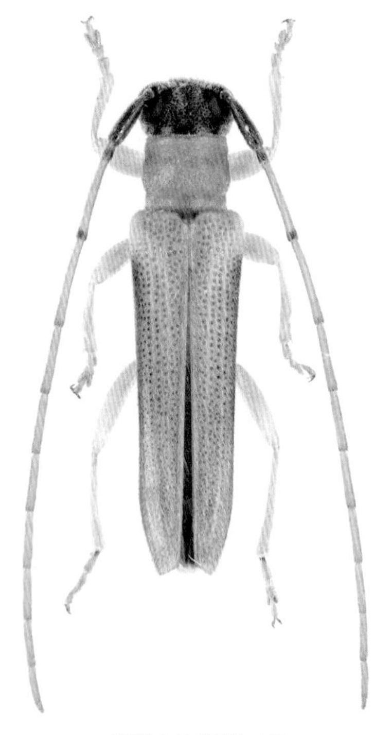

2007. 7. 7. 경각산, 수컷

2003. 6. 25. 청계산

큰사과하늘소

Oberea (Oberea) atropunctata Pic, 1916

크기 15.5~19㎜
서식지 낮은 산지
출현시기 5~6월
월동태 확인하지 못함
기주식물 확인하지 못함
분포 회문산, 추월산, 운장산, 모악산, 구름산, 영월 영월읍

머리와 앞가슴등판, 다리는 주황색이고 더듬이는 검다. 딱지날개는 좁고 길쭉하며 가운데가 홀쭉한 모양으로 노란색이다. 수컷의 배 2, 3마디가 검다. 성충은 봄부터 나타나며 낮은 산지의 노박덩굴이나 나뭇잎에 앉아 있는 모습을 볼 수 있다. 자세한 생태는 확인하지 못했다. 남한 전역에 분포한다.

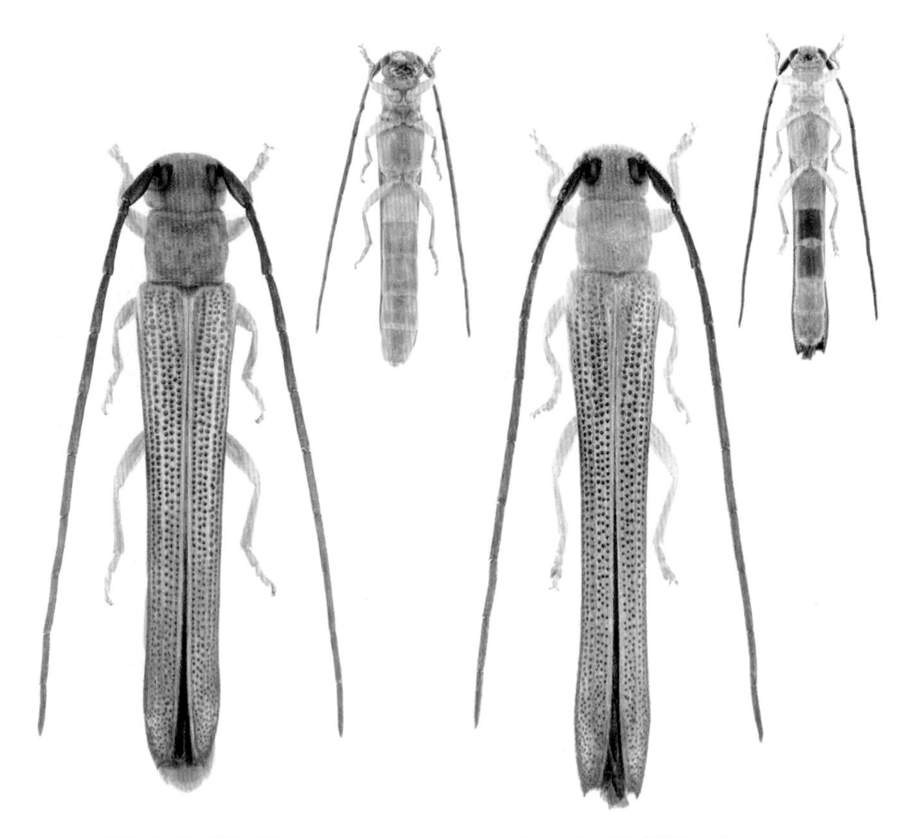

2008. 5. 30. 모악산. 암컷

2008. 5. 24. 영월 영월읍. 수컷

200. 5. 27. 모악산. 나뭇잎에 앉은 성충

우리사과하늘소

Oberea (*Oberea*) *herzi* Ganglbauer, 1887

크기 11.5~17㎜
서식지 산지
출현시기 5~6월
월동태 확인하지 못함
기주식물 고삼 추정
분포 영월 한반도면

머리와 더듬이는 검고 앞가슴등판과 다리는 주황색이며 딱지날개는 노란색이고 옆가장자리에 검은 줄무늬가 있다. 몸 아랫면은 검고 회백색 털이 나 있다. 성충은 봄부터 나타나며 햇빛이 잘 드는 초지의 고삼에 날아와 줄기를 갉아먹는다. 유충은 고삼에 기생할 것으로 추측되나 확인하지 못했다. 남한 전역에 분포한다.

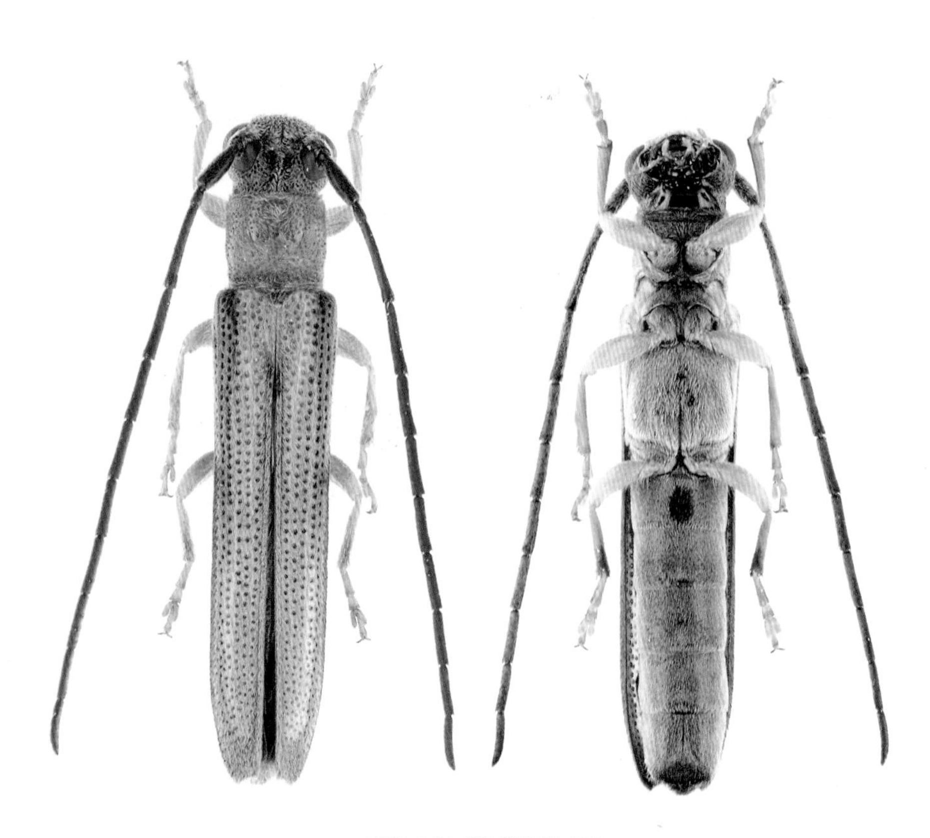

2008. 5. 24. 영월 한반도면, 수컷

2008. 5. 24. 영월 한반도면. 고삼 줄기를 갉아먹은 흔적이 보인다.

2008. 5. 24. 영월 한반도면. 고삼에 온 성충

본방사과하늘소

Oberea (*Oberea*) *coreana* Pic, 1912

크기 9~14㎜
서식지 낮은 산지
출현시기 5~6월
월동태 유충
기주식물 비수리
분포 장성댐

머리와 더듬이는 검으며 더듬이 길이는 암수 모두 몸길이와 비슷하다. 앞가슴등판은 검고 노란색 털이 나 있으며 딱지날개는 검거나 주황색 세로 줄무늬가 있다. 낮은 산지에 서식하며 성충은 5월부터 나타난다. 비수리에 모여 줄기를 갉아먹거나 암수가 짝짓기를 하며 기주식물 주변을 떠나지 않는다. 유충은 비수리 줄기에 터널을 뚫고 살며 구멍을 통해 배설물을 배출한다. 다 자란 유충은 줄기를 자르고 톱밥으로 입구를 막은 뒤 뿌리 부근에서 월동한다. 남한의 중부 이남 지역에 서식한다.

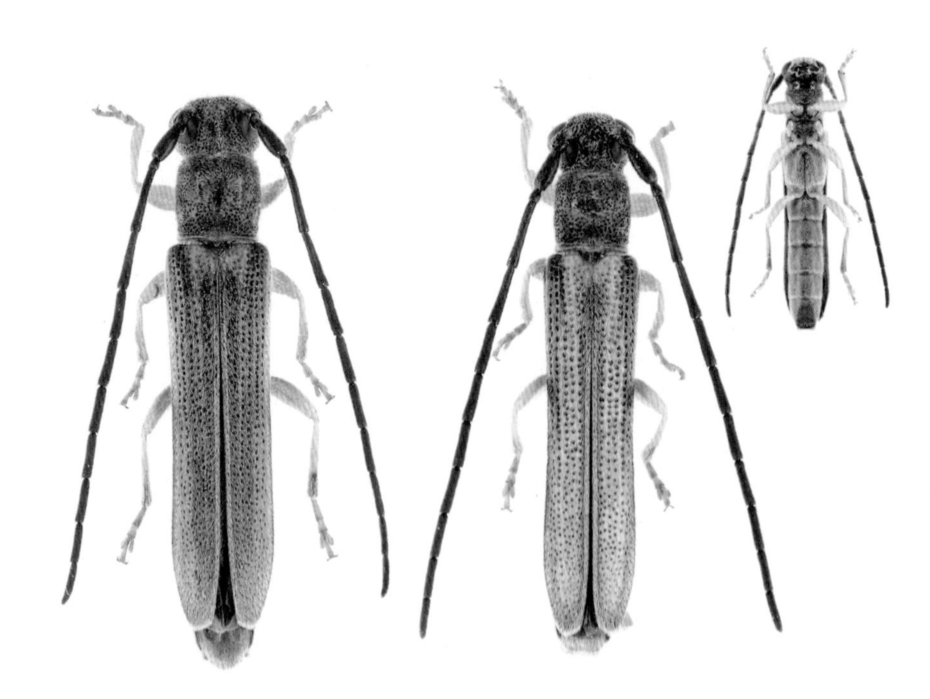

2008. 6. 1. 장성댐. 암컷

2009. 5. 24. 장성댐. 수컷

2009. 1. 21. 장성댐. 월동 중인 유충의 흔적

2009. 1. 21. 장성댐. 월동 중인 유충

2009. 5. 24. 장성댐. 줄기를 갉아먹은 흔적이 보인다.

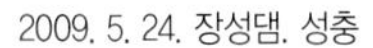
2009. 5. 24. 장성댐. 성충

검정사과하늘소

Oberea (*Oberea*) *morio* Kraatz, 1879

크기 10~14㎜
서식지 산길 주변
출현시기 5~6월
월동태 확인하지 못함
기주식물 확인하지 못함
분포 모악산, 강화도, 해산령

머리와 더듬이, 앞가슴등판은 검고 다리는 노란색이다. 딱지날개 위에는 주황색 세로 줄무늬가, 옆 가장자리에는 검은 세로 줄이 있다. 몸 아랫면은 검다. 산지의 산길 주변이나 햇빛이 잘 드는 공터에 서식한다. 성충은 5월부터 나타나며 고삼이나 싸리나무에 날아온다. 자세한 생태는 확인하지 못했다. 남한 전역에 분포한다.

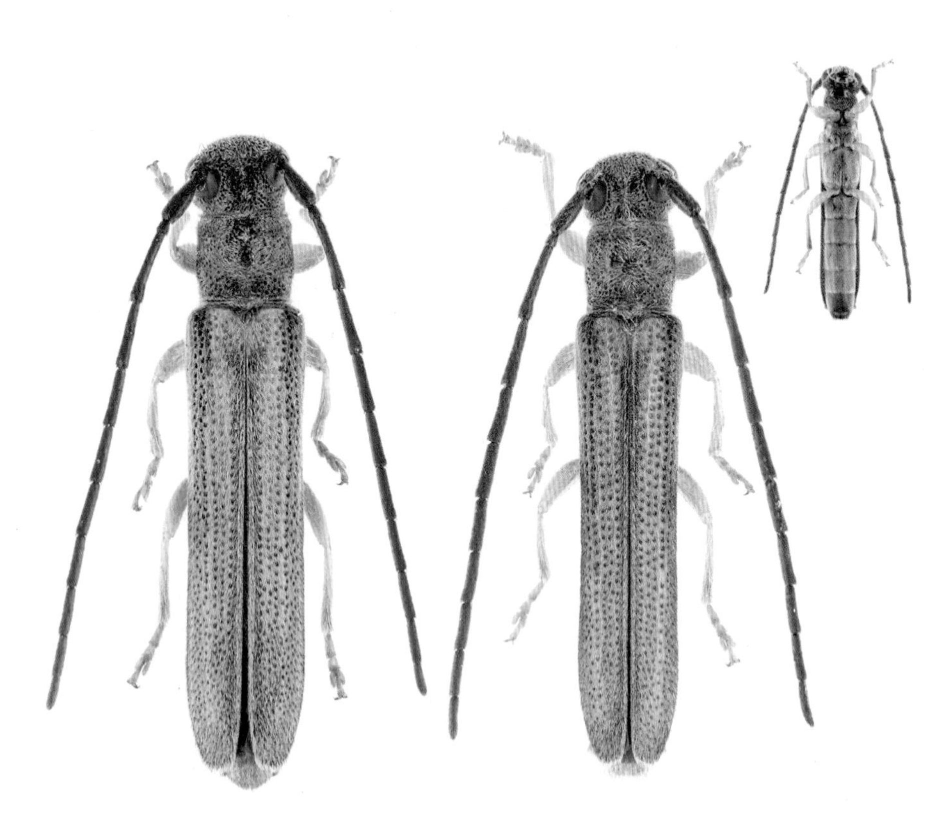

2008. 6. 5. 모악산. 암컷

2008. 5. 27. 모악산. 수컷

2008. 5. 21. 영월 한반도면. 고삼에 왔다.

2008. 5. 19. 모악산. 싸리나무류에 왔다.

등빨간쉬나무하늘소

Oberea (*Oberea*) *vittata* Blessig, 1873

크기 12.5~18.5㎜
서식지 산길 주변
출현시기 5~6월
월동태 확인하지 못함
기주식물 조록싸리 추정
분포 변산반도, 운장산, 모악산, 주금산, 해산령

머리와 더듬이는 검고 앞가슴등판은 붉은색, 다리는 노란색이다. 배의 1~3, 5마디가 검다. 성충은 늦봄부터 나타나 활동한다. 산길 주변의 조록싸리에서 활동하며 주변의 덩굴식물이나 나뭇잎에서 볼 수 있다. 암컷은 조록싸리 줄기를 빙 돌아 가해하고 위를 자르고 그 사이에 산란한다. 성충의 발생은 확인하지 못했다. 남한 전역에 분포한다.

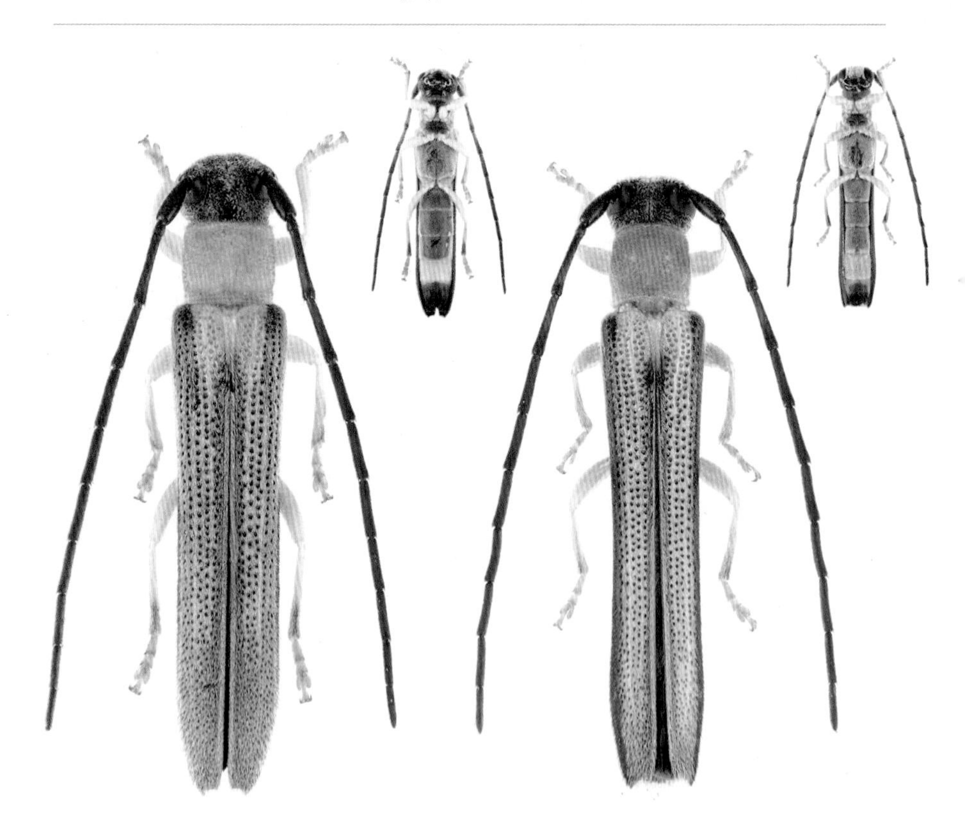

2006. 5. 25. 변산반도. 암컷

2005. 5. 26. 운장산. 수컷

2008. 5. 19. 모악산. 조록싸리에 산란 중이다.

2008. 5. 19. 모악산. 산란 흔적

2008. 5. 19. 모악산. 알

2008. 5. 19. 모악산. 조록싸리에 온 성충

통사과하늘소

Oberea (*Oberea*) *depressa* Gebler, 1825

크기 15~19㎜
서식지 산길 주변
출현시기 5~7월
월동태 유충
기주식물 조팝나무
분포 월출산, 회문산, 추월산, 모악산, 연석산, 용유도, 영월
한반도면

머리와 더듬이는 검다. 앞가슴등판은 다황색이며 양 옆에 검은 점이 있다. 배의 1~3마디가 검으며 전부가 검은 경우도 있다. 산길 주변에 서식한다. 성충은 6월 초순에 가장 많이 나타난다. 낮게 날아다니며 기주식물 주변을 떠나지 않으며 연한 줄기를 갉아먹는다. 암컷은 살아있는 조팝나무에 산란한다. 알에서 나온 유충은 줄기에 통로를 뚫고 살며 겨울이 오기 전에 줄기를 자르고 입구를 톱밥으로 막은 뒤 뿌리로 내려가 겨울을 나고 봄에 번데기가 된다. 남한 전역에 분포한다.

2007. 5. 21. 추월산. 암컷

2007. 5. 21. 추월산. 수컷

2007. 10. 30. 추월산. 조팝나무에 사는 유충

2007. 3. 2. 추월산. 줄기를 자르고 월동 중인 유충

2007. 3. 2. 추월산. 유충이 배설물을 밖으로 배출한 흔적

2011.5.12. 모악산

2011.5.12. 모악산

2007. 5. 3. 추월산. 성충이 줄기를 갉아먹은 흔적

두눈사과하늘소

Oberea (*Oberea*) *oculata* (Linnaeus, 1758)

크기 15~20㎜
서식지 강가
출현시기 5~7월
월동태 유충
기주식물 갯버들
분포 전주 삼천동, 춘천

머리와 더듬이는 검으며 더듬이 길이는 암수 모두 몸길이보다 짧다. 앞가슴등판과 다리는 주황색이며 앞가슴등판에 검은 점이 1쌍 있다. 딱지날개는 짙은 청록색이며 회백색 털이 촘촘히 나 있다. 몸 아랫면은 주황색이다. 성충은 5월부터 나타나 강가 주변의 갯버들에 살며 암컷은 살아있는 갯버들에 산란한다. 유충은 손가락 굵기 이상의 가지에서 터널을 뚫고 살아가며 구멍을 통해 배설물을 배출한다. 유충으로 겨울을 나고 봄에 번데기가 된다. 남한 전역에 분포한다.

2011. 6. 15. 전주 삼천천. 암컷

2011. 6. 15. 전주 삼천천. 수컷

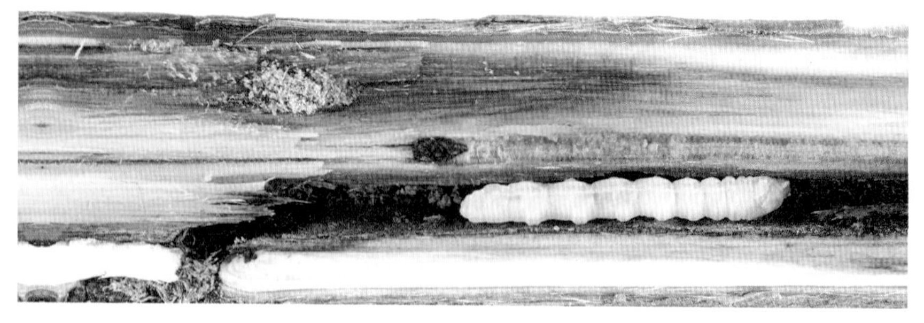

2012. 5. 10. 전주 삼천천. 유충

2011. 11. 9. 전주 삼천천. 갯버들 줄기에 유충이 살고 있는 흔적

2011. 6. 17. 전주 삼천천. 갯버들에 산다.

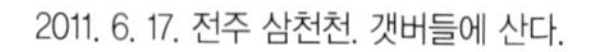

2011. 6. 17. 전주 삼천천. 갯버들에 산다.

헤이로브스키사과하늘소

Oberea (*Oberea*) *heyrovskyi* Pic, 1927

크기 17~21㎜
서식지 낮은 산지
출현시기 5~6월
월동태 확인하지 못함
기주식물 확인하지 못함
분포 변산반도

머리와 더듬이는 검고 앞가슴등판과 다리는 주황색을 띠며, 딱지날개는 노란빛이 나는 연한 청록색이다. 앞가슴등판 양 옆에 검은 점이 있다. 수컷은 배의 1, 2마디가, 암컷은 1~3마디가 검고 5마디에 검은 무늬가 있다. 햇빛이 잘 드는 숲 가장자리의 잡목림에서 관찰했다. 자세한 생태는 알려지지 않았다. 남한 전역에 분포한다.

2005. 6. 11. 변산반도. 암컷

대만사과하늘소

Oberea (*Oberea*) *tsuyukii* Kurihara & N. Ohbayashi, 2007

크기 17~19㎜
서식지 산지
출현시기 5~6월
월동태 확인하지 못함
기주식물 확인하지 못함
분포 영월 한반도면

머리와 더듬이의 자루마디는 검고 앞가슴등판과 딱지날개, 다리는 주황색이다. 딱지날개 끝이 뾰족하다. 배의 2, 3, 5마디는 검고 1마디에 수컷은 하트 모양 무늬, 암컷은 점이 1쌍 있다. 산지에 살며 성충은 5월부터 나타난다. 자세한 생태는 확인하지 못했다. 남한의 중부 이북 지역에 서식한다.

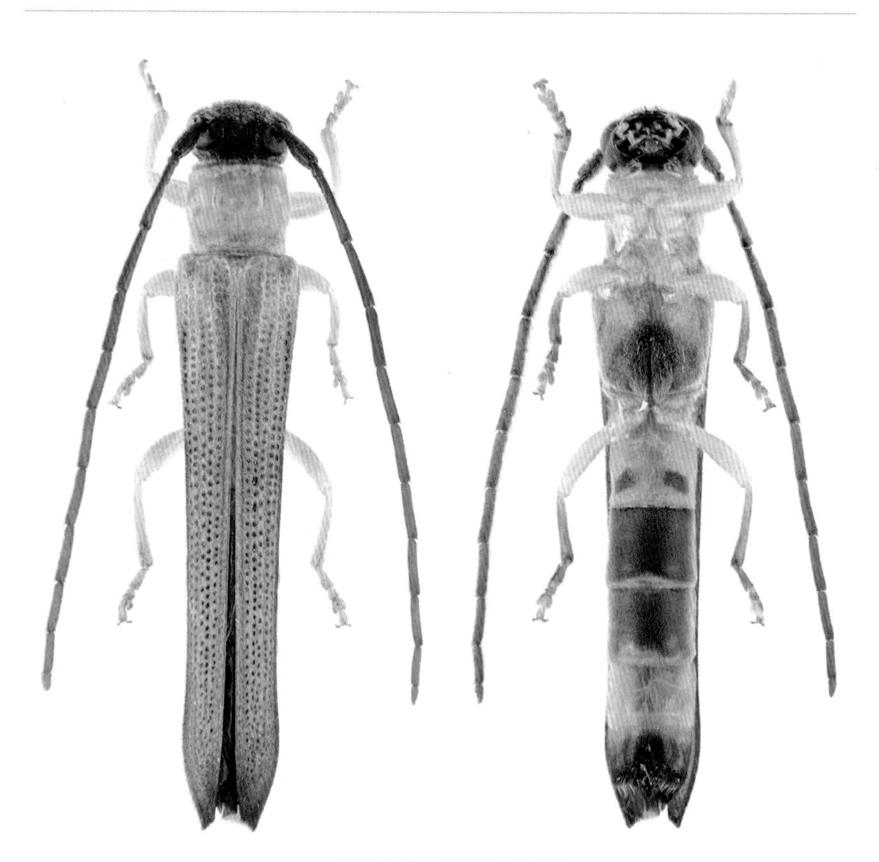

2005. 5. 25. 영월 한반도면, 암컷

종명 미확인

Unidentified

미동정 1

크기 13㎜
서식지 높은 산지
출현시기 7~8월
월동태 확인하지 못함
기주식물 확인하지 못함
분포 운두령

머리와 더듬이, 앞가슴등판은 검고 더듬이의 5마디부터 톱날 모양이다. 딱지날개는 붉은색으로 끝은 뾰족하다. 앞가슴등판의 검은 부분이 붉은산꽃하늘소와 다르다. 높은 산지에 서식하며 성충은 7~8월에 나타나 꽃에 날아온다. 자세한 생태는 확인하지 못했다. 남한의 북부 지역에 분포한다.

2002. 8. 17. 운두령. 수컷

미동정 2

크기 6~9㎜
서식지 산지
출현시기 6~7월
월동태 확인하지 못함
기주식물 예덕나무
분포 거금도, 지리산

머리, 앞가슴등판, 딱지날개는 황갈색이고 더듬이와 다리는 검은색이다. 성충은 산지에서 초여름부터 나타나며 불빛에 날아온다. 성충은 예덕나무 고사목에서 발생했다. 자세한 생태는 확인하지 못했다. 남한 남부 지역에 서식한다.

2011. 6. 27. 지리산. 암컷 추정

2012. 5. 27. 거금도. 암컷 추정

미동정 3

크기 7~9㎜
서식지 산지
출현시기 6~7월
월동태 유충
기주식물 팽나무, 푸조나무
분포 제주도, 회문산, 운장산, 모악산

머리, 앞가슴등판, 넓적다리마디는 검고 더듬이는 암갈색이다. 딱지날개는 검은 바탕에 황색 털 뭉치가 나 있고 중앙에 가로로 검은 띠가 있다. 성충은 산지에 서식하며 팽나무 벌채목에 모이고 암컷은 여기에 산란한다. 유충으로 겨울을 나고 봄에 번데기가 된다. 남한 남부 지역에 분포한다.

2005. 6. 6. 회문산. 수컷

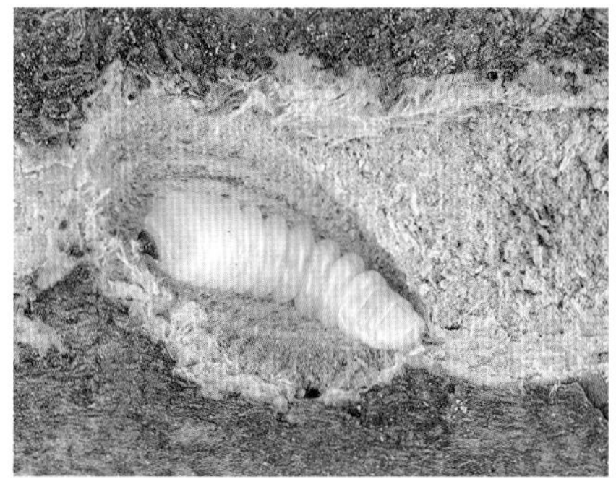

2012. 3. 23. 운장산. 유충으로 월동 중이다.

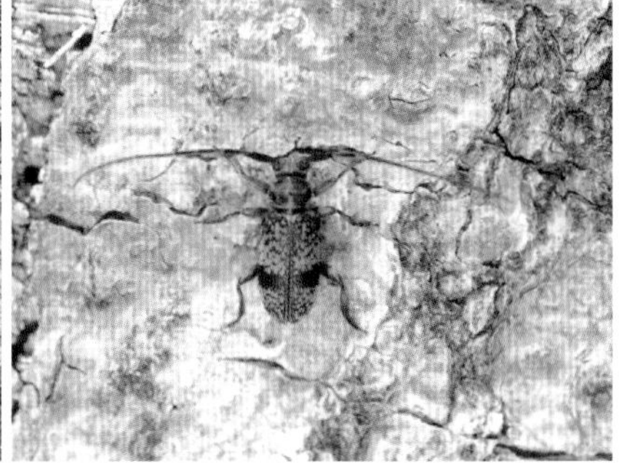

2014. 6. 5. 모악산

2011. 6. 29. 운장산. 팽나무 고사목에 왔다.

2014. 5. 11. ~. 모악산. 번데기 변화 과정

미동정 4

크기 4.5~6㎜
서식지 산지
출현시기 5월~
월동태 확인하지 못함
기주식물 굴피나무
분포 운장산

콩알하늘소의 한 종류다. 몸 윗면은 암갈색으로 회백색 털이 나 있다. 더듬이와 딱지날개에 긴 털이 나 있고 딱지날개에는 회백색 점이 흩어져 있다. 성충은 산지의 활엽수 벌채목에 날아오고 암컷은 죽은 기주식물에 산란한다. 자세한 생태는 확인하지 못했다.

2012. 5. 25. 운장산. 참나무에 날아왔다.

2012. 5. 25. 운장산. 암컷

2012. 5. 25. 운장산. 수컷

미동정 5

크기 6㎜
서식지 산지
출현시기 5~7월
월동태 확인하지 못함
기주식물 느티나무
분포 내장산, 운장산

몸 윗면에 노란색과 회백색 털이 나 있고 풀색을 띤다. 딱지날개에는 흰색 무늬와 작은 점이 있다. 성충은 산지의 활엽수 벌채목에 날아오고 암컷은 죽은 기주식물에 산란한다. 자세한 생태는 확인하지 못했다.

2012. 7. 4. 운장산. 수컷

2002. 5. 28. 내장산. 암컷

미동정 6

크기 7㎜
서식지 산지
출현시기 6월
월동태 확인하지 못함
기주식물 피나무
분포 운장산

곰보하늘소의 한 종으로 추정된다. 몸은 검고 딱지날개에 흰줄이 있다. 피나무 고사목에서 성충이 발생했다.

2006. 6. 10. 운장산

미동정 7

크기 6㎜
서식지 산지
출현시기 6월
월동태 확인하지 못함
기주식물 팽나무
분포 제주도

머리와 앞가슴등판은 검고 딱지날개와 더듬이는 암갈색이다. 딱지날개에는 노란색 털이 나 있고 작은 점이 흩어져 있다. 성충은 팽나무 고사목에서 발생했다.

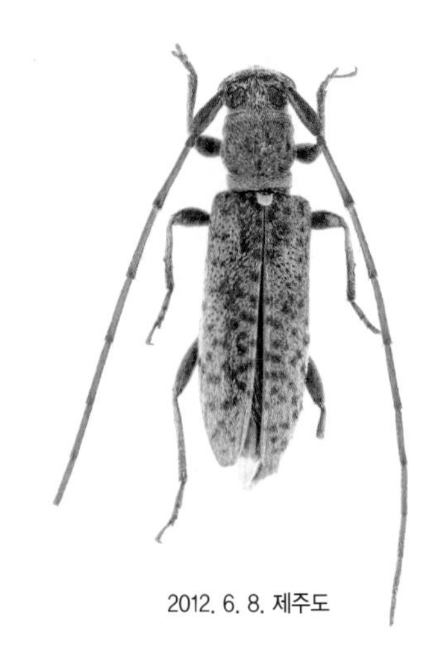

2012. 6. 8. 제주도

미동정 8

크기 6㎜
서식지 산지
출현시기 6월~
월동태 유충
기주식물 뽕나무
분포 울릉도

몸은 검은 바탕에 노란 털이 나 있다. 더듬이는 진한 갈색이다. 딱지날개는 검은 긴 털이 듬성듬성 나 있고 크고 작은 점무늬가 있다. 성충은 죽은 뽕나무에 날아오며 암컷은 여기에 산란한다. 유충은 기주식물의 잔가지에 살며 유충으로 겨울을 나고 봄에 번데기가 된다.

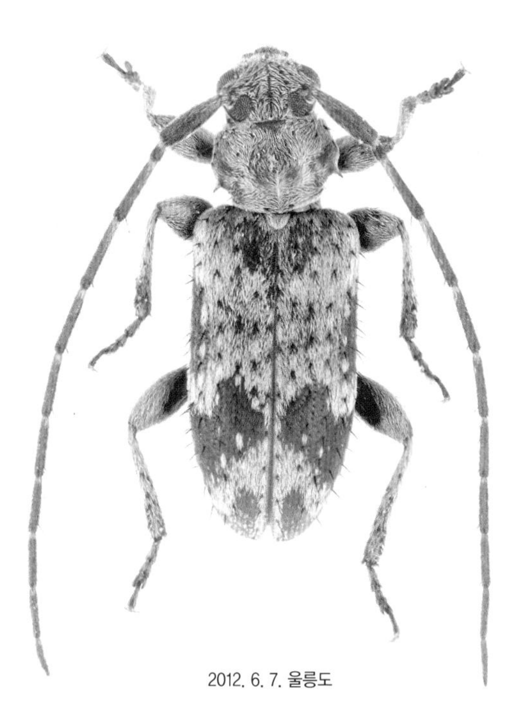

2012. 6. 7. 울릉도

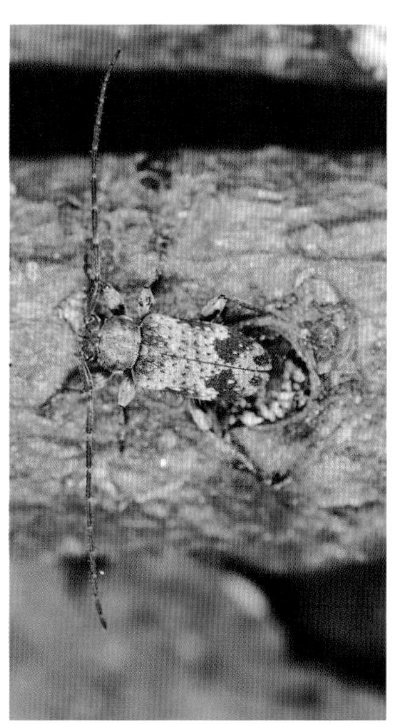

2012. 6. 7. 울릉도

미동정 9

크기 3~6㎜
서식지 산지
출현시기 6~8월
월동태 유충
기주식물 팽나무, 꾸지나무, 굴피나무
분포 회문산, 변산반도, 운장산, 태안 원북면, 태기산

머리와 앞가슴등판은 검고 딱지날개에는 회백색으로 검은 점무늬가 있으며, 검고 긴 털이 듬성듬성 나 있다. 성충은 산지의 죽은 활엽수에서 발견된다. 암컷은 죽은 기주식물에 산란하고 유충은 나무껍질 부분에서 살며 유충으로 겨울을 난다. 불빛에 날아온다. 남한 전역에 분포한다.

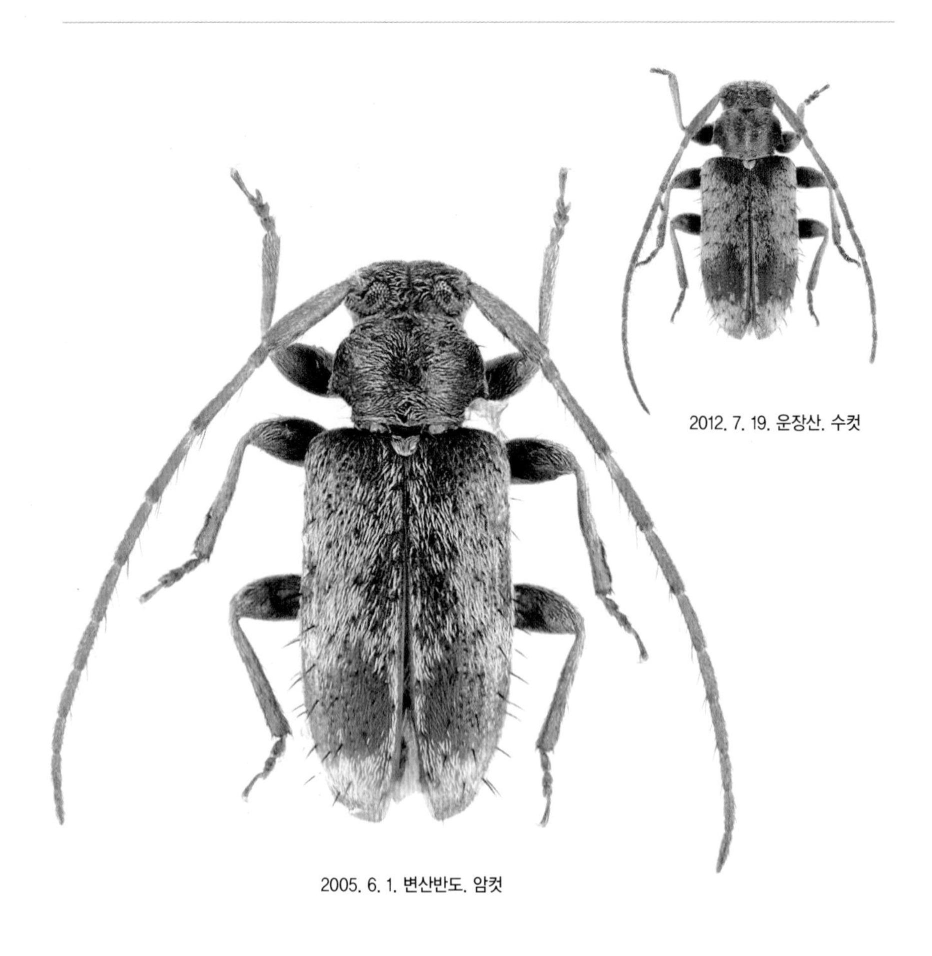

2012. 7. 19. 운장산. 수컷

2005. 6. 1. 변산반도. 암컷

2012. 3. 13. 운장산. 굴피나무에서 월동 중인 유충

2012. 5. 22. 운장산. 나무껍질 밑에서 우화한 성충

2012. 5. 22. 운장산. 번데기

2012. 5. 22. 운장산. 우화해 날개를 말리는 성충

2009. 6. 19. 운장산

미동정 10

크기 6~8㎜
서식지 산지
출현시기 5월~
월동태 유충
기주식물 개머루
분포 제주도

머리와 앞가슴등판은 검고 광택이 난다. 더듬이는 황갈색이며 암수 모두 몸길이의 절반 정도다. 딱지날개 상단부는 붉고 하단부는 검으며 광택이 나기도 한다. 홍띠하늘소와 비슷하나 앞가슴등판과 무늬에 차이가 보인다. 성충은 벌채한 개머루에서 발생하며, 생태는 홍띠하늘소와 비슷하다. 제주도에 서식한다.

2012. 5. 7. 제주도. 암컷

2012. 5. 7. 제주도. 수컷

2011. 12. 8. 제주도. 유충

2012. 4. 12. 제주도. 번데기

2012. 5. 7. 제주도

미동정 11

크기 12~14㎜
서식지 낮은 산지
출현시기 6~7월
월동태 유충
기주식물 소나무, 밤나무, 매화, 뽕나무, 수양버들
분포 제주도, 변산반도, 모악산

머리와 앞가슴등판은 검거나 암갈색이고 더듬이, 딱지날개, 다리는 황갈색으로 광택이 난다. 넓적다리마디는 곤봉모양이다. 성충은 낮은 산지의 각종 고사목에 날아온다. 유충과 번데기는 죽은 기주식물에서 발견된다.

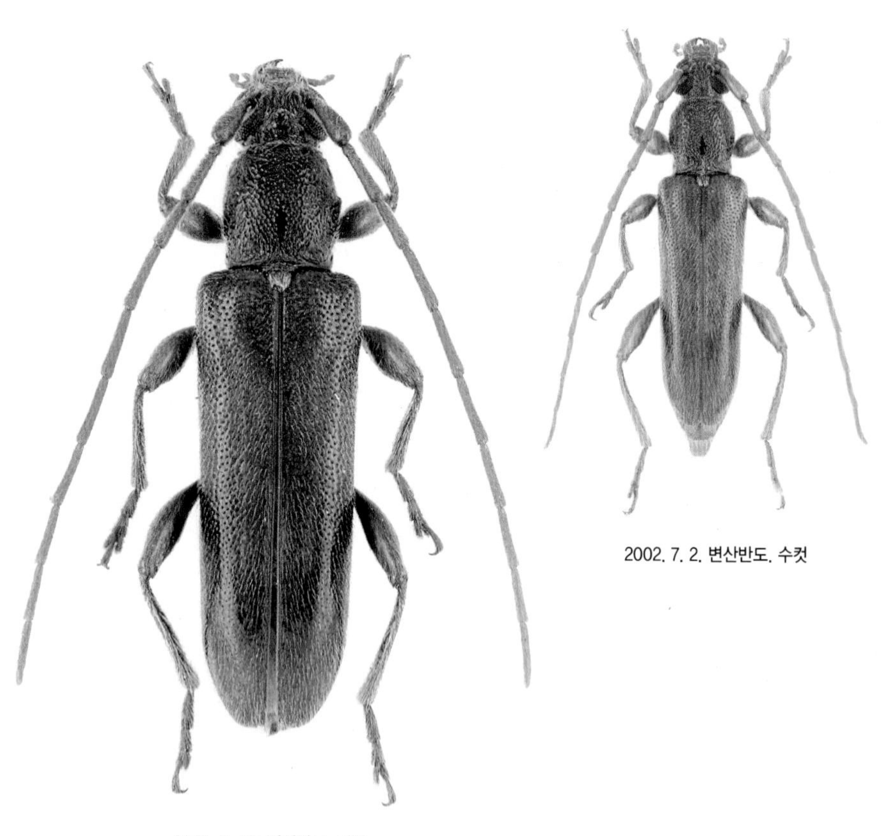

2002. 7. 2. 변산반도. 수컷

2005. 6. 25. 변산반도. 암컷

2012. 4. 2. 모악산. 밤나무 고사목에서 월동한 유충

2012. 6. 23. 변산반도

2012. 6. 7. 모악산

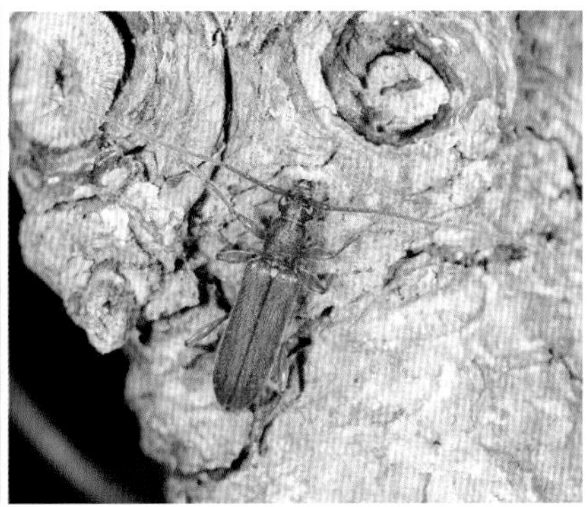

2012. 6. 20. 제주도

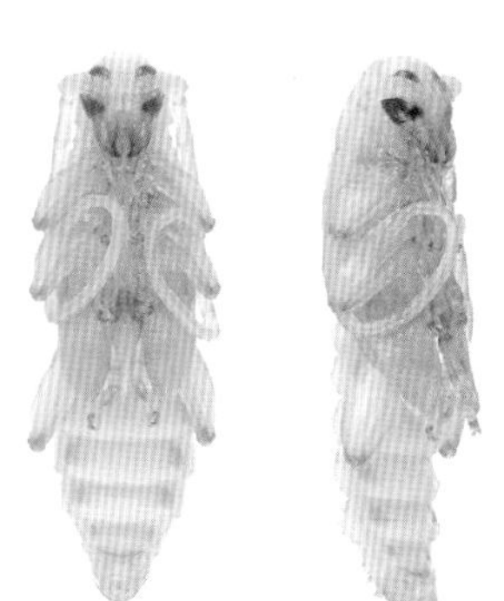

2012. 5. 27. 모악산. 번데기

2012. 4. 21. 모악산

미동정 12

크기 10~17㎜
서식지 산지
출현시기 6~8월
월동태 유충
기주식물 팽나무
분포 제주도, 가거도

과거 기록(이승모, 1987)의 알밤색하늘소와 같은 표본이며 *Ceresium elongatum* Matsushita, 1933로 추정된다. 머리와 앞가슴등판은 암갈색이며 앞가슴등판에 세로로 노란 털 뭉치가 나 있다. 딱지날개는 황갈색이며 광택이 난다. 넓적다리마디는 곤봉모양이다. 낮은 산지에 서식하며 암컷은 죽거나 벌채된 기주식물에산란하며 유충으로 겨울을 난다. 남한 남부 지역의 해안과 섬에 분포한다.

2012. 6. 27. 제주도. 암컷

2012. 6. 27. 제주도. 수컷

2008. 6. 27. 제주도. 팽나무 벌채목에 왔다.

미동정 13

크기 6~8㎜
서식지 산지
출현시기 5~6월
월동태 번데기
기주식물 팽나무
분포 내장산, 운장산, 모악산

몸은 검고 더듬이는 암갈색이다. 앞가슴등판 양 옆에 작은 돌기가 있다. 성충은 봄에 나타나 산길 주변의 흰 꽃에 날아와 꿀이나 꽃가루를 먹는다. 성충은 죽은 기주식물의 잔가지에서 발생하고 번데기로 겨울을 난다.

2002. 5. 19. 운장산. 암컷

2002. 5. 19. 운장산. 수컷

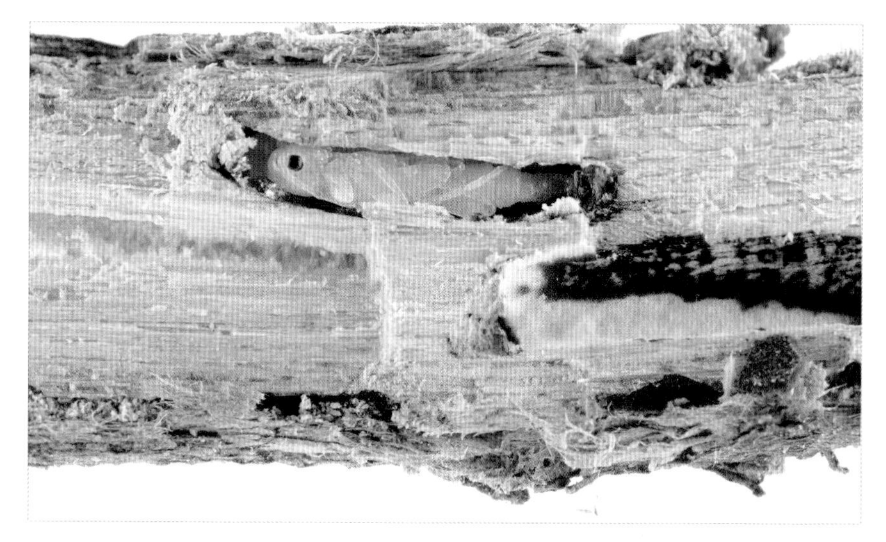

2011. 12. 7. 운장산. 월동 중인 번데기

2012. 5. 7. 운장산

미동정 14

크기 6㎜
서식지 산지
출현시기 5월~
월동태 확인하지 못함
기주식물 느티나무
분포 능가산

몸은 검거나 감청색이다. 성충은 느티나무 고사목에서 발생했다.

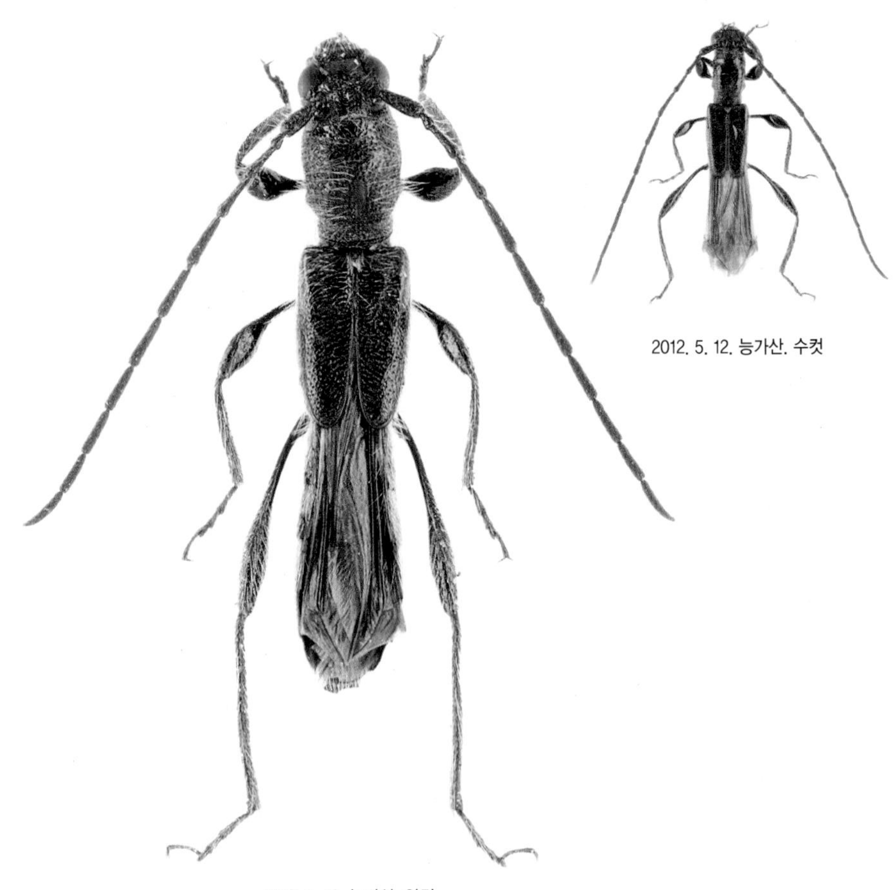

2012. 5. 12. 능가산. 수컷

2012. 5. 12. 능가산. 암컷

미동정 15

크기 6㎜
서식지 낮은 산지
출현시기 4~5월
월동태 확인하지 못함
기주식물 확인하지 못함
분포 광교산

머리, 앞가슴등판, 딱지날개는 검고 더듬이와 다리는 암갈색이다. 딱지날개 중앙에 황색 무늬가 있다.

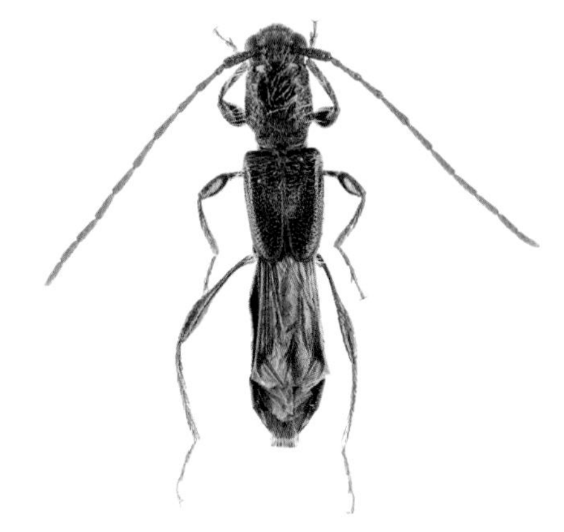

2005. 4. 27. 광교산. 암컷

미동정 16

크기 5.5㎜
서식지 산지
출현시기 확인하지 못함
월동태 성충
기주식물 후박나무
분포 장도

머리, 앞가슴등판, 더듬이는 검고 딱지날개 상단부에 황갈색 무늬가 있다. 성충은 후박나무 고사목에서 발생했다.

2012. 1. 20. 장도. 수컷

미동정 17

크기 23~33㎜
서식지 마을 주변
출현시기 6~8월
월동태 확인하지 못함
기주식물 버즘나무, 버드나무류
분포 인천 구월동

머리와 앞가슴등판, 딱지날개는 검고 광택이 강하다. 딱지날개 전반부에 돌기가 없어 유리알락하늘소와 형태가 같다. 흰 점은 불규칙하고 개체에 따라 변화가 많다. 성충은 마을 주변의 공원이나 가로수에 살며 7월부터 나타나기 시작한다. 생태는 알락하늘소, 유리알락하늘소와 비슷하다. 근래에 나타나기 시작한 종으로 인천에서만 발견되어 국외에서 도입된 종으로 추측된다.

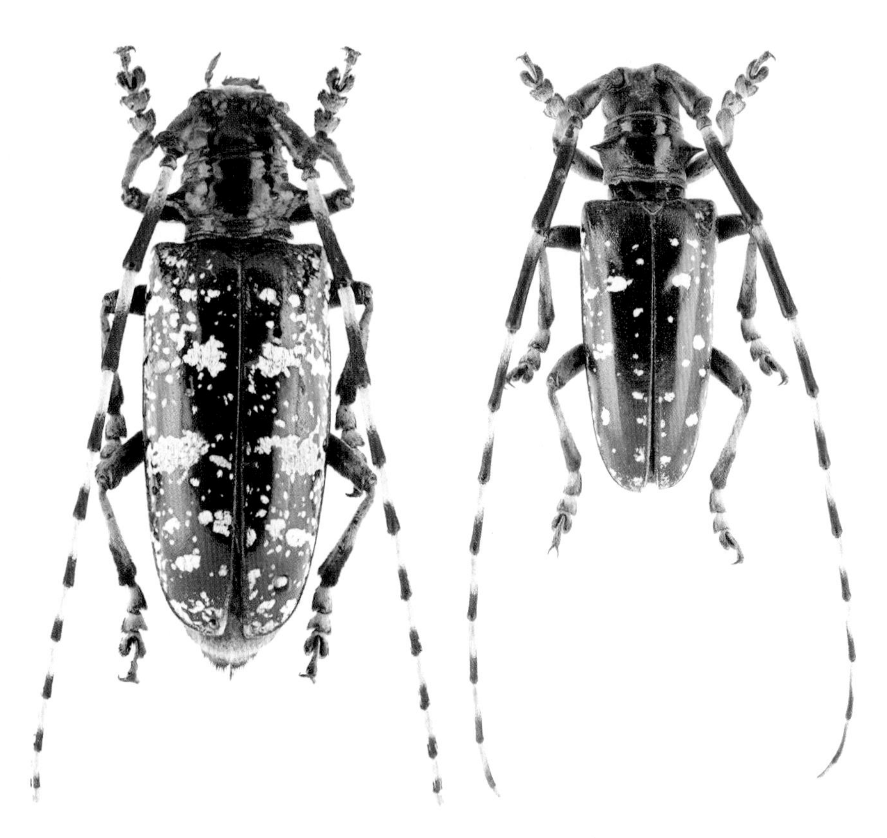

2006. 7. 20.인천 구월동. 암컷

2006. 7. 20.인천 구월동. 수컷

2011. 8. 1. 인천 구월동

2006. 7. 20. 인천 구월동. 수컷

2007. 7. 31. 인천 구월동

미동정 18

크기 11㎜
서식지 산지
출현시기 6월~
월동태 확인하지 못함
기주식물 확인하지 못함
분포 제주도 성산읍

사과하늘소의 한 종으로 몸은 검고 다리는 노란색이다. 성충은 낮은 지역의 햇빛이 잘 드는 개활지에 서식한다.

2006. 6. 11. 제주도 성산읍. 앞면

2006. 6. 11. 제주도 성산읍. 뒷면

참고문헌

강전유 외. 2008.『나무해충도감』. 소담출판사

김경미. 2011.「한국산 사과하늘소속(딱정벌레목: 하늘소과)의 분류학적 연구」. 경북대학교

박정규 외. 2013.『곤충학용어집』. 한국응용곤충학회

백문기 외. 2010.『한국곤충총목록』. 자연과생태

안능호 외. 2013.『국가 생물 목록집(곤충: 북한지역)』. 환경부 국립생물자원관

이승모. 1987.『한반도 하늘소과 갑충지』. 국립과학관

조복성. 1969.『한국동식물도감 제10권 동물편(곤충류)』. 문교부(삼화서적)

임종옥 외. 2014.「유리알락하늘소를 포함한 14종 하늘소의 새로운 기주식물 보고 및 한국산 하늘소과(딱정벌레목:잎벌레상과)의 기주식물 재검토」. 한국응용곤충학회

한영은. 2009.「산림생태계내의 한국산 줄범하늘소족의 분류학적 연구」. 상지대학교

A. I. Cherepanov. 1991. *Cerambycidae of Northern Asia: Lamiinae (part 3)*. Brill Academic Publishers

Charles Joseph Gahan. 2010. *Coleoptera, Cerambycidae: The Fauna Of British India Including Ceylon And Burma (1906)*. Kessinger Publishing Company

I. LOBL & A. SMETANA. 2010. *Catalofgue of Palaearctic Coleoptera volume 6*. Apollo Books

N. OHBAYASHI & T. NIISATO. 2007. *Longicorn beetles of japan*. 東海大學出版会

S. Bily & O. Mehl. 1989. *Longhorn Beetles (Coleoptera, Cerambycidae) of Fennoscandia & Denmark. Fauna Entomologica Scandinavica. Volume 22*. Scandinavian Science Press Ltd

华立中, 奈良一, G.A. 塞缪尔森, S.W. 林格费尔特编. 2009. 中国天牛 (1406种) 彩色图鉴. 中山大学出版社

http://blog.longicornia.com

http://cafe.naver.com/lovessym

http://cerambycidae.org

http://eol.org

http://sv.wikpedia.org

http://www.beetleskorea.com

http://www.biolib.cz

http://www.cerambycoidea.com

http://www.dryinsect.co.kr

http://www.zin.ru

표본 목록 Index of Specimens

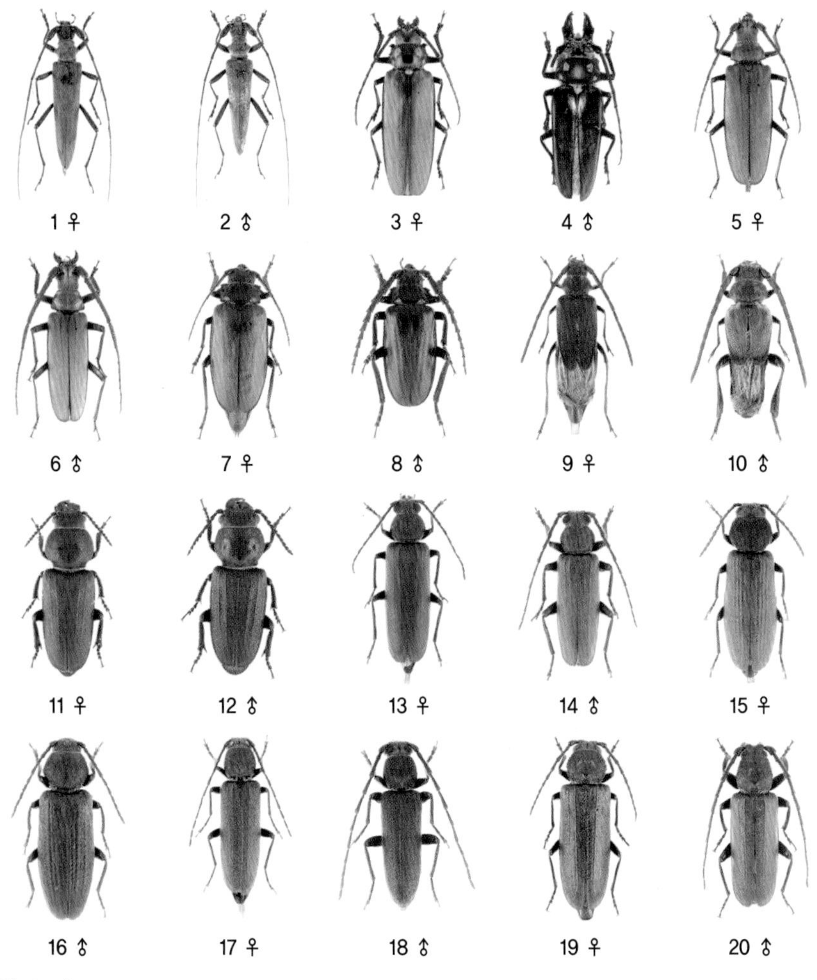

Plate 1

1-2. 깔따구하늘소 *Distenia gracilis gracilis* **p.30**
3-4. 장수하늘소 *Callipogon (Eoxenus) relictus* **p.34**
5-6. 버들하늘소 *Aegosoma sinicum sinicum* **p.37**
7-8. 톱하늘소 *Prionus insularis insularis* **p.40**
9-10. 반날개하늘소 *Psephactus remiger remiger* **p.42**
11-12. 검정하늘소 *Spondylis buprestoides* **p.46**
13-14. 큰넓적하늘소 *Arhopalus rusticus* **p.48**
15-16. 작은넓적하늘소 *Asemum striatum* **p.50**
17-18. 넓적하늘소 *Cephalallus unicolor* **p.52**
19-20. 검은넓적하늘소 *Megasemum quadricostulatum* **p.54**

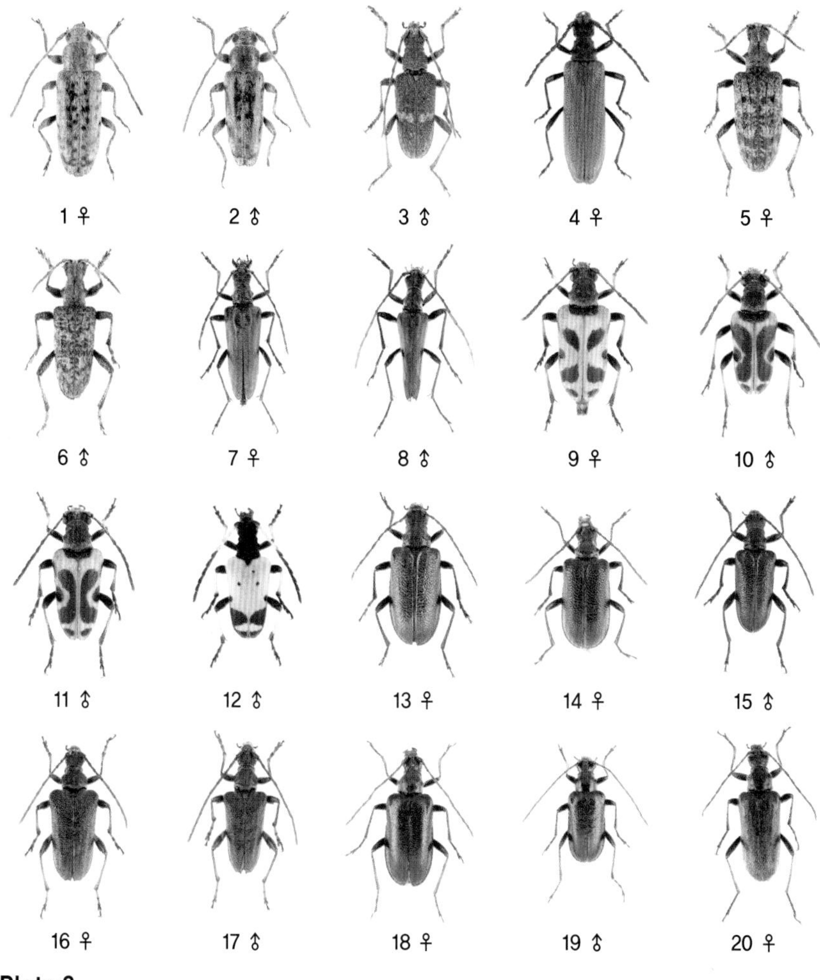

Plate 2

1-2. 표범하늘소(가칭) *Atimia okayamensis* **p.56**
3. 곰보꽃하늘소 *Sachalinobia koltzei* **p.58**
4. 단풍꽃하늘소(가칭) *Enoploderes (Pyrenoploderes) bicolor* **p.59**
5-6. 소나무하늘소 *Rhagium (Rhagium) inquisitor rugipenne* **p.60**
7-8. 넓은어깨하늘소 *Stenocorus (Stenocorus) amurensis* **p.62**
9-11. 봄산하늘소 *Brachyta amurensis* **p.63**
12. 고운산하늘소 *Brachyta bifasciata bifasciata* **p.65**
13-15. 작은청동하늘소 *Gaurotes (Carilia) virginea kozhevnikovi* **p.66**
16-17. 청동하늘소 *Gaurotes (Paragaurotes) ussuriensis* **p.67**
18-19. 남풀색하늘소 *Dinoptera (Dinoptera) minuta minuta* **p.69**
20. 황줄박이풀색하늘소 *Acmaeops septentrionis* **p.71**

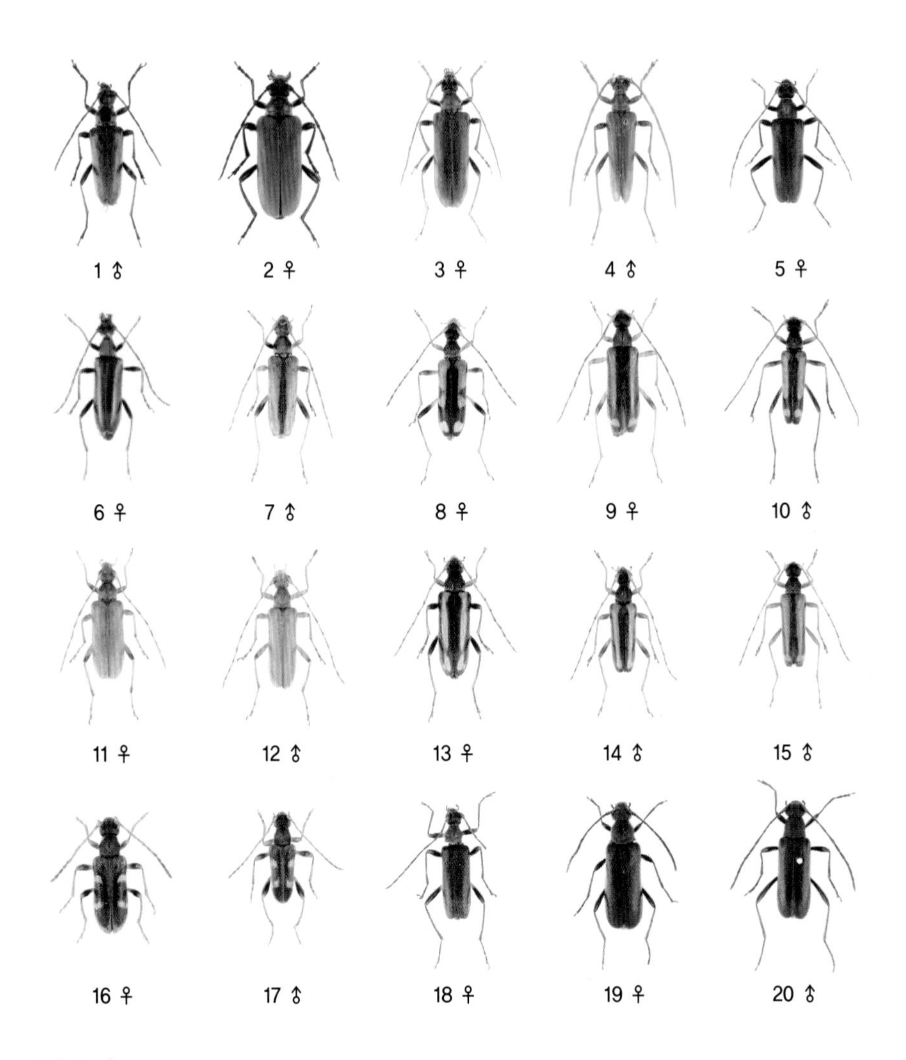

Plate 3

1. 황줄박이풀색하늘소 *Acmaeops septentrionis* **p.71**
2. 우리꽃하늘소 *Sivana bicolor* **p.72**
3-4. 따색하늘소 *Pseudosieversia rufa* **p.73**
5-7. 홍가슴각시하늘소 *Pidonia* (*Pidonia*) *alticollis* **p.74**
8-10. 산각시하늘소 *Pidonia* (*Pidonia*) *amurensis* **p.76**
11-12. 노랑각시하늘소 *Pidonia* (*Mumon*) *debilis* **p.78**
13-15. 줄각시하늘소 *Pidonia* (*Pidonia*) *gibbicollis* **p.80**
16-17. 넉점각시하늘소 *Pidonia* (*Omphalodera*) *puziloi* **p.82**
18. 북방각시하늘소 *Pidonia* (*Pidonia*) *suvorovi* **p.84**
19-20. 애숭이꽃하늘소 *Grammoptera* (*Grammoptera*) *gracilis* **p.85**

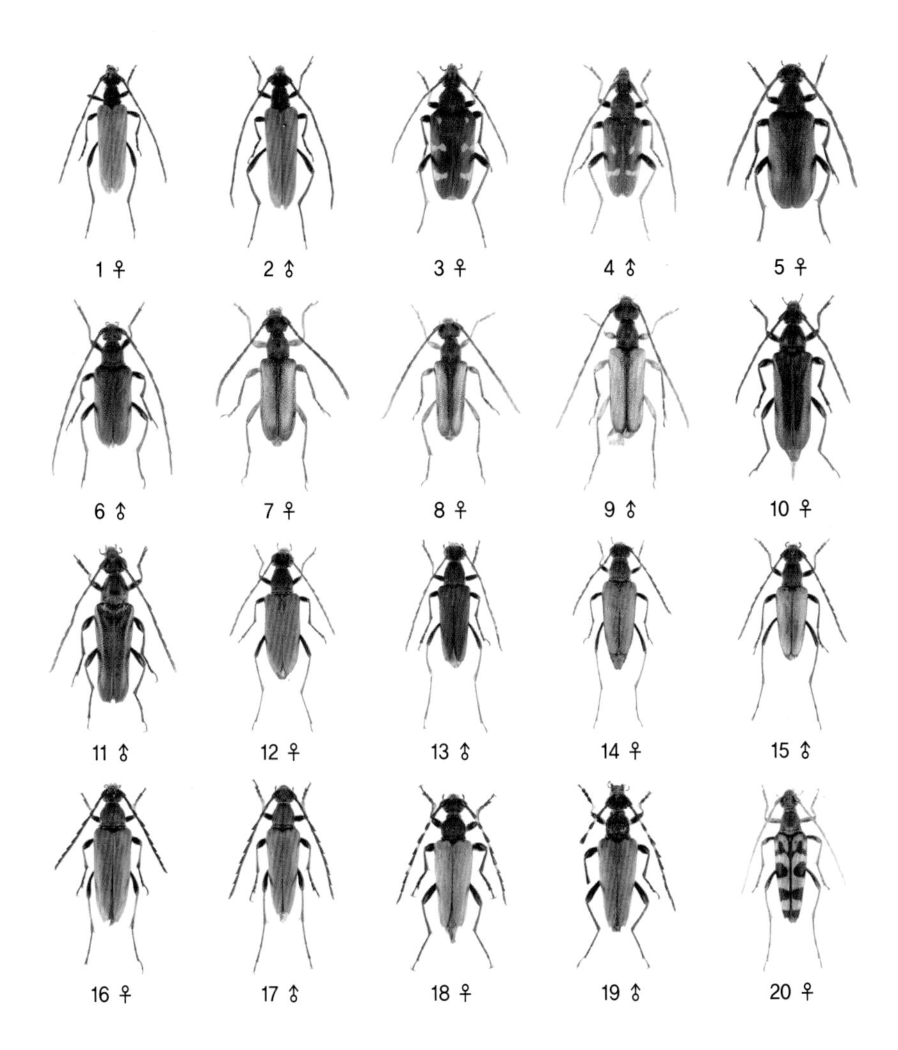

Plate 4

1-2. 우단꽃하늘소 *Nivellia (Nivellia) sanguinosa* **p.86**
3-4. 산알락꽃하늘소 *Pachytodes longipes* **p.88**
5-6. 메꽃하늘소 *Judolidia znojkoi* **p.89**
7-9. 꼬마산꽃하늘소 *Pseudalosterna elegantula* **p.90**
10-11. 남색산꽃하늘소 *Anoplodera (Anoploderomorpha) cyanea* **p.92**
12-13. 수검은산꽃하늘소 *Anastrangalia scotodes continentalis* **p.94**
14-15. 옆검은산꽃하늘소 *Anastrangalia sequensi* **p.96**
16-17. 붉은산꽃하늘소 *Stictoleptura (Aredolpona) rubra rubra* **p.98**
18-19. 알락수염붉은산꽃하늘소 *Stictoleptura (Stictoleptura) variicornis* **p.100**
20. 긴알락꽃하늘소 *Leptura annularis annularis* **p.102**

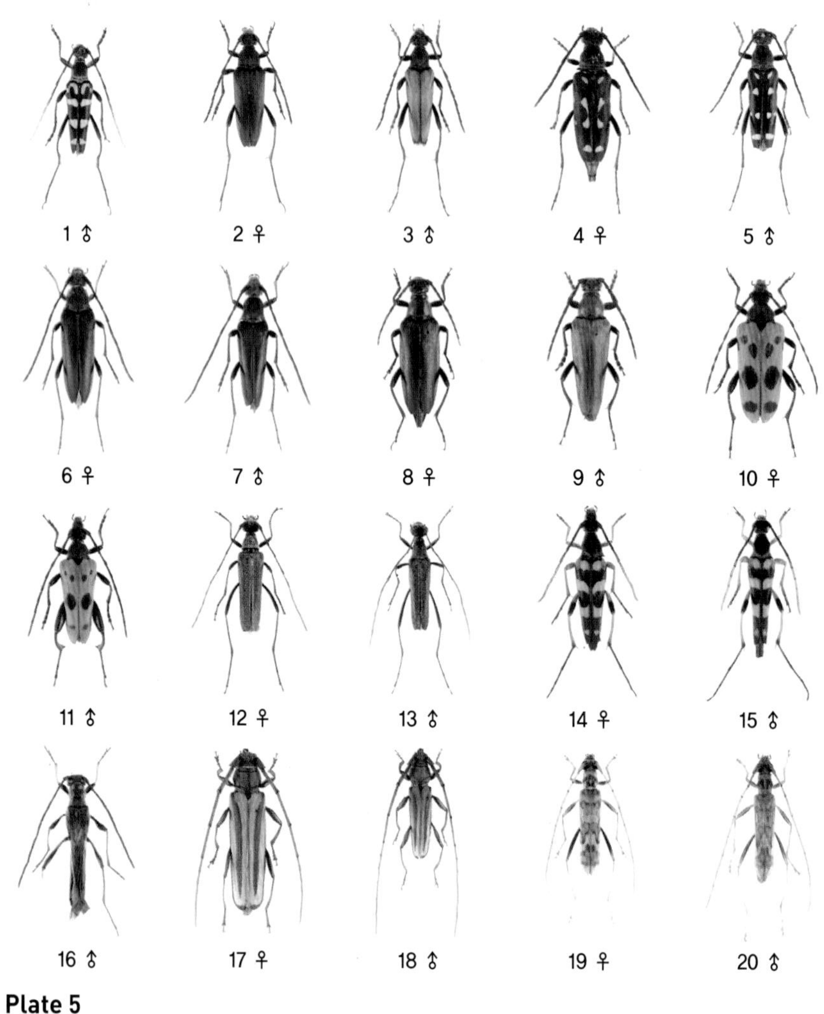

Plate 5

1. 긴알락꽃하늘소 *Leptura annularis annularis* **p.102**
2-3. 꽃하늘소 *Leptura aethiops* **p.104**
4-5. 열두점박이꽃하늘소 *Leptura duodecimguttata duodecimguttata* **p.106**
6-7. 노랑점꽃하늘소 *Pedostrangalia (Neosphenalia) femoralis* **p.108**
8-9. 홍가슴꽃하늘소 *Macroleptura thoracica* **p.109**
10-11. 알통다리꽃하늘소 *Oedecnema gebleri* **p.110**
12-13. 깔따구꽃하늘소 *Strangalomorpha tenuis tenuis* **p.112**
14-15. 줄깔따구꽃하늘소 *Strangalia attenuata* **p.114**
16. 큰벌하늘소 *Necydalis (Necydalisca) pennata* **p.116**
17-18. 청줄하늘소 *Xystrocera globosa* **p.118**
19-20. 홍줄하늘소 *Leptoxenus ibidiiformis* **p.120**

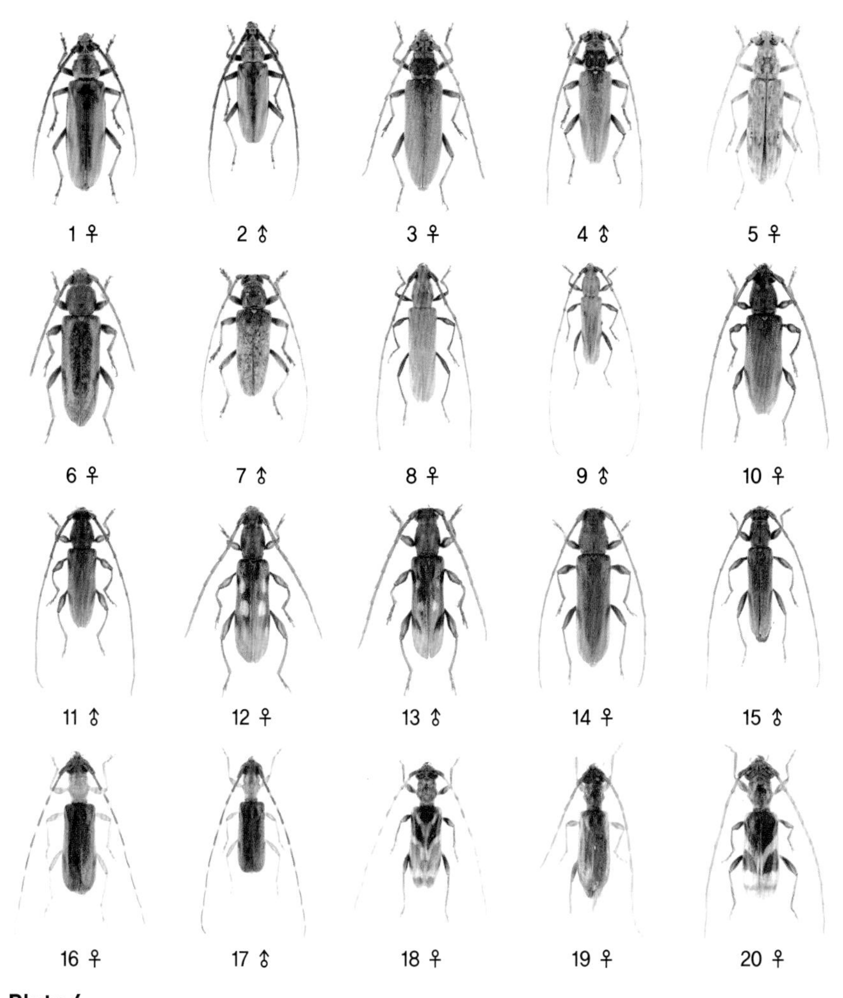

Plate 6

1-2. 하늘소 *Neocerambyx raddei* **p.122**
3-4. 작은하늘소 *Margites (Magrites) fulvidus* **p.124**
5. 금빛얼룩하늘소 *Aeolesthes (Pseudaeolesthes) chrysothrix chrysothrix* **p.126**
6. 털보하늘소 *Trichoferus campestris* **p.127**
7. 닮은털보하늘소 *Trichoferus flavopubescens* **p.128**
8-9. 밤색하늘소 *Allotraeus (Allotraeus) sphaerioninus* **p.129**
10-11. 알통다리밤색하늘소 *Nysina orientalis* **p.132**
12-13. 네눈박이하늘소 *Stenygrinum quadrinotatum* **p.135**
14-15. 섬하늘소 *Ceresium longicorne* **p.137**
16-17. 노랑다리송사리엿하늘소 *Stenhomalus (Stenhomalus) incongruus parallelus* **p.140**
18. 송사리엿하늘소 *Stenhomalus (Stenhomalus) taiwanus taiwanus* **p.142**
19. 민무늬송사리엿하늘소(가칭) *Stenhomalus (Stenhomalus) japonicus* **p.144**
20. 한줄송사리엿하늘소(가칭) *Stenhomalus (Stenhomalus) cleroides* **p.145**

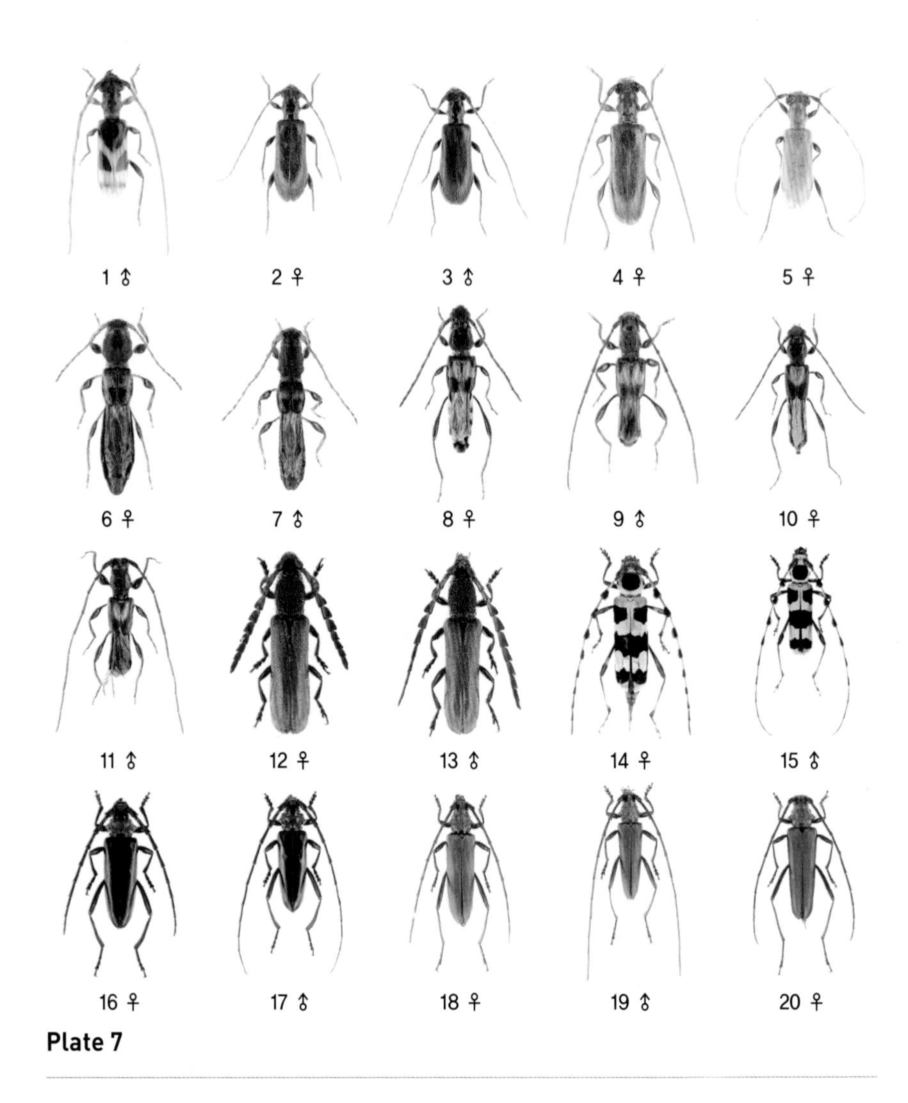

Plate 7

1. 한줄송사리엿하늘소(가칭) *Stenhomalus* (*Stenhomalus*) *cleroides* **p.145**
2-3. 깨엿하늘소 *Obrium obscuripenne obscuripenne* **p.147**
4. 엿하늘소 *Obrium brevicorne* **p.149**
5. 갈색엿하늘소(가칭) *Obrium kaszabi* **p.151**
6-7. 용정하늘소 *Leptepania japonica* **p.152**
8-9. 봄꼬마벌하늘소 *Glaphyra* (*Glaphyra*) *kobotokensis* **p.154**
10-11. 대륙산꼬마벌하늘소(가칭) *Glaphyra starki* **p.156**
12-13. 굵은수염하늘소 *Pyrestes haematicus* **p.158**
14-15. 루리하늘소 *Rosalia* (*Rosalia*) *coelestis* **p.160**
16-17. 벚나무사향하늘소 *Aromia bungii* **p.161**
18-19. 참풀색하늘소 *Chloridolum* (*Parachloridolum*) *japonicum* **p.163**
20. 홍가슴풀색하늘소 *Chloridolum* (*Chloridolum*) *sieversi* **p.165**

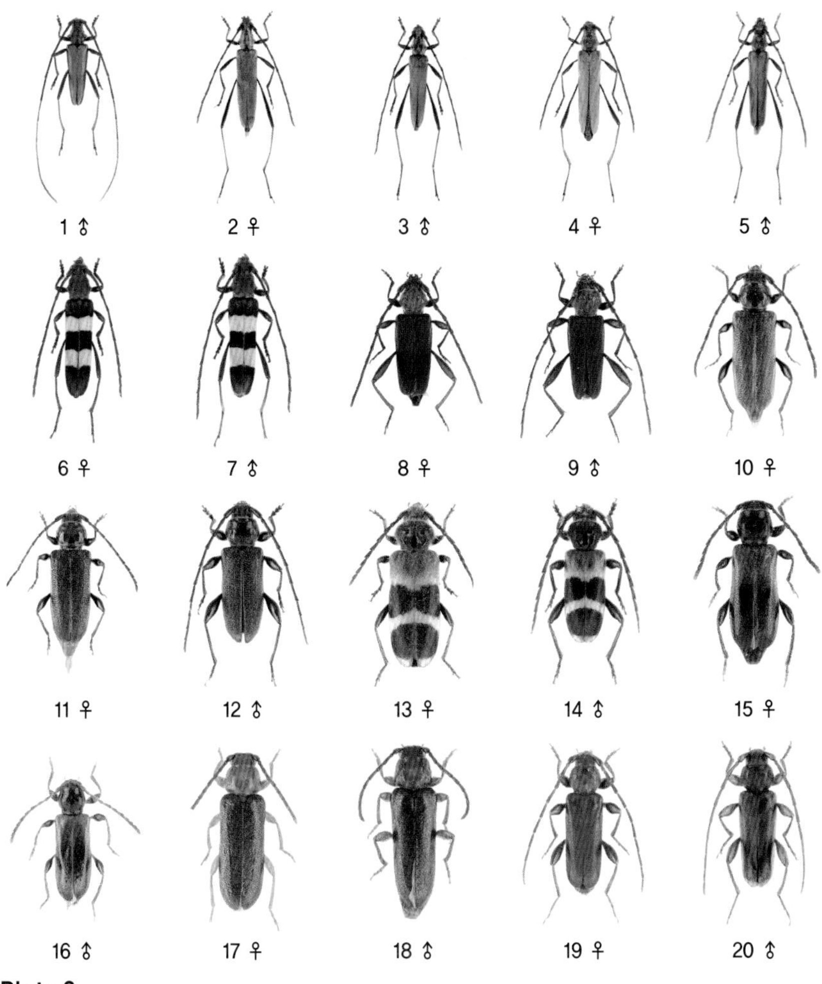

Plate 8

1. 홍가슴풀색하늘소 *Chloridolum (Chloridolum) sieversi* **p.165**
2-3. 깔따구풀색하늘소 *Chloridolum (Leontium) viride* **p.168**
4-5. 홍줄풀색하늘소 *Chloridolum (Leontium) lameeri* **p.170**
6-7. 노랑띠하늘소 *Polyzonus (Polyzonus) fasciatus* **p.172**
8-9. 검정삼나무하늘소 *Ropalopus (Prorrhopalopus) signaticollis* **p.174**
10-12. 애청삼나무하늘소 *Callidiellum rufipenne* **p.175**
13-14. 향나무하늘소 *Semanotus bifasciatus* **p.178**
15-16. 밤띠하늘소 *Phymatodes (Phymatodellus) infasciatus* **p.180**
17-18. 청날개민띠하늘소 *Phymatodes (Phymatodellus) zemlinae* **p.182**
19-20. 큰민띠하늘소 *Phymatodes (Phymatodes) testaceus* **p.183**

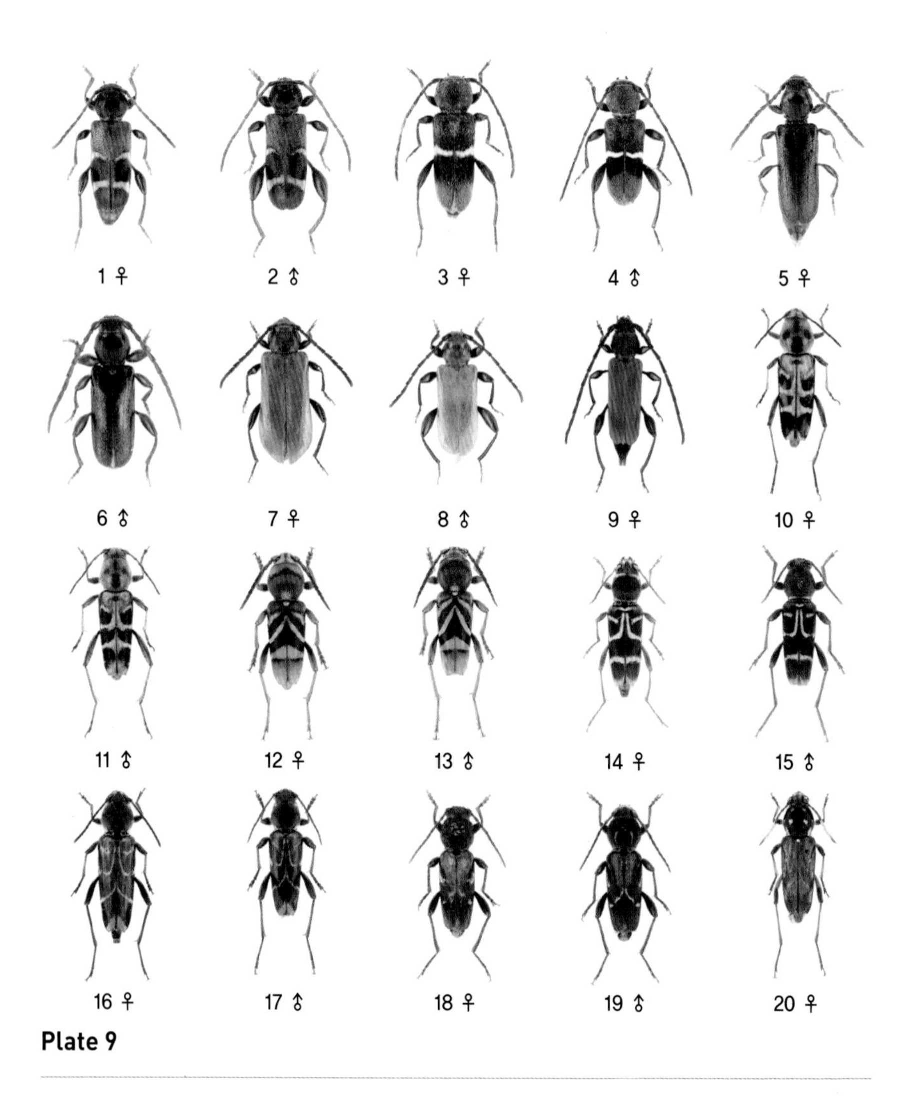

Plate 9

1-2. 홍띠하늘소 *Poecilium maaki maaki* **p.184**
3-4. 띠하늘소 *Poecilium albicinctum* **p.188**
5-6. 두줄민띠하늘소 *Poecilium murzini* **p.190**
7-8. 갈색민띠하늘소 *Poecilium Jiangi* **p.192**
9. 주홍삼나무하늘소 *Oupyrrhidium cinnabarinum* **p.194**
10-11. 제주호랑하늘소 *Xylotrechus (Xylotrechus) atronotatus subscalaris* **p.195**
12-13. 호랑하늘소 *Xylotrechus (Xyloclytus) chinensis* **p.197**
14-15. 북자호랑하늘소 *Xylotrechus (Xylotrechus) clarinus* **p.199**
16-17. 세줄호랑하늘소 *Xylotrechus (Xylotrechus) cuneipennis* **p.200**
18-19, 갈색호랑하늘소 *Xylotrechus (Xylotrechus) hircus* **p.202**
20. 별가슴호랑하늘소 *Xylotrechus (Xylotrechus) grayii grayii* **p.203**

Plate 10

1. 별가슴호랑하늘소 *Xylotrechus (Xylotrechus) grayii grayii* **p.203**
2. 넉점애호랑하늘소 *Xylotrechus (Xylotrechus) pavlovskii* **p.205**
3. 애호랑하늘소 *Xylotrechus (Xylotrechus) polyzonus* **p.206**
4. 포도호랑하늘소 *Xylotrechus (Xylotrechus) pyrrhoderus pyrrhoderus* **p.207**
5-6. 홍가슴호랑하늘소 *Xylotrechus (Xylotrechus) rufilius rufilius* **p.208**
7-8. 노랑줄호랑하늘소 *Xylotrechus (Xylotrechus) yanoi* **p.211**
9-10. 닮은줄호랑하늘소 *Rusticoclytus salicis* **p.213**
11-12. 소범하늘소 *Plagionotus christophi* **p.215**
13-14. 작은소범하늘소 *Plagionotus pulcher* **p.217**
15. 두줄범하늘소 *Clytus nigritulus* **p.219**
16-17. 산흰줄범하늘소 *Clytus raddensis* **p.220**
18-19. 넓은촉각범하늘소 *Clytus planiantennatus* **p.222**
20. 홍호랑하늘소 *Brachyclytus singularis* **p.224**

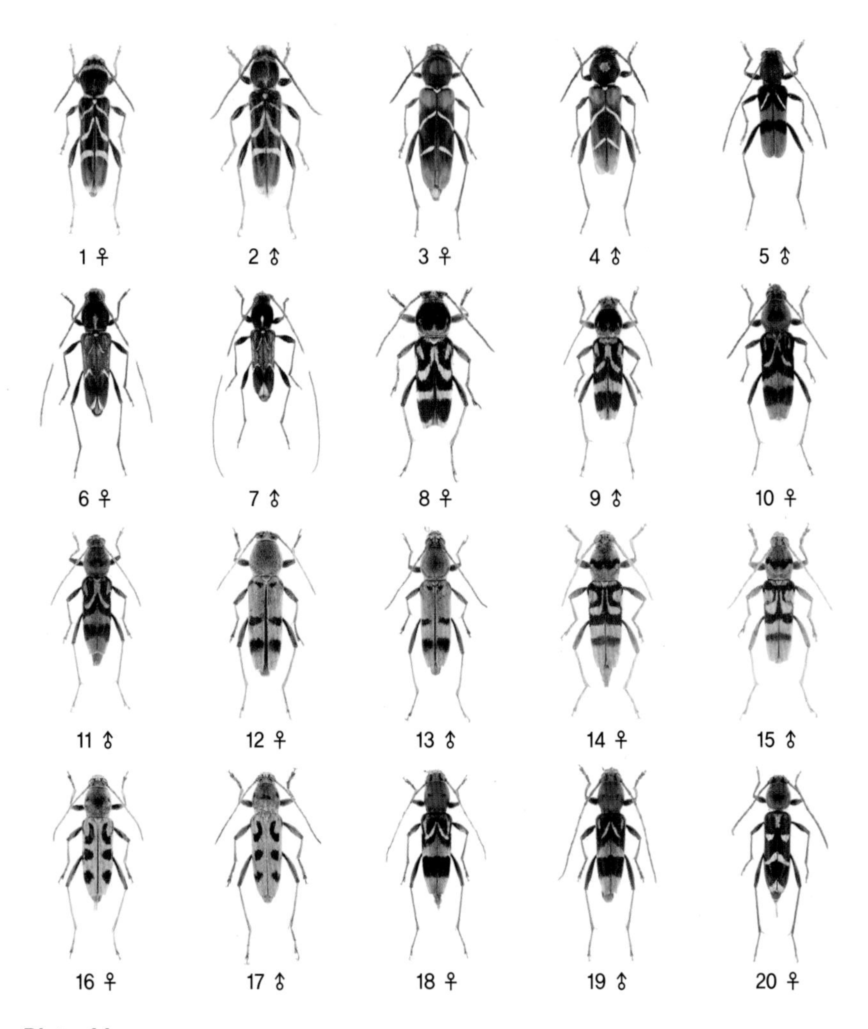

Plate 11

1-2. 벌호랑하늘소 *Cyrtoclytus capra* **p.226**
3-4. 넓은홍호랑하늘소 *Cyrtoclytus monticallisus* **p.228**
5. 짧은날개범하늘소 *Epiclytus ussuricus* **p.230**
6-7. 긴촉각범하늘소 *Teratoclytus plavilstshikovi* **p.231**
8-9. 범하늘소 *Chlorophorus diadema diadema* **p.234**
10-11. 우리범하늘소 *Chlorophorus motschulskyi* **p.236**
12-13. 홀쭉범하늘소 *Chlorophorus muscosus* **p.238**
14-15. 네줄범하늘소 *Chlorophorus quinquefasciatus* **p.241**
16-17. 육점박이범하늘소 *Chlorophorus simillimus* **p.243**
18-19. 회색줄범하늘소 *Chlorophorus tohokensis* **p.245**
20. 꼬마긴다리범하늘소 *Rhaphuma diminuta diminuta* **p.248**

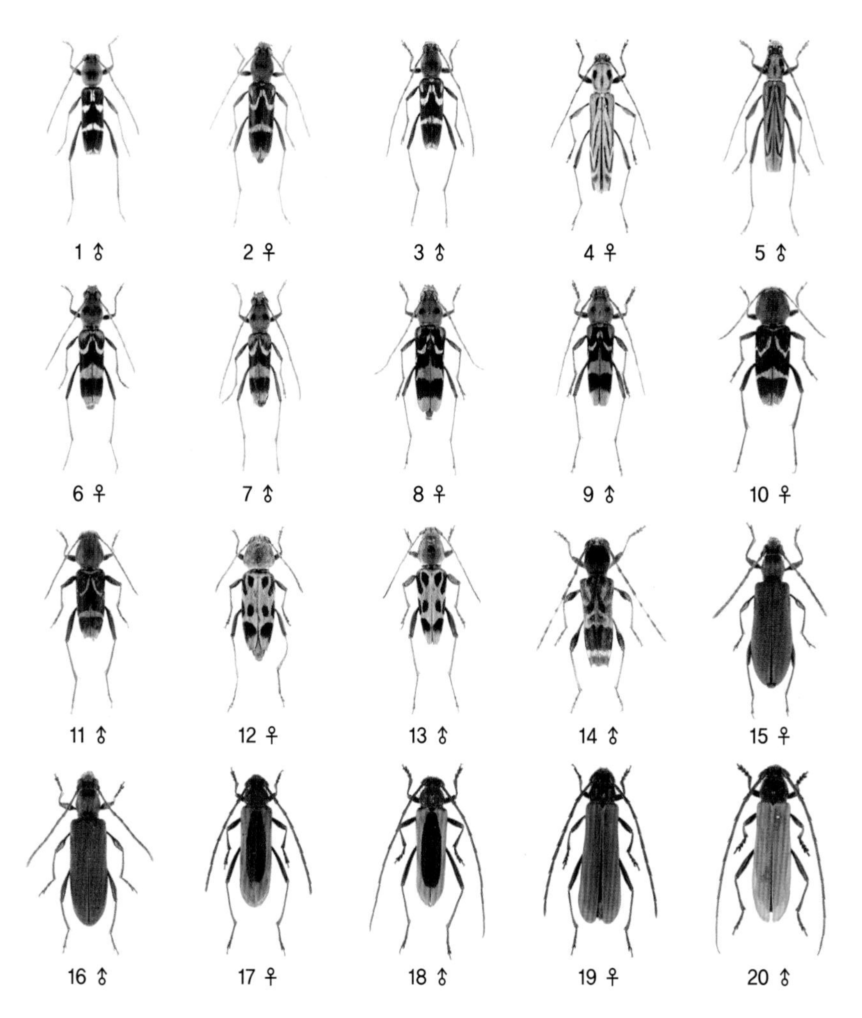

Plate 12

1. 꼬마긴다리범하늘소 *Rhaphuma diminuta diminuta* **p.248**
2-3. 긴다리범하늘소 *Rhaphuma gracilipes* **p.250**
4-5. 측범하늘소 *Rhabdoclytus acutivittis acutivittis* **p.252**
6-7. 가시수염범하늘소 *Demonax transilis* **p.254**
8-9. 서울가시수염범하늘소 *Demonax seoulensis* **p.256**
10-11. 작은호랑하늘소 *Perissus fairmairei* **p.258**
12-13. 무늬박이작은호랑하늘소 *Perissus kimi* **p.260**
14. 흰테범하늘소 *Anaglyptus (Aglaophis) colobotheoides* **p.263**
15-16. 반디하늘소 *Dere thoracica* **p.264**
17-18. 무늬소주홍하늘소 *Amarysius altajensis coreanus* **p.267**
19-20. 소주홍하늘소 *Amarysius sanguinipennis* **p.269**

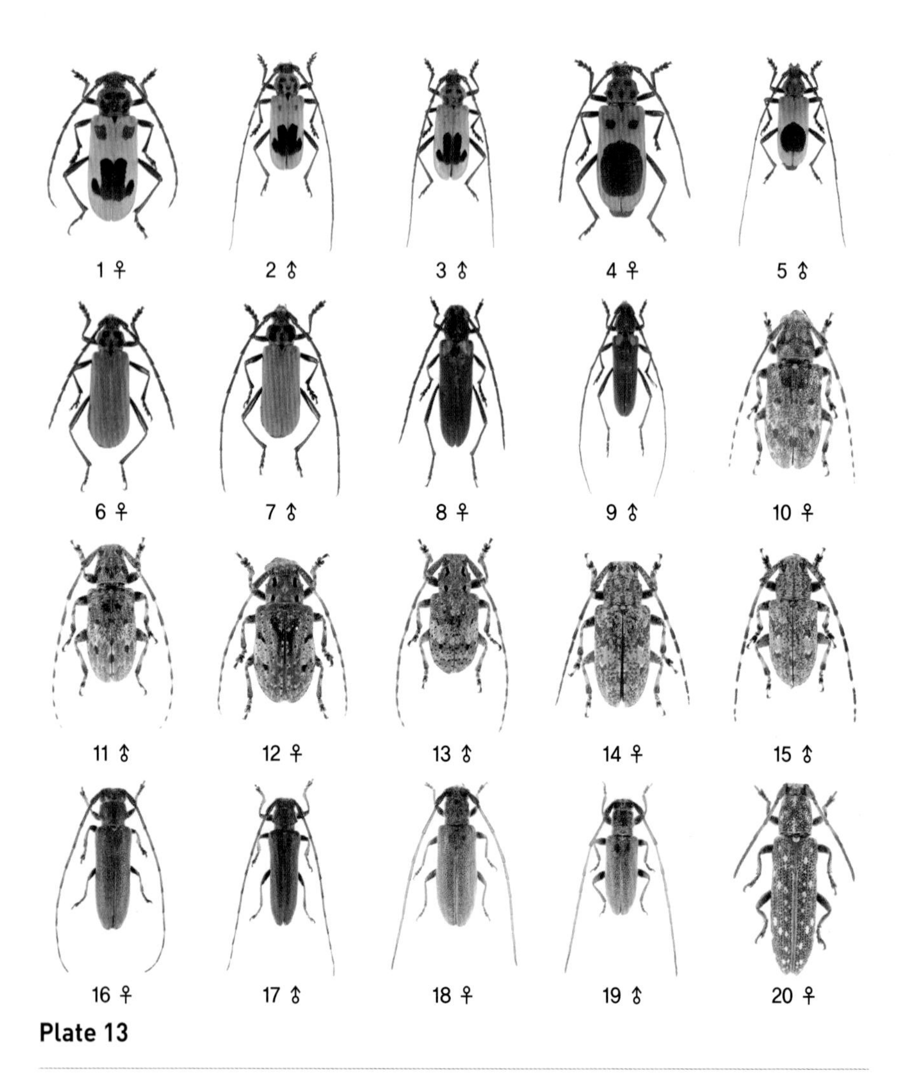

Plate 13

1-3. 모자주홍하늘소 *Purpuricenus (Sternoplistes) lituratus* **p.271**
4-5. 달주홍하늘소 *Purpuricenus (Sternoplistes) sideriger* **p.273**
6-7. 주홍하늘소 *Purpuricenus (Sternoplistes) temminckii* **p.275**
8-9. 먹주홍하늘소 *Anoplistes halodendri pirus* **p.277**
10-11. 흰깨다시하늘소 *Mesosa (Perimesosa) hirsuta hirsuta* **p.280**
12-13. 깨다시하늘소 *Mesosa (Mesosa) myops* **p.282**
14-15. 섬깨다시하늘소 *Mesosa (Mesosa) perplexa* **p.284**
16-17. 측돌기하늘소 *Asaperda stenostola* **p.285**
18-19. 흑민하늘소 *Eupogoniopsis granulatus* **p.286**
20. 나도오이하늘소 *Apomecyna (Apomecyna) naevia naevia* **p.289**

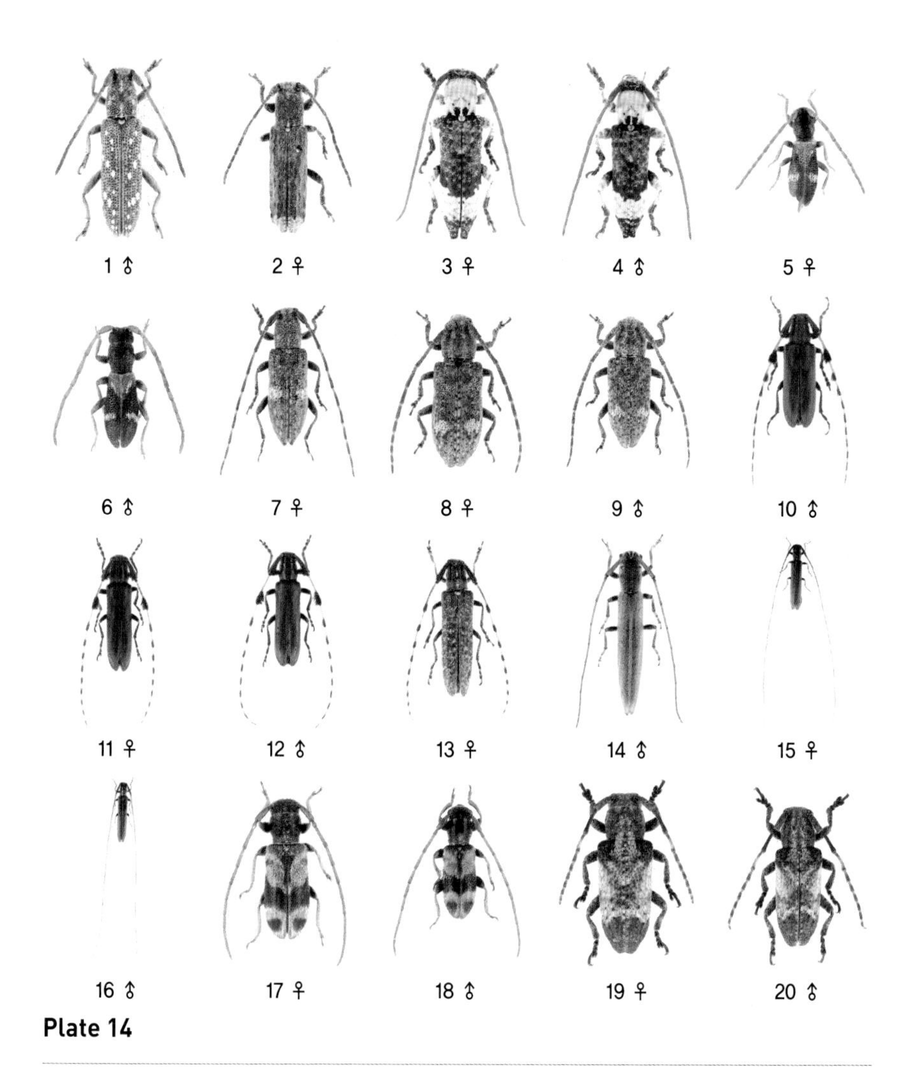

Plate 14

1. 나도오이하늘소 *Apomecyna (Apomecyna) naevia naevia* **p.289**
2. 뾰족날개하늘소 *Atimura japonica* **p.292**
3-4. 흰가슴하늘소 *Xylariopsis mimica* **p.293**
5-6. 좁쌀하늘소 *Microlera ptinoides* **p.295**
7. 맵시하늘소 *Sybra (Sybrodiboma) subfasciata subfasciata* **p.297**
8-9. 우리하늘소 *Ropica coreana* **p.298**
10. 닮은남색초원하늘소 *Agapanthia (Epoptes) pilicornis pilicornis* **p.301**
11-12. 남색초원하늘소 *Agapanthia (Epoptes) amurensis* **p.302**
13. 초원하늘소 *Agapanthia (Epoptes) daurica daurica* **p.305**
14. 작은초원하늘소 *Coreocalamobius parantennatus* **p.306**
15-16. 원통하늘소 *Pseudocalamobius japonicus* **p.307**
17-18. 꼬마하늘소 *Egesina (Niijimaia) bifasciana bifasciana* **p.309**
19-20. 큰곰보하늘소 *Pterolophia (Hylobrotus) annulata* **p.311**

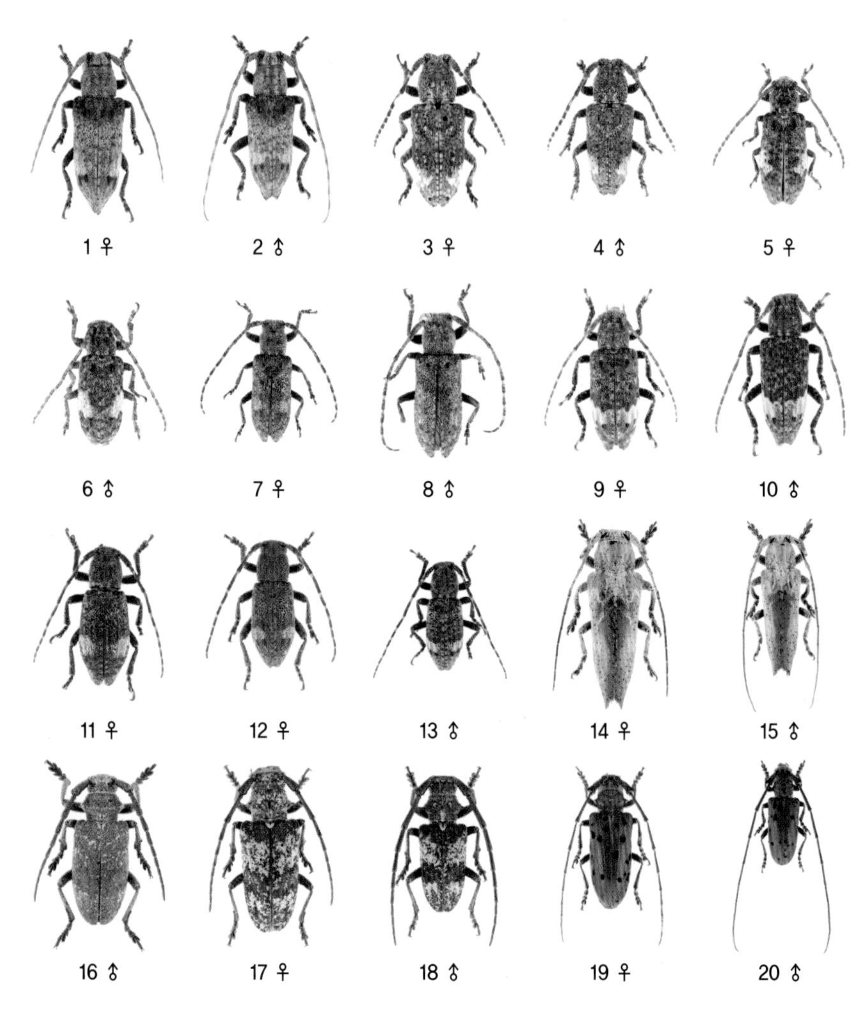

Plate 15

1-2. 곰보하늘소 *Pterolophia (Pterolophia) caudata caudata* **p.314**
3-4. 흰점곰보하늘소 *Pterolophia (Pterolophia) granulata* **p.316**
5-6. 대륙곰보하늘소 *Pterolophia (Pterolophia) maacki* **p.318**
7-8. 우리곰보하늘소 *Pterolophia (Pterolophia) multinotata* **p.320**
9-10. 흰띠곰보하늘소 *Pterolophia (Pterolophia) zonata* **p.322**
11. 지리곰보하늘소(가칭) *Pterolophia (Pseudale) jiriensis* **p.324**
12-13. 혹등곰보하늘소(가칭) *Pterolophia (Pseudale) adachii* **p.325**
14-15. 짝지하늘소 *Niphona (Niphona) furcata* **p.327**
16. 목하늘소 *Lamia textor* **p.329**
17-18. 우리목하늘소 *Lamiomimus gottschei* **p.331**
19-20. 후박나무하늘소 *Eupromus ruber* **p.333**

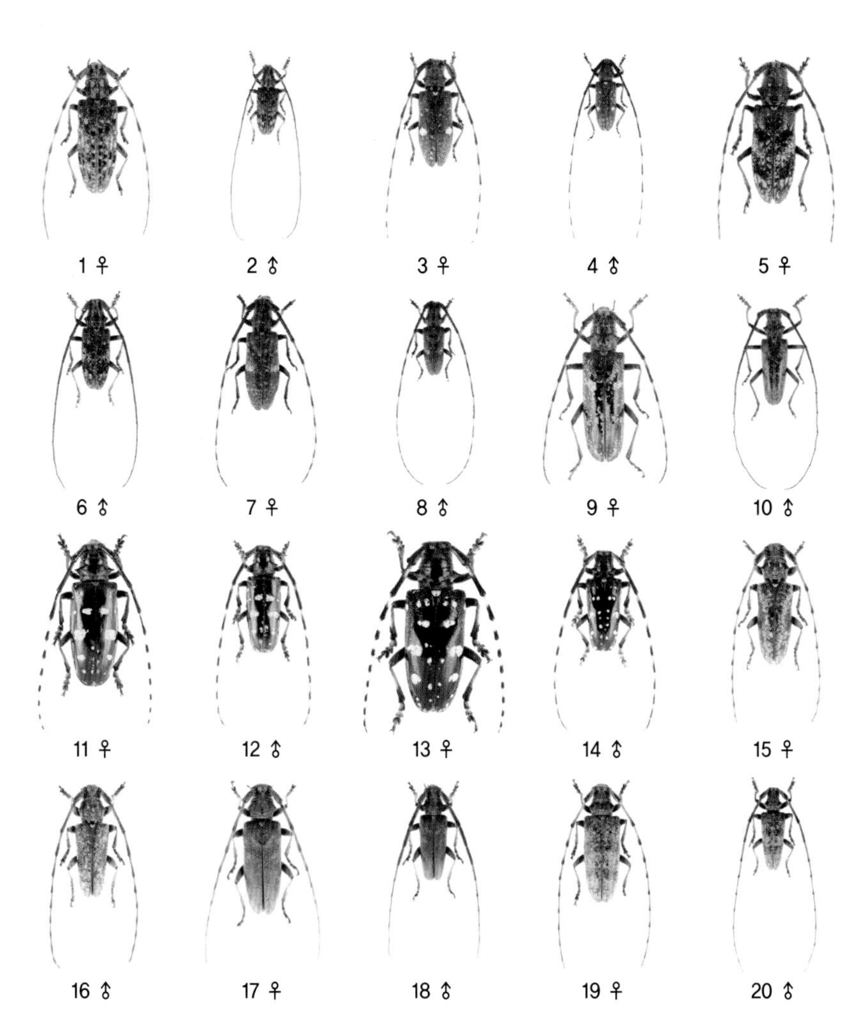

Plate 16

1-2. 솔수염하늘소 *Monochamus (Monochamus) alternatus alternatus* **p.335**
3-4. 점박이수염하늘소 *Monochamus (Monochamus) guttulatus* **p.337**
5-6. 북방수염하늘소 *Monochamus (Monochamus) saltuarius* **p.339**
7-8. 긴수염하늘소 *Monochamus (Monochamus) subfasciatus subfasciatus* **p.342**
9-10. 수염하늘소 *Monochamus (Monochamus) urussovii* **p.345**
11-12. 유리알락하늘소 *Anoplophora glabripennis* **p.346**
13-14. 알락하늘소 *Anoplophora malasiaca* **p.347**
15-16. 애기우단하늘소 *Astynoscelis degener degener* **p.350**
17-18. 우단하늘소 *Acalolepta fraudatrix fraudatrix* **p.354**
19-20. 큰우단하늘소 *Acalolepta luxuriosa luxuriosa* **p.357**

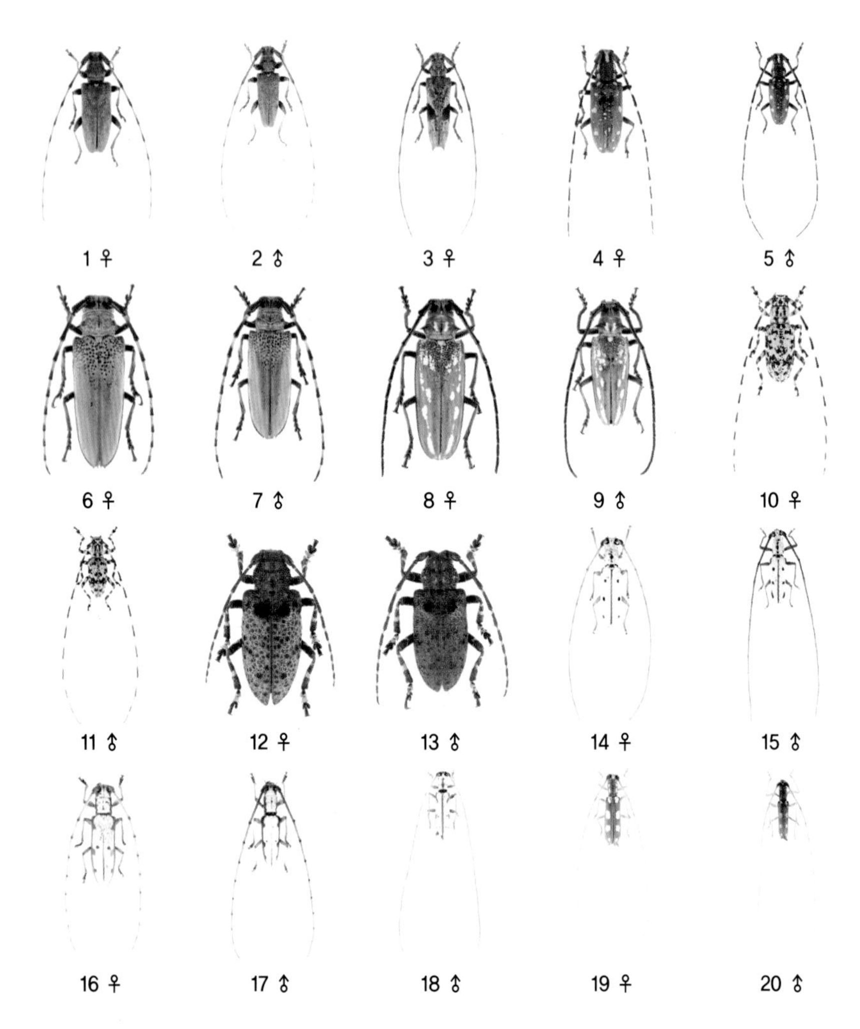

Plate 17

1-2. 작은우단하늘소 *Acalolepta sejuncta sejuncta* **p.360**
3. 화살하늘소 *Uraecha bimaculata bimaculata* **p.362**
4-5. 울도하늘소 *Psacothea hilaris hilaris* **p.363**
6-7. 뽕나무하늘소 *Apriona (Apriona) germari* **p.367**
8-9. 참나무하늘소 *Batocera lineolata* **p.370**
10-11. 알락수염하늘소 *Palimna liturata continentalis* **p.373**
12-13. 털두꺼비하늘소 *Moechotypa diphysis* **p.375**
14-15. 점박이염소하늘소 *Olenecamptus clarus clarus* **p.378**
16-17. 테두리염소하늘소 *Olenecamptus cretaceus cretaceus* **p.381**
18. 굴피염소하늘소 *Olenecamptus formosanus* **p.383**
19-20. 염소하늘소 *Olenecamptus octopustulatus* **p.385**

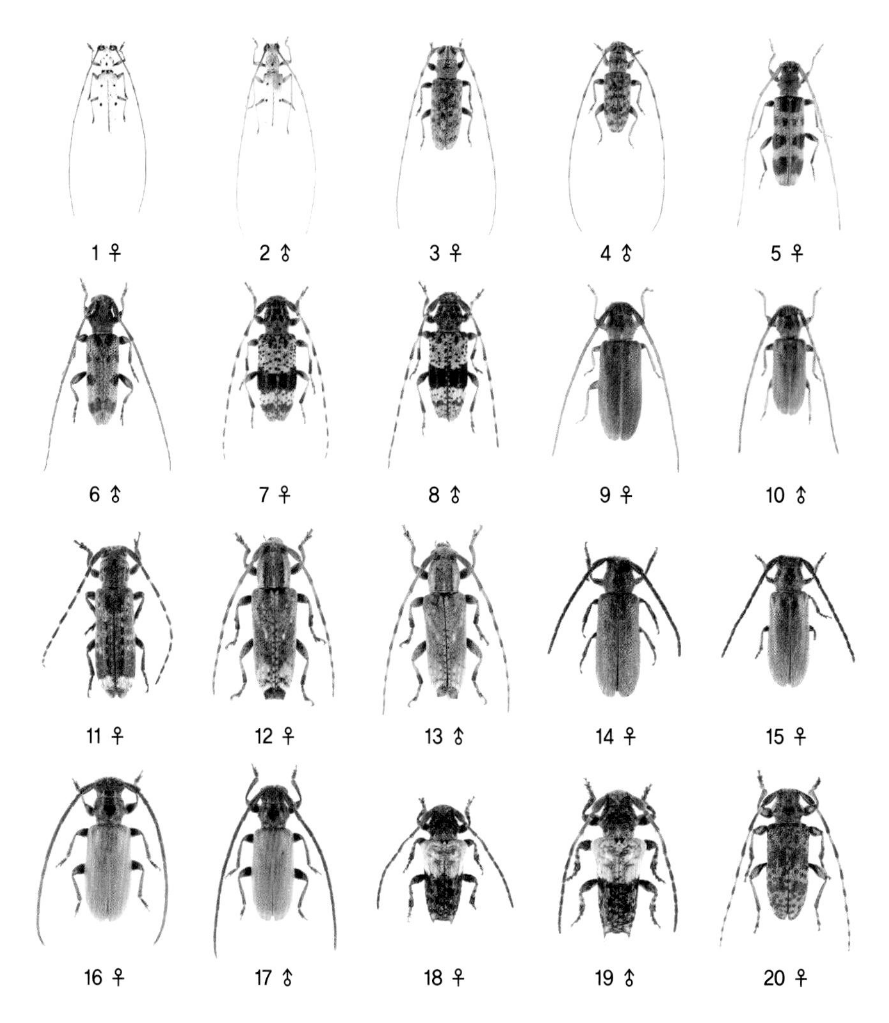

Plate 18

1-2. 흰염소하늘소 *Olenecamptus subobliteratus* **p.388**
3-4. 말총수염하늘소 *Xenolea asiatica* **p.390**
5-6. 곤봉하늘소 *Arhopaloscelis bifasciata* **p.392**
7-8. 무늬곤봉하늘소 *Rhopaloscelis unifasciata* **p.394**
9-10. 맵시곤봉하늘소 *Terinaea tiliae* **p.396**
11. 애곤봉하늘소 *Cylindilla grisescens* **p.397**
12-13. 권하늘소 *Mimectatina divaricata divaricata* **p.398**
14-15. 큰통하늘소 *Sophronica koreana* **p.401**
16-17. 통하늘소 *Anaesthetobrium luteipenne* **p.402**
18-19. 새똥하늘소 *Pogonocherus seminiveus* **p.405**
20. 잔점박이곤봉수염하늘소 *Oplosia suvorovi* **p.408**

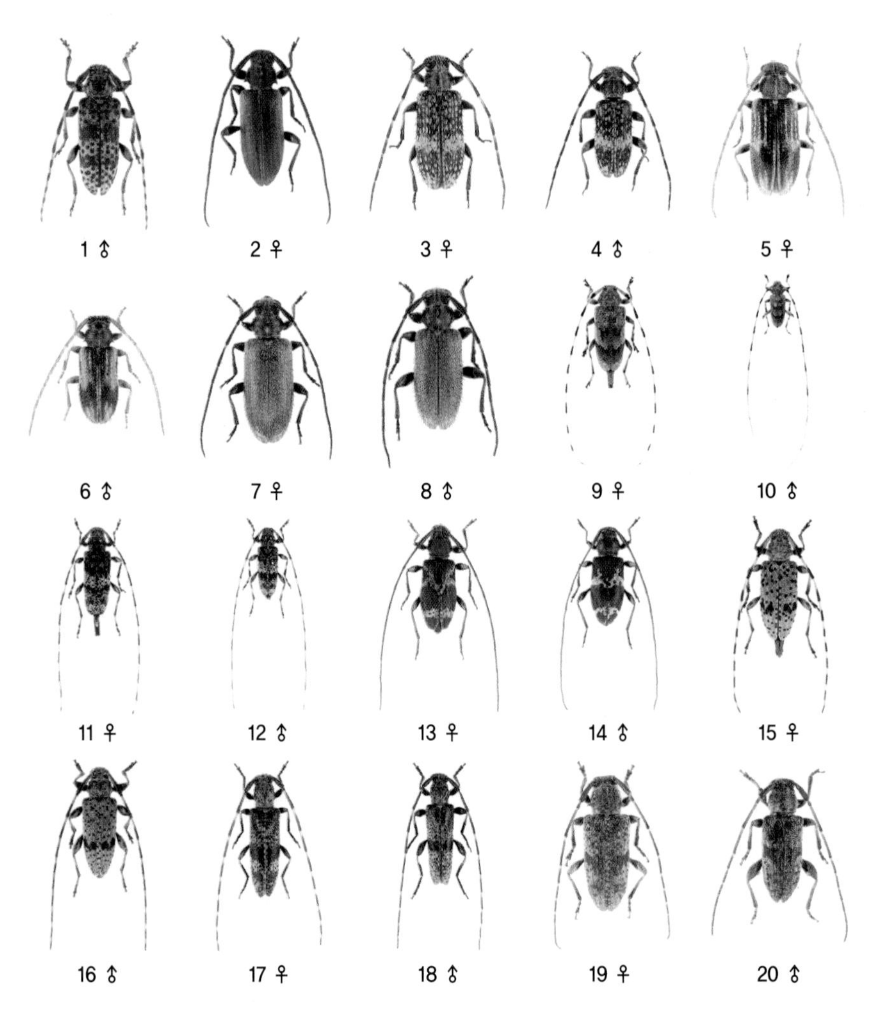

Plate 19

1. 잔점박이곤봉수염하늘소 *Oplosia suvorovi* **p.408**
2. 검은콩알하늘소 *Exocentrus fisheri* **p.410**
3-4. 유리콩알하늘소 *Exocentrus guttulatus guttulatus* **p.411**
5-6. 줄콩알하늘소 *Exocentrus lineatus* **p.413**
7-8. 우리콩알하늘소 *Exocentrus zikaweiensis* **p.415**
9-10. 솔곤봉수염하늘소 *Acanthocinus aedilis* **p.417**
11-12. 북방곤봉수염하늘소 *Acanthocinus carinulatus* **p.418**
13-14. 흰점꼬마수염하늘소 *Leiopus albivittis albivittis* **p.420**
15-16. 산꼬마수염하늘소 *Leiopus stillatus* **p.423**
17-18. 뿔가슴하늘소 *Rondibilis (Rondibilis) schabliovskyi* **p.426**
19-20. 정하늘소 *Sciades (Estoliops) fasciatus fasciatus* **p.427**

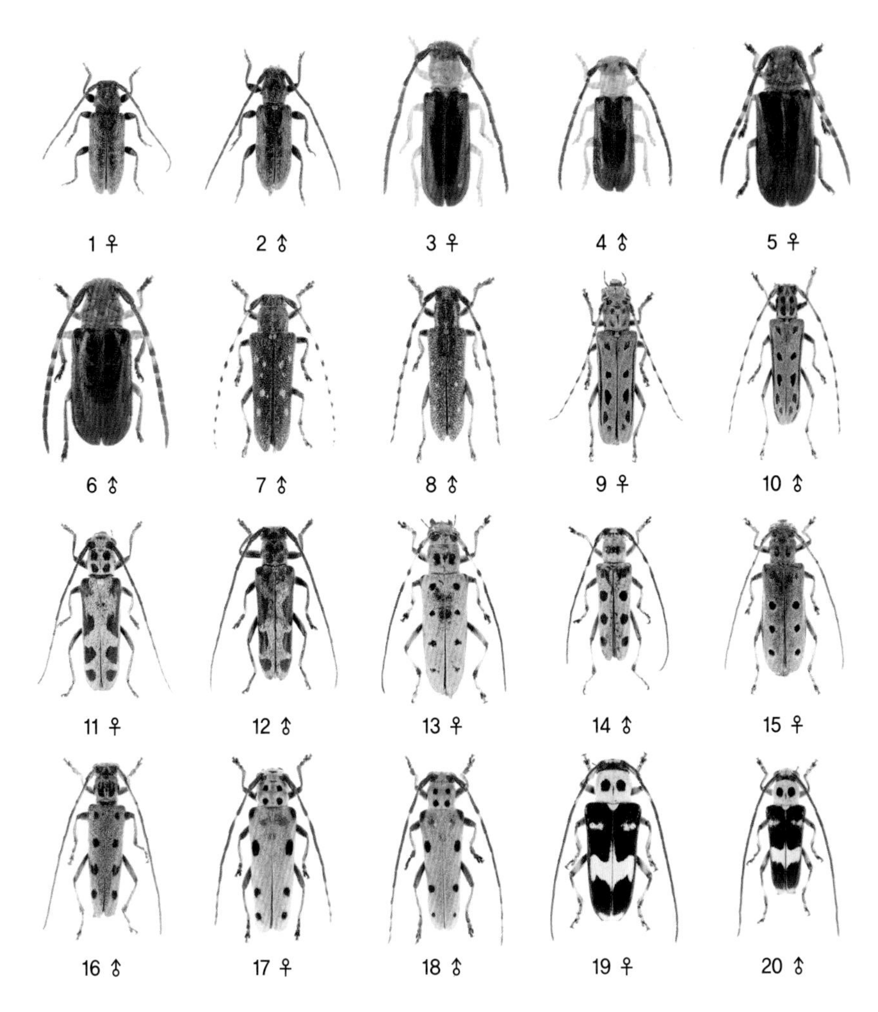

Plate 20

1-2. 작은정하늘소 *Sciades (Miaenia) maritimus* **p.429**
3-4. 남색하늘소 *Bacchisa (Bacchisa) fortunei fortunei* **p.431**
5-6. 큰남색하늘소 *Tetraophthalmus episcopalis* **p.433**
7. 별긴하늘소 *Saperda balsamifera* **p.435**
8. 작은별긴하늘소 *Saperda populnea* **p.436**
9-10. 열두점긴하늘소 *Saperda alberti* **p.437**
11-12. 무늬박이긴하늘소 *Saperda interrupta* **p.439**
13-14. 팔점긴하늘소 *Saperda octomaculata* **p.441**
15-16. 만주팔점긴하늘소 *Saperda subobliterata* **p.443**
17-18. 노란팔점긴하늘소 *Saperda tetrastigma* **p.445**
19-20. 모시긴하늘소 *Paraglenea fortunei* **p.448**

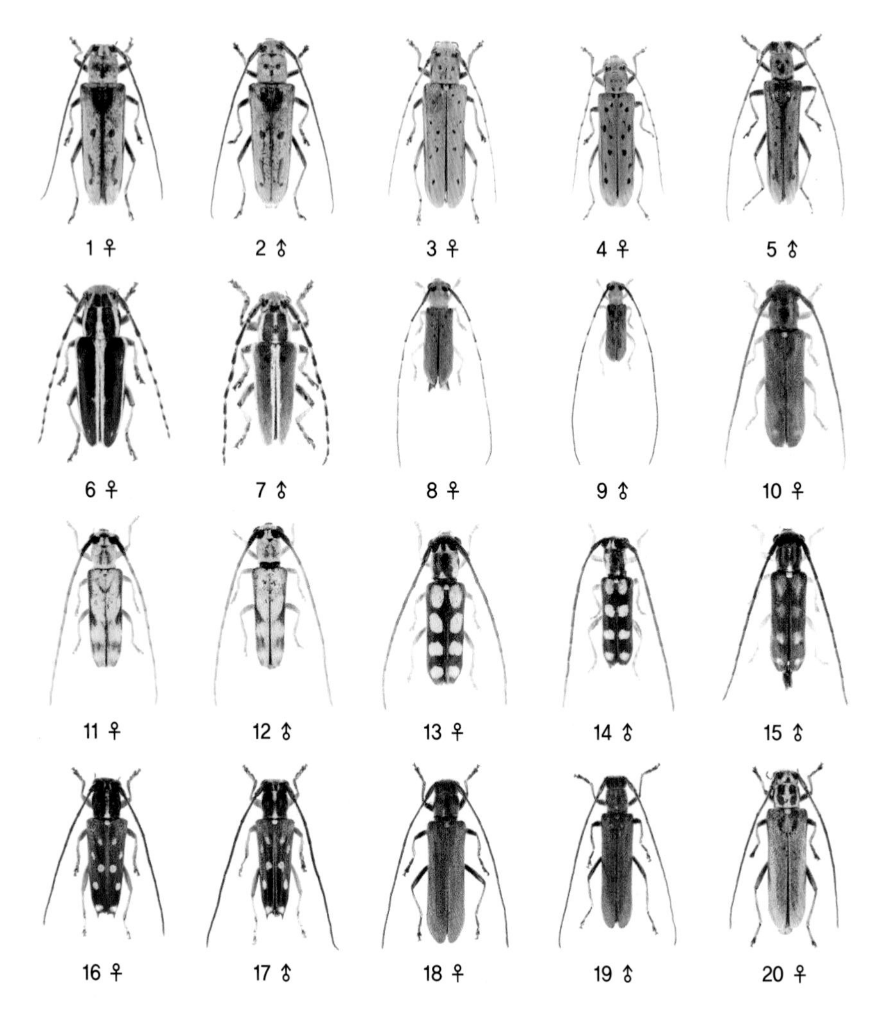

Plate 21

1-2. 녹색네모하늘소 *Eutetrapha metallescens* **p.450**
3-5. 네모하늘소 *Eutetrapha sedecimpunctata sedecimpunctata* **p.452**
6-7. 삼하늘소 *Thyestilla gebleri* **p.454**
8-9. 잿빛꼬마긴하늘소 *Praolia citrinipes citrinipes* **p.456**
10. 산황하늘소 *Menesia albifrons* **p.458**
11-12. 황하늘소 *Menesia flavotecta* **p.459**
13-15. 별황하늘소 *Menesia sulphurata* **p.461**
16-17. 흰점하늘소 *Glenea (Glenea) relicta relicta* **p.463**
18-19. 먹당나귀하늘소 *Eumecocera callosicollis* **p.465**
20. 당나귀하늘소 *Eumecocera impustulata* **p.467**

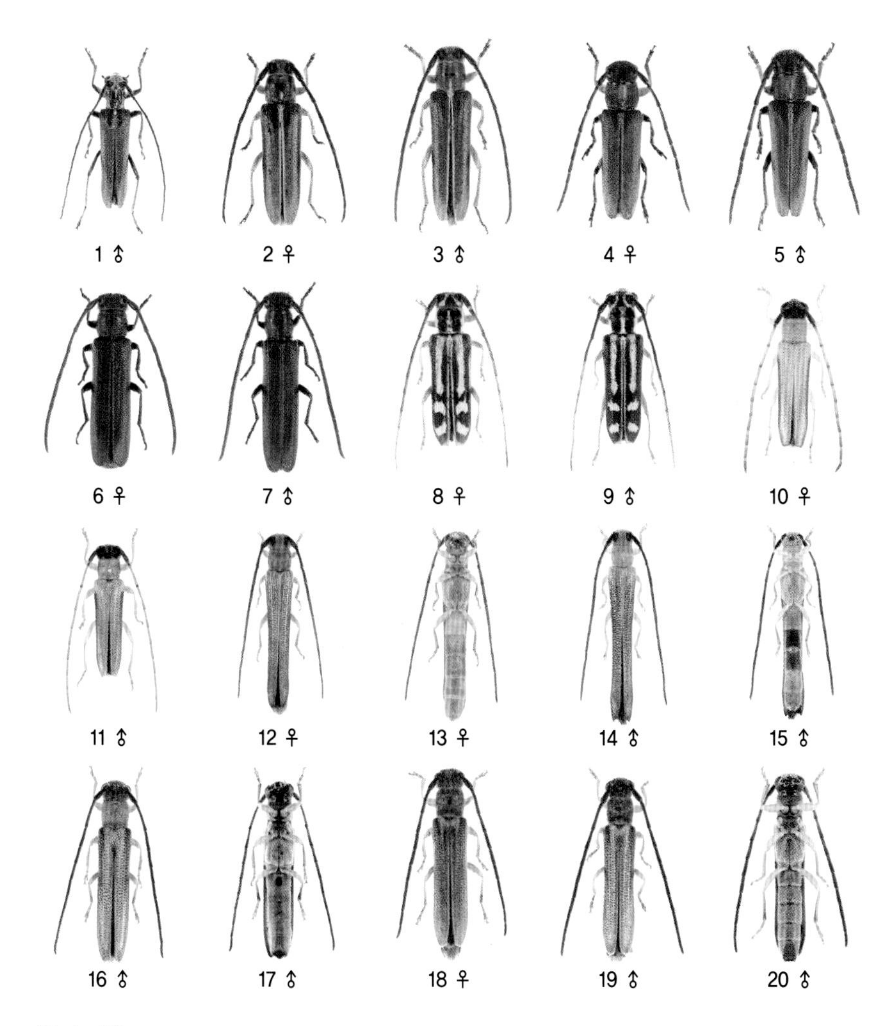

Plate 22

1. 당나귀하늘소 *Eumecocera impustulata* **p.467**
2-3. 먹국화하늘소 *Phytoecia* (*Cinctophytoecia*) *cinctipennis* **p.469**
4-5. 국화하늘소 *Phytoecia* (*Phytoecia*) *rufiventris* **p.471**
6-7. 검정국화하늘소(가칭) *Phytoecia* (*Phytoecia*) *coeruleomicans* **p.473**
8-9. 노랑줄점하늘소 *Epiglenea comes comes* **p.475**
10-11. 선두리하늘소 *Nupserha marginella marginella* **p.478**
12-15. 큰사과하늘소 *Oberea* (*Oberea*) *atropunctata* **p.480**
16-17. 우리사과하늘소 *Oberea* (*Oberea*) *herzi* **p.482**
18-20. 본방사과하늘소 *Oberea* (*Oberea*) *coreana* **p.484**

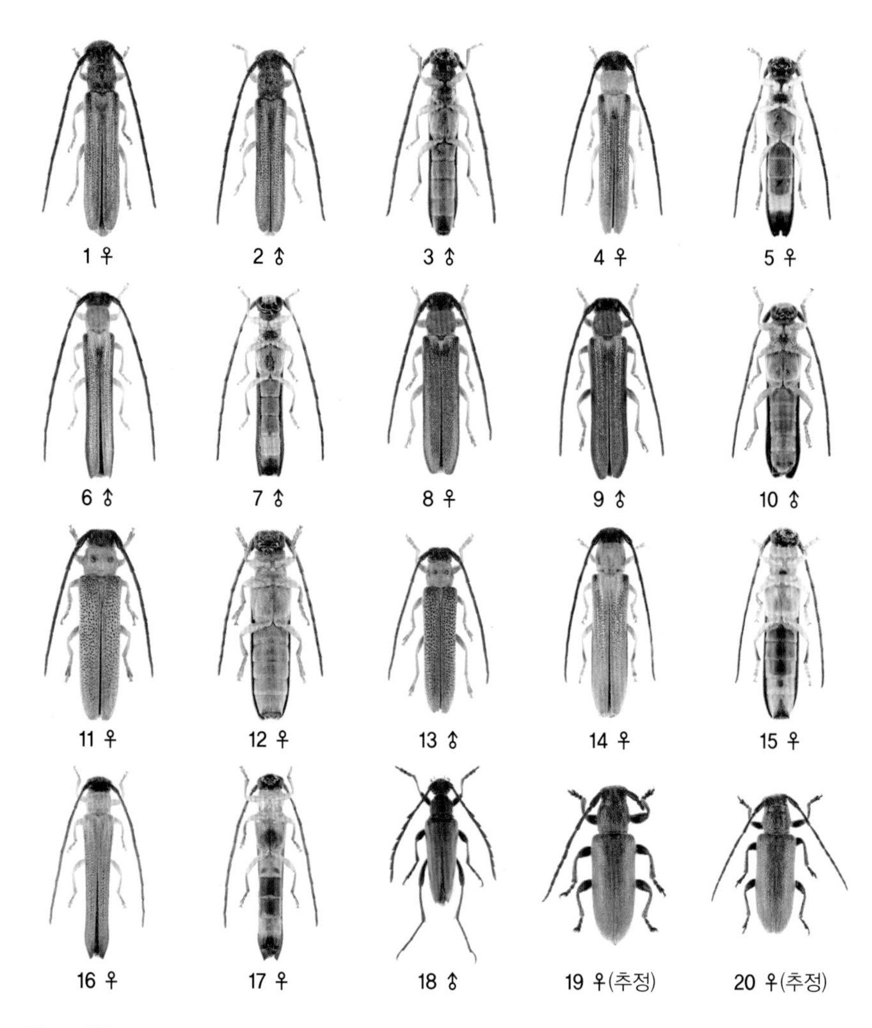

Plate 23

1-3. 검정사과하늘소 *Oberea (Oberea) morio* **p.486**
4-7. 등빨간쉬나무하늘소 *Oberea (Oberea) vittata* **p.488**
8-10. 통사과하늘소 *Oberea (Oberea) depressa* **p.490**
11-13. 두눈사과하늘소 *Oberea (Oberea) oculata* **p.493**
14-15. 헤이로브스키사과하늘소 *Oberea (Oberea) heyrovskyi* **p.495**
16-17. 대만사과하늘소 *Oberea (Oberea) tsuyukii* **p.496**
18. 미동정1 Unidentified1 **p.498**
19-20. 미동정2 Unidentified2 **p.499**

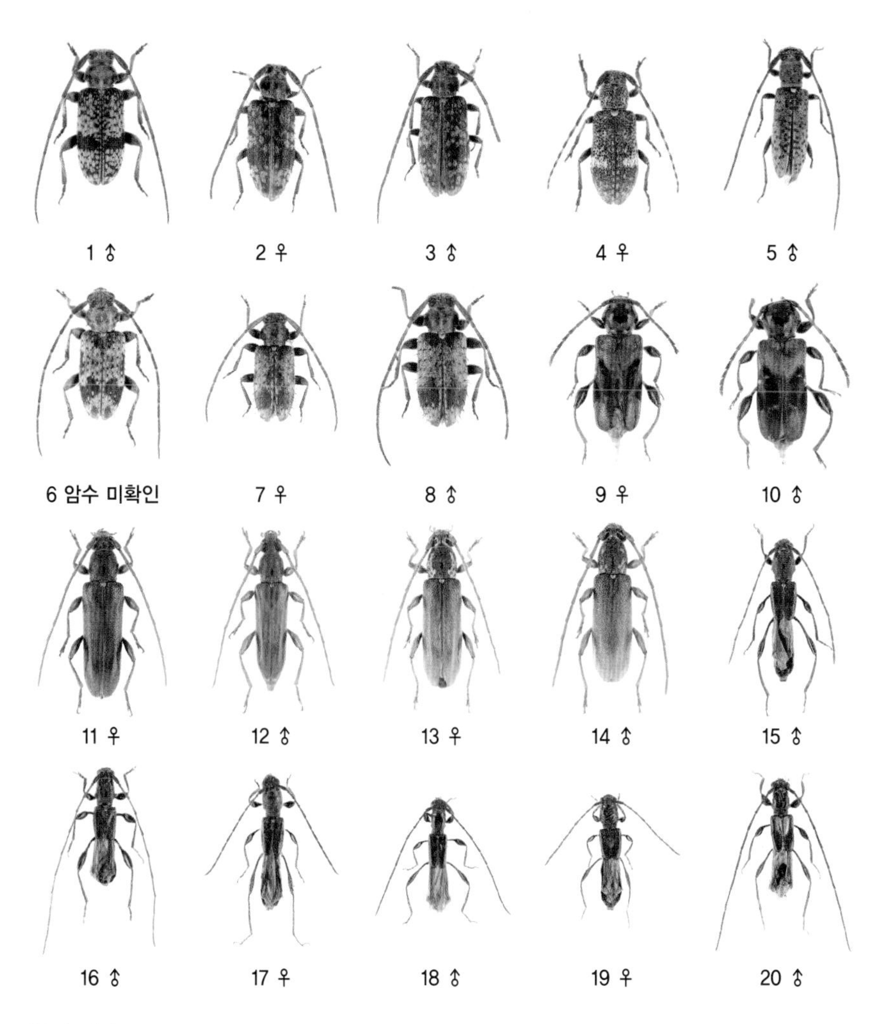

Plate 24

1. 미동정3 Unidentified3 **p.501**
2-3. 미동정4 Unidentified4 **p.503**
4. 미동정5 Unidentified5 **p.505**
5. 미동정7 Unidentified7 **p.507**
6. 미동정8 Unidentified8 **p.508**
7-8. 미동정9 Unidentified9 **p.509**
9-10. 미동정10 Unidentified10 **p.511**
11-12. 미동정11 Unidentified11 **p.513**
13-14. 미동정12 Unidentified12 **p.515**
15-16. 미동정13 Unidentified13 **p.517**
17-18. 미동정14 Unidentified14 **p.519**
19. 미동정15 Unidentified15 **p.520**
20. 미동정16 Unidentified16 **p.521**

1 ♀

2 ♂

3 ♂

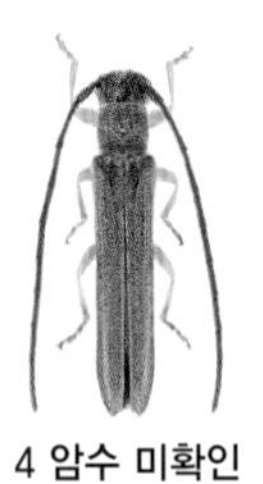
4 암수 미확인

5 암수 미확인

Plate 25

1-3. 미동정17 Unidentified17 **p.522**
4-5. 미동정18 Unidentified18 **p.524**

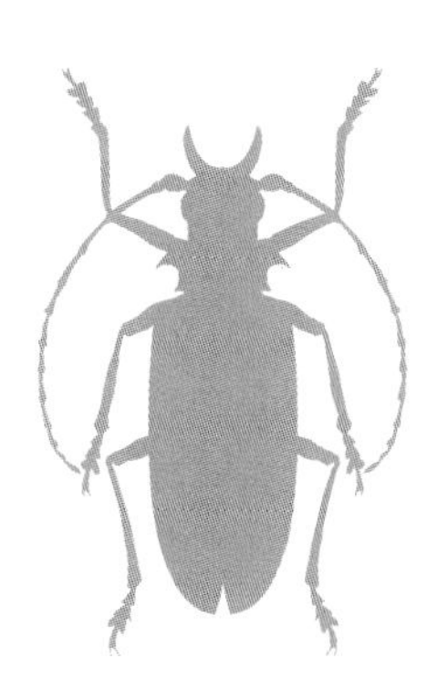

국명 찾기

종명 찾기